图灵计算机科学丛书

Modern Compiler Implementation in C

现代编译原理
C语言描述（修订版）

[美] Andrew W. Appel　Maia Ginsburg◎著

赵克佳 黄春 沈志宇 ◎译

U0276720

人民邮电出版社

北　京

图书在版编目（CIP）数据

现代编译原理：C语言描述：修订版 / （美）安德鲁·W.安佩尔（Andrew W. Appel），（美）马亚·金斯伯格（Maia Ginsburg）著；赵克佳，黄春，沈志宇译. -- 2版. -- 北京：人民邮电出版社，2018.4（2024.5重印）
（图灵计算机科学丛书）
ISBN 978-7-115-47688-3

Ⅰ. ①现… Ⅱ. ①安… ②马… ③赵… ④黄… ⑤沈… Ⅲ. ①编译程序－程序设计②C语言－程序设计 Ⅳ. ①TP314

中国版本图书馆CIP数据核字(2017)第330597号

内 容 提 要

本书全面讲述了现代编译器的各个组成部分，包括词法分析、语法分析、抽象语法、语义检查、中间代码表示、指令选择、数据流分析、寄存器分配以及运行时系统等。全书分成两部分：第一部分是编译的基础知识，适用于第一门编译原理课程（一个学期）；第二部分是高级主题，包括面向对象语言和函数语言、垃圾收集、循环优化、SSA（静态单赋值）形式、循环调度、存储结构优化等，适合于后续课程或研究生教学。书中专门为学生提供了一个用C语言编写的实习项目，包括前端和后端设计，学生可以在一学期内创建一个功能完整的编译器。

本书适合高等院校计算机及相关专业的本科生或研究生阅读，也可供科研人员或工程技术人员参考。

♦ 著　　[美] Andrew W. Appel　Maia Ginsburg

　 译　　赵克佳　黄　春　沈志宇

　 责任编辑　杨　琳

　 责任印制　周昇亮

♦ 人民邮电出版社出版发行　　北京市丰台区成寿寺路 11 号

　 邮编　100164　　电子邮件　315@ptpress.com.cn

　 网址　https://www.ptpress.com.cn

　 北京盛通印刷股份有限公司印刷

♦ 开本：787×1092　1/16

　 印张：25　　　　　　　　　　　2018 年 4 月第 2 版

　 字数：665 千字　　　　　　　　2024 年 5 月北京第 19 次印刷

　 著作权合同登记号　图字：01-2017-6266 号

定价：89.00 元

读者服务热线：(010)84084456-6009　　印装质量热线：(010)81055316

反盗版热线：(010)81055315

广告经营许可证：京东市监广登字 20170147 号

版 权 声 明

译 者 序

本书全面讲述了现代编译器的结构、编译算法和实现方法，是 Andrew W. Apple 的"虎书"——*Modern Compiler Implementation*——"红、蓝、绿"三序列之一。这三本书的内容基本相同，但是使用不同的语言来实现书中给出的一个编译器。本书使用的是更适合广大读者的 C 语言，而另外两本书分别采用 ML 和 Java 语言。

国外关于编译技术有三本比较著名的书，分别被誉为"龙书""鲸书"和"虎书"。"虎书"即本书，已经被国外许多著名大学选作编译原理课程的教材。编译器的设计与实现是一种实践性很强的工程。作为讲述编译器实现方法的编译原理课程，既需要讲述理论和原理，也离不开具体的实践。本书的章节按照编译器处理过程的各个阶段依次组织，并精心设计了一个"学生项目编译器"的框架和模块接口。每一章结尾给出了与该编译器一个模块对应的编译器项目实现的习题，使得学生在掌握了编译原理和方法的同时，能够理论联系实际地亲自动手体验具体的实现过程，并逐步实现一个编译器。它弥补了目前一些编译原理教科书在实践方面的不足。这是本书的特点之一。

本书的另一个特点是增加了一些其他编译原理教科书没有涉及的内容。前端增加了面向对象的程序设计语言、函数式程序设计语言等现代语言的编译实现方法，后端增加了针对现代计算机体系结构特征的一些比较成熟的优化方法。这部分内容展现了现代商业编译器需解决的一些关键问题，开拓了学生的视野，为学生未来进行更深入的研究奠定了基础。

在翻译过程中，我们力图忠实于原文，使译文通顺流畅，并保持专用术语的译法与惯用的一致。对于那些没有明确译法的术语，则根据原义拟定，并给出了英文以利读者对照。

本书第 1～4 章由沈志宇翻译，第 5～14 章以及前言和附录由赵克佳翻译，第 15～21 章由黄春翻译。全书经过三人的反复校对，最后由赵克佳定稿。在本书的翻译中，我们深感阅读英文专业书籍和较好地翻译出来是两回事。翻译好一本专业类图书除了要有相应的英文和专业功底外，还要有比较好的中文功底。我们自感在这三方面都有所欠缺，难免会留有遗憾。衷心欢迎读者批评指正，因为读者的批评指正对我们是极好的帮助。

前　言

近十余年来，编译器的构建方法出现了一些新的变化。一些新的程序设计语言得到应用，例如，具有动态方法的面向对象语言、具有嵌套作用域和一等函数闭包（first-class function closure）的函数式语言等。这些语言中有许多都需要垃圾收集技术的支持。另一方面，新的计算机都有较大的寄存器集合，且存储器访问成为了影响性能的主要因素。这类机器在具有指令调度能力并能对指令和数据高速缓存（cache）进行局部性优化的编译器辅助下，常常能运行得更快。

本书可作为一到两个学期编译课程的教材。学生将看到编译器不同部分中隐含的理论，学习到将这些理论付诸实现时使用的程序设计技术和以模块化方式实现该编译器时使用的接口。为了清晰具体地给出这些接口和程序设计的例子，我使用 C 语言来编写它们。本（序列）书还有使用 ML 和 Java 语言的另外两个版本。

实现项目。我在书中概述了一个"学生项目编译器"，它相当简单，而且其安排方式也便于说明现在常用的一些重要技术。这些技术包括避免语法和语义相互纠缠的抽象语法树，独立于寄存器分配的指令选择，能使编译器前期阶段有更多灵活性的复写传播，以及防止从属于特定目标机的方法。与其他许多教材中的"学生编译器"不同，本书中采用的编译器有一个简单而完整的后端，它允许在指令选择之后进行寄存器分配。

本书第一部分中，每一章都有一个与编译器的某个模块对应的程序设计习题。在 http://www.cs.princeton.edu/~appel/modern/c 中可找到对这些习题有帮助的一些软件。

习题。每一章都有一些书面习题；标有一个星号的习题有点挑战性，标有两个星号的习题较难但仍可解决，偶尔出现的标有三个星号的习题是一些尚未找到解决方法的问题。

授课顺序。图 0-1 展示了各章相互之间的依赖关系。

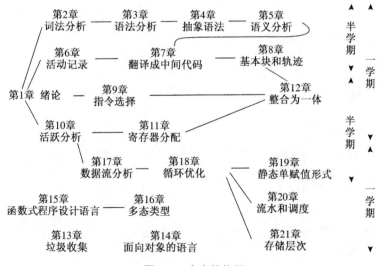

图 0-1　内容结构图

- 一学期的课程可包含第一部分的所有章节（第 1～12 章），同时让学生实现项目编译器（多半按项目组的方式进行）。另外，授课内容中还可以包含从第二部分中选择的一些主题。
- 高级课程或研究生课程可包含第二部分的内容，以及另外一些来自其他文献的主题。第二部分中有许多章节与第一部分无关，因此，对于那些在初始课程中使用不同教材的学生而言，仍然可以给他们讲授高级课程。
- 若按两个半个学期来安排教学，则前半学期可包含第 1～8 章，后半学期包括第 9～12 章和第二部分的某些章。

致谢。 对于本书，许多人给我提出了富有建设性的意见，或在其他方面给我提供了帮助。我要感谢这些人，他们是 Leonor Abraido-Fandino、Scott Ananian、Stephen Bailey、Max Hailperin、David Hanson、Jeffrey Hsu、David MacQueen、Torben Mogensen、Doug Morgan、Robert Netzer、Elma Lee Noah、Mikael Petterson、Todd Proebsting、Anne Rogers、Barbara Ryder、Amr Sabry、Mooly Sagiv、Zhong Shao、Mary Lou Soffa、Andrew Tolmach、Kwangkeun Yi 和 Kenneth Zadeck。

目　录

第一部分　编译基本原理

第1章　绪　　论

编译器（compiler）：原指一种将各个子程序装配组合到一起的程序［连接-装配器］。当 1954 年出现了（确切地说是误用了）复合术语"代数编译器"（algebraic compiler）之后，这个术语的意思变成了现在的含义。

Bauer 和 Eickel［1975］

本书讲述将程序设计语言转换成可执行代码时使用的技术、数据结构和算法。现代编译器常常由多个阶段组成，每一阶段处理不同的抽象"语言"。本书的章节按照编译器的结构来组织，每一章循序渐进地论及编译器的一个阶段。

为了阐明编译真实的程序设计语言时遇到的问题，本书以 Tiger 语言为例来说明如何编译一种语言。Tiger 语言是一种类 Algol 的语言，它有嵌套的作用域和在堆中分配存储空间的记录，虽简单却并不平凡。每一章的程序设计练习都要求实现相应的编译阶段；如果学生实现了本书第一部分讲述的所有阶段，便能够得到一个可以运行的编译器。将 Tiger 修改成函数式的或面向对象的（或同时满足两者的）语言并不难，第二部分中的习题说明了如何进行这种修改。第二部分的其他章节讨论了有关程序优化的高级技术。附录描述了 Tiger 语言。

编译器各模块之间的接口几乎和模块内部的算法同等重要。为了具体描述这些接口，较好的做法是用真正的程序设计语言来编写它们，本书使用的是 C 语言。

3

1.1　模块与接口

对于任何大型软件系统，如果设计者注意到了该系统的基本抽象和接口，那么对这个系统的理解和实现就要容易得多。图 1-1 展示了一个典型的编译器的各个阶段，每个阶段由一至多个软件模块来实现。

将编译器分解成这样的多个阶段是为了能够重用它的各种构件。例如，当要改变此编译器所生成的机器语言的目标机时，只要改变栈帧布局（Frame Layout）模块和指令选择（Instruction Selection）模块就够了。当要改变被编译的源语言时，则至多只需改变翻译（Translate）模块之前的模块就可以了，该编译器也可以在抽象语法（Abstract Syntax）接口处与面向语言的语法编辑器相连。

每个学生都不应缺少反复多次"思考-实现-重新设计"，从而获得正确的抽象这样一种学习经历。但是，想要学生在一个学期内实现一个编译器是不现实的。因此，我在书中给出了一个项目框架，其中的模块和接口都经过深思熟虑，而且尽可能地使之既精巧又通用。

4

抽象语法（Abstract Syntax）、IR 树（IR Tree）和汇编（Assem）之类的接口是数据结构的形式，例如语法分析动作阶段建立抽象语法数据结构，并将它传递给语义分析阶段。另一些接口是抽象数据类型；翻译接口是一组可由语义分析阶段调用的函数；单词符号（Token）接口是函数形式，分析器通过调用它而得到输入程序中的下一个单词符号。

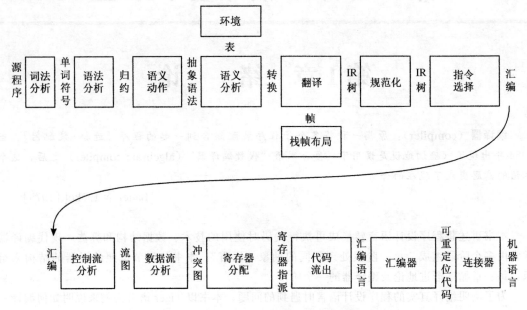

图 1-1   编译器的各个阶段及其之间的接口

各个阶段的描述

第一部分的每一章各描述编译器的一个阶段，具体如表 1-1 所示。

表 1-1   编译器的各阶段

章号	阶段	描 述
2	词法分析	将源文件分解为一个个独立的单词符号
3	语法分析	分析程序的短语结构
4	语义动作	建立每个短语对应的抽象语法树
5	语义分析	确定每个短语的含义，建立变量和其声明的关联，检查表达式的类型，翻译每个短语
6	栈帧布局	按机器要求的方式将变量、函数参数等分配于活跃记录（即栈帧）内
7	翻译	生成中间表示树（IR 树），这是一种与任何特定程序设计语言和目标机体系结构无关的表示
8	规范化	提取表达式中的副作用，整理条件分支，以方便下一阶段的处理
9	指令选择	将 IR 树结点组合成与目标机指令的动作相对应的块
10	控制流分析	分析指令的顺序并建立控制流图，此图表示程序执行时可能流经的所有控制流
10	数据流分析	收集程序变量的数据流信息。例如，活跃分析（liveness analysis）计算每一个变量仍需使用其值的地点（即它的活跃点）
11	寄存器分配	为程序中的每一个变量和临时数据选择一个寄存器，不在同一时间活跃的两个变量可以共享同一个寄存器
12	代码流出	用机器寄存器替代每一条机器指令中出现的临时变量名

这种模块化设计是很多真实编译器的典型设计。但是，也有一些编译器把语法分析、语义分析、翻译和规范化合并成一个阶段，还有一些编译器将指令选择安排在更后一些的位置，并且将它与代码流出合并在一起。简单的编译器通常没有专门的控制流分析、数据流分析和寄存器分配阶段。

我在设计本书的编译器时尽可能地进行了简化，但并不意味着它是一个简单的编译器。具体而言，虽然为简化设计而去掉了一些细枝末节，但该编译器的结构仍然可以允许增加更多的优化或语义而不会违背现存的接口。

1.2　工具和软件

现代编译器中使用的两种最有用的抽象是上下文无关文法（context-free grammar）和正则表达式（regular expression）。上下文无关文法用于语法分析，正则表达式用于词法分析。为了更好地利用这两种抽象，较好的做法是借助一些专门的工具，例如 Yacc（它将文法转换成语法分析器）和 Lex（它将一个说明性的规范转换成一个词法分析器）。

本书的程序设计项目可借助 Lex（或更为现代的 Flex）和 Yacc（或更为现代的 Bison），用任何 ANSI 标准 C 编译器来编译。这些工具中有些可免费从因特网上得到，更多的信息可参看网页：http://www.cs.princeton.edu/~appel/modern/c/。

Tiger 编译器中某些模块的源代码、某些程序设计习题的框架源代码和支持代码、Tiger 程序的例子以及其他一些有用的文件都可以从该网址中找到。本书的程序设计习题中，当提及特定子目录或文件所在的某个目录时，指的是目录 $TIGER/。

1.3　树语言的数据结构

编译器中使用的许多重要数据结构都是被编译程序的中间表示。这些表示常常采用树的形式，树的结点有若干种类型，每一种类型都有一些不同的属性。这种树可以作为图 1-1 所示的许多阶段的接口。

树表示可以用文法来描述，就像程序设计语言一样。为了介绍有关概念，我将给出一种简单的程序设计语言，该语言有语句和表达式，但是没有循环或 if 语句［这种语言称为直线式程序（straight-line program）语言］。

该语言的语法在文法 1-1 中给出。

文法 1-1　直线式程序设计语言

$Stm \rightarrow Stm ; Stm$	(CompoundStm)	$ExpList \rightarrow Exp , ExpList$	(PairExpList)
$Stm \rightarrow$ id := Exp	(AssignStm)	$ExpList \rightarrow Exp$	(LastExpList)
$Stm \rightarrow$ print ($ExpList$)	(PrintStm)	$Binop \rightarrow +$	(Plus)
$Exp \rightarrow$ id	(IdExp)	$Binop \rightarrow -$	(Minus)
$Exp \rightarrow$ num	(NumExp)	$Binop \rightarrow \times$	(Times)
$Exp \rightarrow Exp \ Binop \ Exp$	(OpExp)	$Binop \rightarrow /$	(Div)
$Exp \rightarrow (Stm , Exp)$	(EseqExp)		

这个语言的非形式语义如下。每一个 Stm 是一个语句，每一个 Exp 是一个表达式。$s_1 ; s_2$ 表示先执行语句 s_1，再执行语句 s_2。$i := e$ 表示先计算表达式 e 的值，然后把计算结果赋给变量 i。

print($e_1, e_2, \cdots, e_n$)表示从左到右输出所有表达式的值，这些值之间用空格分开并以换行符结束。

标识符表达式，例如 i，表示变量 i 的当前内容。数按命名它的整数计值。操作符表达式 e_1 op e_2 表示先计算 e_1 再计算 e_2，然后按给定的二元操作符计算表达式结果。表达式序列(s, e)的行为类似于 C 语言中的逗号操作符，在计算表达式 e（并返回其结果）之前先计算语句 s 的副作用。

例如，执行下面这段程序：

```
a := 5+3; b := (print(a, a-1), 10*a); print(b)
```

将打印出：

```
8 7
80
```

那么，这段程序在编译器内部是如何表示的呢？一种表示是源代码形式，即程序员所编写的字符，但这种表示不易处理。较为方便的表示是树数据结构，每一条语句（*Stm*）和每一个表达式（*Exp*）都有一个树结点。图 1-2 给出了这个程序的树表示，其中结点都用文法 1-1 中产生式的标识加以标记，并且每个结点的子结点数量与相应文法产生式右边的符号个数相同。

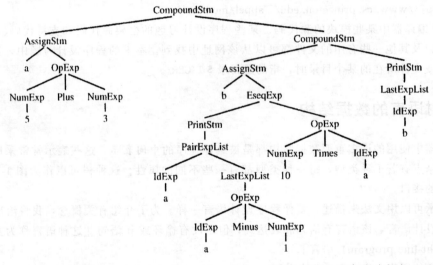

图 1-2　直线式程序的树表示

我们可以将这个文法直接翻译成数据结构定义，如程序 1-1 所示。每个文法符号对应于这些数据结构中的一个 typedef：

文法	typedef
Stm	A_stm
Exp	A_exp
ExpList	A_expList
id	string
num	int

程序 1-1　直线式程序的表示

```
typedef char *string;
typedef struct A_stm_ *A_stm;
typedef struct A_exp_ *A_exp;
typedef struct A_expList_ *A_expList;
typedef enum {A_plus,A_minus,A_times,A_div} A_binop;

struct A_stm_ {enum {A_compoundStm, A_assignStm, A_printStm} kind;
          union {struct {A_stm stm1, stm2;} compound;
                 struct {string id; A_exp exp;} assign;
                 struct {A_expList exps;} print;
                 } u;
          };
A_stm A_CompoundStm(A_stm stm1, A_stm stm2);
A_stm A_AssignStm(string id, A_exp exp);
A_stm A_PrintStm(A_expList exps);

struct A_exp_ {enum {A_idExp, A_numExp, A_opExp, A_eseqExp} kind;
          union {string id;
                 int num;
                 struct {A_exp left; A_binop oper; A_exp right;} op;
                 struct {A_stm stm; A_exp exp;} eseq;
                 } u;
          };
A_exp A_IdExp(string id);
A_exp A_NumExp(int num);
A_exp A_OpExp(A_exp left, A_binop oper, A_exp right);
A_exp A_EseqExp(A_stm stm, A_exp exp);

struct A_expList_ {enum {A_pairExpList, A_lastExpList} kind;
          union {struct {A_exp head; A_expList tail;} pair;
                 A_exp last;
                 } u;
          };
```

每一项文法规则都有一个构造器（constructor），隶属于规则左部符号的联合（union）。这些构造器的名字在文法 1-1 各项右部的括号内。

每一项文法规则有若干右部成分，这些成分都必须用数据结构来表示。例如，CompoundStm 的右部有两个 Stm；AssignStm 有一个标识符和一个表达式，等等。表示每一个文法符号的结构（struct）都含有一个联合（union）和一个 kind 域，前者用于存放可选的成分值，后者用于指明选用这个联合中的哪一个成员。

对于每一种选择（CompoundStm、AssignStm 等），我们创建一个构造函数（constructor function），它用 malloc 为此数据结构分配空间并对其进行初始化。程序 1-1 只给出了这些函数的原型；A_CompoundStm 可这样定义：

```
A_stm A_CompoundStm(A_stm stm1, A_stm stm2) {
  A_stm s = checked_malloc(sizeof(*s));
  s->kind = A_compoundStm;
  s->u.compound.stm1=stm1; s->u.compound.stm2=stm2;
  return s;
}
```

二元操作符（Binop）的情形要简单些。尽管我们也可以为 Binop 创建一个结构（此结构中的联合的成员分别表示 Plus、Minus、Times、Div），但这样做是多余的，因为这些成员并不存放数据。我们为它定义的是一个枚举类型 A_binop。

程序设计风格。在用 C 表示树数据结构时，我们遵循以下一些约定。

（1）树都用文法来描述。

（2）一棵树用一至多个 typedef 来描述，每个 typedef 对应文法中的一个符号。

（3）每个 typedef 定义一个指向相应 struct 的指针。这个 struct 的名字以下划线结束，它除了在 typedef 的声明中和该结构定义本身中出现外，决不会在其他地方使用。

（4）每个 struct 有一个 kind 域和一个 u 域。kind 是一个指明不同选择的枚举量，每个枚举值对应一个可选的文法规则；u 是一个联合。

（5）如果一个规则的右部有多个非平凡的（即携带有值的）符号（例如，规则 Compound-Stm），则它的 union 有一个本身也是结构的成员给出组成它的这些值（例如，A_stm_联合中的成员 compound）。

（6）如果一个规则的右部只有一个非平凡的符号，则它的 union 有一个就是其值的成员（例如，A_exp 联合中的成员 num）。

（7）每个类有一个对所有成员进行初始化的构造函数。除了在这些构造函数中，其他地方绝不会直接调用 malloc 函数。

（8）每一个模块（头文件）有一个唯一标识该模块的前缀（例如，程序 1-5 中的 A_）。

（9）类型定义名（位于前缀之后的）应当用小写字母开头，构造函数名（位于前缀之后）用大写字母开头，联合的成员（它们没有前缀）用小写字母开头。

C 程序的模块化规则。编译器是一个很大的程序，仔细地设计模块和接口能避免混乱。在用 C 编写一个编译器时，我们将使用如下一些规则。

（1）编译器的每个阶段或者模块都应归入各自的“.c”文件，且该文件有对应的“.h”文件。

（2）每个模块应有该模块唯一的前缀。由此模块导出的所有全局名字（结构和联合的成员名字不是全局的）都应以此前缀打头。这样，文件的阅读者就不必通过到文件之外去查找来确定一个名字的来源了。

（3）所有函数都应有函数原型；如果使用了没有原型的函数，C 编译器将给出警告信息。

（4）我们将在每一个文件中用 # include "util.h" 包含 util.h：

```
/* util.h */
#include <assert.h>

typedef char *string;
string String(char *);

typedef char bool;
#define TRUE 1
#define FALSE 0

void *checked_malloc(int);
```

包含 assert.h 是为了鼓励 C 程序员多使用断言。

（5）string 类型表示分配在堆中的字符串，这种字符串在初次创建之后便不会再改变。函数 String 从 C 风格的字符指针来创建一个分配在堆中的字符串 string（类似于标准 C 库函数 strdup）。那些以 string 作为参数的函数都假定这些参数的内容决不会改变。

（6）C 的 malloc 函数在无内存空间可分配时返回 NULL，Tiger 编译器没有复杂的内存管理

来处理这种情形。相反，它从不直接调用 malloc，而只调用我们自己的函数 checked_malloc， ⟦11⟧
这个函数保证不会返回 NULL：

```
void *checked_malloc(int len) {
 void *p = malloc(len);
 assert(p);
 return p;
}
```

（7）我们也绝不调用 free。当然，达到软件成品级质量的编译器必须释放无用数据以避免浪费内存空间。做到这一点最好的方法是使用第 13 章介绍的自动垃圾收集器（见第 13 章 "推荐阅读" 中的保守收集）。没有垃圾收集器的支持，当结构 p 即将变成不可访问时，程序员必须特别小心地调用 free(p)——既不能太迟，太迟了指针 p 将丢失；也不可太早，太早了会释放仍然有用的数据（然后被改写）。为了能够使我们的精力更集中于编译技术而不是内存释放技术，可以简单地不做任何释放动作。

程序设计：直线式程序解释器

为直线程序设计语言实现一个简单的程序分析器和解释器。对环境（即符号表，它将变量名映射到这些变量相关的信息）、抽象语法（表示程序的短语结构的数据结构）、树数据结构的递归性（它对于编译器中很多部分都是非常有用的）以及无赋值语句的函数式风格程序设计，这可作为入门练习。

这个练习也可以作为 C 程序设计的热身。熟悉其他语言但对 C 语言陌生的程序员应该也能完成这个习题，只是需要有关 C 语言的辅助资料（如教材）的帮助。

需要进行解释的程序已经被分析为抽象语法，这种抽象语法如程序 1-5 中的数据类型所示。

但是，我们并不希望涉及该语言的具体分析细节，因此利用了相应数据的构造器来编写该程序：

```
A_stm prog =
A_CompoundStm(A_AssignStm("a",
                A_OpExp(A_NumExp(5), A_plus, A_NumExp(3))),
 A_CompoundStm(A_AssignStm("b",
     A_EseqExp(A_PrintStm(A_PairExpList(A_IdExp("a"),
                A_LastExpList(A_OpExp(A_IdExp("a"), A_minus,
                              A_NumExp(1)))))),
                A_OpExp(A_NumExp(10), A_times, A_IdExp("a")))),
   A_PrintStm(A_LastExpList(A_IdExp("b"))))));
```

⟦12⟧

在目录 $TIGER/chap1 中可以找到包含树的数据类型声明的文件以及这个样板程序。

编写没有副作用（即更新变量和数据结构的赋值语句）的解释器是理解指称语义（denotational semantic）和属性文法（attribute grammar）的好方法，后两者都是描述程序设计语言做什么的方法。对编写编译器而言，它也常常是很有用的技术，因为编译器也需要知道程序设计语言做的是什么。

因此，在实现这些程序时，除了初始化，绝不要给任何变量或结构成员赋予新值。对于局部变量，要使用带初始化的声明形式（例如，int i = j + 3;）；对于每一种结构（struct），要类似于程序 1-1 中的 A_CompoundStm 那样，用一个构造函数来分配它并给它的各个成员赋初值。

（1）写一个函数 int maxargs(A_stm)，告知给定语句中任意子表达式内的 print 语句的参数个数。例如，maxargs(prog)的值是 2。

（2）写一个函数 void interp(A_stm)，对一个用这种直线式程序语言写的程序进行"解释"。为了用"函数式程序设计"风格来编写该函数（这种风格不使用赋值语句），要在声明局部变量的同时对它进行初始化。

关于（1），注意 print 语句中可能含有表达式，而这些表达式中也可能还含有其他 print 语句。

关于（2），构造两个互相递归的函数 interpStm 和 interpExp。将一个标识符映射到赋给此标识符的整数值的"表"，表示成由 id×int 偶对组成的表。

```
typedef struct table *Table_;
struct table {string id; int value; Table_ tail;};
Table_  Table(string id, int value, struct table *tail) {
  Table_ t = malloc(sizeof(*t));
  t->id=id; t->value=value; t->tail=tail;
  return t;
}
```

空表表示为 NULL。于是 interpStm 的声明为：

```
Table_ interpStm(A_stm s, Table_ t)
```

它以表 t_1 作为参数并生成一张新表 t_2，新表 t_2 与 t_1 基本相同，不同的只是作为该语句的结果，有些标识符被映射到了不同的整数。

例如，表 t_1 将 a 映射到 3，c 映射到 4，用数学符号记为 $\{a \mapsto 3, c \mapsto 4\}$，也可以表示成链表 a 3 ─→ c 4。

现在，令表 t_2 就像表 t_1，不同的是，c 映射到 7 而不是 4。数学上我们可以将它写为

$$t_2 = \mathrm{update}(t_1, c, 7)$$

其中函数 update 返回一个新表 $\{a \mapsto 3, c \mapsto 7\}$。

在计算机中，只要我们假设在链表中 c 的第一次出现优先于它较后的任何出现，就可通过在表头插入一个新元素来实现新表 t_2 c 7 ─→ a 3 ─→ c 4。

因此，update 函数很容易实现，而与之相应的 lookup 函数

```
int lookup(Table_ t, string key)
```

则只要沿链表向前搜索即可。

表达式的解释要比语句的解释复杂一些，因为表达式返回整型值且有副作用。我们希望解释器本身在模拟直线程序设计语言的赋值语句时不产生任何副作用（但是 print 语句将由解释器的副作用来实现）。实现它的方法是将 interpExp 声明为：

```
struct IntAndTable {int i; Table_ t;};
struct IntAndTable interpExp(A_exp e, Table_ t) …
```

用表 t_1 解释表达式 e_1 的结果是得到一个整型值 i 和一个新表 t_2。当解释一个含有两个子表达式的表达式（例如 OpExp）时，由第一个子表达式得到的表 t_2 可以继续用于处理第二个子表达式。

推荐阅读

Hanson[1997]描述了用 C 语言编写模块化软件的原则。

习题

1.1 下面这个简单的程序实现了一种长效的（persistent）函数式二叉搜索树，使得如果 tree2 = insert(x,tree1)，则当使用 tree2 时，tree1 仍可以继续用于查找。

```
typedef struct tree *T_tree;
struct tree {T_tree left; String key; T_tree right;};
T_tree Tree(T_tree l, String k, T_tree r) {
  T_tree t = checked_malloc(sizeof(*t));
  t->left=l; t->key=k; t->right=r;
  return t;
}

T_tree insert(String key, T_tree t) {
  if (t==NULL) return Tree(NULL, key, NULL)
  else if (strcmp(key,t->key) < 0)
        return Tree(insert(key,t->left),t->key,t->right);
  else if (strcmp(key,t->key) > 0)
        return Tree(t->left,t->key,insert(key,t->right));
  else return Tree(t->left,key,t->right);
}
```

a. 实现函数 member，若查找到了相应项，返回 TRUE；否则返回 FALSE。

b. 扩充这个程序使其不仅能判别成员关系，而且还能将键值映射到其绑定层。

```
T_tree insert(string key, void *binding, T_tree t);
void * lookup(string key, T_tree t);
```

c. 这个程序构造的树是不平衡的；用下述插入顺序说明树的形成过程：

(i) t s p i p f b s t

(ii) a b c d e f g h i

*d. 研究 Sedgewick[1997]中讨论过的平衡搜索树，并为函数式符号表推荐一种平衡树数据结构。**提示**：为了保持函数式风格，算法应该在插入时而不是在查找时保持树的平衡，因此，不适合使用类似于自调整树（splay tree）这样的数据结构。

第2章 词法分析

词法的（lex-i-cal）：与语言的单词或词汇有关，但有别于语言的文法和结构。

韦氏词典

为了将一个程序从一种语言翻译成另一种语言，编译器必须首先把程序的各种成分拆开，并搞清其结构和含义，然后再用另一种方式把这些成分组合起来。编译器的前端执行分析，后端进行合成。

分析一般分为以下 3 种。

- **词法分析**：将输入分解成一个个独立的词法符号，即"单词符号"（token），简称单词[1]。
- **语法分析**：分析程序的短语结构。
- **语义分析**：推算程序的含义。

词法分析器以字符流作为输入，生成一系列的名字、关键字和标点符号，同时抛弃单词之间的空白符和注释。程序中每个地方都有可能出现空白符和注释，如果让语法分析器来处理它们就会使得语法分析过于复杂，这便是将词法分析从语法分析中分离出去的主要原因。

词法分析并不太复杂，但是我们却使用能力强大的形式化方法和工具来实现它，因为类似的形式化方法对语法分析研究很有帮助，并且类似的工具还可以应用于编译器以外的其他领域。

16

2.1 词法单词

词法单词是字符组成的序列，可以将其看作程序设计语言的文法单位。程序设计语言的词法单词可以归类为有限的几组单词类型。例如，典型程序设计语言的一些单词类型为：

类型	例子				
ID	foo	n14	last		
NUM	73	0 00	515	082	
REAL	66.1	.5	10.	1e67	5.5e-10
IF	if				
COMMA	,				
NOTEQ	!=				
LPAREN	(				
RPAREN	)				

IF、VOID、RETURN 等由字母字符组成的单词称为保留字（reserved word），在多数语言中，它们不能作为标识符使用。

---

[1] "token"一词在不少书中翻译成"记号"，我们认为比较贴切的翻译应当是"单词符号"。它是程序设计语言中"具有独立含义的最小词法单位"，在这个意义上与自然语言中的"单词"的词义相同。但是，它们又不完全相同，因为这里的"token"不仅仅包括"词"，还包括标点符号、操作符、分隔符等。将它翻译成"单词符号"正是为了体现这一点。但为了简洁起见，我们使用"单词"一词。——译者注

非单词的例子是:

注释	/* try again */
预处理命令	#include<stdio.h>
预处理命令	#define NUMS 5 , 6
宏	NUMS
空格符、制表符和换行符	

在能力较弱而需要宏预处理器的语言中, 由预处理器处理源程序的字符流, 并生成另外的字符流, 然后由词法分析器读入这个新产生的字符流。这种宏处理过程也可以与词法分析集成到一起。

对于下面一段程序:

```
float match0(char *s) /* find a zero */
{if (!strncmp(s, "0.0", 3))
  return 0.;
}
```

词法分析器将返回下列单词流:

FLOAT	ID(match0)	LPAREN	CHAR	STAR	ID(s)	RPAREN
LBRACE	IF	LPAREN	BANG	ID(strncmp)	LPAREN	ID(s)
COMMA	STRING(0.0)	COMMA	NUM(3)	RPAREN	RPAREN	
RETURN	REAL(0.0)	SEMI	RBRACE	EOF		

其中报告了每个单词的单词类型。这些单词中的一些(如标识符和字面量)有语义值与之相连, 因此, 词法分析器还给出了除单词类型之外的附加信息。

应当如何描述程序设计语言的词法规则? 词法分析器又应当用什么样的语言来编写呢?

我们可以用自然语言来描述一种语言的词法单词。例如, 下面是对 C 或 Java 中标识符的一种描述:

> 标识符是字母和数字组成的序列, 第一个字符必须是字母。下划线 "_" 视为字母。大小写字母不同。如果经过若干单词分析后输入流已到达一个给定的字符, 则下一个单词将由有可能组成一个单词的最长字符串所组成。其中的空格符、制表符、换行符和注释都将被忽略, 除非它们作为独立的一类单词。另外需要有某种空白符[①]来分隔相邻的标识符、关键字和常数。

任何合理的程序设计语言都可以用来实现特定的词法分析器。我们将用正则表达式的形式语言来指明词法单词, 用确定的有限自动机来实现词法分析器, 并用数学的方法将两者联系起来。这样将得到一个简单且可读性更好的词法分析器。

2.2　正则表达式

我们说语言(language)是字符串组成的集合, 字符串是符号(symbol)的有限序列。符号本身来自有限字母表(alphabet)。

---

① 注意, "空白符" 是空格符、制表符、换行符等的统称。——译者注

　　Pascal 语言是所有组成合法 Pascal 程序的字符串的集合，素数语言是构成素数的所有十进制数字字符串的集合，C 语言保留字是 C 程序设计语言中不能作为标识符使用的所有字母数字字符串组成的集合。这 3 种语言中，前两种是无限集合，后一种是有限集合。在这 3 种语言中，字母表都是 ASCII 字符集。

　　以这种方式谈论语言时，我们并没有给其中的字符串赋予任何含义，而只是企图确定每个字符串是否属于其语言。

18　　　为了用有限的描述来指明这类（很可能是无限的）语言，我们将使用正则表达式（regular expression）表示法。每个正则表达式代表一个字符串集合。

- **符号**（symbol）：对于语言字母表中的每个符号 **a**，正则表达式 **a** 表示仅包含字符串 a 的语言。
- **可选**（alternation）：对于给定的两个正则表达式 M 和 N，可选操作符（｜）形成一个新的正则表达式 $M \mid N$。如果一个字符串属于语言 M 或者语言 N，则它属于语言 $M \mid N$。因此，**a**｜**b** 组成的语言包含 a 和 b 这两个字符串。
- **联结**（concatenation）：对于给定的两个正则表达式 M 和 N，联结操作符（·）形成一个新的正则表达式 $M \cdot N$。如果一个字符串是任意两个字符串 α 和 β 的联结，且 α 属于语言 M，β 属于语言 N，则该字符串属于 $M \cdot N$ 组成的语言。因此，正则表达式(**a**｜**b**)·**a** 定义了包含两个字符串 aa 和 ba 的语言。
- **ϵ**（epsilon）：正则表达式 ϵ 表示仅含一个空字符串的语言。因此，$(a \cdot b) \mid \epsilon$ 表示语言 { "","ab"}。
- **重复**（repetition）：对于给定的正则表达式 M，它的克林闭包（Kleene closure）是 M^*。如果一个字符串是由 M 中的字符串经零至多次联结运算的结果，则该字符串属于 M^*。因此，$((\mathbf{a} \mid \mathbf{b}) \cdot \mathbf{a})^*$ 表示无穷集合{ " ","aa","ba","aaaa","baaa","aaba","baba","aaaaaa",…}。

　　通过使用符号、可选、联结、ϵ 和克林闭包，我们可以规定与程序设计语言词法单词相对应的 ASCII 字符集。首先，考虑若干例子：

(**0**｜**1**)*·**0**	由 2 的倍数组成的二进制数。
b*(**abb***)*(**a**｜ϵ)	由 a 和 b 组成，但 a 不连续出现的字符串。
(**a**｜**b**)* **aa**(**a**｜**b**)*	由 a 和 b 组成，且有连续出现 a 的字符串。

　　在书写正则表达式时，我们有时会省略联结操作符或 ϵ 符号，并假定克林闭包的优先级高于联结运算，联结运算的优先级高于可选运算，所以 **ab**｜**c** 表示($\mathbf{a} \cdot \mathbf{b}$)｜**c**，而(**a**｜)表示(**a**｜ϵ)。

　　还有一些更为简洁的缩写形式：[**abcd**]表示(**a**｜**b**｜**c**｜**d**)，[**b-g**]表示[**bcdefg**]，[**b-gM-Qkr**]表示[**bcdefgMNOPQkr**]，M? 表示($M \mid \epsilon$)，M^+ 表示($M \cdot M^*$)。这些扩充很方便，但它们并没有扩充正则表达式的描述能力：任何可以用这些简写形式描述的字符串集合都可以用基本操作符集合来描述。图 2-1 概括了所有这些操作符。

　　使用这种语言，我们便可以指明程序设计语言的词法单词（见图 2-2）。对于每一个单词，

19　我们提供一段 C 代码，报告识别的是哪种单词类型。

a	一个表示字符本身的原始字符
ϵ	空字符串
	空字符串的另一种写法
$M \mid N$	可选，在 M 和 N 之间选择
$M \cdot N$	联结，M 之后跟随 N
MN	联结的另一种写法
M^*	重复（0 次或 0 次以上）
M^+	重复（1 次或 1 次以上）
$M?$	选择，M 的 0 次或 1 次出现
$[a-zA-Z]$	字符集
.	句点表示除换行符之外的任意单个字符
" a. + * "	引号，引号中的字符串表示文字字符串本身

图 2-1　正则表达式表示符号

```
if                                      {return IF;}
[a-z][a-z0-9]*                          {return ID;}
[0-9]+                                  {return NUM;}
([0-9]+"."[0-9]*)|([0-9]*"."[0-9]+)     {return REAL;}
("--"[a-z]*"\n")|(" "|"\n"|"\t")+       {  /*什么也不做*/ }
.                                       {error();}
```

图 2-2　某些单词的正则表达式

图 2-2 第 5 行的描述虽然识别注释或空白，但是不提交给语法分析器，而是忽略它们并重新开始词法分析。这个分析器识别的注释以两个短横线开始，且只包含字母字符，并以换行符结束。

最后，词法规范应当是完整的，它应当总是能与输入中的某些初始子串相匹配；使用一个可与任意单个字符相匹配的规则，我们便总能做到这一点（在这种情况下，将打印出"illegal character"错误信息，然后再继续进行）。

图 2-2 中的规则存在着二义性。例如，对于 if8，应当将它看成一个标识符，还是两个单词 if 和 8？字符串 if 89 是以一个标识符开头还是以一个保留字开头？Lex 和其他类似的词法分析器使用了两条消除二义性的重要规则。

- **最长匹配**：初始输入子串中，取可与任何正则表达式匹配的那个最长的字符串作为下一个单词。
- **规则优先**：对于一个特定的最长初始子串，第一个与之匹配的正则表达式决定了这个子串的单词类型。也就是说，正则表达式规则的书写顺序有意义。

20

因此，依据最长匹配规则，if8 是一个标识符；根据规则优先，if 是一个保留字。

2.3　有限自动机

用正则表达式可以很方便地指明词法单词，但我们还需要一种用计算机程序来实现的形式化方法。可以使用有限自动机达到此目的。有限自动机有一个有限状态集合和一些从一个状态通向另一个状态的边，每条边上标记有一个符号；其中一个状态是初态，某些状态是终态。

图 2-3 给出了一些有限自动机的例子。为了方便讨论，我们给每个状态一个编号。每个例子中的初态都是编号为 1 的状态。标有多个字符的边是多条平行边的缩写形式；因此，在机器 ID 中，实际上有 26 条边从状态 1 通向状态 2，每条边用不同的字母标记。

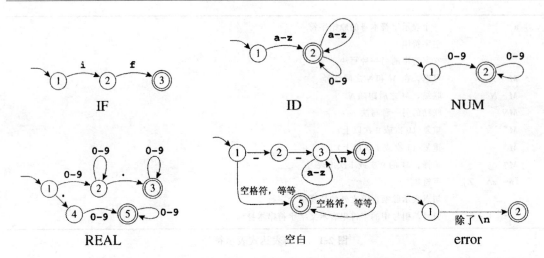

图 2-3   词法单词的有限自动机。圆圈表示状态，双圆圈表示终态。初态是进入
边没有来源的状态。标有多个字符的边是多条平行边的缩写

21

在确定的有限自动机（DFA）中，不会有从同一状态出发的两条边标记为相同的符号。DFA 以如下方式接收或拒绝一个字符串：从初始状态出发，对于输入字符串中的每个字符，自动机都将沿着一条确定的边到达另一状态，这条边必须是标有输入字符的边。对 n 个字符的字符串进行了 n 次状态转换后，如果自动机到达了终态，自动机将接收该字符串。若到达的不是终态，或者找不到与输入字符相匹配的边，那么自动机将拒绝接收这个字符串。由一个自动机识别的语言是该自动机接收的字符串集合。

例如，显然，在由自动机 ID 识别的语言中，任何字符串都必须以字母开头。任何单字母都能通至状态 2，因此单字母字符串是可被接收的字符串。从状态 2 出发，任何字母和数字都将重新回到状态 2，因此一个后跟任意个数字母和数字的字母也将被接收。

事实上，图 2-3 所示的自动机接收的语言与图 2-2 给出的正则表达式相同。

图 2-3 中是 6 个独立的自动机，如何将它们合并为一个可作为词法分析器的自动机呢？我们将在下一章学习合并它们的形式方法；在这里只给出合并它们后得到的机器，如图 2-4 所示。

22   机器中的每个终态都必须标明它所接收的单词类型。在这个自动机中，状态 2 是自动机 IF 的状态 2 和自动机 ID 的状态 2 的合并；由于状态 2 是自动机 ID 的终态，因此这个合并的状态也必须是终态。状态 3 与自动机 IF 的状态 3 和自动机 ID 的状态 2 相同，因为这两者都是终态，故我们使用消除二义性的规则优先原则将状态 3 的接收单词类型标为 IF。之所以使用规则优先原则是因为我们希望这一单词被识别为保留字，而不是标识符。

这个自动机可用一个转换矩阵来表示。转换矩阵是一个二维数组（一个元素为向量的向量），数组的下标是状态编号和输入字符。其中有一个停滞状态（状态 0），这个状态对于任何输入字符都返回到自身，我们用它来表示不存在的边。

```
int edges[][256]={ /* ···0 1 2······e f g h i j··· */
/* state 0 */    {0,0,···0,0,0···0···0,0,0,0,0,0···},
/* state 1 */    {0,0,···7,7,7···9···4,4,4,4,2,4···},
/* state 2 */    {0,0,···4,4,4···0···4,3,4,4,4,4···},
/* state 3 */    {0,0,···4,4,4···0···4,4,4,4,4,4···},
/* state 4 */    {0,0,···4,4,4···0···4,4,4,4,4,4···},
/* state 5 */    {0,0,···6,6,6···0···0,0,0,0,0,0···},
```

```
/* state 6 */      {0,0,···6,6,6···0···0,0,0,0,0,0···},
/* state 7 */      {0,0,···7,7,7···0···0,0,0,0,0,0···},
/* state 8 */      {0,0,···8,8,8···0···0,0,0,0,0,0···},
   et cetera
}
```

另外还需要有一个"终结"（finality）数组，它的作用是将状态编号映射至动作。例如，终态 2 映射到动作 ID，等等。

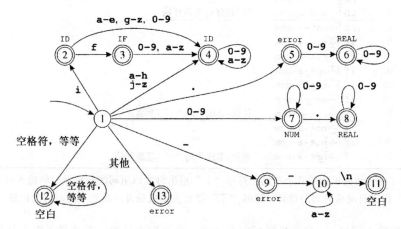

图 2-4　合并后的有限自动机

识别最长的匹配

很容易看出如何使用转换矩阵来识别一个字符串是否会被接收，但是词法分析器的任务是要找到最长的匹配，因为输入中最长的初始子串才是合法的单词。在进行转换的过程中，词法分析器要一直追踪迄今见到的最长匹配以及这个最长匹配的位置。

追踪最长匹配意味着需要用变量 Last-Final（最近遇到的终态的编号）和 Input-Position-at-Last-Final 来记住自动机最后一次处于终态时的时机。每次进入一个终态时，词法分析器都要更新这两个变量；当到达停滞状态（无出口转换的非终态状态）时，从这两个变量便能得知所匹配的单词和它的结束位置。

图 2-5 说明了词法分析器识别最长匹配的操作过程。注意，当前输入位置可能相距识别器最近到达终态时的位置已很远。

2.4　非确定有限自动机

非确定有限自动机（NFA）是一种需要对从一个状态出发的多条标有相同符号的边进行选择的自动机。它也可能存在标有 ϵ（希腊字母）的边，这种边可以在不接收输入字符的情况下进行状态转换。

下面是一个 NFA 的例子：

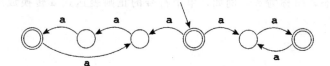

最后的 终态	当前 状态	当前 输入	接收 动作
0	1	if --not-a-com	
2	2	if --not-a-com	
3	3	if --not-a-com	
3	0	if --not-a-com	返回 IF
0	1	if --not-a-com	
12	12	if --not-a-com	
12	0	if --not-a-com	找到空白；重新开始
0	1	if --not-a-com	
9	9	if --not-a-com	
9	10	if --not-a-com	
9	10	if --not-a-com	
9	10	if --not-a-com	
9	0	if --not-a-com	错误；非法单词"–"；重新开始
0	1	if --not-a-com	
9	9	if --not-a-com	
9	0	if --not-a-com	错误；非法单词"–"；重新开始

图 2-5　图 2-4 中自动机识别的几个单词。符号"｜"指出每次调用词法分析器时的输入位置，符号"⊥"指出自动机的当前位置，符号"⊤"指出自动机最近一次处于终态时的位置

在初态时，根据输入字母 a，自动机既可向左转换，也可向右转换。若选择了向左转换，则接收的是长度为 3 的倍数的字符串；若选择了向右转换，则接收的是长度为偶数的字符串。因此，这个 NFA 识别的语言是长度为 2 的倍数或 3 的倍数的所有由字母 a 组成的字符串的集合。

在第一次转换时，这个自动机必须选择走哪条路。如果存在着任何导致该字符串被接收的可选择路径，那么自动机就必须接收该字符串。因此，自动机必须进行"猜测"，并且必须总是做出正确的猜测。

标有 ϵ 的边可以不使用输入中的字符。下面是接收同样语言的另一个 NFA：

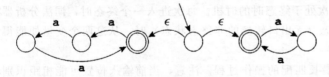

同样地，这个自动机必须决定选取哪一条 ϵ 边。若存在一个状态既有一些 ϵ 边，又有一些标有符号的边，则自动机可以选择接收一个输入符号（并沿着标有对应符号的边前进），或者选择沿着 ϵ 边前进。

2.4.1　将正则表达式转换为 NFA

非确定的自动机是一个很有用的概念，因为它很容易将一个（静态的、说明性的）正则表达式转换成一个（可模拟的、准可执行的）NFA。

转换算法可以将任何一个正则表达式转换为有一个尾巴和一个脑袋的 NFA[①]。它的尾巴即开始边，简称为尾；脑袋即末端状态，简称为头。例如，单个符号的正则表达式 a 转换成的 NFA 为：

---

① 就像一只蝌蚪。——译者注

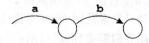

由 **a** 和 **b** 经联结运算而形成的正则表达式 **ab** 对应的 NFA 是由两个 NFA 组合而成的，即将 **a** 的头与 **b** 的尾连接起来。由此得到的自动机有一个用 **a** 标记的尾和一个从 **b** 边进入的头。

一般而言，任何一个正则表达式 *M* 都有一个具有尾和头的 NFA：

我们可以归纳地定义正则表达式到 NFA 的转换。一个正则表达式或者是原语（单个符号或 ϵ），或者是由多个较小的表达式组合而成。类似地，NFA 或者是基本元素，或者是由多个较小的 NFA 组合而成。

图 2-6 展示了将正则表达式转换至 NFA 的规则。我们用图 2-2 中关于单词 IF、ID、NUM 以及 error 的一些表达式来举例说明这种转换算法。每个表达式都转换成了一个 NFA，每个 NFA 的头是用不同单词类型标记的终态结点，并且每一个表达式的尾汇合成一个新的初始结点。由此得到的结果（在合并了某些等价的 NFA 状态之后）如图 2-7 所示。

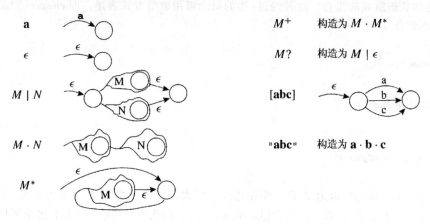

图 2-6　正则表达式至 NFA 的转换

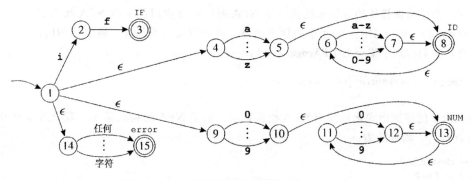

图 2-7　由 4 个正则表达式转换成的一个 NFA

2.4.2   将 NFA 转换为 DFA

如在 2.3 节看到的，用计算机程序实现确定的有限自动机（DFA）较容易。但实现 NFA 则要困难一些，因为大多数计算机都没有足够好的可以进行"猜测"的硬件。

通过一次同时尝试所有可能的路径，可以避免这种猜测。我们用字符串 in 来模拟图 2-7 的 NFA。首先从状态 1 开始。现在，替代猜测应采用哪个 ϵ 转换，我们只是说此时 NFA 可能选择它们中的任何一个，因此，它是状态 $\{1,4,9,14\}$ 当中的任何一个，即我们需要计算 $\{1\}$ 的 ϵ 闭包。显然，不接收输入中的第一个字符，就不可能到达其他状态。

现在要根据字符 i 来进行转换。从状态 1 可以到达状态 2，从状态 4 可到达状态 5，从状态 9 则无处可去，而从状态 14 则可以到达状态 15，由此得到状态集合 $\{2,5,15\}$。但是，我们还必须计算 ϵ 闭包：从状态 5 有一个 ϵ 转换至状态 8，从状态 8 有一个 ϵ 转换至状态 6。因此这个 NFA 一定属于状态集合 $\{2,5,6,8,15\}$。

对于下一个输入字符 n，我们从状态 6 可到达状态 7，但状态 2、5、8 和 15 都无相应的转换。因此得到状态集合 $\{7\}$，它的 ϵ 闭包是 $\{6,7,8\}$。

现在我们已到达字符串 in 的末尾，那么，这个 NFA 是否已到达了终态呢？在我们得到的可能状态集合中，状态 8 是终态，因此 in 是一个 ID 单词。

我们形式化地定义 ϵ 闭包如下。令 $\mathbf{edge}(s,c)$ 是从状态 s 沿着标有 c 的一条边可到达的所有 NFA 状态的集合。对于状态集合 S，$\mathbf{closure}(S)$ 是从 S 中的状态出发，无需接收任何字符，即只通过 ϵ 边便可到达的状态组成的集合。这种经过 ϵ 边的概念可用数学方式表述，即 $\mathbf{closure}(S)$ 是满足如下条件的最小集合 T：

$$T = S \cup \left(\bigcup_{s \in T} \mathbf{edge}(s,\epsilon) \right)$$

我们可用迭代法来算出 T：

```
T ← S
repeat T' ← T
      T ← T' ∪ (⋃_{s∈T'} edge(s, ε))
until T = T'
```

这个算法为什么是正确的？因为 T 只可能在迭代中扩大，所以最终的 T 一定包含 S。如果在一次迭代之后有 $T = T'$，则 T 也一定包含 $\bigcup_{s \in T'} \mathbf{edge}(s,\epsilon)$。因为在 NFA 中只有有限个不同的状态，所以算法一定会终止。

现在，当用前面描述的方法来模拟一个 NFA 时，假设我们位于由 NFA 状态 s_i、s_k、s_l 组成的集合 $d = \{s_i, s_k, s_l\}$ 中。从 d 中的状态出发，并吃进输入符号 c，将到达 NFA 的一个新的状态集合；我们称这个集合为 $\mathbf{DFAedge}(d,c)$：

$$\mathbf{DFAedge}(d,c) = \mathbf{closure}\left(\bigcup_{s \in d} \mathbf{edge}(s,c) \right)$$

利用 $\mathbf{DFAedge}$ 能够更形式化地写出 NFA 模拟算法。如果 NFA 的初态是 s_1，输入字符串中的字符是 $c_1, \cdots, c_k$，则算法为：

```
d ← closure({s₁})
for i ← 1 to k
  d ← DFAedge(d, cᵢ)
```

　　状态集合运算是代价很高的运算——对进行词法分析的源程序中的每一个字符都做这种运算几乎是不现实的。但是，预先计算出所有的状态集合却是有可能的。我们可以由 NFA 构造一个 DFA，使得 NFA 的每一个状态集合都对应于 DFA 的一个状态。因为 NFA 的状态个数有限（n 个），所以这个 DFA 的状态个数也是有限的（至多为 2^n 个）。

　　一旦有了 **closure** 和 **DFAedge** 的算法，就很容易构造出 DFA。DFA 的状态 d_1 就是 **closure**(s_1)，这同 NFA 模拟算法一样。抽象而言，如果 $d_j =$ **DFAedge**(d_i, c)，则存在着一条从 d_i 到 d_j 的标记为 c 的边。令 Σ 是字母表。

| |
|28|

```
states[0] ← {};    states[1] ← closure({s₁})
p ← 1;    j ← 0
while j ≤ p
  foreach c ∈ Σ
    e ← DFAedge(states[j], c)
    if e = states[i] for some i ≤ p
      then trans[j, c] ← i
      else p ← p + 1
           states[p] ← e
           trans[j, c] ← p
  j ← j + 1
```

　　这个算法不访问 DFA 的不可到达状态。这一点特别重要，因为原则上 DFA 有 2^n 个状态，但实际上一般只能找到约 n 个状态是从初态可到达的。这一点对避免 DFA 解释器的转换表出现指数级的膨胀很重要，因为这个转换表是编译器的一部分。

　　只要 states[d] 中有任何状态是其 NFA 中的终态，状态 d 就是 DFA 的终态。仅仅标志一个状态为终态是不够的，我们还必须告知它识别的是什么单词，并且 states[d] 中还可能有多个状态是这个 NFA 的终态。在这种情况下，我们用一个适当的单词类型来标识 d，这个适当的单词类型即组成词法规则的正则表达式表中最先出现的那个单词类型。这就是规则优先的实现方法。

| |
|29|

　　构造了 DFA 之后便可以删除"状态"数组，只保留"转换"数组用于词法分析。

　　对图 2-7 的 NFA 应用这个 DFA 构造算法得到了图 2-8 给出的自动机。

　　这个自动机还不是最理想的，也就是说，它不是识别相同语言的最小自动机。一般而言，我们称两个状态 s_1 和 s_2 是等价的，如果开始于 s_1 的机器接收字符串 σ，则它从状态 s_2 开始也一定接收 σ，反之亦然。图 2-8 中，标为 $[5,6,8,15]$ 的状态和标为 $[6,7,8]$ 的状态等价，标为 $[10,11,13,15]$ 的状态与标为 $[11,12,13]$ 的状态等价。若自动机存在两个等价状态 s_1 和 s_2，则我们可以使得所有进入 s_2 的边都指向 s_1 而删除 s_2。

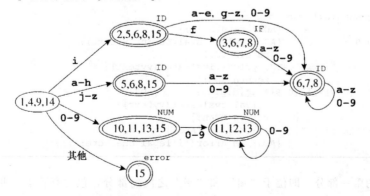

图 2-8　NFA 被转化为 DFA

那么，如何才能找出所有等价的状态呢？若 s_1 和 s_2 同为终态或同为非终态，且对于任意符号 c，$\text{trans}[s_1,c]=\text{trans}[s_2,c]$，则显然它们两者等价。容易看出 $[10,11,13,15]$ 和 $[11,12,13]$ 满足这个判别条件。但是这个条件的普遍性还不够充分，考虑下面的自动机：

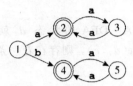

其中状态 2 和 4 等价，但是 $\text{trans}[2,a]\neq\text{trans}[4,a]$。

在构造出一个 DFA 后，用一个算法来找出它的等价状态，并将之最小化是很有好处的；见习题 2.6。

2.5   Lex：词法分析器的生成器

构造 DFA 是一种机械性的工作，很容易由计算机来实现，因此一种有意义的做法是，用词法分析器的自动生成器来将正则表达式转换为 DFA。

Lex 就是这样的一个词法分析器的生成器，它由词法规范生成一个 C 程序。对于要进行分析的程序设计语言中的每一种单词类型，该规范包含一个正则表达式和一个动作。这个动作将单词类型（可能和其他信息一起）传给编译器的下一处理阶段。

Lex 的输出是一个 C 程序，即一个词法分析器。该分析器使用 2.3 节介绍的算法来解释 DFA，并根据每一种匹配执行一段动作代码，这段动作代码是用于返回单词类型的 C 语句。

图 2-2 描述的单词类型在 Lex 中的规范如程序 2-1 所示。

程序 2-1   图 2-2 描述的单词的 Lex 规范

```
%{
/* C Declarations: */
#include "tokens.h"    /* definitions of IF, ID, NUM, ... */
#include "errormsg.h"
union {int ival; string sval; double fval;} yylval;
int charPos=1;
#define ADJ  (EM_tokPos=charPos, charPos+=yyleng)
%}
/* Lex Definitions: */
digits   [0-9]+
%%
/* Regular Expressions and Actions: */
if                      {ADJ; return IF;}
[a-z][a-z0-9]*          {ADJ; yylval.sval=String(yytext);
                         return ID;}
{digits}                {ADJ; yylval.ival=atoi(yytext);
                         return NUM;}
({digits}"."[0-9]*)|([0-9]*"."{digits})    {ADJ;
                         yylval.fval=atof(yytext);
                         return REAL;}
("--"[a-z]*"\n")|(" "|"\n"|"\t")+    {ADJ;}
                        {ADJ; EM_error("illegal character");}
```

该规范中的第一部分，即位于"%{"和"%}"之间的部分，包含有若干由此文件其余部分 C 代码使用的 include 和声明。

这个规范的第二部分包含正则表达式的简写形式和状态说明。例如，在这一部分中的说明 digits[0-9]+ 允许用名字{digits}代表正则表达式中非空的数字序列。

第三部分包含正则表达式和动作。这些动作是一段原始的 C 代码。每一个动作必须返回一个 int 类型的值，指出匹配的是哪一种单词。

动作代码中可以使用几个特殊的变量。由正则表达式匹配的字符串是 yytext，所匹配的字符串的长度是 yyleng。

在这个特定的例子中，我们一直用变量 charPos 追踪着每一个单词的位置，此位置相对文件开始并以字符为单位。通过对宏 ADJ 的调用，错误信息模块 errormsg.h 中的变量 EM_tokPos 将持续不断地告知这个位置。语法分析器将使用这个信息报告语法错误。

这个例子中包含的文件 tokens.h 定义了 IF、ID、NUM 等整常数；这是一些由动作代码返回的值，它们指明被匹配的是何种类型的单词。

有一些单词关联有语义值。例如，ID 的语义值是组成标识符的字符串，NUM 的语义值是一个整数，而 IF 则没有语义值（因为每一个 IF 都有别于其他单词）。这些值经全局变量 yylval 传达给语法分析器，yylval 是一个表示不同语义值的联合。Lex 返回的单词类型告知语法分析器这个联合中的哪一个成员是有效成员。

开始状态

正则表达式是静态的和说明性的，自动机是动态的和命令式的；也就是说，你不必用一个算法来模拟就能看到正则表达式的成分和结构，但是理解自动机常常需要你在自己的头脑中来“执行”它。因此，正则表达式一般更适合于用来指明程序设计语言单词的词法结构。

有时候一步一步地模拟自动机的状态转换过程也是一种合适的做法。Lex 有一种将状态和正则表达式混合到一起的机制。你可以声明一组初态，每个正则表达式的前面可以有一组对它而言是合法的初态作为其前缀。动作代码可以明显地改变初态。这相当于我们有这样的一种有限自动机，其边标记的不是符号而是正则表达式。下面的例子给出了一种只由简单标识符、单词 if 和以“(*”和“*)”作为界定符的注释所组成的语言。

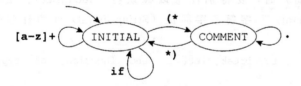

尽管有可能写出与整个注释相匹配的单个正则表达式，但是随着注释变得越来越复杂，特别是在允许注释嵌套的情况下，这种正则表达式也会越来越复杂，甚至变得不可能。

与这个机器对应的 Lex 的规范为：

```
    ⋮ the usual preamble ...
%Start INITIAL COMMENT
%%
<INITIAL>if      {ADJ; return IF;}
<INITIAL>[a-z]+  {ADJ; yylval.sval=String(yytext); return ID;}
<INITIAL>"(*"    {ADJ; BEGIN COMMENT;}
<INITIAL>.       {ADJ; EM_error("illegal character");}
<COMMENT>"*)"    {ADJ; BEGIN INITIAL;}
<COMMENT>.       {ADJ;}
                 {BEGIN INITIAL; yyless(1);}
```

其中 INITIAL 是"任何注释之外"的状态。最后一个规则是一种调整，其用途是使得 Lex 进入此状态。任何不以⟨STATE⟩为前缀的正则表达式在所有状态中都能工作，这种特征很少有用处。

利用一个全局变量，并在语义动作中适当增减此全局变量的值，这个例子便很容易扩充成可处理嵌套的注释。

程序设计：词法分析

用 Lex 写出一个 Tiger 语言的词法分析器。附录中描述了 Tiger 的词法单词。

本章未对词法分析器应当如何初始化以及它应当如何与编译器的其他部分通信作出说明。你可以从 Lex 使用手册中得到这些内容，而在 $TIGER/chap2 目录中有一个最基本的介绍文件可帮助你入门。

你应当在连同 tiger.lex 文件一起提交的文档中描述清楚以下问题。

- 你是怎样处理注释的。
- 你是怎样处理字符串的。
- 错误处理。
- 文件结束处理。
- 你的词法分析器的其他令人感兴趣的特征。

在 $TIGER/chap2 中有如下一些可用的支持文件。

- tokens.h，词法单词常数以及 yylval 的定义。
- errormsg.h、errormsg.c，报错信息模块，用于产生含文件名和行号的报错信息。
- driver.c，一个运行你的词法分析器来分析输入文件的测试平台。
- tiger.lex，tiger.lex 文件的初始代码。
- makefile，编译所有文件的 makefile 文件。

在阅读附录（Tiger 语言参考手册）时，要特别注意以**标识符**（Identifier）、**注释**（Comment）、**整型字面量**（Integer literal）和**字符串字面量**（String literal）作为标题的段落。

Tiger 语言的保留字是：while、for、to、break、let、in、end、function、var、type、array、if、then、else、do、of、nil。

Tiger 语言使用的符号是：

, : ; ( ) [ ] { } . + - * / = <> < <= > >= & | :=

对于字符串字面量，你的词法分析器返回的字符串值应当包含所有已转换到其含义的转义字符。

没有负整型字面量。对于带负号的整型字面量，例如-32，要返回两个单词。

目录 $TIGER/testcases 中含有几个简单的 Tiger 程序实例。

开始时，首先创建一个目录，并复制 $TIGER/chap2 中的内容到此目录。用 Tiger 语言编写一个小程序保存于文件 test.tig 中。然后，键入 make；它将运行 Lex 读入 tiger.lex 并产生 lex.yy.c，然后将 lex.yy.c 与其他 C 文件一起进行编译。

最后 lextest test.tig 将利用一个测试台对该文件进行词法分析。

推荐阅读

Lex 是第一个基于正则表达式的词法分析器的生成器[Lesk 1975]，它现在仍被广泛使用。

将还未对其边进行过 ϵ 转换检查的状态保存在一个队列或栈中，可以更高效地计算 ϵ 闭包[Aho et al. 1986]。正则表达式可以直接转换成 DFA 而不需经过 NFA[McNaughton and Yamada 1960；Aho et al. 1986]。

DFA 转换表可能非常大，而且很稀疏。若用一个二维矩阵（状态×符号）来表示这张表，则会需要太多的存储空间。在实际中，这个表是经过压缩的。这样做减少了存储空间需求，但却增加了寻找下一状态需要的时间[Aho et al.1986]。

词法分析器，无论是自动生成的还是手工书写的，都必须有效地处理其输入。当然，输入可以放在缓冲区中，从而一次可以获取成批的字符，然后词法分析器可以每次处理缓冲区中的一个字符。每次读取字符时，词法分析器都必须检查是否已到达缓冲区的末尾。通过在缓冲区末尾放置一个敏感标记（sentinel），即一个不属于任何单词的字符，词法分析器就有可能只对每个单词进行一次检查，而不是对每个字符都进行检查 [Aho et al. 1986]。Gray[1988]使用的一种设计可以只需每行检查一次，而不是每个单词检查一次，但它不能适合那种包含行结束字符的单词。Bumbulis 和 Cowan[1993]的方法只需对 DFA 中的每一次循环检查一次；当 DFA 中存在很长的路径时，这可减少检查的次数（相对每个字符一次）。

自动生成的词法分析器常常因速度太慢受到批评。从原理上而言，有限自动机的操作非常简单，因而应该是高效的，但是通过转换表进行解释增加了开销。Gray[1988]指出，直接将 DFA 转换为可执行代码（将状态作为 case 语句来实现），其速度可以和手工编写的词法分析器一样快。例如，Flex(fast lexical analyzer generator)[Paxson 1995]的速度就比 Lex 要快许多。

习题

2.1 写出下面每一种单词的正则表达式。

a. 字母表 $\{a,b,c\}$ 上满足后面条件的字符串：首次出现的 a 位于首次出现的 b 之前。

b. 字母表 $\{a,b,c\}$ 上由偶数个 a 组成的字符串。

c. 是 4 的倍数的二进制数。

d. 大于 101001 的二进制数。

e. 字母表 $\{a,b,c\}$ 上不包含连续子串 baa 的字符串。

f. C 语言中非负整常数组成的语言，其中以 0 开头的数是八进制常数，其他数是十进制常数。

g. 使得方程 $a^n+b^n=c^n$ 存在着整数解的二进制整数 n。

2.2　对于下列描述，试解释为什么不存在对应的正则表达式。

　　a. 由 a 和 b 组成的字符串，其中 a 的个数要多于 b。

　　b. 由 a 和 b 组成的回文字符串（顺读与倒读相同）。

　　c. 语法上正确的 C 程序。

2.3　用自然语言描述下述有限状态自动机识别的语言。

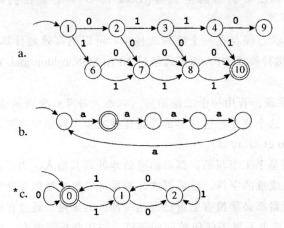

2.4　将下面两个正则表达式转换为非确定的有限自动机。

　　a. **(if|then|else)**

　　b. **a((b|a*c)x)*|x*a**

2.5　将下面的 NFA 转换为确定的有限自动机。

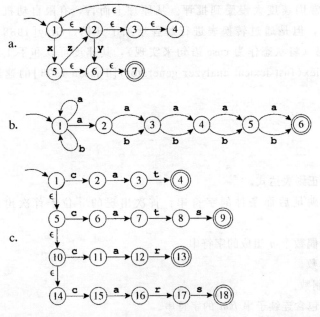

2.6　在下面这个自动机中找出两个等价的状态，并合并它们产生一个识别相同语言且较小的
　　自动机。重复这个过程直到没有等价状态为止。

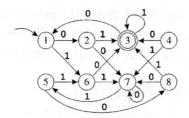

实际上，最小化有限自动机的通用算法是以相反的思路来工作的。它首先要找出的是所有不等价的状态偶对。若 X 是终结符而 Y 不是，或者（通过迭代）$X \xrightarrow{a} X'$ 且 $Y \xrightarrow{a} Y'$ 但 X' 和 Y' 不等价，则状态 X 和 Y 不等价。用这种迭代方式寻找新的不等价状态偶对且由于没有更多的不等价状态而停止后，如果 X、Y 仍不是不等价偶对，则它们就是等价状态。参见 Hopcroft 和 Ullman[1979]中的定理 3.10。

*2.7 任何接收至少一个字符串的 DFA 都能转换为一个正则表达式。将习题 2.3c 的 DFA 转换为正则表达式。**提示：**首先假装状态 1 是初态。然后，编写一个通到状态 2 并返回到状态 1 的正则表达式和一个类似的通到状态 0 并返回到状态 1 的正则表达式。或者查看 Hopcroft 和 Ullman[1979]一书中定理 2.4 关于此算法的论述。

*2.8 假设 Lex 使用下面这个 DFA 来寻找输入文件中的单词：

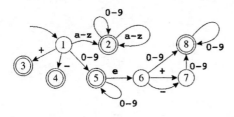

a. Lex 在匹配一个单词之前，必须在该单词之后再检测多少个字符？

b. 设你对问题 a 的答案为 k，写出一个至少包含两个单词的输入文件，使得 Lex 的第一次调用在返回第一个单词前需要检测该单词末尾之后的 k 个字符。若对问题 a 的答案为 0，则写出一个包含至少两个单词的输入文件，并指出每个单词的结束点。

2.9 一个基于 DFA 的解释型词法分析器使用以下两张表。

- edges 以状态和输入符号为索引，产生一个状态号。
- final 以状态为索引，返回 0 或一个动作号。

从下面这个词法规范开始：

```
(aba)+      (action 1);
(a(b*)a)    (action 2);
(a|b)       (action 3);
```

为一个词法分析器生成 edges 和 final 表。

然后给出该词法分析器分析字符串 abaabbaba 的每一步。注意，一定要给出此词法分析器重要的内部变量的值。该词法分析器将被反复调用以获得后继的单词。

**2.10 词法分析器 Lex 有一个超前查看操作符 "/"，它使得正则表达式 abc/def 只有在 abc 之后跟有 def 时，才能匹配 abc（但是 def 并不是所匹配字符串的一部分，而是下一个或几个单词的一部分）。Aho 等人[1986]描述了一种实现超前查看的错误算法，并且 Lex

[Lesk 1975]中也使用了这种算法（对于(a|ab)/ ba，当输入为 aba 时，该算法不能进行正确的识别。它在应当匹配 a 的地方匹配了 ab）。Flex[Paxson 1995]使用了一种更好的机制，这种机制对于(a|ab)/ ba 能正确工作，但对 zx */ xy * 却不能（但能打印出警告信息）。

请设计出一种更好的超前查看机制。

第3章　语法分析

语法（syn-tax）：组合单词以形成词组、从句或句子的方法。

韦氏词典

Lex 中用一个符号替代某个正则表达式的缩写机制非常方便，这使我们想到用下面的方法来表示一个正则表达式：

$digits = [0-9]+$
$sum\ \ \ = (digits\ \text{"+"})*\ digits$

这两个正则表达式定义了形如 28 + 301 + 9 的求和表达式。

但是，考虑下面的定义：

$digits = [0-9]+$
$sum\ \ \ = expr\ \text{"+"}\ expr$
$expr\ \ = \text{"("}\ sum\ \text{")"}\ |\ digits$

它们定义的是如下形式的表达式：

```
(109+23)
61
(1+(250+3))
```

其中的所有括号都是配对的。可是有限自动机却不能识别出这种括号配对的情况（因为一个状态数为 N 的自动机无法记忆嵌套深度大于 N 的括号），因此，*sum* 和 *expr* 显然不能是正则表达式。

那么，词法分析器 Lex 怎样实现类似于 digits 这种缩写形式的正则表达式呢？答案是，在将正则表达式翻译成有限自动机之前，简单地用 digits 右部的式子([0-9]+)替代正则表达式中出现的所有 digits。

但这种方法对于前面给出的那种 *sum-expr* 语言却行不通。我们虽然可以首先将 *expr* 中的 *sum* 替换掉，得到：

$expr = \text{"("}\ expr\ \text{"+"}\ expr\ \text{")"}\ |\ digits$

但是若再用 *expr* 右部的表达式替换 *expr* 自身，则得到

$expr = \text{"("}\ (\ \text{"("}\ expr\ \text{"+"}\ expr\ \text{")"}\ |\ digits\ )\ \text{"+"}\ expr\ \text{")"}\ |\ digits$

右部现在仍然同以前一样出现有 *expr*，且事实上，*expr* 的出现次数不但没有减少反而还增加了！

因此，仅仅这种形式的缩写表示并不能增强正则表达式的语言描述能力（它并没有定义额外的语言），除非这种缩写形式是递归的（或者是相互递归的，如 *sum* 和 *expr* 的情形）。

由这种递归而获得的额外的表示能力正好是语法分析需要的。另外，一旦有了递归的缩写形式，则除了在表达式的顶层之外，可以不再需要可选操作。因为定义

$expr = ab(c\ |\ d)e$

可通过一个辅助定义重写为：

> *aux = c | d*
> *expr = a b aux e*

事实上，可以完全不使用可选符号而写出同一个符号的多个可接受的扩展：

> *aux = c*
> *aux = d*
> *expr = a b aux e*

克林闭包也不再是必需的，我们可以将

> *expr = (a b c)**

重写为

> *expr = (a b c) expr*
> *expr = ϵ*

40

至此我们得到了一种非常简单的表示法，称为上下文无关文法（context-free grammar）。正如正则表达式以一种静态的、说明的方式来定义词法结构一样，文法以说明的方式来定义语法结构。但是我们需要比有限自动机更强大的方法来分析文法所描述的语言。

事实上，文法也可用来描述词法单词的结构；但对于此目的，使用正则表达式要更为适合，也更为简练。

3.1　上下文无关文法

与前面类似，我们认为语言是由字符串组成的集合，每个字符串是由有限字母表中的符号组成的有限序列。对于语法分析而言，字符串是源程序，符号是词法单词，字母表是词法分析器返回的单词类型集合。

一个上下文无关文法描述一种语言。文法有如下形式的产生式（production）集合：

> *symbol* → *symbol symbol* ⋯ *symbol*

其中，产生式的右部有 0 或更多个符号。每一个符号或者是终结符（terminal）——来自该语言字符串字母表中的单词，或者是非终结符（nonterminal）——出现在某个产生式的左部。单词决不会出现在产生式的左部。最后，有一个区别对待的非终结符，称为文法的开始符号（start symbol）。

文法 3-1 是一个直线式程序的文法例子。它的开始符号是 S（当未明确给出开始符号时，约定第一个产生式左部的非终结符为开始符号）。此例中的终结符为：

41

> id print num , + ( ) := ;

非终结符是 S、E 和 L。属于这个文法语言的一个句子为：

> id := num; id := id + (id := num + num, id)

与它对应的源程序（在词法分析之前的）可以是：

```
a := 7;
b := c + (d := 5 + 6, d)
```

单词（终结符）的类型为 id、num、:=等。名字(a、b、c、d) 和数字（7、5、6)是与其中一些
单词关联的语义值(semantic value)。

文法 3-1　直线式程序的语法

1 $S \rightarrow S$; S	4 $E \rightarrow$ id	
2 $S \rightarrow$ id := E	5 $E \rightarrow$ num	8 $L \rightarrow E$
3 $S \rightarrow$ print (L)	6 $E \rightarrow E + E$	9 $L \rightarrow L$, E
	7 $E \rightarrow (S , E)$	

3.1.1　推导

为了证明这个句子属于该文法的语言，我们可以进行推导(derivation)：从开始符号出发，对
其右部的每一个非终结符，都用此非终结符对应的产生式中的任一个右部来替换，如推导 3-1
所示。

推导 3-1

$\underline{S}$
$\underline{S}$; S
$\underline{S}$; id := E
id := $\underline{E}$; id := E
id := num ; id := $\underline{E}$
id := num ; id := E + $\underline{E}$
id := num ; id := $\underline{E}$ + (S , E)
id := num ; id := id + ($\underline{S}$, E)
id := num ; id := id + (id := $\underline{E}$, E)
id := num ; id := id + (id := E + E , $\underline{E}$)
id := num ; id := id + (id := $\underline{E}$ + E , id)
id := num ; id := id + (id := num + $\underline{E}$, id)
id := num ; id := id + (id := num + num , id)

同一个句子可以存在多种不同的推导。最左推导（leftmost derivation）是一种总是扩展最
左边非终结符的推导；在最右推导（rightmost derivation）中，下一个要扩展的非终结符总是最
右边的非终结符。

42

推导 3-1 既不是最左推导，也不是最右推导，因为这个句子的最左推导应当以下述推导开
始：

$\underline{S}$
$\underline{S}$; S
id := $\underline{E}$; S
id := num ; $\underline{S}$
id := num ; id := $\underline{E}$
id := num ; id := $\underline{E}$ + E
　⋮

3.1.2　语法分析树

语法分析树（parse tree，也简称为语法树或分析树）是将一个推导中的各个符号连接到从
它推导出来的符号而形成的，如图 3-1 所示。两种不同的推导可以有相同的语法树。

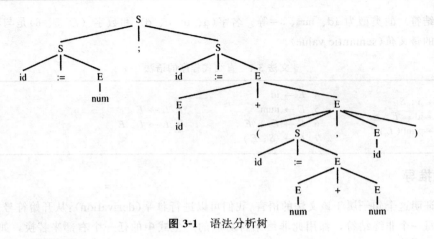

图 3-1   语法分析树

3.1.3   二义性文法

如果一个文法能够推导出具有两棵不同语法树的句子，则该文法有二义性（ambiguous）。文法 3-1 是有二义性的，因为句子 id:= id + id + id 有两棵语法分析树（图 3-2）。

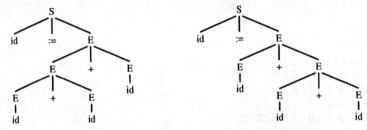

图 3-2   文法 3-1 的同一个句子的两棵语法分析树

文法 3-2 也是有二义性的。图 3-3 给出了句子 1−2−3 的两棵语法分析树，图 3-4 则给出了 1+2∗3 的两棵语法分析树。显然，如果我们用这些语法分析树来解释这两个表达式的含义，1−2−3 的两棵语法分析树则有两种不同的含义，分别为 $(1-2)-3=-4$ 和 $1-(2-3)=2$。同样，$(1+2)\times3$ 也不同于 $1+(2\times3)$。而且编译器正是利用语法分析树来推导语义的。

文法 3-2

$E \rightarrow \text{id}$
$E \rightarrow \text{num}$
$E \rightarrow E * E$
$E \rightarrow E / E$
$E \rightarrow E + E$
$E \rightarrow E - E$
$E \rightarrow (E)$

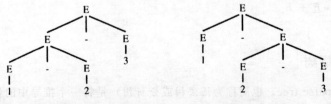

图 3-3   文法 3-2 的句子 1−2−3 的两棵语法分析树

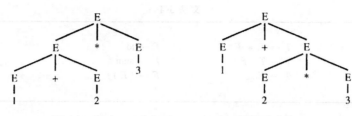

图 3-4　文法 3-2 的句子 1 + 2ˑ 3 的两棵语法分析树

因此，二义性文法会给编译带来问题，通常我们希望文法是无二义性的。幸运的是，二义性文法常常可以转换为无二义性的文法。

让我们来找出文法 3-2 的另一种文法，它接收的语言与文法 3-2 相同，但却是无二义性的。首先，假定 ∗ 比＋具有更紧密的约束，或换言之，∗ 具有较高的优先级。其次，假定每一种操作符都是左结合的，于是我们得到(1－2)－3 而不是 1－(2－3)。通过引入一个新的非终结符得到文法 3-3，我们就可达到此目的。

文法 3-3

$E \rightarrow E + T$	$T \rightarrow T * F$	$F \rightarrow$ id
$E \rightarrow E - T$	$T \rightarrow T / F$	$F \rightarrow$ num
$E \rightarrow T$	$T \rightarrow F$	$F \rightarrow (E)$

文法 3-3 中，符号 E、T 和 F 分别代表表达式（expression）、项（term）和因子（factor）。习惯上，因子是可以相乘的语法实体，项是可以相加的语法实体。

这个文法接收的句子集合与原二义性文法接收的相同，但是现在每一个句子都只有一棵语法分析树。文法 3-3 决不会产生图 3-5 所示的两棵语法分析树（见习题 3.17）。

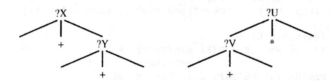

图 3-5　文法 3-3 决不会产生的两棵语法分析树

如果我们想让 ∗ 是右结合的，则可将产生式改写为 $T \rightarrow F * T$。

我们一般通过文法转换来消除文法的二义性。但是一些语言（即字符串集合）只有有二义性的文法，而没有无二义性的文法。这种语言作为程序设计语言会有问题，因为语法上的二义性会导致程序编写和理解上的问题。

3.1.4　文件结束符

语法分析器读入的不仅仅是＋、－、num 这样的终结符，而且会读入文件结束标志。我们用 $ 符号来表示文件结束。

设 S 是一文法的开始符号。为了指明 $ 必须出现在一个完整的 S 词组之后，需要引入一个新的开始符号 S' 以及一个新的产生式 $S' \rightarrow S \$$。

在文法 3-3 中，E 是开始符号，修改后的文法为文法 3-4。

文法 3-4

$S \to E\,\$$	$T \to T * F$	$F \to$ id
$E \to E + T$	$T \to T / F$	$F \to$ num
$E \to E - T$	$T \to F$	$F \to (E)$
$E \to T$		

3.2　预测分析

有一些文法使用一种称为递归下降（recursive descent）的简单算法就很容易进行分析。这种算法的实质是将每一个文法产生式转变成递归函数中的一个子句。为了举例说明这种算法，我们来为文法 3-5 写一个递归下降语法分析器。

文法 3-5

$S \to$ if E then S else S	$L \to$ end
$S \to$ begin $S\,L$	$L \to ;\ S\,L$
$S \to$ print E	$E \to$ num $=$ num

这个语言的递归下降语法分析器对每个非终结符有一个函数，非终结符的每个产生式对应一个子句。

```
enum token {IF, THEN, ELSE, BEGIN, END, PRINT, SEMI, NUM, EQ};
extern enum token getToken(void);

enum token tok;
void advance() {tok=getToken();}
void eat(enum token t) {if (tok==t) advance(); else error();}

void S(void) {switch(tok) {
      case IF:    eat(IF); E(); eat(THEN); S();
                                eat(ELSE); S(); break;
      case BEGIN: eat(BEGIN); S(); L(); break;
      case PRINT: eat(PRINT); E(); break;
      default:    error();
      }}
void L(void) {switch(tok) {
      case END:   eat(END); break;
      case SEMI:  eat(SEMI); S(); L(); break;
      default:    error();
      }}
void E(void) { eat(NUM); eat(EQ); eat(NUM); }
```

若恰当地定义了 error 和 getToken，这个程序就能很好地对文法 3-5 进行分析。

这种简单方法的成功给了我们一种鼓励，让我们再用它来尝试文法 3-4：

```
void S(void) {  E(); eat(EOF); }
void E(void) {switch (tok) {
       case ?: E(); eat(PLUS); T(); break;
       case ?: E(); eat(MINUS); T(); break;
       case ?: T(); break;
       default: error();
       }}
```

```
void T(void) {switch (tok) {
        case ?: T(); eat(TIMES); F(); break;
        case ?: T(); eat(DIV); F(); break;
        case ?: F(); break;
        default: error();
     }}
```

这时我们遇到了一个冲突：函数 E 不知道该使用哪个子句。考虑单词串 (1 * 2 - 3) + 4 和 (1 * 2 - 3)。初次调用 E 时，对于前者，应使用产生式 $E \to E + T$；而对于后者，则应该使用 $E \to T$。

递归下降分析也称为预测（predictive）分析，只适合于每个子表达式的第一个终结符号能够为产生式的选择提供足够信息的文法。为了便于理解，我们将形式化 FIRST 集合的概念，然后用一个简单的算法导出无冲突的递归下降语法分析器。

就像从正则表达式可以构造出词法分析器一样，也存在语法分析器的生成器之类的工具，可以用来构造预测分析器。但是如果我们打算使用工具的话，可能同时需要用到基于更强大的 LR(1) 分析算法的工具，3.3 节将讲述 LR(1) 分析算法。

有时使用语法分析器生成工具并不方便，或者说不可能。预测分析器的优点就在于其算法简单，我们可以用它手工构造分析器，而无需自动构造工具。

3.2.1 FIRST 集合和 FOLLOW 集合

给定一个由终结符和非终结符组成的字符串 γ，FIRST(γ) 是可以从 γ 推导出的任意字符串中开头终结符组成的集合。例如，令 $\gamma = T * F$。任何可从 γ 推导出的由终结符组成的字符串都必定以 id、num 或 (开始。因此有

FIRST($T * F$) = {id,num,(}

如果两个不同的产生式 $X \to \gamma_1$ 和 $X \to \gamma_2$ 具有相同的左部符号 (X)，并且它们的右部有重叠的 FIRST 集合，则这个文法不能用预测分析法来分析。因为如果存在某个终结符 I，它既在 FIRST(γ_1) 中，又在 FIRST(γ_2) 中，则当输入单词为 I 时，递归下降分析器中与 X 对应的函数将不知道该怎样做。

FIRST 集合的计算似乎很简单。若 $\gamma = XYZ$，则好像只要忽略 Y 和 Z，只需计算 FIRST(X) 就可以了。但是考虑文法 3-6 就可以看出情况并非如此。因为 Y 可能产生空串，所以 X 也可能产生空串，于是我们发现 FIRST(XYZ) 一定包含 FIRST(Z)。因此，在计算 FIRST 集合时，我们必须跟踪能产生空串的符号；这种符号称为可空（nullable）符号。同时还必须跟踪有可能跟随在可空符号之后的其他符号。

文法 3-6

$Z \to d$	$Y \to$	$X \to Y$
$Z \to XYZ$	$Y \to c$	$X \to a$

对于一个特定的文法，当给定由终结符和非终结符组成的字符串 γ 时，下述结论成立。
- 若 X 可以导出空串，那么 nullable(X) 为真。
- FIRST(γ) 是可从 γ 推导出的字符串的开头终结符的集合。
- FOLLOW(X) 是可直接跟随于 X 之后的终结符集合。也就是说，如果存在着任一推导包含 Xt，则 $t \in$ FOLLOW(X)。当推导包含 $XYZt$，其中 Y 和 Z 都推导出 ϵ 时，也有 $t \in$ FOLLOW(X)。

可将 FIRST、FOLLOW 和 nullable 精确地定义为满足如下属性的最小集合：

对于每个终结符 Z，FIRST$[Z]=\{Z\}$。
for 每个产生式 $X \rightarrow Y_1 Y_2 \cdots Y_k$
  for 每个 i 从 1 到 k，每个 j 从 $i+1$ 到 k，
    if 所有 Y_i 都是可为空的
    then nullable$[X]=$true
    if $Y_1 \cdots Y_{i-1}$ 都是可为空的
    then FIRST$[X]=$FIRST$[X] \cup$ FIRST$[Y_i]$
    if $Y_{i+1} \cdots Y_k$ 都是可为空的
    then FOLLOW$[Y_i]=$FOLLOW$[Y_i] \cup$ FOLLOW$[X]$
    if $Y_{i+1} \cdots Y_{j-1}$ 都是可为空的
    then FOLLOW$[Y_i]=$FOLLOW$[Y_i] \cup$ FIRST$[Y_j]$

计算 FIRST、FOLLOW 和 nullable 的算法 3-1 遵循的正是上述事实。我们只需要简单地用一个赋值语句替代每一个方程并进行迭代，就可以计算出每个字符串的 FIRST、FOLLOW 和 nullable。

算法 3-1 FIRST、FOLLOW 和 nullable 的迭代计算

计算 FIRST、FOLLOW 和 nullable 的算法。
将所有的 FIRST 和 FOLLOW 初始化为空集合，将所有的 nullable 初始化为 false。
for 每一个终结符 Z
    FIRST $[Z] \leftarrow \{Z\}$
repeat
  for 每个产生式 $X \rightarrow Y_1 Y_2 \cdots Y_k$
  for 每个 i 从 1 到 k，每个 j 从 $i+1$ 到 k，
    if 所有 Y_i 都是可空的
    then nullable $[X] \leftarrow$ true
    if $Y_1 \cdots Y_{i-1}$ 都是可空的
    then FIRST $[X] \leftarrow$ FIRST $[X] \cup$ FIRST $[Y_i]$
    if $Y_{i+1} \cdots Y_k$ 都是可空的
    then FOLLOW $[Y_i] \leftarrow$ FOLLOW $[Y_i] \cup$ FOLLOW $[X]$
    if $Y_{i+1} \cdots Y_{j-1}$ 都是可空的
    then FOLLOW $[Y_i] \leftarrow$ FOLLOW $[Y_i] \cup$ FIRST $[Y_j]$
until FIRST、FOLLOW 和 nullable 在此轮迭代中没有改变

当然，按正确的顺序考察产生式会有助于提高这个算法的效率，具体见 17.4 节。此外，这 3 个关系式不必同时计算，可单独计算 nullable，然后计算 FIRST，最后计算 FOLLOW。

关于集合的一组方程变成了计算这些集合的算法，这并不是第一次遇到；在 2.4.2 节计算 ϵ 闭包的算法中我们也遇到了这种情形。这也不会是最后一次；这种迭代到不动点的技术也适用于编译器后端优化使用的数据流分析。

我们来将这一算法应用于文法 3-6。一开始，我们有

	nullable	FIRST	FOLLOW
X	no		
Y	no		
Z	no		

在第一次迭代中，我们发现 $a \in \mathrm{FIRST}[X]$，Y 是可为空的，$c \in \mathrm{FIRST}[Y]$，$d \in \mathrm{FIRST}[Z]$，$d \in \mathrm{FOLLOW}[X]$，$c \in \mathrm{FOLLOW}[X]$，$d \in \mathrm{FOLLOW}[Y]$。因此有

	nullable	FIRST	FOLLOW
X	no	a	c d
Y	yes	c	d
Z	no	d	

在第二次迭代中，我们发现 X 是可为空的，$c \in \mathrm{FIRST}[X]$，$\{a,c\} \subseteq \mathrm{FIRST}[Z]$，$\{a,c,d\} \subseteq \mathrm{FOLLOW}[X]$，$\{a,c,d\} \subseteq \mathrm{FOLLOW}[Y]$，因此有

	nullable	FIRST	FOLLOW
X	yes	a c	a c d
Y	yes	c	a c d
Z	no	a c d	

第三次迭代没有发现新的信息，于是算法终止。

也可将 FIRST 关系推广到符号串：

$$\mathrm{FIRST}(X\gamma) = \mathrm{FIRST}[X] \qquad\qquad 若\, !\mathrm{nullable}[X]$$
$$\mathrm{FIRST}(X\gamma) = \mathrm{FIRST}[X] \bigcup \mathrm{FIRST}(\gamma) \qquad\qquad 若\, \mathrm{nullable}[X]$$

并且类似地，如果 γ 中的每个符号都是可为空的，则称符号串 γ 是可为空的。

3.2.2 构造预测分析器

考虑一个递归下降分析器。非终结符 X 的分析函数对 X 的每个产生式都有一个子句，因此，该函数必须根据下一个输入单词 T 来选择其中的一个子句。如果能够为每一个 (X, T) 选择出正确的产生式，就能够写出这个递归下降分析器。我们需要的所有信息可以用一张关于产生式的二维表来表示，此表以文法的非终结符 X 和终结符 T 作为索引。这张表称为预测分析表（predictive parsing table）。

为了构造这张表，对每个 $T \in \mathrm{FIRST}(\gamma)$，在表的第 X 行第 T 列，填入产生式 $X \rightarrow \gamma$。此外，如果 γ 是可为空的，则对每个 $T \in \mathrm{FOLLOW}(X)$，在表的第 X 行第 T 列，也填入该产生式。

图 3-6 给出了文法 3-6 的预测分析表。但是其中有些项中的产生式不止一个！出现这种多重定义的项意味着不能对文法 3-6 进行预测分析。

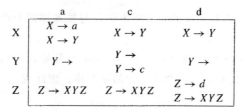

图 3-6 文法 3-6 的预测分析表

如果我们仔细地检查这一文法，就能发现它具有二义性。句子 d 有多个语法树，包括：

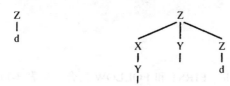

二义性文法总是会导致预测分析表有多重定义的项。如果我们想要将文法 3-6 的语言作为程序设计语言，则需要为它找到一个无二义性的文法。

若文法的预测分析表不含多重定义的项，则称其为 LL(1) 文法。LL(1) 代表从左至右分析、最左推导和超前查看一个符号（Left-to-right parse，Leftmost-derivation，1-symbol lookahead）。显然，递归下降（预测）分析器从左至右扫描一遍输入符号（有些分析算法不这样做，但它们一般对编译器没有什么帮助）。预测分析器在将非终结符扩展成它们的产生式的右部符号（即递归下降分析器调用非终结符对应的函数）所遵循的顺序恰好就是最左推导扩展非终结符所采用的顺序。而且，递归下降分析器完成其工作只需查看下一个输入单词，从不需要超前查看一个以上的单词。

我们也可以推广 FIRST 集合的概念来描述一个单词串的前 k 个单词，并构造一个 LL(k) 分析表，表的行是非终结符，列是 k 个终结符的每一种序列。这种方法虽然很少采用（因为这种表实在是太大了），但有时在手工编写递归下降分析器时，会遇到需要超前查看一个以上单词的情况。

可用 LL(2) 分析表分析的文法称为 LL(2) 文法，类似地，有 LL(3) 文法，等等。所有 LL(1) 文法都属于 LL(2) 文法，依此类推。对于任何 k，不存在任何有二义性的文法是 LL(k) 文法。

3.2.3   消除左递归

假设我们要为文法 3-4 构造一个预测分析器。下面两个产生式

$$E \rightarrow E + T$$
$$E \rightarrow T$$

肯定会导致在 LL(1) 分析表中有双重定义的登记项，因为任何属于 FIRST(T) 的单词同时也属于 FIRST($E+T$)。问题发生的原因是 E 作为 E 的产生式的第一个右部符号出现，这种情况称为左递归(left recursion)。具有左递归的文法不是 LL(1) 文法。

为了消除左递归，我们将利用右递归来重写产生式。为此需要引入一个新的非终结符 E'，并将产生式重写为：

$$E \rightarrow T\ E'$$
$$E' \rightarrow + T\ E'$$
$$E' \rightarrow$$

这 3 个产生式推导出的（关于 T 和＋的）字符串集合与原来那两个产生式推导出的字符串集合相同，但是它没有左递归。

一般地，对于产生式 $X \rightarrow X\gamma$，$X \rightarrow \alpha$，其中 α 不以 X 开始，我们知道可由它们推导出形如 $\alpha\gamma*$ 的字符串，即一个 α 其后跟随 0 或更多个 γ 的字符串。因此我们可以利用右递归来重写正则表达式：

$$\begin{pmatrix} X \rightarrow X\ \gamma_1 \\ X \rightarrow X\ \gamma_2 \\ X \rightarrow \alpha_1 \\ X \rightarrow \alpha_2 \end{pmatrix} \Longrightarrow \begin{pmatrix} X \rightarrow \alpha_1\ X' \\ X \rightarrow \alpha_2\ X' \\ X' \rightarrow \gamma_1\ X' \\ X' \rightarrow \gamma_2\ X' \\ X' \rightarrow \end{pmatrix}$$

对文法 3-4 应用这种转换，可以得到文法 3-7。

为构造预测分析器，我们首先要计算 nullable、FIRST 和 FOLLOW 集合（见表 3-1）。文法

3-7 的预测分析器如表 3-2 所示。

文法 3-7

$S \rightarrow E\$$		
	$T \rightarrow F\,T'$	
$E \rightarrow T\,E'$		$F \rightarrow \mathrm{id}$
	$T' \rightarrow *\,F\,T'$	$F \rightarrow \mathrm{num}$
$E' \rightarrow +\,T\,E'$	$T' \rightarrow /\,F\,T'$	$F \rightarrow (\,E\,)$
$E' \rightarrow -\,T\,E'$	$T' \rightarrow$	
$E' \rightarrow$		

表 3-1　文法 3-3 的 nullable、FIRST 和 FOLLOW

	nullable	FIRST	FOLLOW
S	no	(id num	
E	no	(id num	) $
E'	yes	+ -	) $
T	no	(id num	) + - $
T'	yes	* /	) + - $
F	no	(id num	) * / + - $

表 3-2　文法 3-7 的预测分析表。其中省略了 num、/ 和 - 对应的列，因为它们和表中的其他项是类似的

	+	*	id	(	)	$
S			$S \rightarrow E\$$	$S \rightarrow E\$$		
E			$E \rightarrow T\,E'$	$E \rightarrow T\,E'$		
E'	$E' \rightarrow +T\,E'$				$E' \rightarrow$	$E' \rightarrow$
T			$T \rightarrow F\,T'$	$T \rightarrow F\,T'$		
T'	$T' \rightarrow$	$T' \rightarrow *F\,T'$			$T' \rightarrow$	$T' \rightarrow$
F			$F \rightarrow \mathrm{id}$	$F \rightarrow (E)$		

3.2.4　提取左因子

我们已经了解了左递归对预测分析的影响，并知道可以消除它。当一个非终结符的两个产生式以相同的符号开始时也会发生类似的问题，例如：

$S \rightarrow \mathrm{if}\ E\ \mathrm{then}\ S\ \mathrm{else}\ S$
$S \rightarrow \mathrm{if}\ E\ \mathrm{then}\ S$

在这种情况下，可以对文法提取左因子，即取出它们非公共的尾部（else S 和 ϵ），并用一个新的非终结符 X 来代替它们：

$S \rightarrow \mathrm{if}\ E\ \mathrm{then}\ S\ X$
$X \rightarrow$
$X \rightarrow \mathrm{else}\ S$

由此得到的产生式对预测分析器不会造成问题。尽管文法仍然具有二义性——分析表中包含多重定义的项，但是我们可以使用"else S"的动作解决二义性问题。

3.2.5　错误恢复

有了预测分析表，便很容易写出递归下降分析器。下面就是文法 3-7 的分析器的一段代码表示：

```
void T(void) {switch (tok) {
    case ID:
    case NUM:
    case LPAREN: F(); Tprime(); break;
    default:    error!
}}
void Tprime(void) {switch (tok) {
    case PLUS:     break;
    case TIMES:    eat(TIMES); F(); Tprime(); break;
    case EOF:      break;
    case RPAREN:   break;
    default:     error!
}}
```

在 LL(1)分析表的第 T 行、x 列的项若为空，表明分析函数 T( )不希望见到单词 x——若出现单词 x，则意味着出现了一种语法错误。那么应如何来处理这种错误呢？我们可以仅仅发出一个异常，然后便退出分析，但这样做对用户不够友好。较好的处理方式是，输出一条错误信息，然后尝试恢复错误，并继续后继处理，从而使得在同一编译过程中能发现其他的语法错误。

当输入的单词不是语言中的句子时便会出现语法错误。错误恢复就是通过删除、替代或插入单词，来寻找一个与那个单词串相似的句子。

例如，对 T 的错误恢复处理是插入一个 num 单词。它不必对实际的输入进行调整，而只是假装存在 num，输出错误信息，然后正常返回即可。

```
void T(void) {switch (tok) {
    case ID:
    case NUM:
    case LPAREN: F(); Tprime(); break;
    default:  printf("expected id, num, or left-paren");
}}
```

通过插入单词来进行错误恢复是一种有点危险的做法，因为如果这种插入会进一步导致其他错误的话，这一过程就有可能陷入死循环。用删除单词进行错误恢复则相对要安全些，因为循环最终会由于遇到文件结束而终止。

一种通过删除单词而实现的简单的错误恢复方法是：跳过若干单词直至到达一个属于FOLLOW集合的单词为止。例如，关于 T' 的错误恢复可以是这样的：

```
int Tprime_follow [] = {PLUS, RPAREN, EOF, -1};

void Tprime(void) { switch (tok) {
    case PLUS:    break;
    case TIMES:   eat(TIMES); F(); Tprime(); break;
    case RPAREN:  break;
    case EOF:     break;
    default:    printf("expected +, *, right-paren,
                    or end-of-file");
                skipto(Tprime_follow);
}}
```

递归下降分析器的错误恢复必须具有调整机制（有时要通过尝试-出错-再尝试的过程），以避免由于一个不适当的单词而导致大量错误修复信息。

3.3　LR 分析

　　LL(k)分析技术的一个弱点是，它在仅仅看到右部的前 k 个单词时就必须预测要使用的是哪一个产生式。另一种更有效的分析方法是 LR(k)分析，它可以将这种判断推迟至已看到与正在考虑的这个产生式的整个右部对应的输入单词以后（多于 k 个单词）。

　　LR(k)代表从左至右分析、最右推导、超前查看 k 个单词(Left-to-right parse，Rightmost-derivation，k-token lookahead)。使用最右推导似乎有点奇怪，我们会想，它们如何与从左至右的分析过程保持一致呢？图 3-7 举例说明了用文法 3-1（增加了一个新的产生式 $S' \rightarrow S\$$ ）对下面这个程序进行的 LR 分析：

```
a := 7;
b := c + (d := 5 + 6, d)
```

栈	输入	动作
$\mid$	a := 7 ; b := c + (d := 5 + 6 , d) \$	移进
$\mid$ id$_4$	:= 7 ; b := c + (d := 5 + 6 , d) \$	移进
$\mid$ id$_4$:=$_6$	7 ; b := c + (d := 5 + 6 , d) \$	移进
$\mid$ id$_4$:=$_6$ num$_{10}$	; b := c + (d := 5 + 6 , d) \$	归约 $E \rightarrow$ num
$\mid$ id$_4$:=$_6$ E_{11}	; b := c + (d := 5 + 6 , d) \$	归约 $S \rightarrow$ id:=E
$\mid$ S_2	; b := c + (d := 5 + 6 , d) \$	移进
$\mid$ S_2 ;$_3$	b := c + (d := 5 + 6 , d) \$	移进
$\mid$ S_2 ;$_3$ id$_4$	:= c + (d := 5 + 6 , d) \$	移进
$\mid$ S_2 ;$_3$ id$_4$:=$_6$	c + (d := 5 + 6 , d) \$	移进
$\mid$ S_2 ;$_3$ id$_4$:=$_6$ id$_{20}$	+ (d := 5 + 6 , d) \$	归约 $E \rightarrow$ id
$\mid$ S_2 ;$_3$ id$_4$:=$_6$ E_{11}	+ (d := 5 + 6 , d) \$	移进
$\mid$ S_2 ;$_3$ id$_4$:=$_6$ E_{11} +$_{16}$	(d := 5 + 6 , d) \$	移进
$\mid$ S_2 ;$_3$ id$_4$:=$_6$ E_{11} +$_{16}$ ($_8$	d := 5 + 6 , d) \$	移进
$\mid$ S_2 ;$_3$ id$_4$:=$_6$ E_{11} +$_{16}$ ($_8$ id$_4$	:= 5 + 6 , d) \$	移进
$\mid$ S_2 ;$_3$ id$_4$:=$_6$ E_{11} +$_{16}$ ($_8$ id$_4$:=$_6$	5 + 6 , d) \$	移进
$\mid$ S_2 ;$_3$ id$_4$:=$_6$ E_{11} +$_{16}$ ($_8$ id$_4$:=$_6$ num$_{10}$	+ 6 , d) \$	归约 $E \rightarrow$ num
$\mid$ S_2 ;$_3$ id$_4$:=$_6$ E_{11} +$_{16}$ ($_8$ id$_4$:=$_6$ E_{11}	+ 6 , d) \$	移进
$\mid$ S_2 ;$_3$ id$_4$:=$_6$ E_{11} +$_{16}$ ($_8$ id$_4$:=$_6$ E_{11} +$_{16}$	6 , d) \$	移进
$\mid$ S_2 ;$_3$ id$_4$:=$_6$ E_{11} +$_{16}$ ($_8$ id$_4$:=$_6$ E_{11} +$_{16}$ num$_{10}$	, d) \$	归约 $E \rightarrow$ num
$\mid$ S_2 ;$_3$ id$_4$:=$_6$ E_{11} +$_{16}$ ($_8$ id$_4$:=$_6$ E_{11} +$_{16}$ E_{17}	, d) \$	归约 $E \rightarrow E + E$
$\mid$ S_2 ;$_3$ id$_4$:=$_6$ E_{11} +$_{16}$ ($_8$ id$_4$:=$_6$ E_{11}	, d) \$	归约 $S \rightarrow$ id:=E
$\mid$ S_2 ;$_3$ id$_4$:=$_6$ E_{11} +$_{16}$ ($_8$ S_{12}	, d) \$	移进
$\mid$ S_2 ;$_3$ id$_4$:=$_6$ E_{11} +$_{16}$ ($_8$ S_{12} ,$_{18}$	d) \$	移进
$\mid$ S_2 ;$_3$ id$_4$:=$_6$ E_{11} +$_{16}$ ($_8$ S_{12} ,$_{18}$ id$_{20}$	) \$	归约 $E \rightarrow$ id
$\mid$ S_2 ;$_3$ id$_4$:=$_6$ E_{11} +$_{16}$ ($_8$ S_{12} ,$_{18}$ E_{21}	) \$	移进
$\mid$ S_2 ;$_3$ id$_4$:=$_6$ E_{11} +$_{16}$ ($_8$ S_{12} ,$_{18}$ E_{21})$_{22}$	\$	归约 $E \rightarrow (S, E)$
$\mid$ S_2 ;$_3$ id$_4$:=$_6$ E_{11} +$_{16}$ E_{17}	\$	归约 $E \rightarrow E + E$
$\mid$ S_2 ;$_3$ id$_4$:=$_6$ E_{11}	\$	归约 $S \rightarrow$ id:=E
$\mid$ S_2 ;$_3$ S_5	\$	归约 $S \rightarrow S; S$
$\mid$ S_2	\$	接收

图 3-7　一个句子的移进-归约分析。栈列的数字下标是 DFA 的状态编号，见表 3-3

　　该分析器有一个栈和一个输入，输入中的前 k 个单词为超前查看的单词。根据栈的内容和超前查看的单词，分析器执行移进和归约两种动作。

　　• 移进：将第一个输入单词压入栈顶。

　　• 归约：选择一个文法规则 $X \rightarrow A\,B\,C$，依次从栈顶弹出 C、B、A，然后将 X 压入栈。

　　开始时栈为空，分析器位于输入的开始。移进文件终结符 \$ 的动作称为接收（accepting），它导致分析过程成功结束。

图 3-7 列出了在每一个动作之后的栈和输入，也指明了所执行的是什么动作。将栈和输入合并起来形成的一行总是构成一个最右推导。事实上，图 3-7 自下而上地给出了对输入字符串的最右推导过程。

3.3.1　LR 分析引擎

LR 分析器如何知道何时该移进、何时该归约呢？通过确定的有限自动机！这种 DFA 不是作用于输入（因为有限自动机太弱而不适合上下文无关文法），而是作用于栈。DFA 的边是用可以出现在栈中的符号（终结符和非终结符）来标记的。表 3-3 是文法 3-1 的转换表。

表 3-3　文法 3-1 的 LR 分析表

	id	num	print	;	,	+	:=	(	)	$	S	E	L
1	s4		s7								g2		
2				s3						a			
3	s4		s7								g5		
4							s6						
5				r1	r1					r1			
6	s20	s10						s8				g11	
7							s9						
8	s4		s7								g12		
9												g15	g14
10				r5	r5	r5			r5	r5			
11				r2	r2	s16				r2			
12				s3	s18								
13				r3	r3					r3			
14					s19				s13				
15					r8				r8				
16	s20	s10						s8				g17	
17				r6	r6	s16			r6	r6			
18	s20	s10						s8				g21	
19	s20	s10						s8				g23	
20				r4	r4	r4			r4	r4			
21								s22					
22				r7	r7	r7			r7	r7			
23					r9	s16			r9				

这个转换表中的元素标有下面 4 种类型的动作：

sn　移进到状态 n；

gn　转换到状态 n；

rk　用规则 k 归约；

a　接收；

　　错误（用表中的空项来表示）。

为了使用该表进行分析，要将移进和转换动作看作 DFA 的边，并查看栈的内容。例如，若栈为 id := E，则 DFA 将从状态 1 依次转换到 4、6 和 11。若下一个输入单词是一个分号，状态 11 的 “;” 所在列则指出将根据规则 2 进行归约，因为文法的第二个规则是 S→id := E。于是栈顶的 3 个单词被弹出，同时 S 被压入栈顶。

在状态 11 中对于 “+” 的动作是移进，因此，如果下一个单词是 +，它将被从输入中移出并压入栈中。

对于每一个单词，分析器不是重新扫描栈，而是记住每一个栈元素所到达的状态。因此，分析算法如下：

58

　　查看栈顶状态和输入符号，从而得到对应的动作；
　　如果动作是

移进（n）：前进至下一个单词，将 n 压入栈。
归约（k）：从栈顶依次弹出单词，弹出单词的次数与规则 k 的右部符号个数相同；
　　　　　令 X 是规则 k 的左部符号；
　　　　　在栈顶现在所处的状态下，查看 X 得到动作"转换到 n"；
　　　　　将 n 压入栈顶。
接收：停止分析，报告成功。
错误：停止分析，报告失败。

3.3.2　LR(0)分析器生成器

LR(k)分析器利用栈中的内容和输入中的前 k 个单词来确定下一步采取什么动作。表 3-3 说明了使用一个超前查看符号的情况。$k=2$ 时，这个表的每一列是两个单词组成的序列，依此类推。在实际中，编译器并不使用 $k>1$ 的表，在一定程度上是因为这个表十分巨大，但更主要的是因为程序设计语言可以用 LR(1)文法来描述。

LR(0)文法是一种只需查看栈就可进行分析的文法，它的移进/归约判断不需要任何超前查看。尽管这一类文法太弱以至于不是很有用，但构造 LR(0)分析表的算法对于构造 LR(1)分析器算法来说是一个很好的开始。

我们使用文法 3-8 来举例说明 LR(0)分析器的生成过程，看看这个文法的分析器是如何工作的。一开始，分析器的栈为空，输入是 S 的完整句子并以 $ 结束，即规则 S' 的右部都将出现在输入中。我们用 $S' \rightarrow .S\$$ 来表示这一点，其中圆点"."指出了分析器的当前位置。

文法 3-8

0　$S' \rightarrow S\$$	3　$L \rightarrow S$
1　$S \rightarrow (L)$	4　$L \rightarrow L, S$
2　$S \rightarrow x$	

在这个状态下，输入以 S 开始意味着它可能以产生式 S 的任何一个右部开始。我们用下面的表示来指出这种状态：

$$
\begin{array}{|l|}
\hline
S' \rightarrow .S\$ \\
S \rightarrow .x \\
S \rightarrow .(L) \\
\hline
\end{array}
$$

称它为状态 1。文法规则与指出其右部位置的圆点组合在一起称为项（item，具体为 LR(0)项）。一个状态就是由若干个项组成的集合。

59

移进动作（shift action）。在状态 1，考虑当移进一个 x 时会发生什么变化。我们知道此时栈顶为 x，并通过将产生式 $S \rightarrow .x$ 中的圆点移到 x 之后来指出这一事实。规则 $S' \rightarrow .S\$$ 和 $S \rightarrow$

. (L) 与这个动作无关，因此忽略它们。于是我们停在状态 2：

$$\boxed{S \rightarrow x.}^2$$

或者，在状态 1 也可考虑移进一个左括号，将圆点移到第 3 项中左括号的右边，得到 $S \rightarrow$ (. L)。此时我们知道栈顶一定为左括号，并且输入中开头的应当是可从 L 推导出来的某个单词串，且其后跟随一个右括号。那么，什么样的单词可以作为输入中的开头单词呢？通过将 L 的所有产生式都包含在项集合中，便可以得出答案。但是现在，在这些 L 的项中，有一个项的圆点正好位于 S 之前，因此我们还需要包含所有 S 的产生式：

$$\boxed{\begin{aligned} &S \rightarrow (.L) \\ &L \rightarrow .L, S \\ &L \rightarrow .S \\ &S \rightarrow .(L) \\ &S \rightarrow .x \end{aligned}}^3$$

转换动作（goto action）。在状态 1，考虑分析已经过了由非终结符 S 导出的某些单词串之后的效果。这发生在移进一个 x 或左括号，并随之用一个 S 产生式执行了归约时。那个产生式的所有右部符号都将被弹出，并且分析器将在状态 1 对 S 执行转换动作。这个效果可以通过将状态 1 的第一项中的圆点移到 S 之后来模拟，从而得到状态 4：

$$\boxed{S' \rightarrow S.\$}^4$$

归约动作（reduce action）。在状态 2 我们发现圆点位于一个项的末尾，这意味着栈顶一定对应着产生式 $(S \rightarrow x)$ 的完整的右部，并准备进行归约。在这种状态下，分析器可能会执行一个归约动作。

我们在这些状态执行的基本操作是 **Closure**(I) 和 **Goto**(I, X)，其中 I 是一个项集合，X 是一个文法符号（非终结符或终结符）。当在一个非终结符的左侧有圆点时，**Closure** 将更多的项添加到项集合中；**Goto** 将圆点移到所有项中的符号 X 之后。

Closure$(I) =$ Goto$(I, X) =$

  repeat

    for I 中的任意项 $A \rightarrow \alpha. X\beta$

      for 任意产生式 $X \rightarrow \gamma$

        $I \leftarrow I \cup \{X \rightarrow .\gamma\}$

  until I 没有改变

  return I

设置 J 为空集合

for I 中的任意项 $A \rightarrow \alpha. X\beta$

  将 $A \rightarrow \alpha X. \beta$ 加入到 J 中

return Closure (J)

下面是 LR(0) 分析器的构造算法。首先，给文法增加一个辅助的开始产生式 $S' \rightarrow S \$$。令 T 是迄今看到的状态集合，E 是迄今已找到的（移进或转换）边集合。

  初始化 T 为 $\{$**Closure**$(\{S' \rightarrow . S \$\})\}$

  初始化 E 为空

  repeat

    for T 中的每一个状态 I

      for I 中的每一项 $A \rightarrow \alpha. X\beta$

        let J 是 **Goto**(I, X)

          $T \leftarrow T \cup \{J\}$

$$E \leftarrow E \cup \{I \overset{X}{\rightarrow} J\}$$

until E 和 T 在本轮迭代没有改变

但是对于符号 $\$$，我们不计算 $\text{Goto}(I, \$)$，而是选择了 **accept** 动作。

图 3-8 以文法 3-8 为例说明了该分析器的分析过程。

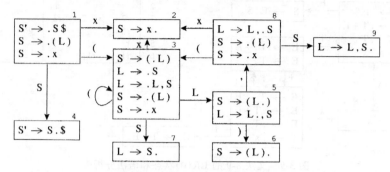

图 3-8　文法 3-8 的 LR(0)状态

我们现在可以计算 LR(0)的归约动作集合 R：

$R \leftarrow \{\}$

for T 中的每一个状态 I

　for I 中的每一项 $A \rightarrow \alpha .$

　　$R \leftarrow R \cup \{(I, A \rightarrow \alpha)\}$

并能够为该文法构造一个分析表（表 3-4）。对于每一条边 $I \overset{X}{\rightarrow} J$，若 X 为终结符，则在表位置 (I, X) 中放置动作移进 $J(sJ)$；若 X 为非终结符，则将转换 $J(gJ)$ 放在位置 (I, X) 中。对于包含项 $S' \rightarrow S . \$$ 的每个状态 I，我们在位置 $(I, \$)$ 中放置动作接收（a）。最后，对于包含项 $A \rightarrow \gamma .$（尾部有圆点的产生式 n）的状态，对每一个单词 Y，放置动作归约 $n(rn)$ 于 (I, Y) 中。

表 3-4　文法 3-8 的 LR(0)分析表

	(	)	x	,	$	S	L
1	s3		s2			g4	
2	r2	r2	r2	r2	r2		
3	s3		s2			g7	g5
4					a		
5		s6		s8			
6	r1	r1	r1	r1	r1		
7	r3	r3	r3	r3	r3		
8	s3		s2				g9
9	r4	r4	r4	r4	r4		

因为 LR(0)不需要超前查看，所以原则上每个状态只需要一个动作：一个状态要么是移进，要么是归约，但不会两者兼有。实际中，由于我们还需要知道要移至哪个状态，所以此表以状态号作为行的标题，以文法符号作为列的标题。

61

3.3.3　SLR 分析器的生成

让我们来尝试构造文法 3-9 的 LR(0)分析表。它的 LR(0)状态和分析表如图 3-9 所示。

文法 3-9

0 $S \rightarrow E\,\$$	2 $E \rightarrow T$
1 $E \rightarrow T + E$	3 $T \rightarrow x$

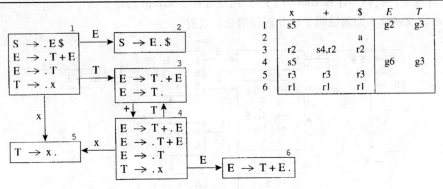

图 3-9 文法 3-9 的 LR(0)状态和语法分析表

在状态 3，对于符号 +，有一个多重定义的项：分析器必须移进到状态 4，同时又必须用产生式 2 进行归约。这是一个冲突，它表明该文法不是 LR(0)——它不能用 LR(0) 分析器分析。因此我们需要一种能力更强的分析算法。

构造比 LR(0)更好的分析器的一种简单方法称为 SLR，即 Simple LR 的简称。SLR 分析器的构造几乎与 LR(0)的相同，但是它只在 FOLLOW 集合指定的地方放置归约动作。

下面是在 SLR 表中放置归约动作的算法：

$R \leftarrow \{\}$
for T 中的每一个状态 I
  for I 中的每一个项 $A \rightarrow \alpha.$
    for FOLLOW(A)中的每一个单词 X
      $R \leftarrow R \cup \{(I, X, A \rightarrow \alpha)\}$

动作$(I, X, A \rightarrow \alpha)$指出，在状态 I，对于超前查看符号 X，分析器将用规则 $A \rightarrow \alpha$ 进行归约。

因此，对于文法 3-9，尽管我们使用相同的状态图（图 3-9），但如图 3-10 所示，在 SLR 表中放置的归约动作却要少些。

	x	+	$	E	T
1	s5			g2	g3
2			a		
3		s4	r2		
4	s5			g6	g3
5		r3	r3		
6			r1		

图 3-10 文法 3-9 的 SLR 分析表

SLR 文法类是其 SLR 分析表不含冲突（多重表项）的那些文法。文法 3-9 即属于这一类，很多常用的程序设计语言的文法也属于这一类。

3.3.4　LR(1)项和 LR(1)分析表

比 SLR 更强大的是 LR(1)分析算法。大多数用上下文无关文法描述其语法的程序设计语言都有一个 LR(1)文法。

构造 LR(1)分析表的算法与构造 LR(0)分析表的算法相似，但是项的概念要更复杂些。一个 LR(1)项由一个文法产生式、一个右部位置（用圆点表示）和一个超前查看的符号组成。其思想是，项$(A \rightarrow \alpha . \beta, x)$指出：序列 α 在栈顶，且输入中开头的是可以从 βx 导出的符号串。

LR(1)状态是由 LR(1)的项组成的集合，并且存在着合并该超前查看符号的 LR(1)的 **Closure**和 **Goto** 操作：

Closure$(I) =$	Goto$(I, X) =$
repeat	$J \leftarrow \{\}$
for I 中的任意项$(A \rightarrow \alpha . X\beta, z)$	**for** I 中的任意项$(A \rightarrow \alpha . X\beta, z)$
for 任意产生式 $X \rightarrow \gamma$	将$(A \rightarrow \alpha X . \beta, z)$加入到 J 中
for 任意 $\omega \in \text{FIRST}(\beta z)$	**return** Closure(J)
$I \leftarrow I \cup \{(X \rightarrow . \gamma, \omega)\}$	
until I 没有改变	
return I	

开始状态是项$(S' \rightarrow . S \$, ?)$的闭包，其中超前查看符号?具体是什么无关紧要，因为文件结束标志绝对不会被移进。

归约动作用下面这个算法来选择：

$R \leftarrow \{\}$
for T 中的每一个状态 I
　for I 中的每一个项$(A \rightarrow \alpha . , z)$
　　$R \leftarrow R \cup \{(I, z, A \rightarrow \alpha)\}$

动作$(I, z, A \rightarrow \alpha)$指出，在状态 I 看到超前查看符号 z 时，分析器将用规则 $A \rightarrow \alpha$ 进行归约。

文法 3-10 不是 SLR（见习题 3.9），但它属于 LR(1)文法，图 3-11 给出了该文法的 LR(1)状态。此图中有几个项有相同的产生式，但其超前查看符号不同（如下面左图所示），我已将它们简化为下面右图所示：

$S' \rightarrow . S \$$	?		$S' \rightarrow . S \&$	?
$S \rightarrow . V = E$	$\$$		$S \rightarrow . V = E$	$\$$
$S \rightarrow . E$	$\$$		$S \rightarrow . E$	$\$$
$E \rightarrow . V$	$\$$		$E \rightarrow . V$	$\$$
$V \rightarrow . x$	$\$$		$V \rightarrow . x$	$\$, =$
$V \rightarrow . \star E$	$\$$		$V \rightarrow . \star E$	$\$, =$
$V \rightarrow . x$	$=$			
$V \rightarrow . \star E$	$=$			

文法 3-10　一个捕获 C 语言中的表达式、变量和指针间接访问运算$(\star)$组成的句子的文法

0	$S' \rightarrow S \$$	3	$E \rightarrow V$
1	$S \rightarrow V = E$	4	$V \rightarrow x$
2	$S \rightarrow E$	5	$V \rightarrow \star E$

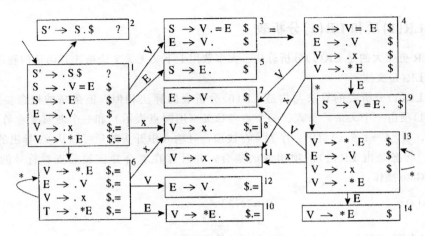

图 3-11　文法 3-10 的 LR(1)状态

表 3-5a 是从这个状态图导出的 LR(1)分析表。只要在产生式的末尾有圆点（如图 3-11 的状态 3，在产生式 $E{\rightarrow}V$ 的末尾有圆点），在 LR(1)表中与状态号对应的行和与项的超前查看符号对应的列的位置，就存在着那个产生式的一个归约动作（在这个例子中，超前查看符号是 $）。只要圆点位于终结符或非终结符的左边，在 LR(1)分析表中就存在相应的移进或转换动作，正如 LR(0)表的情形一样。

表 3-5　文法 3-10 的 LR(1)分析表和 LALR(1)分析表

	x	*	=	$	S	E	V
1	s8	s6			g2	g5	g3
2				a			
3			s4	r3			
4	s11	s13				g9	g7
5				r2			
6	s8	s6				g10	g12
7				r3			
8			r4	r4			
9				r1			
10			r5	r5			
11				r4			
12			r3	r3			
13	s11	s13				g14	g7
14				r5			

(a) LR(1)

	x	*	=	$	S	E	V
1	s8	s6			g2	g5	g3
2				a			
3			s4	r3			
4	s8	s6				g9	g7
5				r2			
6	s8	s6				g10	g7
7			r3	r3			
8			r4	r4			
9				r1			
10			r5	r5			

(b) LALR(1)

3.3.5　LALR(1)分析表

LR(1)分析表有很多状态，因此会非常大。然而，通过合并那种除超前查看符号集合外其余部分都相同的两个状态，可得到一个较小的表。由此得到的分析器称为 LALR(1)分析器，即超前查看 LR(1)(Look-Ahead LR(1))。

例如，文法 3-10 的 LR(1)分析器中（图 3-11），如果忽略超前查看的符号集合，状态 6 和状态 13 的项是一样的。同样，除了超前查看符号外，状态 7 和状态 12 也是相同的，状态 8 和状态 11，以及状态 10 和状态 14 也都如此。合并这些状态偶对则得到表 3-5b 所示的 LALR(1)分析表。

对于某些文法，LALR(1)表含有归约-归约冲突，而在 LR(1)表中却没有这种冲突。不过， 65
实际中这种不同的影响很小，重要的是和 LR(1)表相比，LALR(1)分析表的状态要少得多，因此它需要的存储空间要少于 LR(1)表。

3.3.6　各类文法的层次

如果一个文法的 LALR(1)分析表不含冲突，则称该文法是 LALR(1)文法。所有 SLR 文法都是 LALR(1)文法，但是 LALR(1)不一定是 SLR 文法。图 3-12 给出了几种文法类之间的关系。

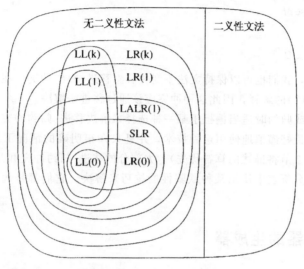

图 3-12　各类文法的层次

所有合理的程序设计语言都有一个 LALR(1)文法，并且存在着许多对 LALR(1)文法有效的语法分析器的生成器工具。由于这一原因，LALR(1)文法已变成程序设计语言和自动语法分析器的生成器的标准。 67

3.3.7　二义性文法的 LR 分析

许多程序设计语言具有这样的文法规则：

$S \rightarrow$ if E then S else S
$S \rightarrow$ if E then S
$S \rightarrow$ other

这种文法许可这样的程序：

```
if a then if b then s1 else s2
```

这个程序可有两种解释方式：

（1）if a then { if b then s1 else s2 }

（2）if a then { if b then s1 } else s2

在大多数程序设计语言中，else 必须与最近的 then 匹配，所以方式（1）的解释是正确的。这种文法的 LR 分析表将会有一个移进-归约冲突：

$$S \rightarrow \text{if } E \text{ then } S \,.\qquad\qquad \text{else}$$
$$S \rightarrow \text{if } E \text{ then } S \,. \text{ else } S \quad (any)$$

移进对应于解释(1)，归约对应于解释(2)。

这种二义性可通过引入两个辅助非终结符 M（用于相匹配的语句）和 U（用于不相匹配的语句）来消除：

$$S \rightarrow M$$
$$S \rightarrow U$$
$$M \rightarrow \text{if } E \text{ then } M \text{ else } M$$
$$M \rightarrow \text{other}$$
$$U \rightarrow \text{if } E \text{ then } S$$
$$U \rightarrow \text{if } E \text{ then } M \text{ else } U$$

除了重写文法外，我们也可以保持文法不变并容忍移进-归约冲突。在构造分析表中，因为我们偏向于选择方式(1)的解释，因此这种冲突应该通过移进来解决。

通过在选择移进或归约时适当偏袒于某一种选择来解决移进-归约冲突，常常使我们有可能使用二义性文法。但最好谨慎地使用这种技术，并且只在很明确的情况下才使用（比如这里描述的悬挂 else 和 3.4.2 节将描述的算符优先）。大部分的移进-归约冲突和几乎所有的归约-归约冲突都不应该通过在分析表中使用某种欺骗性的技巧来解决，它们都是病态文法的征兆，应通过消除二义性来解决。

3.4　使用分析器的生成器

构造 LR(1) 或 LALR(1) 分析表简单得足以用计算机来自动完成。而且，手工构造它非常枯燥无趣，以至于很少有真实程序设计语言的 LR 语法分析器不使用语法分析器的生成工具。Yacc(Yet another compiler-compiler) 是一个典型的、使用广泛的语法分析器的生成器；Bison 和 oces 则是它的两种较新的实现。

Yacc 规范(specification)分为三部分，三部分之间用 %% 分隔：

parser declarations
%%
grammar rules
%%
programs

parser declarations 部分是由终结符、非终结符等组成的表。*programs* 部分是原始的 C 代码，它们可由嵌入在前面两个部分中的语义动作来使用。

grammer rules 部分由如下形式的产生式组成：

```
exp :    exp PLUS exp    { semantic action }
```

其中 exp 是非终结符，该非终结符产生由 exp + exp 组成的右部，而 PLUS 是一个终结符（单词）。*semantic action* 是用原始 C 代码编写的，并在语法分析器使用这个规则进行归约时被执行。

考虑文法 3-11，在 Yacc 中它的表示如文法 3-12 所示。Yacc 手册给出了文法规范中各种命令的完整解释。在文法 3-12 的文法中，终结符号是 ID、WHILE 等；非终结符是 prog、stm、stmlist；文法的开始符号是 prog。

文法 3-11

1　$P \to L$

2　$S \to$ id := id

3　$S \to$ while id do S　　　　　7　$L \to S$

4　$S \to$ begin L end　　　　　　8　$L \to L$; S

5　$S \to$ if id then S

6　$S \to$ if id then S else S

文法 3-12

```
%{
int yylex(void);
void yyerror(char *s) { EM_error(EM_tokPos, "%s", s); }
%}
%token ID WHILE BEGIN END DO IF THEN ELSE SEMI ASSIGN
%start prog
%%

prog: stmlist

stm : ID ASSIGN ID
    | WHILE ID DO stm
    | BEGIN stmlist END
    | IF ID THEN stm
    | IF ID THEN stm ELSE stm

stmlist : stm
        | stmlist SEMI stm
```

3.4.1　冲突

Yacc 能指出移进-归约冲突和归约-归约冲突。移进-归约冲突是在移进和归约之间进行的一种选择；归约-归约冲突是使用两条不同规则进行归约的一种选择。默认情况下，Yacc 选择移进来解决移进-归约冲突，选择使用在文法中先出现的规则来解决归约-归约冲突。

对于文法 3-11，Yacc 报告它有一个移进-归约冲突。任何冲突都指出这个分析可能不是文法设计者所预期的，因此应当引起重视。通过阅读 Yacc 生成的详细的描述文件可以查看冲突，图 3-13 展示了这个文件。

简单地查看一下状态 17 便可看出这个冲突是由常见的悬挂 else 问题引起的。因为 Yacc 解决移进-归约冲突的默认做法是移进，而这个移进的结果正好与所希望的使 else 与最近的 then 匹配相符合，因此这个冲突不会有损害。

当移进-归约冲突对应的是一种很明确的情形时，文法中可接受这种冲突。但是多数移进-归约冲突和所有的归约-归约冲突都会带来严重的问题，因此应通过重写文法来消除它们。

70

```
state 0:                          state 7:                          state 14:
  prog : . stmlist                  stmlist : stmlist SEMI . stm       stm : BEGIN stmlist END .

  ID       shift 6                  ID       shift 6                   .        reduce by rule 3
  WHILE    shift 5                  WHILE    shift 5
  BEGIN    shift 4                  BEGIN    shift 4                 state 15:
  IF       shift 3                  IF       shift 3                   stm : WHILE ID DO . stm
  prog     goto 21                  stm      goto 12
  stm      goto 2                   .        error                     ID       shift 6
  stmlist  goto 1                                                      WHILE    shift 5
  .        error                  state 8:                            BEGIN    shift 4
                                    stm : IF ID . THEN stm             IF       shift 3
state 1:                            stm : IF ID . THEN stm ELSE stm    stm      goto 18
  prog : stmlist .                                                     .        error
  stmlist : stmlist . SEMI stm      THEN     shift 13
                                    .        error                  state 16:
  SEMI     shift 7                                                    stm : ID ASSIGN ID .
  .        reduce by rule 0      state 9:
                                    stm : BEGIN stmlist . END          .        reduce by rule 1
state 2:                            stmlist : stmlist . SEMI stm
  stmlist : stm .                                                   state 17: shift/reduce conflict
                                    END      shift 14                        (shift ELSE, reduce 4)
  .        reduce by rule 6        SEMI     shift 7                   stm : IF ID THEN stm .
                                    .        error                    stm : IF ID THEN stm . ELSE stm
state 3:
  stm : IF . ID THEN stm         state 10:                           ELSE     shift 19
  stm : IF . ID THEN stm ELSE stm   stm : WHILE ID . DO stm           .        reduce by rule 4

  ID       shift 8                  DO       shift 15               state 18:
  .        error                    .        error                    stm : WHILE ID DO stm .

state 4:                          state 11:                           .        reduce by rule 2
  stm : BEGIN . stmlist END         stm : ID ASSIGN . ID
                                                                    state 19:
  ID       shift 6                  ID       shift 16                 stm : IF ID THEN stm ELSE . stm
  WHILE    shift 5                  .        error
  BEGIN    shift 4                                                    ID       shift 6
  IF       shift 3               state 12:                            WHILE    shift 5
  stm      goto 2                   stmlist : stmlist SEMI stm .       BEGIN    shift 4
  stmlist  goto 9                   .        reduce by rule 7         IF       shift 3
  .        error                                                     stm      goto 20
                                  state 13:                           .        error
state 5:                            stm : IF ID THEN . stm
  stm : WHILE . ID DO stm          stm : IF ID THEN . stm ELSE stm  state 20:
                                                                    stm : IF ID THEN stm ELSE stm .
  ID       shift 10                 ID       shift 6
  .        error                    WHILE    shift 5                  .        reduce by rule 5
                                    BEGIN    shift 4
state 6:                            IF       shift 3               state 21:
  stm : ID . ASSIGN ID             stm      goto 17                  EOF      accept
                                    .        error
  ASSIGN shift 11                                                    .        error
  .        error
```

图 3-13 文法 3-11 的 LR 状态

3.4.2   优先级指导

对于任何 k，不存在属于 LR(k) 文法的二义性文法；因为一个二义性文法的 LR(k) 分析表总是会存在冲突。然而，如果能找到解决冲突的方法，则二义性的文法仍然是可以使用的。

例如，文法 3-2 是一个高度二义性的文法。在用该文法来描述程序设计语言时，我们希望以这样一种方式来分析它：*和/的优先级高于＋和－的优先级，并且所有操作符都从左至右结合。通过将它重写为无二义性的文法 3-3 可以达到这一要求。

但是，我们可以不必引入新符号 T 和 F 以及和它们相关的归约式 $E \rightarrow T$ 和 $T \rightarrow F$，而是先为文法 3-2 构造一个 LR(1)分析表，如表 3-6 所示。此表含有许多冲突，例如，在状态 13，对于超前符号＋，在移进到状态 8 和用规则 3 进行归约之间就存在一个冲突。在状态 13 的两个项是：

$$
\begin{array}{ll}
E \rightarrow E * E . & + \\
E \rightarrow E . + E & \textit{(any)}
\end{array}
$$

这个状态的当前栈顶是 $\cdots E * E$。移进将导致栈顶变为 $\cdots E * E +$，最终变为 $\cdots E * E + E$ 并用规则 $E + E$ 归约为 E。归约将导致栈变为 $\cdots E$，之后再移进＋。由移进和归约分别得到的两棵语法分析树如下所示：

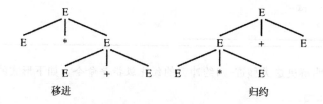

移进   归约

表 3-6 文法 3-2 的 LR 分析表

	id	num	+	-	*	/	(	)	$	E
1	s2	s3					s4			g7
2			r1	r1	r1	r1		r1	r1	
3			r2	r2	r2	r2		r2	r2	
4	s2	s3					s4			g5
5								s6		
6			r7	r7	r7	r7		r7	r7	
7			s8	s10	s12	s14			a	
8	s2	s3					s4			g9
9			s8,r5	s10,r5	s12,r5	s14,r5		r5	r5	
10	s2	s3					s4			g11
11			s8,r6	s10,r6	s12,r6	s14,r6		r6	r6	
12	s2	s3					s4			g13
13			s8,r3	s10,r3	s12,r3	s14,r3		r3	r3	
14	s2	s3					s4			g15
15			s8,r4	s10,r4	s12,r4	s14,r4		r4	r4	

如果我们希望*的优先级高于＋，则应选择归约而不是移进。因此在表的登记项(13,＋)中填入 r3 而抛弃 s8。

相反地，在状态 9 对于超前查看符号*，我们应当移进而不是归约，因此我们通过在表的登记项(9,*)中填入 s12 来解决这个冲突。

至于状态 9 对于超前查看符号＋，其情形为：

$$
\begin{array}{ll}
E \rightarrow E + E . & + \\
E \rightarrow E . + E & \textit{(any)}
\end{array}
$$

移进会导致操作符是右结合的；而归约则使得它是左结合的。我们希望左结合，因此用 r5 填充(9,＋)。

考虑表达式 $a - b - c$。在多数程序设计语言中，这都是左结合的，就好像它们是写成 $(a - b) - c$ 一样。但我们这里假设这个表达式天生就是有冲突的，因此需要强制程序员明显地使用括号，要么写成$(a-b)-c$，要么写成$a-(b-c)$。于是我们称这个减法操作符是非结合的，所以在$(11,-)$处填入 error 项。

这些决定得到了一个已解决了所有冲突的分析表（表 3-7）。

表 3-7　表 3-6 在消除冲突后得到的表

	+	-	*	/	
			⋮		
9	r5	r5	s12	s14	
11	⋯		s12	s14	⋯
13		r3	r3	r3	r3
15		r4	r4		
			⋮		

Yacc 有一种指明解决这类移进-归约冲突的优先级指导命令，如下形式的一系列声明

```
%nonassoc EQ NEQ
%left PLUS MINUS
%left TIMES DIV
%right EXP
```

73

指出：+ 和 - 是左结合的且具有相同的优先级；* 和 / 是左结合的且它们的优先级高于 + ；^ 是右结合的且具有最高优先级；= 和 ≠ 是非结合的，它们的优先级低于 + 。

当遇到如下的移进-归约冲突时

```
E → E * E .      +
E → E . + E      (any)
```

在移进一个单词和用一个规则进行归约之间存在着选择。单词和规则两者之间应当给谁较高的优先级呢？例子中关于优先级的声明（% left 等）给予单词以优先，而规则的优先级则由该规则右部最后出现的那个单词的优先级给出。因此，这里的选择是在一个有 * 优先级的规则和一个有 + 优先级的单词之间进行的。因为规则的优先级较高，所以这个冲突通过选择归约动作而得到了解决。

当规则和单词的优先级相等时，用 % left 指明的优先级偏向于归约，% right 指明的偏向于移进，而由 % nonassoc 指明的则导致一个错误动作。

替代使用"规则具有其最后一个单词的优先级"的默认约定，我们可以用 % prec 指导命令给规则指定一种明确的优先级。这种方法常用于解决"一元负运算"问题。在大多数程序设计语言中，一元负运算的优先级要高于任何一个二元操作符的优先级，所以 $-6*8$ 被分析成 $(-6)*8$，而不是 $-(6*8)$。文法 3-13 给出了一个例子。

词法分析器决不会返回单词 UMINUS；单词 UMINUS 仅仅是优先级（% left）声明链中的一个占位符。指导命令 % prec UMINUS 给了规则 exp:MINUS exp 以最高的优先级，因此，用这一规则进行归约的优先级要高于任何操作符的移进操作，包括减号操作符。

74

优先级规则虽有助于解决冲突，但不应滥用。若在解释优先规则时遇到麻烦，那么最好重写文法来消除二义性。

文法 3-13

```
%{ declarations of yylex and yyerror %}
%token INT PLUS MINUS TIMES UMINUS
%start exp

%left PLUS MINUS
%left TIMES
%left UMINUS
%%

exp :   INT
    |   exp PLUS exp
    |   exp MINUS exp
    |   exp TIMES exp
    |   MINUS exp     %prec UMINUS
```

3.4.3　语法和语义

考虑一个具有形如 $x+y$ 的算术表达式和形如 $x+y=z$ 或 $a\&(b=c)$ 的布尔表达式的程序设计语言。这个语言中，有算术变量和布尔变量之分，算术运算的优先级高于布尔运算，且布尔表达式不能与算术表达式相加。文法 3-14 给出了这个语言的一种文法。

文法 3-14

```
%{ declarations of yylex and yyerror %}
%token ID ASSIGN PLUS MINUS AND EQUAL
%start stm
%left OR
%left AND
%left PLUS
%%

stm : ID ASSIGN ae
    | ID ASSIGN be

be  : be OR be
    | be AND be
    | ae EQUAL ae
    | ID

ae  : ae PLUS ae
    | ID
```

但如图 3-14 所示，这个文法存在一个移进-归约冲突。我们应怎样重写这个文法来消除冲突呢？

这里的问题是，当语法分析器看到一个像 a 这样的标识符时，它无法知道它是一个算术变量还是一个布尔变量，这两者在语法上是相同的。解决的方法是将分析推迟到编译器的"语义"处理阶段；因为这种问题不能用上下文无关文法自然地来处理。一种更为恰当的文法是：

$$S \rightarrow \text{id} := E$$
$$E \rightarrow \text{id}$$
$$E \rightarrow E \& E$$
$$E \rightarrow E = E$$
$$E \rightarrow E + E$$

现在，表达式 $a+5\&b$ 在语法上是合法的，较后的编译阶段则必须拒绝它并输出一个语义错误信息。

```
state 0:                        state 5: reduce/reduce conflict    state 9:
  stm : . ID ASSIGN ae                   between rule 6 and             be : ae EQUAL ae .
  stm : . ID ASSIGN be                   rule 4 on EOF                  ae : ae . PLUS ae

  ID        shift 1             be : ID .                              PLUS      shift 7
  stm       goto 14             ae : ID .                                        reduce by rule 3

            error               PLUS     reduce by rule 6            state 10:
                                AND      reduce by rule 4              ae : ID .
state 1:                        EQUAL    reduce by rule 6
  stm : ID . ASSIGN ae          EOF      reduce by rule 4                        reduce by rule 6
  stm : ID . ASSIGN be          .        error
                                                                     state 11:
  ASSIGN shift 2               state 6:                                ae : ae . PLUS ae
  .         error               be : ae EQUAL . ae                     ae : ae PLUS ae .

state 2:                        ID        shift 10                              reduce by rule 5
  stm : ID ASSIGN . ae          ae        goto 9
  stm : ID ASSIGN . be          .         error                      state 12:
                                                                       be : ae . EQUAL ae
  ID        shift 5            state 7:                                 ae : ae . PLUS ae
  be        goto 4              ae : ae PLUS . ae
  ae        goto 3                                                    PLUS      shift 7
  .         error               ID        shift 10                    EQUAL     shift 6
                                ae        goto 11                      .         error
state 3:                        .         error
  stm : ID ASSIGN ae .                                               state 13:
  be : ae . EQUAL ae           state 8:                                be : be . AND be
  ae : ae . PLUS ae             be : be AND . be                       be : be AND be .

  PLUS      shift 7             ID        shift 5                                reduce by rule 2
  EQUAL     shift 6             be        goto 13
            reduce by rule 0    ae        goto 12                     state 14:
                                .         error
state 4:                                                              EOF       accept
  stm : ID ASSIGN be .                                                .         error
  be : be . AND be

  AND       shift 8
  .         reduce by rule 1
```

图 3-14 文法 3-14 的 LR 状态

3.5 错误恢复

LR(k)分析表包含移进、归约、接收和错误动作。3.3.2节曾指出，LR 分析器在遇到一个错误动作时将停止分析并报告失败。但这种做法对程序员不是很友好，因为程序员希望分析器报告程序中所有的错误，而不仅仅是第一个错误。

3.5.1 用 error 符号恢复

局部错误恢复机制是通过调整分析栈和错误查出点的输入以允许分析能够继续进行来实现的。有一种局部恢复机制使用了一个专门的符号 *error* 来控制对错误恢复的处理，Yacc 语法分析器的生成器的多种版本都使用了这种机制。出现在文法规则中的特殊符号 *error* 可以匹配一串出错的输入单词。

例如，在 Tiger 的 Yacc 文法中，我们可有如下的产生式：

exp → *ID*
exp → *exp* + *exp*
exp → (*exps*)

$exps \rightarrow exp$

$exps \rightarrow exps$; exp

我们可以非形式地指明，当分析器在表达式的中间遇到语法错误时，应该跳到下一个分号或右括号［它们称为同步单词（synchronizing token）］，然后再继续分析。通过增加如下两个错误恢复产生式，便可以实现这一点：

$exp \rightarrow (error)$

$exps \rightarrow error$; exp

分析器生成器 Yacc 将怎样处理这个 error 符号呢？在该分析器生成器中，error 被看成一个终结符，并且在分析表中关于它的动作是移进，就好像它是一个普通单词一样。

当 LR 分析器到达一个错误状态时，它将采取如下一些动作。

（1）（必要的话）依次弹出栈顶符号直至到达这样一个状态：该状态关于 error 单词的动作是移进。

（2）移进 error 单词。

（3）（必要时）依次跳过输入符号直至到达这样一个超前查看单词：该单词在当前状态有一个非错误的动作。

（4）重新开始正常的分析。

上面给出的两个 error 产生式中，我们适当地给出了位于 error 符号之后的那个同步单词，此例中是右括号和分号。因此，步骤 3 的"非错误动作"总是移进。假若使用的产生式是 $exp \rightarrow error$ 而不是上述的产生式，则"非错误动作"就会是归约，而且（在 SLR 或 LALR 分析器中）在归约动作之后若不读入新输入符号，原来的（错误的）超前查看符号则很可能会再次导致其他的错误。因此，应当只在没有更好选择的情况下才使用无单词跟随 error 之后的文法规则。

警告。 Yacc 的文法规则可以附带有语义动作（semantic action），每当归约一个规则时，规则附带的语义动作便被执行。第 4 章解释了语义动作的用法。但是从栈中弹出状态会导致表面上看起来似乎是"不可能的"语义动作，尤其是在这些动作含有副作用的情况下。考虑下面这段文法：

```
statements:  statements exp SEMICOLON
          |  statements error SEMICOLON
          |  /* empty */

exp : increment exp decrement
    | ID

increment:  LPAREN        {nest=nest+1;}
decrement:  RPAREN        {nest=nest-1;}
```

"显然"，无论何时遇到一个分号时，nest 的值都将是 0，因为根据该表达式的文法，nest 的值以对称的方式进行增减。但是，如果在左括号分析过后的某处发现了语法错误，则从栈中弹出的那些状态是"未完成的"状态，从而导致 nest 的值不会为 0。解决这种问题的最好方法是如第 4 章介绍的那样，使用无副作用的语义动作来构造抽象语法树。

3.5.2 全局错误修复

如果从错误中恢复的最好的方法是在输入流出错点之前插入或删除单词，情况会怎样呢？考虑下面的 Tiger 程序：

```
let   type a := intArray [ 10 ] of 0   in ...
```

当超前查看符号是:=时，局部错误修复技术会发现一个语法错误。基于 *error* 产生式的错误恢复可能会删除从 type 到 0 的词组，并根据 in 单词重新寻找相应的匹配。某些局部修复技术能够在删除一些单词的同时插入另一些单词；但即使这种局部修复技术用＝替代:=，它也不是很好，并且还会在单词 [处遇到另一个语法错误。实际上，此处程序员的错误是误用 type 替代了 var，但此错误被检测到的时机比它实际发生的时机晚了两个单词。

全局错误修复（global error repair）寻找的是可将源程序中的单词串变成语法上正确的单词串需要的最小插入和删除集合，即使这些插入和删除的地点不是 LL 或 LR 分析器首先报告错误的地点。在前面这个例子中，全局错误修复将做一个单词的替换，即用 var 替换 type 而实现修复。

Burke-Fisher 错误修复。 下面将介绍一种功能有限但却有用的全局错误修复形式，它在分析器报告错误点之前的 K 个单词的每一点，尝试用每一种可能的单个单词来进行插入、删除或替换。因此，当 $K=15$ 时，若分析器在扫描到输入的第 100 个单词时遇到了语法错误，则它将对第 85 至第 100 之间的单词尝试每一种可能的修复。

能使分析器尽可能远地通过原始错误报告点的更正被认为是最好的错误修复。因此，在第 98 个单词处用单个单词 var 替代 type，如果能够使分析器继续执行到第 104 个单词处而不出现错误，这就是一次成功的修复。通常，若一次修复能使分析器超过错误点继续前进 $R=4$ 个单词，它就是一种"足够好的"修复。

这种技术的好处是完全无需修改 LL(k) 或 LR(k)（或 LALR 等）文法（因没有 *error* 产生式），也不需修改分析表，需要修改的只是对分析表进行解释的分析器。

分析器必须回退 K 个单词后才能重新开始分析，为了做到这一点，它需要记住 K 个单词之前分析栈的状态。因此，算法要管理两个分析栈——当前栈和老栈，同时还要管理由 K 个单词组成的一个队列；每当移进一个新单词并将这个新单词压入到当前栈时，也将它加入到队列尾，同时取出队列排头的单词并压入到老栈中。对于每一个压入到老栈或当前栈的移进，也执行适当的归约动作。图 3-15 说明了这两个栈和队列。

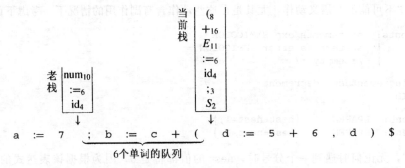

图 3-15 使用错误修复队列的 Burke-Fisher 分析。图 3-15 给出了
根据表 3-3 对这个字符串进行的完整分析

现在假设在当前单词检测到了一个语法错误。对于在队列任何位置的每一种可能的单词插入、删除或替换，Burke-Fisher 错误修复器都将在队列（的一个副本）内进行，然后，尝试从老栈进行修复。修改是否成功取决于从当前单词能继续分析多少个单词。通常情况下，如果继续分析了 3～4 个新单词，就认为是一个十分成功的修复。

在有 N 种单词的语言中，对于可记住 K 个单词的窗口，存在有 $K+K \cdot N+K \cdot N$ 种可能的删除、插入和替换。尝试进行这么多的修复其代价并不是很大，尤其是考虑到这仅仅发生在发现了语法错误之时，而不会发生在正常的分析处理期间。

语义动作。 在寻找最佳错误修复过程中，分析器需要反复尝试移进和归约动作，并作废它们。通常，分析器的生成器在进行每一个归约的同时也执行程序员指定的一些语义动作，但是，因为这些动作可能具有某种改变程序状态的副作用，程序员并不希望这些动作被反复执行和作废。因此，Burke-Fisher 分析器在当前栈进行归约时并不执行这些语义动作，而是等到在老栈执行相同的归约动作时才真正执行它们。

这意味着词法分析器将从原本应当执行语义动作的地点超前 $K+R$ 个单词。如果这些语义动作对词法分析的行为有影响（如编译 C 的 typedef 时就是这种情况），则会使 Burke-Fisher 方法遇到问题。但对于处理具有纯粹上下文无关文法语言的语法而言，推迟语义动作不会导致上述问题。

插入的单词的语义值。 当用插入进行错误修复时，分析器需要为每个插入的单词提供一个语义值，使得语义动作的执行能够像这些单词原本就来自词法分析器一样。标点符号不需要语义值，但是，当必须插入像数字或标识符这样的单词时，它们的值由何而来？使用 Burke-Fisher 错误校正机制的 ML-Yacc 分析器的生成器提供了一个 %value 指导命令，允许程序员指明插入每一种单词时应当使用什么值：

```
%value ID     ("bogus")
%value INT    (1)
%value STRING ("")
```

程序员指定的替代。 有些常见的错误不能通过插入或删除单个单词来修复，而且有时单个特定单词的插入或替代是十分常见的，因而需要将它们作为首选的尝试。因此，在 ML-Yacc 文法规范中，程序员可用 %change 指导命令来给出关于首选尝试的建议，这种建议指出在执行默认的"删除或插入每一种可能的单词"修复之前需首先尝试的错误更正。

```
%change    EQ -> ASSIGN | ASSIGN -> EQ
       |   SEMICOLON ELSE -> ELSE |    -> IN INT END
```

程序员在这里指出，用户常写作"; else"的地方，其含义应当是"else"，等等。

插入 in 0 end 是一种特别重要的更正，称为作用域关闭器（scope closer）。程序中常会有多余的左括号或右括号，或者多余的左方括号或右方括号，等等。在 Tiger 中，另一种嵌套结构是 let … in … end。若程序员忘记关闭一个由左括号打开的作用域，则单个单词插入探测方法会自动地在适当位置关闭这个作用域。但要关闭 let 的作用域需要插入 3 个单词，因此不能自动完成，除非如上面 %change 指导命令例举的一样，编译器的编写者已给出了建议："不改变任何内容而自动插入 in 0 end。"

81

程序设计：语法分析

用 Yacc 实现一个 Tiger 语言的语法分析器。附录描述了 Tiger 的语法和其他内容。

你应当提交文件 tiger.grm 和 README。

在 $ TIGER/chap3 中可找到的支持文件有如下几个。

- makefile，工程创建文件。
- errormsg.[ch]，存放出错信息的数据结构，有助于产生带有文件名和行号的报错信息。

- lex.yy.c，词法分析器。我没有提供 tiger.lex 的源文件，但是提供了它的 Lex 的输出，如果你的词法分析器还不能工作，你可以使用它。
- parsetest.c，一个驱动程序，它运行你的分析器来分析输入文件。
- tiger.grm，需由你进一步完善的一个程序框架。

你将不再需要 tokens.h，作为替代，与单词相关的头文件是 y.tab.h，它是 Yacc 根据你的文法的单词规范自动生成的。

你的文法中的移进-归约冲突应尽可能地少，并且应当没有归约-归约冲突。此外，文档中应当列出每一个移进-归约冲突（若有的话），并解释它为什么是无害的。

我的文法有一个移进-归约冲突，它与下面两个文法之间的冲突有关。

variable [expression]
type-id [expression] **of** expression

事实上，为了处理这个冲突，不得不增加了一个似乎是冗余的文法规则。是否存在可以实现它而没有移进-归约冲突的方法？

当使用优先级指导命令（％left、％nonassoc、％right）是直截了当的时，使用它们。

在这个练习中，不要给你的文法附加任何语义动作。

可选题：给你的文法增加一个 *error* 产生式，并举例说明你的分析器有时能从语法错误中恢复。

推荐阅读

Conway[1963]在介绍一个预测（递归下降）分析器的同时，描述了 FIRST 集合和提取左因子的概念。LL(k)分析理论是由 Lewis 和 Stearns[1968]形式化的。

LR(k)语法分析方法是由 Knuth[1965]开发的；DeRemer[1971]开发了 SLR 和 LALR 技术；Yacc[Johnson 1975]（正如该论文的标题所示，它并不是第一个分析器的生成器或"编译器的编译器"）的开发成功和流传使得 LALR(1)语法分方析方法得到了普及。

图 3-12 概括了各类文法之间关于子集关系的许多定律。Heilbrunner[1981]给出了其中一些定律的证明，包括 LL(k)⊂LR(k)和 LL(1)⊄LALR(1)（见习题 3.14）。Backhouse[1979]给出了关于 LL 和 LR 分析法理论的很好介绍。

Aho 等人[1975]说明了利用优先指导命令解决其中的二义性，使得确定的 LL 或 LR 语法分析引擎能够处理二义性文法。

Burke 和 Fisher[1987]发明了通过管理一个 K 个单词的队列和两个分析栈来实现错误修复的策略。

习题

3.1　将下面每一个正则表达式转换为上下文无关文法。

a. $((xy*x) \mid (yx*y))$?

b. $((0 \mid 1)^{+} "." (0 \mid 1)*) \mid ((0 \mid 1)* "." (0 \mid 1)^{+})$

*3.2　为使用分号和下列单词的英文句子写一个文法：

```
time, arrow, banana, flies, like, a, an, the, fruit
```

要保证包含每一个单词的所有词性（名词、动词，等等）。然后通过展示句子 "time flies like an arrow; fruit flies like a banana." 的多于一棵的分析树，证明该文法是二义性的。

3.3 分别为下面的每一种语言写出一个无二义性的文法。**提示：** 检验文法是无二义性的一种方法是用 Yacc 运行它而不会得到有冲突的结果。

    a. 字母表 $\{a,b\}$ 上的回文（即无论顺读、倒读都相同的字符串）。

    b. 与正则表达式 $a * b *$ 相匹配且 a 多于 b 的字符串。

    c. 配对的圆括号和方括号，例如 ([[ ] (( ) [( )] [ ])])。

    *d. 配对的圆括号和方括号，但其中闭方括号也关闭未配对的开圆括号（一直到前一个开方括号），例如 [([ ] (( ) [( ] [ ])]。**提示：** 首先，写出圆括号配对和方括号配对的语言，并允许有额外的开圆括号；然后保证这个开圆括号必须出现在方括号内。

    e. 关键字 public final static synchronized transient 组成的所有子集和排列（无重复）。（然后评论在一个真正的编译器中怎样才能最好地处理这种情形。）

    f. Pascal 或 ML 中的语句块，其中的分号分割语句：

      (statement ; (statement ; statement) ; statement)

    g. C 语言中的语句块，其中的分号结束语句：

      { expression; { expression; expression; } expression; }

3.4 写一个文法，它接收与文法 3-1 相同的语言，但适合于用 LL(1) 分析。也就是说，要消除文法 3-1 的二义性、左递归，并提取左因子（必要的话）。

3.5 找出下面文法的 nullable、FIRST 和 FOLLOW 集合，然后构造 LL(1) 分析表。

    0 $S' \rightarrow S \$$ 5 $X \rightarrow B S E$

                                   6 $X \rightarrow \{ S \}$

    1 $S \rightarrow$ 7 $X \rightarrow$ WORD

    2 $S \rightarrow X S$ 8 $X \rightarrow$ begin

                                   9 $X \rightarrow$ end

    3 $B \rightarrow \backslash$ begin { WORD }   10 $X \rightarrow \backslash$ WORD

    4 $E \rightarrow \backslash$ end { WORD }

3.6 a. 计算下面文法的 nullable、FIRST 和 FOLLOW 集合：

    $S \rightarrow u B D z$
    $B \rightarrow B v$
    $B \rightarrow w$
    $D \rightarrow E F$
    $E \rightarrow y$
    $E \rightarrow$
    $F \rightarrow x$
    $F \rightarrow$

    b. 构造 LL(1) 分析表。

    c. 给出证据说明该文法不是 LL(1) 文法。

    d. **尽可能少地修改该文法使它成为一个接收相同语言的 LL(1) 文法。**

*3.7 a. 对下面这个文法提取左因子：

0 S → G $ 3 P → id : R
1 G → P   4 R →
2 G → P G   5 R → id R
```

b. 证明由 a 得到的是 LL(2) 文法。可以通过计算含两个符号的符号串的 FIRST 等集合来证明，但一种更简单的方法是构造一个 LL(1)分析表，然后使人信服地证明任何冲突都可通过超前查看一个以上的符号来解决。

c. 说明怎样改变 tok 变量和 advance 函数使之适应具有两个超前查看符号的递归下降分析器。

d. 用文法类层次（图 3-12）说明由 a 得到的已提取左因子的文法是 LR(2)文法。

e. 试证明，没有任何与该文法（已提取左因子的）对应的字符串有两棵语法分析树。

3.8 构造一个含有左递归的小型文法，并用它来说明左递归不会对 LR 分析造成问题。然后给出一个小例子，对右递归文法和左递归文法的 LR 分析栈的生长变化进行比较。

3.9 画出文法 3-10 的 LR(0)状态图，构造 SLR 分析表并指出冲突。

3.10 画出习题 3.7 文法的 LR(1)状态图（没有提取左因子的），并构造 LR(1)分析表。要清楚地指出其中的所有冲突。

3.11 构造下面这个文法的 LR(0)状态，然后确定该文法是否为 SLR 文法。

```
0  S → B $           3  P →
                     4  P → ( E )
1  B → id P
2  B → id ( E ]      5  E → B
                     6  E → B , E
```

3.12 a. 构造下面这个文法的 LR(0)DFA：

```
0  S → E $
1  E → id
2  E → id ( E )
3  E → E + id
```

b. 它是 LR(0)文法吗？给出证据。

c. 它是 SLR 文法吗？给出证据。

d. 它是 LR(1)文法吗？给出证据。

3.13 说明下面这个文法是 LALR(1)，但不是 SLR：

```
0  S → X $           3  X → d c
1  X → M a           4  X → b d a
2  X → b M c          5  M → d
```

3.14 说明下面这个文法是 LL(1)，但不是 LALR(1)：

```
1  S → ( X           5  X → F ]
2  S → E ]           6  E → A
3  S → F )           7  F → A
4  X → E )           8  A →
```

*3.15 将下面这个文法输入给 Yacc；从它的输出描述文件来构造该文法的 LALR(1)分析表，此表在存在冲突的地方有多重登记项。对于每一个冲突，说明为了使得不同种类的表达式具有常规意义下的优先级，应选择移进还是归约。然后给出用这种方式解决冲突的 Yacc 风格的优先级指导命令。
```

$$0 \quad S \to E\ \$$$

$$1 \quad E \to \text{while } E \text{ do } E$$
$$2 \quad E \to \text{id} := E$$
$$3 \quad E \to E + E$$
$$4 \quad E \to \text{id}$$

86

*3.16 解释如何通过使用优先级指导命令，或通过转换文法，或者结合两种方法，来解决下面这个文法中的冲突。如果愿意的话，在你的研究中用 Yacc 作为工具。

$$\begin{array}{ll} & 3 \quad B \to + \\ 1 \quad E \to \text{id} & 4 \quad B \to - \\ 2 \quad E \to E\ B\ E & 5 \quad B \to \times \\ & 6 \quad B \to / \end{array}$$

*3.17 证明文法 3-3 不能生成图 3-5 所示的分析树。**提示**：在 "$?X$" 的位置可能出现什么样的非终结符？而这对于告诉我们什么可能出现在 "$?Y$" 的位置又有什么帮助？

87

第4章 抽象语法

抽象的（ab-stract）：从所有具体实例中提取出来的。

韦氏词典

编译器的工作不仅是识别一个句子是否是属于某一个文法的语言，它还必须对那个句子做更多的事情。语法分析器中的**语义动作**（semantic action）能够对所分析的短语做一些有用的事情。

在递归下降语法分析器中，语义动作代码分散在实现语法分析的控制流中。在用 Yacc 说明的语法分析器中，语义动作是一段附带在文法产生式中的 C 程序代码。

4.1 语义动作

每个终结符和非终结符都可关联一个语义值类型。例如，在使用文法 3-13 定义的一个简单计算器中，与 exp 和 INT 关联的类型可能是 int；而其他单词则不需携带值。当然，与单词关联的类型必须与词法分析器随同这个单词一起返回的类型相匹配。

对于规则 $A{\to}BCD$，语义动作返回的值的类型必须是与非终结符 A 关联的类型。但它可以由所匹配的终结符和非终结符 B、C、D 的相关值来建立这个返回值。

4.1.1 递归下降

在递归下降语法分析器中，语义行为是语法分析函数所返回的值，或者是这些函数产生的副作用，或者两者兼而有之。对于每个终结符和非终结符，我们给它关联一种语义值类型（来自于实现该编译器的语言），其中语义值所表示的是由那个符号导出的短语。

程序 4-1 是文法 3-7 的递归下降语法分析器。它指出了单词 ID 和 NUM 分别必须携带 string 类型和 int 类型的值。我们假定存在一张将标识符映射至整数的查找表。与 E、T、F 等关联的类型是 int，它们的语义动作很容易实现。

但对于像 T' 这样人为引入的符号（为消除左递归而引入的），其语义动作则要稍为棘手一点。原来的产生式是 $T{\to}T*F$，它的语义动作原本是：

```
{int a,b; a = T(); eat(TIMES); int b=F(); return a*b;}
```

但将文法改写后，产生式 $T'{\to}*FT'$ 中的 "*" 没有了左操作数。解决这个问题的一种方法是，将这个左操作数作为参数由 T 传递给 T'，如程序 4-1 所示。

4.1.2 Yacc 生成的分析器

语法分析器的 Yacc 规范由一组文法规则组成，每个规则标注有一个语义动作，此语义动作是一条 C 语句。Yacc 生成的语法分析器每当用一条规则进行归约时，便执行对应的语义动作代码。

程序 4-2 以文法 3-13 为例说明了其方法。语义动作可用 $i 来引用第 i 个右部符号的语义值。它为左部非终结符产生的值则可赋给 $ $$ $。% union 声明说明了各种可能携带的语义值的类型；每一个终结符和非终结符通过 <*variant*> 注释指明它该使用由 % union 声明的联合中的哪一种形式。

在更为真实的例子中，可能会存在着若干非终结符，且每个非终结符各自有不同的类型。

Yacc 生成的语法分析器并行地维护着一个状态栈和一个语义值栈，并由此实现对语义值的操作。语义值栈中的内容与原来简单分析栈中的符号一一对应。语法分析器在执行一个归约时必须执行用 C 语言写的语义动作；它通过引用栈顶 k 个元素之一（对于具有 k 个右部符号的规则而言）来满足对一个右部语义值的每一个引用。当语法分析器从符号栈弹出顶部的 k 个元素并压入一个非终结符号时，它也同时从语义值栈弹出 k 个值，并压入通过执行语义动作的 C 代码而得到的值。

91

程序 4-1 文法 3-7 的递归下降解释器

```
enum token {EOF, ID, NUM, PLUS, MINUS, ··· };
union tokenval {string id; int num; ··· };

enum token tok;
union tokenval tokval;

int lookup(String id) { ··· }

int F_follow[] = { PLUS, TIMES, RPAREN, EOF, -1 };
int F(void) {switch (tok) {
        case ID:    {int i=lookup(tokval.id); advance(); return i;}
        case NUM:   {int i=tokval.num; advance(); return i;}
        case LPAREN: eat(LPAREN); { int i = E();
                     eatOrSkipTo(RPAREN, F_follow);
                     return i; }
        case EOF:
        default:    printf("expected ID, NUM, or left-paren");
                    skipto(F_follow);
                    return 0;
        }}

int T_follow[] = { PLUS, RPAREN, EOF, -1 };
int T(void) {switch (tok) {
        case ID: case NUM: case LPAREN: return Tprime(F());
        default: printf("expected ID, NUM, or left-paren");
                 skipto(T_follow);
                 return 0;
        }}

int Tprime(int a)   {switch (tok) {
        case TIMES: eat(TIMES); return Tprime(a*F());
        case PLUS: case RPAREN: case EOF:  return a;
        default: ···
        }}

void eatOrSkipTo(int expected, int *stop) {
    if (tok==expected) eat(expected);
    else {printf(···); skipto(stop);}
}
```

程序 4-2　文法 3-13 的 Yacc 版本

```
%{ declarations of yylex and yyerror %}
%union {int num; string id;}
%token <num> INT
%token <id> ID
%type  <num> exp
%start exp

%left PLUS MINUS
%left TIMES
%left UMINUS
%%
exp :  INT              {$$ = $1;}
    |  exp PLUS exp     {$$ = $1 + $3;}
    |  exp MINUS exp    {$$ = $1 - $3;}
    |  exp TIMES exp    {$$ = $1 * $3;}
    |  MINUS exp    %prec UMINUS {$$ = - $2;}
```

图 4-1 说明了用程序 4-2 对一个字符串进行 LR 分析的过程。栈中存放的是状态和语义值（在这个例子中，语义值都是整数）。当归约一条诸如 $E \to E + E$ 的规则时（此规则带有一个如 exp1 + exp2 的语义动作），语义栈顶的三个元素分别是 exp1、空（由 + 携带的无意义语义值的占位符）和 exp2。

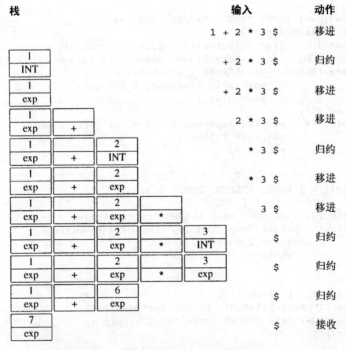

图 4-1　用一个语义栈进行语法分析

4.1.3　语义动作的解释器

程序 4-2 说明了怎样根据产生式右部的语义值来计算出非终结符的语义值。这个例子中的语义动作没有任何可能改变全局状态的副作用，因此右部符号的求值顺序对结果没有影响。

    但是，LR 分析器是按一种确定的和可预见的顺序，即自底向上、从左至右遍历语法树的顺序来执行归约和与之关联的语义的。换言之，分析器按后序遍历这棵（虚拟的）语法树。因此，可以编写带有全局副作用的语义动作，并且能够预知这些副作用发生的顺序。

    程序 4-3 给出了关于我们那个直线式程序语言的一个解释器。它使用了一个与符号表有关的全局变量（产品质量的解释器应当使用比链表更好的数据结构；见 5.1 节）。

程序 4-3 命令式风格的解释器

```
%{
typedef struct table *Table_;
Table_ {string id; int value; Table_ tail};
Table_  Table(string id, int value, struct table *tail);  (see page 13)
Table_ table=NULL;
int lookup(Table_ table, string id) {
    assert(table!=NULL);
    if (id==table.id) return table.value;
    else return lookup(table.tail, id);
}
void update(Table_ *tabptr, string id, int value) {
    *tabptr = Table(id, value, *tabptr);
}
%}
%union {int num; string id;}

%token <num> INT
%token <id> ID
%token ASSIGN PRINT LPAREN RPAREN
%type <num> exp
%right SEMICOLON
%left PLUS MINUS
%left TIMES DIV
%start prog
%%
prog: stm

stm : stm SEMICOLON stm
stm : ID ASSIGN exp                {update(&table,ID,$3);}
stm : PRINT LPAREN exps RPAREN     {printf("\n");}

exps: exp                          {printf("%d ", $1);}
exps: exps COMMA exp               {printf("%d ", $3);}

exp : INT                          {$$=$1;}
exp : ID                           {$$=lookup(table,$1);}
exp : exp PLUS exp                 {$$=$1+$3;}
exp : exp MINUS exp                {$$=$1-$3;}
exp : exp TIMES exp                {$$=$1*$3;}
exp : exp DIV exp                  {$$=$1/$3;}
exp : stm COMMA exp                {$$=$3;}
exp : LPAREN exp RPAREN            {$$=$2;}
```

4.2 抽象语法分析树

    编写一个完全用 Yacc 语法分析器的语义动作短语来实现的编译器是有可能的，但这种编译器很难阅读和维护，并且这种方法限制了编译器只能完全按语法分析的顺序来处理程序。

为了有利于模块化，最好将语法问题（语法分析）与语义问题（类型检查和翻译成机器代码）分开处理。达到此目的的一种方法是由语法分析器生成语法分析树（parse tree），即一种数据结构，编译器在较后阶段可对其进行遍历。技术上，每一个输入单词对应着语法树中的一个叶子结点，分析期间被归约的每一个语法规则对应着树中的一个内部结点。

这样的一棵语法分析树称为具体分析树（concrete parse tree），它表示源语言的具体语法（concrete syntax）。这种树不便于直接使用。标点符号单词中有许多是冗余的，并且不传送信息——这些冗余的标点符号只在输入字符串中起作用，而一旦建立了语法树，树结构本身便可更方便地传递构造中的信息。

此外，语法树的结构对文法的依赖程度太高！第 3 章中曾讨论过的各种文法转换，如提取因子、消除左递归、消除二义性等，由于技术上的原因会需要引入新的非终结符和文法产生式。这些细节都应当限制在语法分析阶段，而且不应对语义分析造成干扰。

抽象语法（abstract syntax）起到了在语法分析器和编译器（或其他程序分析工具，如依赖关系分析器）的较后阶段之间建立一个清晰接口的作用。抽象语法树传递源程序的短语结构，其中已解决了所有语法分析问题，但不带有任何语义解释。

早期的许多编译器不使用抽象语法数据结构，因为那时的计算机没有足够的存储器可存放一个完整编译单元的语法树。现代计算机很少存在这种问题。许多现代程序设计语言（ML、Modula-3、Java）允许提前引用同一模块中稍后才定义的标识符，使用抽象语法树使得编译这类语言更为容易。不过 Pascal 和 C 还需笨拙地提前给出声明，因为在 20 世纪 70 年代，其设计者希望由此避免在当时的机器上进行额外的一遍编译。

文法 4-1 给出的是一个直线式程序语言的抽象语法。这个文法是完全无法分析的：文法具有二义性，因为没有指明操作符的优先级，并且缺少许多起分隔作用的标点符号。

文法 4-1   直线式程序语言的抽象语法

$S \rightarrow S\,;\,S$	$L \rightarrow$
$S \rightarrow \mathrm{id} := E$	$L \rightarrow L\,E$
$S \rightarrow \mathrm{print}\,L$	
$E \rightarrow \mathrm{id}$	$B \rightarrow +$
$E \rightarrow \mathrm{num}$	$B \rightarrow -$
$E \rightarrow E\,B\,E$	$B \rightarrow \times$
$E \rightarrow S\,,\,E$	$B \rightarrow /$

但是，文法 4-1 并不是打算用于语法分析的。语法分析器使用具体语法（程序 4-4）来建立该抽象语法的语法树。语义分析阶段使用的是这个抽象语法树；它不会受这个文法的二义性的困扰，因为它已经有了一棵语法树！

编译器需要将抽象语法树表示成数据结构，并对它进行操作。这些数据结构是根据 1.3 节概述的原则用 C 语言来组织的：每个非终结符有一个 typedef，每个产生式对应联合中的一个成员，等等。程序 1-1 给出了文法 4-1 的数据结构声明。

Yacc（或递归下降）语法分析器对具体语法进行分析，并构造出抽象语法树。这一过程如程序 4-4 所示。

程序 4-4   直线式程序语言的抽象语法构造器

```
%{
#include "absyn.h"
%}

%union {int num; string id; A_stm stm; A_exp exp; A_expList expList;}

%token <num> INT
%token <id> ID
%token ASSIGN PRINT LPAREN RPAREN
%type <stm> stm prog
%type <exp> exp
%type <expList> exps
%left SEMICOLON
%left PLUS MINUS
%left TIMES DIV
%start prog
%%
prog: stm                           {$$=$1;}

stm : stm SEMICOLON stm             {$$=A_CompoundStm($1,$3);}
stm : ID ASSIGN exp                 {$$=A_AssignStm($1,$3);}
stm : PRINT LPAREN exps RPAREN      {$$=A_PrintStm($3);}

exps: exp                           {$$=A_ExpList($1,NULL);}
exps: exp COMMA exps                {$$=A_ExpList($1,$3);}

exp : INT                           {$$=A_NumExp($1);}
exp : ID                            {$$=A_IdExp($1);}
exp : exp PLUS exp                  {$$=A_OpExp($1,A_plus,$3);}
exp : exp MINUS exp                 {$$=A_OpExp($1,A_minus,$3);}
exp : exp TIMES exp                 {$$=A_OpExp($1,A_times,$3);}
exp : exp DIV exp                   {$$=A_OpExp($1,A_div,$3);}
exp : stm COMMA exp                 {$$=A_EseqExp($1,$3);}
exp : LPAREN exp RPAREN             {$$=$2;}
```

4.2.1　位置

在只有一遍的编译器中，词法分析、语法分析和语义分析（类型检查）都是同时进行的。如果出现了一个必须向用户报告的类型错误，词法分析器的当前位置就理所应当是最接近错误源的位置。在这种编译器中，词法分析器保存有一个表示"当前位置"的全局变量，错误处理程序将随同每个错误消息一起输出这个变量的值。

使用抽象语法树数据结构的编译器不必在一遍中完成所有的语法分析和语义分析。它在许多方面简化了处理过程，但却稍微增加了产生语义错误信息的难度。在语义分析开始前，词法分析器就已到达了文件尾。因此，如果在遍历抽象语法树期间检测到了一个语义错误，则不能用词法分析器的当前位置（文件结尾）来报告错误。因此，应当记住抽象语法树的每个结点在源文件中对应的位置，以防该结点发生语义错误。

为了记住准确的位置，抽象语法数据结构上到处都必须带有 pos 域。pos 域指明了导出抽象语法树的字符在源程序中的位置。这样，类型检查器就能产生有用的报错信息。

词法分析器必须向语法分析器报告每个单词在源文件的开始位置和结束位置。理想的做法是，自动生成的语法分析器应当同语义值栈一起维护着一个位置栈，以便语义动作可以用每一个单词和词组在源文件的开始位置和结束位置报告出错信息。Bison 语法分析器的生成器能够做到这一点，但 Yacc 不能。当使用 Yacc 时，一种解决方法是定义一个非终结符号 pos，它的语义值是源程序位置（行号，或行号和行内的位置）。这样，当我们在 exp PLUS exp 已分析过的语义动作中想要访问 PLUS 的位置时，用下面的代码可做到这一点：

```
%{ extern A_OpExp(A_exp, A_binop, A_exp, position); %}
%union{int num; string id; position pos; … };
%type <pos> pos

pos :                    { $$ = EM_tokPos; }

exp :  exp PLUS pos exp { $$ = A_OpExp($1,A_plus,$4,$3); }
```

但是，这种技巧可能会有危险。对于 pos 位于 PLUS 之后的情形，它可以工作；但是当 pos 在产生式中的位置过于靠前时，它则不能工作：

```
exp :  pos exp PLUS exp { $$ = A_OpExp($2,A_plus,$4,$1); }
```

这是因为 LR(1) 分析器在看到 PLUS 之前必须归约 pos→ε。这会导致一个移进-归约或归约-归约冲突。

4.2.2　Tiger 的抽象语法

图 4-2 给出了 Tiger 的抽象语法。仔细学习过附录之后，对此抽象语法中每一个构造器的含义应当会有清楚的理解，这里给出的几点解释只是为了便于讲述。

图 4-2 给出的只有构造函数，而没有相应的 typedef 和 struct。A_var 的定义实际上可以写为

```
/* absyn.h */
typedef struct A_var_ *A_var;
struct A_var_
        {enum {A_simpleVar, A_fieldVar, A_subscriptVar} kind;
         A_pos pos;
         union {S_symbol simple;
                struct {A_var var;
                        S_symbol sym;} field;
                struct {A_var var;
                        A_exp exp;} subscript;
               } u;
        };
```

这里遵循了 1.3 节规定的原则。

Tiger 程序

```
(a := 5; a+1)
```

转换成抽象语法为

```
A_SeqExp(2,
  A_ExpList(A_AssignExp(4,A_SimpleVar(2,S_Symbol("a")),A_IntExp(7,5)),
  A_ExpList((A_OpExp(11,A_plusOp,A_VarExp(A_SimpleVar(10,
                        S_Symbol("a"))), A_IntExp(12,1))),
  NULL)))
```

这是一个含有两个表达式的序列表达式，序列中的两个表达式分别是赋值表达式和操作符表达式，它们之间用分号分隔。这两个表达式中有一个变量表达式和两个整常数表达式。

夹杂在其中的关于位置的表示是用源代码的字符计数来表示的。我为 AssignExp 选择的相连位置是操作符:=的位置，为 OpExp 选择的是操作符 + 的位置，等等。这种选择是个人的喜好，它表达了我对它们以什么形式出现在语义错误信息中的一种设计。

现在考虑：

```
let var a := 5
    function f() : int = g(a)
    function g(i: int) = f()
 in f()
end
```

Tiger 语言将相邻的函数声明看成是（可能会）相互递归的。抽象语法的构造器 FunctionDec 以一个函数声明表，而不是一个函数，作为其参数。这个表的用意是要表示最长的连续函数声明序列。这样，由同一个 FunctionDec 声明的函数都是可相互递归的。因此，由上面这个程序[①]转换的抽象语法为：

```
A_LetExp(
 A_DecList(A_VarDec(S_Symbol("a"),NULL,A_IntExp(5)),
 A_DecList(A_FunctionDec(
           A_FundecList(A_Fundec(
            S_Symbol("f"),NULL,S_Symbol("int"),
            A_CallExp(S_Symbol("g"),···)),
           A_FundecList(A_Fundec(
            S_Symbol("g"),
            A_FieldList(S_Symbol("i"),S_Symbol("int"),NULL),
            NULL,
            A_CallExp(S_Symbol("f"),···)),
            NULL))),
 NULL)),
 A_CallExp(S_Symbol("f"), NULL))
```

为了清楚起见省略了关于位置的表示。

构造器 TypeDec 也因同样的原因以类型声明表作为参数；考虑如下声明：

```
type tree = {key: int, children: treelist}
type treelist = {head: tree, tail: treelist}
```

它们将转换成一种类型，而不是两种：

```
A_TypeDec(
 A_NametyList(A_Namety(S_Symbol("tree"),
   A_RecordTy(
    A_FieldList(A_Field(S_Symbol("key"),S_Symbol("int")),
    A_FieldList(A_Field(S_Symbol("children"),
                        S_Symbol("treelist")),
    NULL)))),
 A_NametyList(A_NamcTy(S_Symbol("treelist"),
   A_RecordTy(
    A_FieldList(A_Field(S_Symbol("head"),S_Symbol("tree")),
    A_FieldList(A_Field(S_Symbol("tail"),S_Symbol("treelist")),
    NULL)))),
 NULL)))
```

---

① 这个 Tiger 程序是非法的，因为声明 g 是无返回值的，但它的函数体却返回值 f()。——译者注

没有关于表达式 & 和 | 的抽象语法；$e1 \& e2$ 将转换成 if $e1$ then $e2$ else 0，而 $e1 \mid e2$ 则将转换成好像写为 if $e1$ then 1 else $e2$ 一样。

```
/* absyn.h */
A_var A_SimpleVar(A_pos pos, S_symbol sym);
A_var A_FieldVar(A_pos pos, A_var var, S_symbol sym);
A_var A_SubscriptVar(A_pos pos, A_var var, A_exp exp);

A_exp A_VarExp(A_pos pos, A_var var);
A_exp A_NilExp(A_pos pos);
A_exp A_IntExp(A_pos pos, int i);
A_exp A_StringExp(A_pos pos, string s);
A_exp A_CallExp(A_pos pos, S_symbol func, A_expList args);
A_exp A_OpExp(A_pos pos, A_oper oper, A_exp left, A_exp right);
A_exp A_RecordExp(A_pos pos, S_symbol typ, A_efieldList fields);
A_exp A_SeqExp(A_pos pos, A_expList seq);
A_exp A_AssignExp(A_pos pos, A_var var, A_exp exp);
A_exp A_IfExp(A_pos pos, A_exp test, A_exp then, A_exp elsee);
A_exp A_WhileExp(A_pos pos, A_exp test, A_exp body);
A_exp A_BreakExp(A_pos pos);
A_exp A_ForExp(A_pos pos, S_symbol var, A_exp lo, A_exp hi, A_exp body);
A_exp A_LetExp(A_pos pos, A_decList decs, A_exp body);
A_exp A_ArrayExp(A_pos pos, S_symbol typ, A_exp size, A_exp init);

A_dec A_FunctionDec(A_pos pos, A_fundecList function);
A_dec A_VarDec(A_pos pos, S_symbol var, S_symbol typ, A_exp init);
A_dec A_TypeDec(A_pos pos, A_nametyList type);

A_ty A_NameTy(A_pos pos, S_symbol name);
A_ty A_RecordTy(A_pos pos, A_fieldList record);
A_ty A_ArrayTy(A_pos pos, S_symbol array);

A_field A_Field(A_pos pos, S_symbol name, S_symbol typ);
A_fieldList A_FieldList(A_field head, A_fieldList tail);
A_expList A_ExpList(A_exp head, A_expList tail);
A_fundec A_Fundec(A_pos pos, S_symbol name, A_fieldList params,
                  S_symbol result, A_exp body);
A_fundecList A_FundecList(A_fundec head, A_fundecList tail);
A_decList A_DecList(A_dec head, A_decList tail);
A_namety A_Namety(S_symbol name, A_ty ty);
A_nametyList A_NametyList(A_namety head, A_nametyList tail);
A_efield A_Efield(S_symbol name, A_exp exp);
A_efieldList A_EfieldList(A_efield head, A_efieldList tail);

typedef enum {A_plusOp, A_minusOp, A_timesOp, A_divideOp,
              A_eqOp, A_neqOp, A_ltOp, A_leOp, A_gtOp, A_geOp} A_oper;
```

图 4-2   Tiger 语言的抽象语法。这里只给出了构造函数，结构的各个域与构造函数的各个参数名一一对应

类似地，在抽象语法中，一元负（$-i$）应当表示为减（$0-i$）[①]。此外，当一个 LetExp 的函数体有多个语句时，我们必须使用 seqExp。空语句用 A_seqExp(NUL) 来表示。

通过 &、| 和一元负运算的这种表示，我们使得抽象语法数据类型较小，并且语义分析阶段要处理的情况也较少。但另一方面，它增加了类型检测程序给出与源代码相关的错误信息的难度。

[①] 在产品质量的编译器中这种做法可能是不合适的。对于相同大小的任意整数 i，大部分给定大小的负数的二进制补码整数不能表示为 $0-i$。在浮点数中，当 $x=0$ 时，$0-x$ 不同于 $-x$。我们在 Tiger 编译器中将忽略这种问题。

词法分析器返回的 ID 单词携带 string 类型的值, 而抽象语法要求标识符具有 symbol 值。函数 S_symbol (在 symbol.h 中定义) 可将字符串转换为符号, 函数 S_name 则可将符号转换为字符串。第 5 章将讨论符号的表示。

编译器的语义分析阶段需要知道哪些局部变量会在被嵌套的函数内使用。varDec 或 field 类型的 escape 成员用于记录这种信息。在构造函数的参数中没有提及这个 escape 域, 但它总是被初始化为 TRUE, 这是一个保守的近似值。field 类型既用于形式参数, 也用于记录域; escape 对形式参数有意义, 但对记录成员则可忽略它。

在抽象语法中包含 escape 域是一种 "出租式" 的应付方法[①], 因为 "逃逸" 是一种全局的、非句法的属性。如果让 escape 位于 Absyn 之外会导致需要另外的数据结构来描述逃逸属性。

程序设计: 抽象语法

在你的语法分析器中添加语义动作来产生 Tiger 语言的抽象语法。

你应当提交文件 tiger.grm。

在 $ TIGER/chap4 中包含下列支持文件。

- absyn.h, Tiger 的抽象语法声明。
- absyn.c, 构造函数的实现代码。
- prabsyn.[ch], 一个小巧的抽象语法树输出程序, 以便你能看到语法分析结果。
- errormsg.[ch], 同前一章。
- lex.yy.c, 仅当你自己的词法分析器仍不能工作时才使用它。
- symbol.[ch], 将字符串转换为符号的模块。
- makefile, 同前一章。
- parse.[ch], 一个驱动程序, 它运行你的分析器来分析一个输入文件。
- tiger.grm, 语法规范程序框架。

推荐阅读

许多编译器和程序 4-1 一样, 将递归下降分析代码与语义动作混合在一起进行; Gries [1971]、Fraser 和 Hanson[1995] 给出了采用这种方法的早期编译器和现代编译器的例子。由机器生成的在产生式上附带有语义动作的语法分析器是在 20 世纪 60 年代试验成功的[Feldman and Gries 1968]; Yacc[Johnson 1975] 是第一个允许使用传统的通用程序设计语言来编写语义动作代码的语法分析器的生成器。

抽象语法的表示应归功于 McCarthy[1963], 他设计了 Lisp[McCarthy et al. 1962] 的抽象语法。设计者原本打算在创造出一种具有人们易于阅读的标点符号 (而不是用很多令人恼火而可笑的括号, 即 Lots of Irritating Silly Parentheses) 的具体语法之后, 再用抽象语法来编写程序的, 但不久程序员就习惯了直接使用这种抽象语法来程序设计。

[①] 这里的英文单词为 hack, 即出租或削减。它在这句话中表示的意思是, 为了简单对付起见, 在抽象语法中多开辟一个域用于表示变量的逃逸属性, 但是此属性并不属于抽象语法的属性。——译者注

对程序设计语言语义的理论探索以及对在编译器的编译器中表达语义概念的探索引出了指称语义学(denotational semantics)[Stoy 1977]。指称语义学家也提倡将具体语法从语义中分离，即，用抽象语法作为语法和语义之间的清晰接口——因为在一个完整的程序设计语言中，语法上的混乱会妨碍对语义分析的理解。

习题

4.1   编写一个表示正则表达式抽象语法的类型声明和构造函数。

4.2   将程序 4-3 实现为一个递归下降语法分析器，并在分析函数中嵌入语义动作。

第5章 语义分析

语义的（se-man-tic）：与语言表达的含义相关的。

韦氏词典

编译器的语义分析（semantic analysis）阶段的任务是：将变量的定义与它们的各个使用联系起来，检查每一个表达式是否有正确的类型，并将抽象语法转换成更简单的、适合于生成机器代码的表示。

5.1 符号表

语义分析阶段的一个主要工作是符号表的管理。符号表（symbol table）也称为环境（environment），其作用是将标识符映射到它们的类型和存储位置。在处理类型、变量和函数的声明时，这些标识符便与其在符号表中的"含义"相绑定。每当发现标识符的使用（即非声明性出现）时，便在符号表中查看它们的含义。

程序中的每一个局部变量都有一个作用域（scope），该变量在此作用域中是可见的。例如，在 Tiger 表达式 let D in E end 中，所有在 D 中声明的变量、类型和函数在直到 E 结束为止的范围内都是可见的。当语义分析到达每一个作用域的结束时，所有局部于此作用域的标识符都将被抛弃。

环境是由一些绑定（binding）构成的集合，所谓绑定指的是标识符与其含义之间的一种映射关系，用箭头 $\mapsto$ 来表示。例如，环境 σ_0 包含绑定 $\{g \mapsto string, a \mapsto int\}$；这表示标识符 a 是整型变量，g 是字符串变量。

考虑下面这个用 Tiger 语言编写的简单例子：

```
1        function f(a:int, b:int, c:int) =
2          (print_int(a+c);
3          let var j := a+b
4              var a := "hello"
5           in print(a); print_int(j)
6          end;
7          print_int(b)
8          )
```

假设编译这段程序时其环境为 σ_0。第 1 行关于形式参数的声明使我们得到了表 $\sigma_1 = \sigma_0 + \{a \mapsto int, b \mapsto int, c \mapsto int\}$，即在 σ_0 中加入了 a、b 和 c 的新绑定。在 σ_1 中可查到第 2 行使用的那两个标识符的含义。第 3 行创建了表 $\sigma_2 = \sigma_1 + \{j \mapsto int\}$；第 4 行则创建了表 $\sigma_3 = \sigma_2 + \{a \mapsto string\}$。

当被"加"到一起的两个环境含有同一个符号的不同绑定时，例如在 σ_2 和 $\{a \mapsto string\}$ 分别将 a 映射为 int 和 string 的情况下，两个表的"+"操作是怎样的呢？为了使得作用域规则按照我们期望的真实程序设计语言的方式工作，需要让 $\{a \mapsto string\}$ 优先。因此对于两个表 X 和 Y，我们假定 $X + Y$ 不等于 $Y + X$，并且右边表中的绑定将覆盖左边表中相同符号的绑定。

当到达第 6 行时，我们将抛弃 σ_3 而回到 σ_1，并在 σ_1 中查看第 7 行出现的标识符 b。最后，在第 8 行我们将抛弃 σ_1 而回到 σ_0。

应该怎样实现上述过程？在实际中有两种选择。一种是函数式风格（functional style），在这种方式中，当创建 σ_2 和 σ_3 时，保持 σ_1 原来的状态不变。这样，当再次需要 σ_1 时，σ_1 就是已经就绪的了。

另一种是命令式风格（imperative style），在这种方式下，我们修改 σ_1 直到它成为 σ_2。这种破坏性的更新会"毁坏" σ_1；即，在 σ_2 存在期间，我们不能查看 σ_1 中的符号。但是，当我们完成了 σ_2 中的处理时，可以撤销对 σ_1 的更新从而使 σ_1 返回原来的状态。于是，存在着一个单一的全局环境 σ（它在不同的时间变成 σ_0、σ_1、σ_2、σ_3、σ_1、σ_0）和一个"撤销栈"（此栈含有可用来撤销破坏性更新所需要的足够信息）。每当添加一个符号到环境的同时，也将该符号加入撤销栈中；在作用域的结束点（例如，在第 6 或第 8 行），这些符号将从撤销栈中弹出，并且它们的最近一次绑定也将从 σ 中删除（从而恢复到它们的前一次绑定）。

无论被编译的语言或用于实现编译器的语言是"函数式的""命令式的"，还是"面向对象的"，都可以采用函数式的或命令式的环境管理方式。

5.1.1 多个符号表

在有些语言中，可以同时存在若干种活跃的环境：程序中每一个模块、类或者记录都有它自己的符号表 σ。

在对图 5-1 进行分析时，令 σ_0 是含有一些预定义函数的基本环境，并令

$\sigma_1 = \{a \mapsto int\}$
$\sigma_2 = \{E \mapsto \sigma_1\}$
$\sigma_3 = \{b \mapsto int, a \mapsto int\}$
$\sigma_4 = \{N \mapsto \sigma_3\}$
$\sigma_5 = \{d \mapsto int\}$
$\sigma_6 = \{D \mapsto \sigma_5\}$
$\sigma_7 = \sigma_2 + \sigma_4 + \sigma_6$

在 ML 语言的情况下（图 5-1a），编译 N 时查看标识符使用的环境是 $\sigma_0 + \sigma_2$，编译 D 的环境是 $\sigma_0 + \sigma_2 + \sigma_4$，分析的结果是 $\{M \mapsto \sigma_7\}$。

Java 语言（图 5-1b）允许向前引用（N 中出现表达式 $D.d$ 是合法的），因此 E、N 和 D 的编译环境都是 σ_7；对于这个程序而言，其结果仍然是 $\{M \mapsto \sigma_7\}$。

```
structure M = struct
  structure E = struct
    val a = 5;
  end
  structure N = struct
    val b = 10
    val a = E.a + b
  end
  structure D = struct
    val d = E.a + N.a
  end
end
```
(a) ML 的例子

```
package M;
class E {
    static int a = 5;
}
class N {
    static int b = 10;
    static int a = E.a + b;
}
class D {
    static int d = E.a + N.a;
}
```
(b) Java 的例子

图 5-1 同时存在的若干活跃环境

5.1.2 高效的命令式风格符号表

大型程序可能含有数千个不同的标识符，因此符号表的组织必须要能够进行高效的查找。

命令式风格的环境通常采用散列表来实现，散列表的效率很高。操作 $\sigma' = \sigma + \{a \mapsto \tau\}$ 是通过以 a 作为键值将 τ 插入散列表来实现的。一个简单的带有外部散列链的散列表就能够很好地工作，并且很容易实现对作用域的删除操作（当 a 的作用域结束时，我们需要删除 $\{a \mapsto \tau\}$ 以恢复 σ）。

程序 5-1 实现了一个简单的散列表。第 i 条散列链（bucket）[①] 是由所有这样的元素组成的一张链表，它们的键值的散列值与 SIZE 求模后等于 i。

程序 5-1 带有外部散列链的散列表

```
struct bucket {string key; void *binding; struct bucket *next;};

#define SIZE 109

struct bucket *table[SIZE];

unsigned int hash(char *s0)
{unsigned int h=0; char *s;
 for(s=s0; *s; s++)
      h = h*65599 + *s;
 return h;
}

struct bucket *Bucket(string key, void *binding, struct bucket *next) {
  struct bucket *b = checked_malloc(sizeof(*b));
  b->key=key; b->binding=binding; b->next=next;
  return b;
}

void insert(string key, void *binding) {
  int index = hash(key) % SIZE;
  table[index] = Bucket(key, binding, table[index]);
}

void *lookup(string key) {
  int index = hash(key) % SIZE;
  struct bucket *b;
  for(b=table[index]; b; b=b->next)
    if (0==strcmp(b->key,key)) return b->binding;
  return NULL;
}

void pop(string key) {
  int index = hash(key) % SIZE;
  table[index] = table[index]->next;
}
```

---

① 我们这里将 bucket 译为"散列链"，采用的是传统的术语，因为它是由具有相同散列值的元素组成的一张链表。有不少书将它直译为"散列桶"。——译者注

考虑当 σ 已经包含 $a \mapsto \tau_1$ 时，操作 $\sigma' = \sigma + \{a \mapsto \tau_2\}$ 的情况。函数 insert 将 $a \mapsto \tau_1$ 保留在散列链中，并将 $a \mapsto \tau_2$ 插入散列链的前部。于是在 a 的作用域结束处执行 pop(a)之后，便恢复了 σ。当然，只有当绑定的插入和弹出都按栈的方式操作时，pop 操作才能正确工作。

在产品质量的编译器中实现这种符号表还应当在若干方面有所改进，见习题 5.1。

5.1.3   高效的函数式符号表

在函数式风格的实现中，我们希望以这样一种方式来计算 $\sigma' = \sigma + \{a \mapsto \tau\}$，即希望在 σ' 活跃的情况下仍然能够看到 σ 中的标识符。因此，我们不是将一个绑定加入到已存在的表中来"改变"这个表，而是通过计算现有的这个表与一个新的绑定的"和"来创建一个新表。这类似于在计算 7＋8 时，不是将 8 加到 7 之上得到的结果覆盖原有的 7，而是创建一个新的值 15——从而 7 仍然可用于其他的计算。

但是，对于非破坏性更新，散列表的效率不高。图 5-2a 给出的是一个实现了映射 m_1 的散列表。我们可以快速而高效地将 mouse 记录添加到表的第 5 个位置，这只要将 mouse 记录指向第 5 个链表原来的表头，并使第 5 个位置指向该 mouse 记录即可。但这样一来，映射 m_1 将不复存在：我们已破坏了它而使它变成了 m_2。另一种可选的方法是复制散列数组，但仍然共享所有老的散列链，如图 5-2b 所示。不过这种方法十分低效：散列表的散列数组可能会相当大，与元素的个数成正比，因此，对每一个新增添到表中的登记项都复制此数组是不现实的。

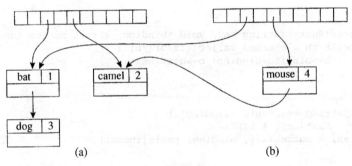

(a)   (b)

图 5-2   散列表

107

通过使用二叉搜索树，我们可以高效地实现对这种搜索树的"函数式的"添加。例如，考虑图 5-3 的搜索树，它表示了如下映射：

$$m_1 = \{bat \mapsto 1,\ camel \mapsto 2,\ dog \mapsto 3\}$$

我们可以如图 5-3b 那样增加一个绑定 $mouse \mapsto 4$，在不破坏映射 m_1 的情况下创建一个新的映射 m_2。如果想要在树的第 d 层添加一个新的结点，则必须创建 d 个新结点——但不必复制整棵树。因此创建一棵新树（这棵树与原来的树共享一部分结构）的效率与查找一个元素相同：对于一棵有 n 个结点的平衡树，时间在 $\log(n)$ 之内。这是使用长效数据结构（persistent data structure）的一个例子；有一种能保持二叉树平衡的长效红黑树，可以保证访问一个结点的时间不会超过 $\log(n)$（见习题 1.1c 和 13.7.1 节）。

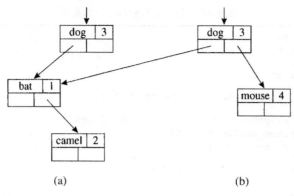

图 5-3　二叉搜索树

5.1.4　Tiger 编译器的符号

程序 5-1 中的散列表操作需要查看被散列的字符串 s 中的每一个字符，然后将 s 与第 i 个散列链中的字符串逐一进行比较。为了避免不必要的字符串比较，我们可以将每一个字符串转变成一个 symbol 对象，使得任意一个给定字符串的所有不同出现都被转换成同一个符号对象。

Symbol 模块实现这种符号，它有下以几个重要特点。

- 比较两个符号相等的运算非常快（仅仅是指针或者整数比较）。
- 提取一个整型散列键值的操作非常快（当我们想要散列表将一个符号映射到其他某种对象时会需要这种操作）。我们将使用 Symbol 本身的指针（即符号本身的地址）作为整型散列键值。
- 比较两个字符串的"大于"运算（按任意顺序）非常快（当我们想要构造二叉搜索树时会需要这种操作）。

即使想要构造的是一个映射符号到绑定的函数式风格的环境，我们也可以使用破坏-更新式散列表来映射字符串到符号：这种做法可以保证使"abc"的第二次出现与它的第一次出现都映射到相同的符号。程序 5-2 给出了 Symbol 模块的接口。

程序 5-2　Symbol 模块的接口

```
/* symbol.h */
typedef struct S_symbol_ *S_symbol;
S_symbol S_Symbol(string);
string S_name(S_symbol);

typedef struct TAB_table_ *S_table;
S_table S_empty(void);
void S_enter(S_table t, S_symbol sym, void *value);
void *S_look(S_table t, S_symbol sym);
void S_beginScope(S_table t);
void S_endScope(S_table t);
```

symbol.c 中是用表 S_Table 来实现环境的，此表将 S_Symbol 对象映射至绑定。在这个编译器中，我们希望有不同的 binding 表示不同的用途——类型绑定用于类型；值绑定用于变量和函数。因此，我们让绑定的类型是 void *，尽管在任何给定的表中，要么所有的绑定都应当是类型绑定，要么所有的绑定都应当是值绑定，等等。

为了实现 S_Symbol（程序 5-3），我们使用了与程序 5-1 非常相似的散列方法。

108

程序 5-3　符号表（symbol.c）的实现

```
#include <stdio.h>
#include <string.h>
#include "util.h"
#include "symbol.h"

struct S_symbol_ {string name; S_symbol next;};

static S_symbol mksymbol(string name, S_symbol next) {
  S_symbol s=checked_malloc(sizeof(*s));
  s->name=name; s->next=next;
  return s;
}

#define SIZE 109
static S_symbol hashtable[SIZE];

static unsigned int hash(char *s0) {... as in Program 5.2}

S_symbol S_Symbol(string name)  {
  int index= hash(name) % SIZE;
  S_symbol syms = hashtable[index], sym;
  for(sym=syms; sym; sym=sym->next)
    if (0==strcmp(sym->name,name)) return sym;
  sym = mksymbol(name,syms);
  hashtable[index]=sym;
  return sym;
}

string S_name(S_symbol sym) {
  return sym->name;
}

S_table S_empty(void) {  return TAB_empty(); }
void S_enter(S_table t, S_symbol sym, void *value){TAB_enter(t,sym,value);}
void *S_look(S_table t, S_symbol sym) {return TAB_look(t,sym);}

static struct S_symbol_ marksym = {"<mark>",0};
void S_beginScope(S_table t) { S_enter(t,&marksym,NULL); }
void S_endScope(S_table t) {
  S_symbol s;
  do s=TAB_pop(t); while (s != &marksym);
}
    ⋮
```

对于用 C 语言编写的 Tiger 编译器，我们选择使用破坏-更新式的环境。symbol 模块的函数 S_empty( )创建一个新的 S_Table。

为了处理破坏性更新的"撤销"要求，接口函数 S_beginScope 记住表的当前状态；而 S_endScope 使表恢复到它位于最近一次执行且还未结束的 beginScope 时的状态。

109 命令式的表是用散列表来实现的。当插入绑定 $x \mapsto b$ 时（S_enter(table,x,b)），x 被散列到索引 i，并且在第 i 条散列链的链首放置一个 Binder 对象 $x \mapsto b$。如果这个表已经包含了一个绑定 $x \mapsto b'$，该绑定将仍保留在散列链中且被 $x \mapsto b$ 所隐藏。这一点很重要，因为它将支持撤销操作的实现（beginScope 和 endScope）。

键值 x 并不是字符串，而是 S_symbol 指针本身。模块 table 实现通用的指针散列表（TAB_table），此表映射一个键值类型（void *）到一个绑定类型（也为 void *）。程序 5-4 给出了

table.h 接口。因为到处使用 void* 很容易导致程序错误，symbol 模块将用 S_empty、S_enter 等函数封装这些操作，其中键值的类型是 S_symbol，而不是 void*。

程序 5-4 接口 table.h

```
/* table.h - generic hash table */

typedef struct TAB_table_ *TAB_table;

TAB_table TAB_empty(void);                    /* Make a new table */

void TAB_enter(TAB_table t, void *key, void *value);
     /* Enter  key→ value   into table t, shadowing any previous binding for key. */

void *TAB_look(TAB_table t, void *key);       /* Look up key in t */

void *TAB_pop(TAB_table t);
     /* Pop the most recent binding and return its key. This may expose another binding for the same key. */
```

此外，还必须有一个辅助栈，它给出符号被"压入"到符号表时的次序。当将 $x \mapsto b$ 加入到符号表时，x 便被压入栈中。beginScope 操作要压入一个特殊的标记至栈。于是，为了实现 endScope，要从栈中弹出符号直至遇到最顶上的一个标记并包括该标记。每当弹出一个符号的同时，也从它的散列链中删除为首的绑定。

用一个全局变量 top 指出最近绑定到表中的符号，便可以将这个辅助栈与 Binder 整合在一起。于是，"压栈"操作可通过复制 top 到 Binder 的 prevtop 域来实现。这样，绑定的对象便通过"栈"串在一起。

111

5.1.5 函数式风格的符号表

如果想在 Tiger 编译器中使用函数式的符号表，S_Table 的接口可以如下所示：

```
typedef struct TAB_table_ *S_table;
S_table S_empty(void);
S_table S_enter(S_table t, S_symbol sym, void *value);
void *S_look(S_table t, S_symbol sym);
```

函数 S_enter 将返回一个新的表而不修改原来的表。我们不再需要 beginScope 和 endScope，因为在使用新表的同时仍然还保留着旧表。

5.2 Tiger 编译器的绑定

符号表中应填入什么内容？或者说绑定的是什么？Tiger 有两个独立的名字空间，一个是类型的名字空间，另一个是函数和变量的名字空间。与类型标识符关联的是 Ty_ty。如程序 5-5 所示，Types 模块描述了表示各种类型的结构。

Tiger 中的基本类型是 int 和 string；每一种类型或者是基本类型，或者是由其他类型（基本类型、记录，或数组）通过记录或数组构造出来的类型。

记录类型携带有附加信息：各个域的名字和类型。

数组与记录类似：Ty_array 构造器携带有数组元素的类型。

程序 5-5   模块 Types

```
/* types.h */
typedef struct Ty_ty_   *Ty_ty;
typedef struct Ty_tyList_   *Ty_tyList;
typedef struct Ty_field_   *Ty_field;
typedef struct Ty_fieldList_   *Ty_fieldList;

struct Ty_ty_ {enum {Ty_record, Ty_nil, Ty_int, Ty_string,
                     Ty_array, Ty_name, Ty_void} kind;
               union {Ty_fieldList record;
                      Ty_ty array;
                      struct {S_symbol sym; Ty_ty ty;} name;
                     } u;
              };

Ty_ty Ty_Nil(void);
Ty_ty Ty_Int(void);
Ty_ty Ty_String(void);
Ty_ty Ty_Void(void);

Ty_ty Ty_Record(Ty_fieldList fields);
Ty_ty Ty_Array(Ty_ty ty);
Ty_ty Ty_Name(S_symbol sym, Ty_ty ty);

struct Ty_tyList_ {Ty_ty head; Ty_tyList tail;};
Ty_tyList Ty_TyList(Ty_ty head, Ty_tyList tail);

struct Ty_field_ {S_symbol name; Ty_ty ty;};
Ty_field Ty_Field(S_symbol name, Ty_ty ty);

struct Ty_fieldList_ {Ty_field head; Ty_fieldList tail;};
Ty_fieldList Ty_FieldList(Ty_field head, Ty_fieldList tail);
```

对于数组和记录类型，Ty_array 和 Ty_record 对象还携带有另一个隐含的信息，即对象本身的地址。这意味着 Tiger 语言中的每一个"记录类型表达式"都会创建一个新的（且不同的）记录类型，即使它们的各个域都相同。在我们这个编译器中用==来比较两个记录类型是否相同。

如果我们编译的是另外的某种语言，有可能会把下面的程序段视为合法的程序：

```
let type a = {x: int, y: int}
    type b = {x: int, y: int}
    var i : a := …
    var j : b := …
in i := j
end
```

这个程序在 Tiger 中是非法的，但是如果语言支持结构上等价的两个类型可交换，这个程序就是合法的。为了在这种语言的编译器中测试类型的等价性，我们需要递归地逐一检查每个域的类型。

不过，下面的 Tiger 程序是合法的，因为类型 c 与类型 a 相同：

```
let type a = {x: int, y: int}
    type c = a
    var i : a := …
    var j : c := …
in i := j
end
```

导致一个新的不同类型被创建出来的并不是类型声明，而是类型表达式{x:int,y:int}。

在 Tiger 中，表达式 nil 属于任何记录类型。我们设计了一个特殊的 "Ty_Nil" 类型来处理这种例外的情形。另外，有的表达式没有返回值，因此我们设计了一个类型 Ty_Void。

在处理相互递归的类型时，对于那种只知道其名字但还未见到其定义的类型，需要有一个占位符。我们可以创造一个 Ty_Name(sym,NULL) 作为类型名 sym 的占位符，稍后再用 sym 应有的类型来填充 Ty_Name 对象的 ty 域。

环境

Symbol 模块中的类型 table 提供从符号到其绑定的映射。这样，我们将有一个类型环境（type enviroment）和一个值环境（value enviroment）。下面的 Tiger 程序说明了只有一个环境是不够的。

```
let type a = int
    var a : a := 5
    var b : a := a
 in b+a
end
```

符号 a 在预期类型标识符的语法上下文中表示类型 "a"，在预期变量的语法上下文中表示变量 "a"。

对于类型标识符，我们需要记住的只是它代表的类型。因此，类型环境是符号至 Ty_ty 的映射，即它是一张表 S_table，此表的 S_lookup 函数总是返回 Ty_ty 指针。如图 5-4 所示，Env 模块包含有一个 base_tenv，即 "基本的" 或 "预定义的" 类型环境，它映射符号 int 到 Ty_Int，映射 string 到 Ty_String。

```
typedef struct E_enventry_ *E_enventry;

struct E_enventry_ {enum {E_varEntry, E_funEntry} kind;
                    union {struct {Ty_ty ty;} var;
                           struct {Ty_tyList formals; Ty_ty result;} fun;
                          } u;
                   };

E_enventry E_VarEntry(Ty_ty ty);
E_enventry E_FunEntry(Ty_tyList formals, Ty_ty result);

S_table E_base_tenv(void);    /* Ty_ ty environment */
S_table E_base_venv(void);    /* E_ enventry environment */
```

图 5-4 env.h：类型检查使用的环境

对于每一个值标识符，我们需要知道它是一个变量还是一个函数；如果是变量，它的类型是什么；如果是函数，它的参数和返回值类型是什么，等等。类型 enventry 如图 5-4 所示，用于保存所有这些信息；而值环境则是从符号到环境登记项的映射。

值环境将变量映射到一个告知其类型的登记项 VarEntry。当我们查看一个函数时，将得到一个含有下述信息的登记项 FunEntry：

- formals　各个形式参数的类型；
- result　该函数返回的结果的类型（或 Void）。

对于类型检查，需要的只是 formals 和 result；我们稍后将在中间语言表示中增加转换所需要的其他的域。

114

base_venv 环境含有若干预定义的函数 flush、ord、chr、size 等的绑定，这些函数的描述见附录。

类型检查阶段需要同时使用类型环境和值环境。

每当遇到类型、变量和函数的声明时，类型检查器就会扩大这两个环境；在表达式处理期间（类型检查、中间代码生成）遇到的每一个标识符都需要查阅这两个环境。

5.3 表达式的类型检查

Semant 模块（semant.h、senmant.c）执行抽象语法的语义分析——包括类型检查。此模块包含 4 个语法树上的递归函数：

```
struct expty transVar(S_table venv, S_table tenv, A_var v);
struct expty transExp(S_table venv, S_table tenv, A_exp a);
void         transDec(S_table venv, S_table tenv, A_dec d);
     Ty_ty transTy (             S_table tenv, A_ty a);
```

类型检查器是抽象语法树上的一个递归函数。我给它取名为 transExp 是因为稍后还将扩充这个函数，使得它不仅进行类型检查，而且能将表达式转换为中间代码。transExp 的三个参数分别是值环境 venv、类型环境 tenv 和表达式。其返回值是 expty，含有转换后的表达式和该表达式的 Tiger 语言类型：

```
struct expty {Tr_exp exp; Ty_ty ty;};

struct expty expTy(Tr_exp exp, Ty_ty ty) {
   struct expty e; e.exp=exp; e.ty=ty; return e;
}
```

其中，Tr_exp 是已转换为中间代码的表达式，ty 是该表达式的类型。

为了避免在这里讨论中间代码，我们定义一个虚的 Translate 模块：

```
typedef void *Tr_exp;
```

并对所有这种类型的值都使用 NULL。在第 7 章，我们将充实 Tr_exp 类型。

现在我们来考虑一个非常简单的加法表达式 $e_1 + e_2$。在 Tiger 中，这两个操作数都必须是整型（类型检查器必须对此进行检查），并且结果是整型（类型检查器将返回这种类型）。

在多数语言中，加法操作符是重载的：即操作符＋既是整数加法，也是实数加法。如果两个操作数都是整数，其结果也是整数；如果两个操作数都是实数，其结果也是实数。并且，在多数语言中，如果两个操作数中有一个是整数，而另一个是实数，则整数将隐含地转换为实数，且结果为实数。当然，编译器必须使得这种转换在它生成的中间代码中明显地表现出来。

对于 Tiger 的非重载的类型，其类型检查很容易实现：

```
struct expty transExp(S_table venv, S_table tenv, A_exp a) {
  switch(a->kind) {
      ⋮
    case A_opExp: {
      A_oper oper = a->u.op.oper;
      struct expty left =transExp(venv,tenv,a->u.op.left);
      struct expty right=transExp(venv,tenv,a->u.op.right);
```

```
        if (oper==A_plusOp) {
            if (left.ty->kind!=Ty_int)
                EM_error(a->u.op.left->pos, "integer required");
            if (right.ty->kind!=Ty_int)
                EM_error(a->u.op.right->pos,"integer required");
            return expTy(NULL,Ty_Int());
        }
          .
          .
          .
        }
    }
    assert(0);  /* should have returned from some clause of the switch */
}
```

尽管我们还没有写出对其他种类表达式（以及非＋操作符）的处理，但这段代码已能很好地工作了。也正因为如此，当对 left 和 right 进行递归调用时，有可能会得到一个断言错误。你可以自己来完善其他情形的处理（见 5.4.4 节）。

变量、下标和域的类型检查

函数 transVar 对 A_var 表达式的递归处理与 transExp 对 A_exp 的处理相同。

```
struct expty transVar(S_table venv, S_table tenv, A_var v ) {
    switch(v->kind) {
        case A_simpleVar: {
            E_enventry x = S_look(venv,v->u.simple);
            if (x && x->kind==E_varEntry)
                return expTy(NULL, actual_ty(x->u.var.ty));
            else {EM_error(v->pos,"undefined variable %s",
                           S_name(v->u.simple));
                  return expTy(NULL,Ty_Int());}
        }
    case A_fieldVar:
          .
          .
          .
    }
```

transVar 中，针对 SimpleVar 的类型检查从句说明了如何使用环境来查看一个变量的绑定。如果标识符出现在环境中，并且与 VarEntry （不是 FunEntry）相绑定，则它的类型是 VarEntry 给出的类型（图 5-4）。

有时 VarEntry 中的类型可能是一个"Name 类型"（即 Ty_Name 类型，见程序 5-5），而由 transExp 返回的所有类型都应当是"实在的"类型（即由其名字已追溯到了它们最终的定义），因此一种较好的做法是让一个函数（函数名或许为 actual_ty）跳过所有的 Name 类型。该函数的结果是一个非 Name 类型的 Ty_ty，尽管当这个类型是一个记录或数组时，其成员会含有 Name 类型。

对于函数调用，需要在环境中查看函数的标识符来得到其登记项 FunEntry，此登记项含有一张参数类型表。函数调用表达式中的实参类型必须与参数类型表给出的类型相匹配。FunEntry 也给出函数的结果类型，它将作为整个函数调用的类型。

每一种表达式有它自己的类型检查规则，对于我未讲述过的其他所有情形，其规则都可通过查阅附录（Tiger 语言参考手册）推导出来。

5.4   声明的类型检查

环境的创建和扩大是由程序中的声明导致的。在 Tiger 中，声明只出现在 let 表达式中。在用 transDec 翻译声明的过程中，很容易对 let 进行类型检查：

```
struct expty transExp(S_table venv, S_table tenv, A_exp a) {
    switch(a->kind) {
        ⋮
    case A_letExp: {
        struct expty exp;
        A_decList d;
        S_beginScope(venv);
        S_beginScope(tenv);
        for (d = a->u.let.decs; d; d=d->tail)
            transDec(venv,tenv,d->head);
        exp = transExp(venv,tenv,a->u.let.body);
        S_endScope(tenv);
        S_endScope(venv);
        return exp;
    }
        ⋮
```

[118]

其中，transExp 首先调用 beginScope( )记住两个环境（venv、tenv）的当前"状态"；然后用新的声明调用 transDec 来扩大环境（venv、tenv）；接下来翻译函数体表达式；最后调用 endScope( )将这两个环境恢复到它们原来的状态。

5.4.1   变量声明

从原理上讲，声明的处理相当简单：声明用一个新的绑定扩大环境，而扩大了的环境则用于后继的声明和表达式的处理。

唯一有问题的是（相互）递归的类型声明和递归的函数声明。因此，我们先从非递归声明的特殊情形开始。

例如，处理一个没有类型约束的变量声明，比如说 var x := *exp*，是相当简单的。

```
void transDec(S_table venv, S_table tenv, A_dec d) {
    switch(d->kind) {
    case A_varDec: {
        struct expty e = transExp(venv,tenv,d->u.var.init);
        S_enter(venv, d->u.var.var, E_VarEntry(e.ty));
    }
        ⋮
}
```

还有什么情形能比这更简单？实际上，如果出现了 d->typ，如在下面的声明中：

var x : *type-id* := *exp*

就会需要检查这个类型约束和进行初始化的表达式是否兼容。另外，类型为 Ty_Nil 的初始化表达式还必须受 Ty_Record 类型的约束。

5.4.2 类型声明

非递归类型声明的处理也不太难：

```
void transDec(S_table venv, S_table tenv, A_dec d) {
    ⋮
    case A_typeDec: {
      S_enter(tenv, d->u.type->head->name,
              transTy(d->u.type->head->ty));
    }
```

函数 transTy 将抽象语法中的类型表达式（A_ty）转换为要放入环境中去的转换后的类型描述（Ty_ty）。这种转换是在结构 A_ty 上递归进行的，它将 A_recordTy 转换成 Ty_Record，等等。在转换过程中，transTy 只需查看它在类型环境 tenv 中找到的每一个符号。

上面给出的这段程序的通用性不是很好，因为它只处理长度为 1 的类型声明列表，即单个相互递归类型声明的列表。请读者推广这段代码使之适应任意长度的类型声明列表。

5.4.3 函数声明

函数声明要稍微繁琐点：

```
void transDec(S_table venv, S_table tenv, A_dec d) {
  switch(d->kind) {
    ⋮
    case A_functionDec: {
      A_fundec f = d->u.function->head;
      Ty_ty resultTy = S_look(tenv,f->result);
      Ty_tyList formalTys = makeFormalTyList(tenv,f->params);
      S_enter(venv,f->name,E_FunEntry(formalTys,resultTy));
      S_beginScope(venv);
      {A_fieldList l; Ty_tyList t;
       for(l=f->params, t=formalTys; l; l=l->tail, t=t->tail)
          S_enter(venv,l->head->name,E_VarEntry(t->head));
      }
      transExp(venv, tenv, d->u.function->body);
      S_endScope(venv);
      break;
    }
    ⋮
```

这是一种已剥离得非常彻底的实现：它只处理单个函数的情况，不处理递归函数，只处理有返回结果的函数（是函数，不是过程），不处理诸如未声明的类型标识符之类的程序错误，等等；并且，它不检查函数体表达式的类型是否与声明的结果类型相匹配。

那么，它做了些什么？考虑下面的 Tiger 声明：

function f(a: ta, b: tb) : rt = *body*

transDec 首先在类型环境中查找结果类型标识符 rt，然后调用局部函数 makeFormalTyList，此函数遍历形式参数表，并返回由它们的类型组成的一张表（通过查看 tenv 中每一个参数的类型 id）。现在 transDec 有足够的信息来构造这个函数的 FunEntry 并将它送入值环境（venv）中。

接下来，形式参数（作为 VarEntry）被送入值环境中；而这个环境则被（transExp 函数）用来处理函数体。最后，endScope()从值环境中删除那些形式参数（但不删除 FunEntry）；由此得到的环境则用来处理那些允许调用函数 f 的表达式。

5.4.4   递归声明

上面的实现不能用于递归类型和递归函数的声明，因为在这两种声明中会遇到未定义的类型或函数的标识符（对于递归记录类型，未定义的类型出现在 transTy 中，而对于递归函数，未定义的函数出现在 transExp(body)中）。

对于一组相互递归的对象（类型或函数）$t_1, \cdots, t_n$，其解决方法是首先将所有这些对象的"头"放入到环境中，得到一个环境 e_1。然后在环境 e_1 下处理所有这些对象的"体"。在处理这些体的期间，将会需要查找一些最近定义的名字，但是事实上它们已经在环境中——尽管其中有一些可能只是有头而没有体。

那么，"头"指的是什么？对于如下的类型声明：

```
type list = {first: int, rest: list}
```

头近似于 type list =。

为了将这个头送入环境 tenv，我们可以使用一个其绑定为空的 Ty_Name 类型：

```
S_enter(tenv, name, Ty_Name(name,NULL));
```

现在，我们可以根据类型声明的"体"，即记录表达式{first:int,rest:list}来调用transTy。

重要的一点是，只要到达任何 Ty_Name 类型，transTy 就应停止。例如，如果 transTy 像 actual_ty 一样企图顺着绑定到标识符 list 的 Ty_Name 类型一直查找，它找到的（在这个例子的情况下）就只有 NULL——此时它的类型肯定还未定义完毕。这个 NULL 只能在整个{first:int,rest:list}都被转换之后才能用一个有效的类型来替代。

然后，transTy 返回的类型可以赋给 Ty_Name 结构的 ty 域。现在我们有了一个完整的类型环境，在这个环境中，调用 actual_ty 不会有问题。

在一组相互递归的类型声明中，每一个递归都必须通过记录或数组声明传递一个类型；下面这个声明

```
type a = b
type b = d
type c = a
type d = a
```

含有一个非法的递归 $a \to b \to d \to a$。类型检查器应当检测出这种非法的递归。

处理相互递归的函数与处理递归类型类似。第一遍收集每一个函数的头的信息（函数名、形式参数表、返回值类型），但不处理函数体。在这一遍中，需要的是形式参数的类型，而不是它们的名字（在函数之外见不到它们的名字）。

第二遍处理相互递归声明中的所有函数的函数体，此时使用的环境是已用所有函数头扩大了的环境。对于每一个函数体，再次处理它的形式参数表，这一次则将参数作为 VarEntry 加入到值环境中。

程序设计：类型检查

为你的编译器写一个类型检查阶段，即一个与下面的头文件相匹配的模块 semant.c：

```
/* semant.h */
void SEM_transProg(A_exp exp);
```

它对抽象语法树进行类型检查，并生成适当的关于类型不匹配或未声明的标识符的报错信息。

实现本章描述的模块 Env。构造一个模块 Main 调用语法分析器来生成 A_exp，然后对这个表达式调用 SEM_transProg。

你必须完全按照图 4-2 描述的接口使用 Absyn，但可以自行决定采纳或者忽略本章给出的关于 Semant 模块内部结构的建议。

你会需要用你写的语法分析器来生成抽象语法树。此外，在 $ TIGER/chap5 中还包含了下面两个支持文件。

- type.h、type.c，描述了 Tiger 语言的数据类型。

以及其他一些与以前相同的文件。必要时要修改第 4 章练习中的 makefile 文件。

a. 实现一个简单的类型检查器和声明处理器，这个声明处理器不处理递归函数或递归数据类型（不必处理向前引用的函数或类型）。类型检查器不检查每一个 **break** 语句是否位于 **for** 语句或 **while** 语句之内。

b. 扩充你的简单类型检查器，使之能处理递归的（和相互递归的）函数、（相互）递归的类型声明，并保证 **break** 语句的正确嵌套。

习题

5.1 改进程序 5-1 的散列表实现。

a. 当散列链的平均长度大于 2 时，将散列数组增大一倍（因此，现在 table 是指向动态分配的数组的指针）。为了将数组增大一倍，在分配一个更大的数组时，要重新散列原数组中的内容，然后再释放原数组。

b. 给 insert 和 lookup 增加一个参数以允许使用多个表。

c. 将 table 类型的表示隐藏在一个抽象模块中，使得 table 的使用者不会直接修改该数据结构（只有通过 insert、lookup 和 pop 操作才能进行修改）。

***5.2 在很多应用中，我们会想要作用于环境的＋操作符不仅仅是加入一个新的绑定；即不仅仅是 $\sigma' = \sigma + \{a \mapsto \tau\}$，而是 $\sigma' = \sigma_1 + \sigma_2$，其中 σ_1 和 σ_2 是任意的环境（可以是重叠的，在这种情况下，σ_2 中的绑定优先）。

我们希望有一种能高效实现这种环境"加法"的算法和数据结构。平衡树可以高效地实现 $\sigma + \{a \mapsto \tau\}$（时间为 $\log(N)$，其中 N 是 σ 的大小），但在 σ_1 和 σ_2 的大小都是 N 时，计算 $\sigma_1 + \sigma_2$ 却需要 $O(N)$。

为了将这个问题抽象化，要解一般的不相交整数集合的并运算问题。此问题的输入是如下形式的命令集合：

$s_1 = \{4\}$ （定义单个元素的集合）

$s_2 = \{7\}$

$s_3 = s_1 \bigcup s_2$ （非破坏性的并集）

$6 \overset{?}{\in} s_3$ （成员关系测试）

$s_4 = s_1 \bigcup s_3$

$s_5 = \{9\}$

$$s_6 = s_4 \bigcup s_5$$

$$7 \overset{?}{\in} s_2$$

　　高效的算法可以处理 N 条命令组成的输入，并且回答任意成员关系查询的时间不超过 $o(N^2)$。

　　*a. 实现一个算法，该算法对于典型集合并运算 $a \leftarrow b \bigcup c$，在 b 比 c 小很多的情况下仍是高效的 [Brown and Tarjan 1979]。

　　***b. 设计一个即使在最坏情况下也是高效的算法，或证明不可能有这样的算法（参见 Lipton 等[1997]关于受限模型下界的论述）。

*5.3　Tiger 语言定义要求，类型定义的每一个递归都必须经过一个记录或数组。但是，如果编译器忘记了检查这类错误，也不会出现特别糟糕的问题。解释这是为什么。

124

第6章　活 动 记 录

栈（stack）：一个有序的积累或堆积。

韦氏词典

　　在几乎所有的现代程序设计语言中，函数都可以有局部变量，这些局部变量是在函数的入口创建的。在同一时刻可能存在对该函数的多个调用，每个调用都有它自己的局部变量实例。

　　在如下 Tiger 函数中：

```
function f(x: int) : int =
 let var y := x+x
 in if y < 10
        then f(y)
        else y-1
 end
```

f 的每次调用都会创建 x 的一个新实例（并且由 f 的调用者初始化）。因为存在递归调用，所以可同时存在 x 的很多个实例。类似地，每当进入 f 的函数体时，都将创建一个 y 的新实例。

　　在很多语言中（包括 C、Pascal 和 Tiger），当函数返回时，局部于该函数的变量便都会消失。因为一个函数只有在它调用的所有函数都返回以后才能返回，所以我们说函数调用是按后进先出（LIFO）方式进行的。如果在函数的入口创建局部变量，在函数的出口删除它们，则可使用一种 LIFO 的数据结构（即栈）来存放它们。

高阶函数

　　但是，在既支持嵌套函数也支持函数值变量的语言中，则可能会需要在一个函数返回后仍保存其局部变量！考虑程序 6-1，用 ML 编写的那个程序是合法的，但在 C 语言中，我们当然不能真的将函数 g 嵌套在函数 f 中。

程序 6-1　高阶函数的例子

```
fun f(x) =                      int (*)() f(int x) {
 let fun g(y) = x+y               int g(int y) {return x+y;}
  in g                           return g;
 end                           }

val h = f(3)                    int (*h)() = f(3);
val j = f(4)                    int (*j)() = f(4);

val z = h(5)                    int z = h(5);
val w = j(7)                    int w = j(7);
```

　　（a）ML 语言编写的程序　　　　（b）伪 C 语言编写的程序

　　当 $f(3)$ 被执行时，函数 f 的活动记录将创建一个新的局部变量 x。然后，将 g 作为调用 $f(x)$ 的结果返回。此时 g 并没有被调用[①]，因此也就没有创建局部变量 y。

---

　　① 它只是作为 f 的返回值被返回，之后才可能被调用 f 的函数调用。——译者注

但在 f 返回时便删除变量 x 还太早，因为在执行到 $h(5)$ 时，还会需要使用 x 的值 $x=3$[①]。同时，在调用 $f(4)$ 时，将创建 x 的一个不同实例，并且 f 的这次调用将用 $x=4$ 创建 g 的一个不同的实例。

这是嵌套函数（其中内层函数可能会使用到外层函数中定义的变量）和作为返回值返回的函数（即保存在变量中的函数）两种情况组合出现的例子，它们导致函数内的局部变量需要的生命期超过函数本身的生命期。

Pascal（和 Tiger）允许函数嵌套，但却不能将函数作为返回值。C 则允许将函数作为返回值，但却不允许函数嵌套。所以这些语言都可用栈来保存局部变量。

ML、Scheme 和其他几种语言可同时允许函数嵌套和将函数作为返回值［具有这种组合特征的函数称为高阶函数（higher-order function）］。因此这些语言不能用栈来保存所有的局部变量。这使得 ML 和 Scheme 语言的实现复杂化了——但是，高阶函数增加的表达能力证明了这点代价是值得的。

126

本章的余下部分考虑的是可用栈存放局部变量的程序设计语言，而将有关高阶函数的讨论推迟至第 15 章。

6.1 栈帧

最简单的栈表示的是一种可支持压入（push）和弹出（pop）操作的数据结构。但与通常的栈概念不同的是，局部变量是（在函数入口处）成批压入，并（在出口处）成批弹出的。此外，当局部变量在栈中被创建时，它们总是没有被立刻初始化。最后，当往栈中压入很多变量之后，还会需要访问压在栈顶之下较深的变量。因此，抽象的压入和弹出模式并不合适。

与此不同，我们将栈看成是一个大型数组，并带有一个特殊寄存器，即栈指针，它指向栈内的某个存储单元。超出栈指针的所有位置都视为自由存储空间，位于栈指针之前的所有位置都视为已分配的存储单元。栈通常只在函数的入口处增长，它通过增加足以容纳该函数的所有局部变量的一片存储空间来扩大栈，并且在函数的出口处收缩，收缩的空间就是入口时扩大的空间。栈中用来存放一个函数的局部变量、参数、返回地址和其他临时变量的这片区域称为该函数的活动记录（activation record）或栈帧（stack frame）。由于历史的原因[②]，运行栈在存储器中总是从高地址开始并向低地址方向增长。这有点使人糊涂：栈往下增大，往上收缩，就像一根冰柱。

栈帧布局的设计要考虑到指令集的体系结构特征和被编译的程序设计语言的特征。但是，计算机的制造者常常规定一种用于其体系结构的"标准"栈帧布局，以便在可能的情况下被所有的程序设计语言编译器采纳。这种栈帧布局对于某些特定的程序设计语言或编译器可能并不是最方便的，但是通过使用这种"标准"布局，我们可以得到相当大的好处：用不同程序设计语言编写的函数可以相互调用。

图 6-1 展示了一种典型的栈帧布局。该栈帧有一组由调用者传入的参数（incoming argument）（技术上，这些传入的参数是前一个栈帧的一部分，但是它们位于相对帧指针的位移是已知的单元中）。返回地址是由 CALL 指令产生的，它告诉当前函数结束时应当将控制返回至何处（此处位于调用函数内）。有些局部变量分配在栈帧内，另一些局部变量则保存在寄存器中。有时候，存放在

127

---

① 因为 h 此时指向 g，它导致函数 g 被调用，而 g 需要用到 x。——译者注

② 这样做并不完全是历史的原因，实际上有其道理。它可以使得相对于栈指针的偏移总是非负的。——译者注

寄存器中的局部变量会需要保护到栈帧中，以便为其他用途提供空闲的寄存器；栈帧内有一部分区域用于此目的。最后，在当前函数调其他函数时，可以用传出参数（outgoing argument）空间来传递参数。

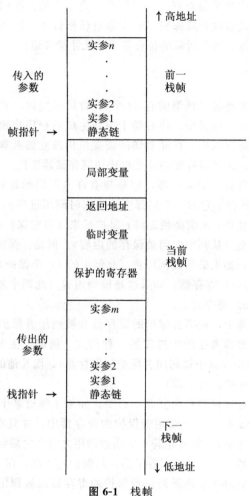

图 6-1　栈帧

128

6.1.1　帧指针

设函数 $g(\cdots)$ 调用函数 $f(a_1, \cdots, a_n)$，我们称 g 是调用者（caller），f 是被调用者（callee）。在进入函数 f 时，栈指针指向 g 传递给 f 的第一个参数。在 f 的入口，f 简单地使栈指针 SP 减去帧的长度而分配一个新栈帧。

原来的 SP 则变成了当前的帧指针（FP）。在某些栈帧布局中，FP 是一个单独的寄存器。原来的 FP 则保存到存储器中（栈帧内），并且新的 FP 变成了老的 SP。当函数 f 退出时，它要做的只是复制 FP 到 SP，并取回保存在存储器中的 FP。当函数 f 的栈帧大小是可变的，或者当栈帧在栈内不总是连续的时，这种安排是可取的。但是，如果栈帧的大小是固定不变的，则对于每一个函数 f，FP 与 SP 所指的位置总是相差一个已知的常数，因此完全没有必要让 FP 占用一个寄存器——FP 是一个其值总是等于 SP＋栈帧大小的"虚"寄存器。

那么，当栈帧的大小是常数的时候，为什么还要讨论帧指针？为什么不通过相对 SP 的位移来引用所有局部变量和参数等对象呢？因为栈帧的大小要到编译处理相当晚的时候才能知道，即要到给临时变量分配的空间大小和用于保护寄存器的空间大小都已确定时。但是，尽早地知道形式参数与局部变量的位移量是有好处的。因此，为了方便，我们仍需讨论帧指针，以便将较早知道其位移量的形式参数和局部变量放在靠近帧指针处，而将临时变量和要保护的寄存器放在离帧指针较远的地方，这些对象的位移量要较晚才能知道。

6.1.2 寄存器

现代计算机有大量的寄存器（典型的有 32 个）。将局部变量、表达式的中间结果和其他值保存在寄存器中，而不是放在栈帧中，将有助于编译生成的程序快速地运行。算术指令可以直接访问寄存器。在大多数计算机中，存储器访问需要使用独立的存取指令。即使在算术指令可以访问存储器的计算机中，访问寄存器的速度也比访问存储器要快。

一台计算机（通常）只有一组寄存器，但是却有许多不同的过程和函数需要使用寄存器。假设函数 f 在用寄存器 r 保存了它的一个局部变量的同时调用过程 g，而过程 g 也需用寄存器 r 完成自己的计算。则 g 在使用 r 之前必须先将 r 保护起来（将它保存在栈帧内），并在完成计算而不再需要它之后将 r 恢复（从帧中取回被保存的内容）。但是，保护和恢复该寄存器应当是 f 的责任，还是 g 的责任呢？如果必须由调用者（此例中的 f）来保护和恢复寄存器 r，我们称 r 是调用者保护的（caller-save）寄存器；如果这是被调用者（此例中的 g）的责任，则称 r 是被调用者保护的（callee-save）寄存器。

在多数计算机体系结构中，调用者保护的寄存器和被调用者保护的寄存器的概念并不是由硬件来实现的，而是在机器参考手册中规定的一种约定。例如，在 MIPS 计算机中，保留寄存器 r16～r23 用于跨过程调用（属于被调用者保护的寄存器），而其他的所有寄存器则不保留用于跨过程调用（属于调用者保护的寄存器）。

有时，对寄存器进行这种保护和恢复并不必要。如果 f 知道某个变量 x 的值在函数调用以后将不再需要，就可以把 x 放在一个调用者保护的寄存器中，并且在调用过程 g 时不保护它。相反，如果 f 有一个局部变量 i，并且在若干次函数调用之前和之后都需使用，则可以把 i 放在某个被调用者保护的寄存器 r_i 中，并且只在 f 的入口保护 r_i 一次，在 f 的出口将 r_i 取回一次。这样，明智地为局部变量和临时变量选择调用者保护的寄存器或被调用者保护的寄存器，便可以减少程序执行存取操作的次数。我们将依靠寄存器分配器来为每一个局部变量和临时变量选择适当种类的寄存器。

6.1.3 参数传递

在大多数调用约定设计于 20 世纪 70 年代的计算机中，函数的参数是通过栈来传递的[①]。但这导致了一些不必要的存储器访问。对实际程序的研究表明，很少有函数的参数个数超过 4 个，并且极少有超过 6 个的。因此，现代计算机中的参数传递约定都规定，一个函数的前 k 个参数（典型地，$k=4$ 或者 $k=6$）放在寄存器 $r_p, \cdots, r_{p+k-1}$ 中传递，剩余的参数则放在存储器中传递。

现在，假设函数 $f(a_1, \cdots, a_n)$（它从 $r_1, \cdots, r_n$ 接收其参数）调用函数 $h(z)$。它必须通过寄

---

① 大约在 1960 年之前，参数不是通过栈来传递的，而是通过一块静态分配的存储空间来传递的。这种方法阻碍了递归函数的使用。

存器 r_1 传递参数 z，因此 f 需要在调 h 之前将 r_1 原有的内容（a_1 的值）保护到它的栈帧中。但是，这里却存在着原本假定通过将参数传递在寄存器中可以避免的存储器访问！那么怎样使用寄存器才能节省时间呢？

这个问题有 4 种答案，可以同时使用其中的任意一种、几种或者全部。

（1）某些过程并不调用其他的过程——这种过程称为叶子过程（leaf procedure）。在所有过程中，叶子过程的比例有多大？如果我们（乐观地）假设平均的过程调用情况是，要么不调用其他的过程，要么至少调用另外两个过程，则可以描述出一棵过程调用"树"，在这棵树中，叶子结点的数目多于内部结点的数目。这意味着所调用的过程大多数都是叶子过程。

叶子过程不必将传入的参数保存到存储器中。事实上，常常可以完全不为它们分配栈帧。这是一种重要的节省。

（2）有些优化编译器使用过程间寄存器分配，它可以一次分析整个程序中的所有函数。这样编译器便可以给不同的过程指派不同的寄存器用于接收参数和存放局部变量。因此，$f(x)$ 可用寄存器 r_1 接收参数 x，但用寄存器 r_7 传递参数 z 来调用函数 h。

（3）即使 f 不是叶子过程，它仍有可能在调函数 h 之前完成所有需要使用参数 x 的操作（技术上，在调用 h 的那一点，x 是一个死变量）。于是 f 可以重写 r_1 而不需保护它。

（4）某些体系结构有寄存器窗口，它们使得每次函数调用都分配一组新的寄存器，而无需存储访问。

如果函数 f 需要将传入的参数写到栈帧中，应当写至栈帧的什么位置呢？理想的情况下，f 的栈帧布局应当只涉及 f 的实现。一种直接的处理方法是：调用者将参数 $a_1,\cdots,a_k$ 传递至寄存器中，将参数 $a_{k+1},\cdots,a_n$ 传递到它自己的栈帧的末尾，即图 6-1 中标记为传出参数的位置，它们将成为被调用者的传入参数。如果被调用者需要将这些参数写至存储器，则可以将它们写到标记为局部变量的区域内。

C 程序设计语言实际上允许获取形式参数的地址，并保证一个函数的所有形式参数都存放在连续的地址上！这正是 printf 函数使用的 varargs 特征。允许程序员取参数的地址，如果其地址存活得比栈帧还久的话——就像 int * f(int x) {return &x;} 中参数 x 的地址一样——则会导致一种所谓的悬挂引用（dangling reference）。即使这种引用不会导致错误，要求参数地址连续也会给编译器带来限制，并使得栈帧的布局变得更复杂。为了解决用寄存器传递参数，同时还能得到参数地址的矛盾，我们仍然将前 k 个参数传递到寄存器中，但对其中任何取了其地址的参数，则必须在函数入口处将它们保存到存储器中。为了满足 printf 的 varargs 特征，当将寄存器参数写入存储器时，其地址必须与第 $k+1$ 个参数、第 $k+2$ 个参数等参数的地址连接在一起。因此，C 程序在存储器中存放参数时，不能将其中的一些存放在一处，而另一些存放在分开的另一处——所有参数在存储器中都必须连续存放。

因此，在很多现代计算机的标准调用约定中，调用函数在它自己的栈帧中也为寄存器参数保留空间，此空间紧邻着第 $k+1$ 个参数的空间。但是，调用者并不实际往其中存放任何内容，这片空间由被调用函数使用，并且只有当某种原因需要时，被调用函数才将参数写入其中。

取局部变量地址的一种更优雅的方法是采用传地址方式。用这种方式，程序员不必显式地操作变量 x 的地址。当 x 作为实参传递给函数 $f(y)$ 时，如果 y 是"传地址"参数，编译器将生成传递 x 的地址，而不是 x 的值的代码。对于该函数中 y 的任何使用，编译器将生成额外的通过指针进行的间接引用。采用传地址的方法，将不会存在"悬挂引用"，因为当 f 返回时 y 肯定已经不存在了，并且在 x 的作用域结束之前 f 已经返回。

6.1.4 返回地址

当函数 f 被函数 g 调用时，它最终必须返回，因此需要知道应返回到何处。如果函数 g 中调用 f 的 call 指令位于地址 a，则要返回正确地址（通常情况下）是 $a+1$，即 g 中 call 指令的下一条指令处。这个地址称为返回地址（return address）。

20 世纪 70 年代的计算机中，返回地址是由 call 指令压入栈中的。现代科学研究表明，将返回地址传递到寄存器中要更快、更灵活，并可避免存储访问，同时，还可以避免用硬件来实现特定的栈规则。

现代计算机中，call 指令只需将返回地址（call 指令之后下一条指令的地址）放入指定的寄存器中。这样，非叶子过程必须将返回地址保存到自己的栈帧中（除非使用了过程间寄存器分配）；叶子过程则不需要保存它。

6.1.5 栈帧内的变量

因此，遵循现代的过程调用约定，函数的参数将通过寄存器传递，返回地址将存放在一个寄存器中，函数结果将保存在寄存器中而返回。很多局部变量以及表达式的中间结果都将分配到寄存器中。只有在下面这些情况下，才需要将一个变量的值写入存储器中（栈帧内）。

- 该变量将作为传地址参数，因此它必须要有一个存储器地址（而在 C 语言中，& 操作符在某处曾作用于该变量）。
- 该变量被嵌套在当前过程内的过程访问[①]。
- 该变量的值太大以至于不能放入单个寄存器中[②]。
- 该变量是一个数组，为了引用其元素需要进行地址运算。
- 需要使用存放该变量的寄存器作为特殊用途，如传递参数（如前所述），尽管编译器可以将其值转移到其他的寄存器而不是存放到存储器中。
- 存在太多的局部变量和临时变量，以至于不能将它们全部放入寄存器中。在这种情况下，它们中的一部分将被"溢出"（spilled）到栈帧中。

如果一个变量是传地址实参，或者它被取了地址（使用 C 语言中的 & 操作），或者内层的嵌套函数对其进行了访问，我们则称该变量是逃逸的（escape）。

在处理程序的过程中，当遇到一个形式参数或者局部变量的声明时，可以方便地为它们分配空间（要么是寄存器，要么是栈帧中的存储单元）。这样，只要在表达式中发现该变量出现，便可将它们翻译成引用该变量正确位置的机器代码。但不幸的是，上面列出的那些情况并不能及早地显露出来。当编译器第一次遇到变量声明时，它还不知道该变量是否会用作为传地址参数，是否会被内层的嵌套函数访问，或者是否会取它的地址，并且也不知道表达式的计算会需要使用多少个寄存器（也可能原本就是希望将某些局部变量放入栈帧中而不是寄存器中）。产品质量的编译器必须先为所有形式参数和局部变量分配临时位置，晚些时候再决定它们中的哪些变量应当真正放到寄存器中。

---

① 当采用跨过程寄存器分配时，被内层函数访问的局部变量有时也可以放在寄存器中，只要内层函数知道到何处访问该变量即可。

② 但是，有些编译器为了效率起见会将一个很大的值分散到若干个寄存器中。

6.1.6 静态链

在允许声明嵌套函数的语言中（如 Pascal、ML 和 Tiger），内层函数可以使用外层函数声明的变量，这种语言特征称为块结构（block structure）。

例如，程序 6-2 中，函数 write 引用了外层声明的变量 output，而函数 indent 则引用了外层声明的变量 n 和 output。为了实现相应的功能，函数 indent 不仅要能够访问它自己的栈帧（访问变量 i 和 s），还要能够访问函数 show 的栈帧（访问变量 n）和函数 prettyprint 的栈帧（访问变量 output）。

133

程序 6-2 嵌套的函数

```
1      type tree = {key: string, left: tree, right: tree}
2
3      function prettyprint(tree: tree) : string =
4       let
5          var output := ""
6
7          function write(s: string) =
8             output := concat(output,s)
9
10         function show(n:int, t: tree) =
11            let function indent(s: string) =
12               (for i := 1 to n
13                  do write(" ");
14                  output := concat(output,s); write("\n"))
15            in if t=nil then indent(".")
16               else (indent(t.key);
17                     show(n+1,t.left);
18                     show(n+1,t.right))
19         end
20
21       in show(0,tree); output
22       end
```

有几种方法可实现这一目的。

- 每当调用函数 f 时，便传递给 f 一个指针，该指针指向静态包含 f 的那个函数，称这个指针为静态链（static link）。
- 建立一个全局数组，该数组的位置 i 处包含一个指针，它指向最近一次进入的，其静态嵌套深度是 i 的过程的栈帧，这个数组叫作嵌套层次显示表（display）。
- 当 g 调用 f 时，g 中每一个实际被 f（或被嵌套在 f 内的任意函数）访问了的变量，都将作为额外的参数而传递给 f。这称为 λ 提升（lambda lifting）。

这里只详细描述静态链的方法。至于实际中应当使用哪种方法，见习题 6.7。

每当函数 f 被调用时，都将传递给它一个指针，该指针指向在程序正文中直接包含 f 的函数 g 的"当前"（最近一次进入的）活动记录。

例如，在程序 6-2 中：

行号

21　prettyprint 调用 show，传递自己的帧指针作为 show 的静态链。

10　show 将静态链（prettyprint 的栈帧地址）保存在它自己的栈帧中。

15　show 调用 indent，传递自己的帧指针作为 indent 的静态链。

17　show 调用自身，传递自己的静态链（不是自己的帧指针）给自己作为静态链。

12　indent 使用 show 的栈帧中的值 n。为了做到这一点，它从相对函数 indent 的静态链（它指向函数 show 的栈帧）适当位移的存储位置取得该值。

13　indent 调用 write。它必须传递 prettyprint 的帧指针作为静态链。为了得到这个帧指针，它首先要从相对自己的静态链的适当位移的存储位置中（即从 show 的栈帧中）取出已传递给 show 的那个静态链。

14　indent 使用函数 prettyprint 中的变量 output。为了做到这点，它从自己的静态链开始，然后获得函数 show 的静态链，再通过这个静态链获得变量 output。[1]

　　因此，对于每个过程调用或者变量访问，需要一条由 0 或更多次存储器读取操作组成的链，这条链的长度正好就是所涉及的两个函数之间静态嵌套深度之差。

6.2　Tiger 编译器的栈帧

　　Tiger 编译器应当使用哪种类型的栈帧呢？这里，我们面临的问题是：各种目标机体系结构有不同的标准栈帧布局，如果希望 Tiger 函数能够调用 C 函数，就必须使用标准布局，但是，我们又不想在 Tiger 编译器的语义分析模块的实现中强行塞入任何特定机器的规定。

　　因此，必须使用抽象方法。就像 Symbol 模块提供了清晰的接口并对使用者隐藏了 S_table 的内部表示一样，我们必须使用栈帧的抽象表示。

　　这种栈帧的接口可以像下面这样：

```
/* frame.h */

typedef struct F_frame_ *F_frame;
typedef struct F_access_ *F_access;

typedef struct F_accessList_ *F_accessList;
struct F_accessList_ {F_access head; F_accessList tail;};

F_frame F_newFrame(Temp_label name, U_boolList formals);

Temp_label F_name(F_frame f);
F_accessList F_formals(F_frame f);
F_access F_allocLocal(F_frame f, bool escape);
    ⋮
```

　　抽象接口 frame.h 用一个与目标机相关的模块来实现。例如，如果编译的目标机是 MIPS 体系结构，则将有一个文件 mipsframe.c，它包含：

```
#include "frame.h"
    ⋮
```

---

　　① 如果这里 show 是调用 write 而不是直接操纵 output，则这个程序会更清楚些，但是这样做不利于知识的传授。

一般而言，我们可以假定编译器中与机器无关的部分是以以下方式来访问 frame.h 的实现的，例如，

```
/* in translate.c */
#include "frame.h"
    ⋮
F_frame frame = F_newFrame(···);
```

用这种方式，编译器的其余部分可以访问 Frame 模块而不需知道具体目标机的特征。

F_frame 类型表示有关形式参数和分配在栈帧中的局部变量的信息。为了给带有 k 个形式参数的函数 f 创建一个新栈帧，要调用函数 F_newFrame(f, l)，其中，l 是 k 个布尔量组成的一个表：true 表示参数是逃逸的，false 表示参数不是逃逸的。函数 F_newFrame 的结果是一个 F_frame 对象。例如，对于一个带有 3 个参数的函数 g，如果其中第一个参数是逃逸的（需要保存在存储器中），则

```
F_newFrame(g,U_BoolList(TRUE,
                U_BoolList(FALSE,
                 U_BoolList(FALSE, NULL))))
```

将返回一个新的栈帧对象。

F_Access 类型用于描述那些可以存放在栈中或寄存器中的形式参数和局部变量，它是一种抽象数据类型，因此，struct F_access_ 的内容只在 Frame 模块内才是可见的。

```
/* mipsframe.c */
#include "frame.h"

struct F_access_
        {enum {inFrame, inReg} kind;
         union {
            int offset;        /* InFrame */
            Temp_temp reg;     /* InReg */
         } u;
        };
static F_access InFrame(int offset);
static F_access InReg(Temp_temp reg);
```

InFrame(X) 指出一个相对帧指针偏移为 X 的存储位置；InReg(t_{84}) 指出将使用"寄存器" t_{84}。F_access 是抽象数据类型，因此，在该模块之外，构造函数 InFrame 和 InReg 都是不可见的。其他模块的访问操作需要使用下一章描述的一些接口函数。

F_formals 接口函数抽取由 k 个"访问"组成的一张表，这些访问指明运行时存放形式参数的位置。这种位置是从被调用函数的角度来看的，因为调用者和被调用者看到的参数位置是不同的。例如，当通过栈来传递参数时，调用者将一个参数放在相对栈指针位移为 4 的存储单元内，但是被调用者却看到该参数的位置距帧指针 4 个位移。或者，调用者可能将参数传递到了第 6 号寄存器中，但是被调用者希望将它从第 6 号寄存器中移出，并总是从第 13 号寄存器访问它。在有寄存器窗口的 Sparc 体系结构中，调用者将一个参数传递到 o1 寄存器，但是 save 指令可以使寄存器窗口移动，从而使被调用者看到该参数在 i1 寄存器中。

因为这种"视角移位"（view shift）与目标机的调用约定有关，所以必须由 Frame 模块来处理，Frame 模块则启动 newFrame。对于每个形式参数，newFrame 函数必须计算两件事。

- 在函数内是如何看待参数的（在寄存器中，还是在栈帧存储单元中）。
- 为了实现"视角移位"，必须生成哪些指令。

136

例如，驻存在栈帧的参数将视为在"相对于帧指针偏移为 X 的存储单元内"，并且这种"视角移位"是通过在过程的入口处将栈指针复制到帧指针来实现的。

6.2.1 栈帧描述的表示

Frame 模块的实现假设其使用者看不到 F_frame 类型的表示，但事实上 F_frame 是一个包含以下内容的数据结构。

- 所有形式参数的位置。
- 实现"视角移位"需要的指令。
- 迄今为止已分配的栈帧大小。
- 该函数开始点的机器代码标号（见 6.2.4 节）。

表 6-1 给出了一个带 3 个参数的函数 g 的形式参数，以及在三种不同体系结构中 newFrame 可能给出的分配，其中三种体系结构分别是 Pentium、MIPS 和 Sparc。因为第一个参数是逃逸的，所以以在三种机器上它都必须位于 InFrame；其余的参数在 Pentium 机器中位于 InFrame，在另外两种机器中则都位于 InReg 中。

表 6-1 函数 $g(x_1, x_2, x_3)$ 的形式参数，其中 x_1 是逃逸的

		Pentium	MIPS	SParc
形式参数	1	InFrame(8)	InFrame(0)	InFrame(68)
	2	InFrame(12)	InReg(t_{157})	InReg(t_{157})
	3	InFrame(16)	InReg(t_{158})	InReg(t_{158})
视角移位		$M[sp+0] \leftarrow fp$	$sp \leftarrow sp - K$	save %sp,-K,%sp
		$fp \leftarrow sp$	$M[sp+K+0] \leftarrow r2$	$M[fp+68] \leftarrow i0$
		$sp \leftarrow sp - K$	$t_{157} \leftarrow r4$	$t_{157} \leftarrow i1$
			$t_{158} \leftarrow r5$	$t_{158} \leftarrow i2$

新产生的临时变量 t_{157} 和 t_{158} 及复制 r4、r5（在 Sparc 中是 i1 和 i2）到这两个临时变量的 move 指令似乎是多余的。为什么函数 g 不直接从接收参数的寄存器中访问它们呢？为了理解这个问题，考虑下面的代码：

```
function m(x:int, y:int) =   (h(y,y); h(x,x))
```

如果 x 在 m 中始终待在"参数寄存器 1"中，并且又要将传递给 h 的 y 放在"参数寄存器 1"中来传递时，就会出现问题。

寄存器分配器最终会选择应当将 t_{157} 存放在哪一个寄存器中。如果不存在函数 m 给出的这类冲突，寄存器分配器（在 MIPS 机中）会小心地选择用 r4 来保存 t_{157}，用 r5 来保存 t_{158}。于是可以不需要那两条 move 指令，并可在此时删除它们。

7.3.2 节和第 12 章还有关于视角移位的更多讨论。

6.2.2 局部变量

局部变量有一些保存在栈中，另一些则保存在寄存器中。为了在函数 f 的栈帧中分配一个新的局部变量，语义分析阶段需要调用函数

```
F_allocLocal(f,TRUE)
```

该函数返回一个相对帧指针位移地址的 InFrame 访问。例如，在 Sparc 机器中为了分配两个局部

变量，要调用函数 allocLocal 两次，并返回连续的 InFrame(−4)和 InFrame(−8)，它们是这两个局部变量相对标准 Sparc 帧指针的位移。

传给函数 allocLocal 的布尔参数指明这个新变量是否是逃逸的，即是否需要将它放入栈帧中；如果布尔参数的值是 false，则变量可以分配到寄存器中。因此，F_allocLocal(f,FALSE)可能返回 InReg(t_{481})。

对 allocLocal 的调用不必紧跟在创建栈帧之后。在像 Tiger 或 C 这样的语言中，函数体内可能还有嵌套的变量声明块。例如

```
function f() =           void f()
let var v := 6           {int v=6;
 in print(v);             print(v);
    let var v := 7         {int v=7;
     in print (v)           print(v);
    end;                   }
    print(v);             print(v);
    let var v := 8         {int v=8;
     in print (v)           print(v);
    end;                   }
    print(v)              print(v);
end                      }
```

这两个程序都有三个不同的变量 v，并且都将输出 6 7 6 8 6。在处理上面这个 Tiger 程序的过程中，每当遇到变量 v 的声明时，便调用 allocLocal 分配一个临时变量或在栈帧内分配一个新的单元，并使之与名字 v 关联。每当遇到 end 时（或闭括号时），与 v 的关联将被遗忘，但是其空间仍保留在栈帧中。这样，整个函数中声明的每一个变量都有一个临时空间或栈帧单元。

寄存器分配器在给临时变量分配寄存器时会尽可能少地使用寄存器。在此例中，第二和第三个变量 v（分别用 7 和 8 赋初值）可以存放在同一个临时变量中。一个好的编译器还可以注意到可分配到同一个栈单元的两个栈变量的情况，从而优化栈帧的大小。

6.2.3 计算逃逸变量

非逃逸的局部变量可以分配到寄存器中，而逃逸的局部变量必须分配在栈帧中。函数 FindEscape 可以找出逃逸变量，并将这一信息记录在抽象语法的 escape 域。实现 FindEscape 最简单的方法是遍历整个抽象语法树，寻找每一个变量的逃逸使用。因为 Semant 在第一次看到一个变量时便需要立即知道它是否是逃逸的，所以这个阶段必须出现在语义分析开始之前。

FindEscape 使用的遍历函数在抽象语法的表达式和变量上是相互递归的，就像类型检查器的情形一样。并且和类型检查器一样，它也使用将变量映射到绑定的环境。但是，在这里，绑定非常简单——它只是一个在发现特定变量是逃逸变量时设置的布尔标志：

```
/* escape.h */
void Esc_findEscape(A_exp exp);

/* escape.c */
static void traverseExp(S_table env, int depth, A_exp e);
static void traverseDec(S_table env, int depth, A_dec d);
static void traverseVar(S_table env, int depth, A_var v);
```

每当在静态嵌套深度为 d 的函数内发现了变量或形式参数的声明，例如

A_VarDec{name=symbol("a"), escape=r,···}

就将 EscapeEntry(d,&(x->escape))添加到环境中,并且将 x 的 escape 域置为 FALSE。

这个新的环境用于处理该变量作用域内的表达式;每当在大于 *d* 的深度中使用*a* 时,x 的 escape 域就设置为 TRUE。

对于允许程序员显式地取变量的地址,或以传地址方式传递参数的语言,可类似地按这种方法用 FindEscape 找出逃逸的变量。

6.2.4　临时变量和标号

编译器的语义分析阶段需要为参数和局部变量选择寄存器,并且确定过程体的机器代码的地址。但是,要确切地确定哪些寄存器是可用的,或确切地知道过程体位于什么位置,此时还太早。我们用术语临时变量表示暂时保存在寄存器中的值,并用术语标号表示其准确地址还需要确定的某种机器语言的位置——它类似于汇编语言中的标号。

Temp 是局部变量的抽象名,label 是静态存储器地址的抽象名。Temp 模块管理由这两种不同的名字组成的两个集合。

```
/* temp.h */
typedef struct Temp_temp_ *Temp_temp;
Temp_temp Temp_newtemp(void);

typedef S_symbol Temp_label;
Temp_label Temp_newlabel(void);
Temp_label Temp_namedlabel(string name);
string Temp_labelstring(Temp_label s);

typedef struct Temp_tempList_ *Temp_tempList;
struct Temp_tempList_ {Temp_temp head; Temp_tempList tail;}
Temp_tempList Temp_TempList(Temp_temp head,
                            Temp_tempList tail);
typedef struct Temp_labelList_ *Temp_labelList;
struct Temp_labelList_{Temp_label head; Temp_labelList tail;}
Temp_labelList Temp_LabelList(Temp_label head,
                              Temp_labelList tail);
 ...
/* Temp`map type, and operations on it, described on page 147 */
```

Temp_newtemp()从临时变量的无穷集合中返回一个新的临时变量。Temp_newlabel()从标号的无穷集合中返回一个新的标号。Temp_namedlabel(*string*)返回一个汇编名为 *string* 的新标号。

在处理声明 function f(…)的过程中,通过调 Temp_newlabel()可生成 f 的机器代码地址的标号。另一种做法是调 Temp_namedlabel("f")(如果这样做,则将使用标号 f 而不是诸如 L213这样的标号,它虽然可以使汇编语言程序的调试较容易),但不幸的是,在不同的作用域有可能存在两个名为 f 的不同函数。

6.2.5　两层抽象

我们的 Tiger 编译器在语义分析和栈帧布局细节之间有两层抽象:

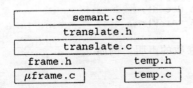

接口 frame.h 和 temp.h 提供存储器变量和寄存器变量的与机器无关的视图。Translate 模块通过处理嵌套作用域的表示（利用静态链），并提供接口 translate.h 给模块 Semant 来扩大这个视图。

关键是要有一个抽象层 frame.h 将源语言的语义与机器相关的栈帧布局分开（μ 代表诸如 mips、sparc、pentinum 之类的目标机）。用接口 translate.h 分开 Semant 和 Translate 并不是绝对需要的，我们这样做是为了避免用一个既做类型检查又做语义转换的又大又笨拙的模块。

在第 7 章，我们将看到 Translate 如何提供有助于从抽象语法产生中间表示的 C 函数。现在，我们需要知道的只是 Translate 如何为 Semant 管理着局部变量和静态函数嵌套。

```
/* translate.h */
typedef struct Tr_access_ *Tr_access;

typedef ··· Tr_accessList ···
Tr_accessList Tr_AccessList(Tr_access head,
                            Tr_accessList tail);

Tr_level Tr_outermost(void);
Tr_level Tr_newLevel(Tr_level parent, Temp_label name,
                     U_boolList formals);
Tr_accessList Tr_formals(Tr_level level);
Tr_access Tr_allocLocal(Tr_level level, bool escape);
```

在 Tiger 编译器的语义分析阶段，transDec 通过调用 Tr_newLevel 为每一个函数创建一个新的"嵌套层"，Tr_newLevel 则调用 F_newFrame 建立一个新栈帧。Semant 将这个嵌套层保存在该函数的 FunEntry 数据结构中，以便当它遇到一个函数调用时，能够将这个被调用函数的嵌套层传回给 Translate。FunEntry 也需要该函数的机器代码入口点的标号：

```
/* new versions of VarEntry and FunEntry */
struct E_enventry_ {
      enum {E_varEntry, E_funEntry} kind;
      union {struct {Tr_access access; Ty_ty ty;} var;
             struct {Tr_level level; Temp_label label;
                Ty_tyList formals; Ty_ty result;} fun;
             } u;
      };
E_enventry E_VarEntry(Tr_access access, Ty_ty ty);
E_enventry E_FunEntry(Tr_level level, Temp_label label,
                      Ty_tyList formals, Ty_ty result);
```

当 Semant 处理一个位于 lev 层的局部变量的声明时，它调用 Tr_allocLocal(lev,esc) 在 lev 指定的这一层创建变量；参数 esc 指出该变量是否是逃逸的。此函数的返回结果是抽象数据类型 Tr_access（与 F_access 不同，因为它必须知道与静态链相关的信息）。随后，当一个表达式中使用了该变量时，Semant 便可将这个 access 交给 Translate 来生成访问该变量的机器代码。与此同时，Semant 也在值环境的每个 VarEntry 中记录这个访问。

可以将抽象数据类型 Tr_access 表示成由变量的层次 level 和它的 F_access 组成的偶对：

```
/* inside translate.c */
struct Tr_access_ {Tr_level level; F_access access;};
```

因此，Tr_allocLocal 要调用 F_allocLocal，同时要记住此变量生存在哪个层次。随后当从（可能）不同的层次访问该变量时，便会需要用到这个层次信息来计算静态链。

6.2.6   管理静态链

Frame 模块应与被编译的特定源语言无关。很多源语言没有嵌套函数声明；因此，Frame 不应当知道有关静态链的任何信息。相反，静态链是由 Translate 负责的。

Translate 知道每一个栈帧都含有一个静态链。静态链是通过寄存器传递给函数并保存在栈帧中的。因为静态链与形式参数很相似，因此我们（尽可能地）将它作为形式参数对待。对于一个具有 k 个参数的函数，令 l 是指明其参数是否逃逸的布尔量组成的表，则

$$l' = U\_BoolList(TRUE, l)$$

是个新表；位于 l 前面的 TRUE 指明作为"额外参数"的静态链是逃逸的。然后 newFrame($label$, l') 创建一个新的栈帧，其形式参数表包含这个"额外的"参数。

例如，假设函数 $f(x, y)$ 嵌套在函数 g 之内，g 的 level（以前创建的）称为 level$_g$。则 transDec（在 Semant.c 内）可以调用

```
Tr_newLevel(level_g, f,
            U_BoolList(FALSE, U_BoolList(FALSE, NULL)))
```

其中假定 x 和 y 都不是逃逸的。然后，Tr_newLevel(label, fmls) 给形式参数表增加一个（关于静态链的）额外的元素，并调用

```
F_newFrame(label,U_BoolList(TRUE, fmls))
```

它返回的是一个栈帧 F_frame。在这个栈帧中有三个通过调用 F_formals(frame) 可访问的栈帧位移值，其中第一个是静态链的位移；另外两个是参数 x 和 y 的位移。当 Semant 调用 Tr_formals(level) 时，它可得到这两个位移，并已适当地转换成为了 access 值。

6.2.7   追踪层次信息

每次调用 Tr_newLevel 时，Semant 都必须传递包围层的 level 值。当为 Tiger 程序的"主"函数（一个不位于任何函数之内的函数）创建层次时，Semant 应当传递一个特殊的层次值，此值由调用 Tr_outermost() 而得到，它不是 Tiger 的主函数的层次，而是包含该程序的层次。所有声明了的"库"函数（如 5.2 节末尾所述）都在最外层，这个最外层没有栈帧和形式参数表。每次调用 Tr_outermost() 时，它返回的都是相同的层次；将它作为一个函数仅仅是因为在 C 中对分配在堆中的全局变量进行初始化比较困难。

函数 transDec 将为每个 Tiger 函数声明创建一个新层次。但 Tr_newLevel 必须知道外层包围函数的层次，这意味着 transDec 在处理每一个声明期间必须知道当前的静态嵌套层。

实现这一点并不难：transDec 现在能得到一个指明当前层次的额外参数（除了类型环境和值环境之外），它是通过适当调用 newLevel 而得到的。transExp 也会需要此参数，这样，transDec 可以将 level 传递给 transExp，transExp 反过来又可将它传递给 transDec 用于处理嵌套函数的声明。同样，transVar 也需要有一个 level 参数。

程序设计：栈帧

扩充 semant.c 为局部变量分配存储单元，并追踪嵌套层。为了使实现简单，假定每个变量

都是逃逸的。

编写实现 Translate 模块的 translate.c。

如果你的编译器的目标机是 Sparc，编写实现 SparcFrame 模块（与 frame.h 相匹配）的 sparcframe.c。如果目标机是 MIPS，实现 MipsFrame 模块，依此类推。

尝试将所有与具体机器相关的细节都放在机器相关的 Frame 模块中，而不要放到 Semant 和 Translate 模块中。

为了使得实现简单，只处理逃逸的参数，即，在实现 newFrame 时，只处理所有"逃逸"标志都为 TRUE 的情况。

如果你的目标机为 RISC 机器（例如 Mips 或 Sparc），其中前 k 个参数传递在寄存器中，其余的参数传递在栈中，则为了简单起见，只处理参数个数少于或等于 k 个的情况。

可选：实现 FindEscape 模块，该模块设置抽象语法中每一个变量的 escape 域。修改你的 transDec 函数，将非逃逸变量和参数分配至寄存器。

可选：处理形式参数个数大于 k 的函数。

在 $ TIGER/chap6 目录下可用的支持文件包括：

• temp.h、temp.c，支持临时变量和标号的模块。

推荐阅读

使用空间连续的单个栈来保存变量和返回地址的做法起始于 Lisp[McCarthy 1960]和 Algol [Naur et al. 1963]。块结构（嵌套的函数）和静态链的使用也源于 Algol。

20 世纪六七十年代的计算机与编译器将大多数的程序变量保存在存储器中，因此没有太多必要考虑哪些变量是逃逸的（需要使用其地址）。1978 年制造的 VAX 计算机有一条过程调用指令，假定所有参数都已被压入栈中，它自己则将程序计数器、帧指针、参数指针、参数计数以及被调用者保护寄存器的掩码压于栈中[Leonard 1987]。

随着 RISC 对体系结构的变革[Patterson 1985]，用更少的存储访问完成过程调用的思想得以实现。局部变量默认情况下应当保存在寄存器中，存/取操作只有当需要时才被使用，并且是由寄存器分配器的"溢出"来驱动的[Chaitin 1982]。

大部分过程都不会有多于 5 个参数和多于 5 个的局部变量[Tanenbaum 1978]。为了利用这一点，在 1986 年，Chow 等人[1986]和 Hopkins[1986]设计了一个有利于普遍情形的调用约定：前 4 个参数在寄存器中传递，（极少数的）剩余参数则通过存储器传递；编译器可以分配调用者保护的寄存器和被调用者保护的寄存器给局部变量；如果叶过程只使用了调用者保护的寄存器，则不需要建立它们自己的栈帧，并且也不必总是将返回地址压入栈中。

习题

6.1 使用你选择的 C 编译器（或其他语言的编译器），将一些小的测试函数编译为汇编语言。在 Unix 系统中，这可用命令 cc - S 来完成。打开所有可能的编译优化，然后用下述标准评估编译好的程序。

a. 所有局部变量都保存在寄存器中了吗？

b. 如果局部变量 b 是跨多个过程调用活跃的，是否将它保存在了被调用者保护的寄存器中？解释这样做为什么会提高下面程序的执行速度：

146

```
int f(int a) {int b; b=a+1; g(); h(b); return b+2;}
```

c. 如果局部变量 x 决不会跨过程调用活跃，将它保存在调用者保护的寄存器中是否合适？解释这样做为什么会提高下面程序的执行速度：

```
void h(int y) {int x; x=y+1; f(y); f(2);}
```

6.2 如果你使用的 C 编译器用寄存器传递参数，用它为下面的函数生成汇编代码：

```
extern void h(int, int);
void m(int x, int y) {h(y,y); h(x,x);}
```

显然，如果给 $m(x,y)$ 的参数传递在寄存器 r_{arg1} 和 r_{arg2} 中，并且传递给 h 的参数也必须在 r_{arg1} 和 r_{arg2} 中，则在给 $h(y,y)$ 传递参数期间，参数 x 不能待在寄存器 r_{arg1} 中。解释为了调用 $h(y,y)$，你的 C 编译器是在什么时候怎样将参数 x 从寄存器 r_{arg1} 中移出的。

6.3 对于下面这段 C 程序中的每一个变量 a、b、c、d、e，指出它们应保存在存储器中还是应保存在寄存器中，并说明理由。

```
int f(int a, int b)
{ int c[3], d, e;
  d=a+1;
  e=g(c, &b);
  return e+c[1]+b;
}
```

*6.4 下面的程序需要使用多少存储空间？

```
int f(int i) {int j,k; j=i*i; k=i?f(i-1):0; return k+j;}
void main() {f(100000);}
```

a. 设想一个编译器，它用寄存器传递参数，没有浪费空间来为保存在寄存器中的参数提供"备份存储"，也不使用静态链，并且在通常情况下使创建的栈帧尽可能小。那么，函数 f 的栈帧应有多大（以字为单位）？

b. 用这种编译器编译，该程序使用的最大存储空间是多少？

c. 用你喜欢的一个 C 编译器生成这段程序的汇编代码，并报告函数 f 的栈帧大小。

d. 用一个真实的 C 编译器编译这段程序，计算它的总存储空间大小。

e. 全面而透彻地解释 a 和 c 之间的差异。

147

f. 评论这个 C 编译器的设计者是否深入考虑到了真实程序中递归函数的重要性？

*6.5 某些 Tiger 函数不需要静态链，因为它们没有用到 Tiger 语言特有的特征。

a. 准确地刻画这些不需要给它们传递静态链的函数特征。

b. 给出一个识别所有这种函数的算法（与 FindEscape 有点类似）。

6.6 除了使用静态链，还有另外一些方法可以访问非局部变量。一种方法是简单地将这种非局部变量留在寄存器中！

```
function f() : int =
  let var a := 5
      function g() : int =
          (a+1)
  in g()+g()
  end
```

如果在调用 g 的同时将 a 保留在（比如）寄存器 $r7$ 中，则 g 就可以从 $r7$ 访问到 a。

为了使得这种方法可行，局部变量本身、定义该局部变量的函数以及使用该局部变量的函数必须具备什么特征？

*6.7 嵌套层次显示表（display）是一种可替代静态链用于访问非局部变量的数据结构。它是一个由帧指针组成的数组，数组下标是静态嵌套的深度。嵌套层次显示表中的元素 D_i 总是指向最近被调用的嵌套深度为 i 的函数。

嵌套深度为 i 的函数 f 所执行的簿记工作如下所示：

复制 D_i 到栈帧内的保护单元；

复制帧指针到 D_i

……函数 f 的函数体……

恢复保护单元的内容到 D_i

在程序 6-2 中，函数 prettyprint 的嵌套深度是 1，write 和 show 的深度是 2，等等。

a. 给出使用静态链将程序 6-2 中第 14 行的变量 output 取到寄存器中所需要的机器指令序列。

b. 给出使用嵌套层次显示表替代静态链时需要的机器指令。

c. 若变量 x 的声明在嵌套深度为 d_1 的函数中，它的访问在嵌套深度为 d_2 的函数中，用静态链的方法读取变量 x 需要多少条指令？

d. 如果使用嵌套层次显示表方法，需要多少条指令？

e. 过程入口和出口的静态链管理共需要多少条指令？

f. 过程入口和出口的嵌套层次显示表管理需要多少条指令？

我们是否应该用嵌套层次显示表代替静态链？也许应该。但问题会变得复杂起来。对于像 Pascal 和 Tiger 这种具有块结构，但没有函数变量的语言，用嵌套层次显示表方法工作得很好。

但是，当函数可以作为其他函数的返回结果时，如 Scheme 语言和 ML 语言，块结构具有的表达能力会更加丰富。对于这种语言，除了考虑访问变量的时间、过程入口和出口的代价之外，还有更多的问题需要考虑。例如，建立闭包的代价，避免在闭包中保存无用数据的问题。其中一些问题将在第 15 章给予解释。

第 7 章　翻译成中间代码

翻译（trans-late）：转换为某人的母语或另一种语言。

韦氏词典

编译器的语义分析阶段必须将抽象语法转换成抽象机器代码。它可以在类型检查之后或在类型检查的同时做这项工作。

尽管我们可以直接将抽象语法转换成真实的机器代码，但这样做不利于可移植性和模块化设计。假设我们想要有这样一个编译器：它可以编译 N 种不同的源语言，并为 M 台不同的目标机生成代码。原则上说，这是 $N \cdot M$ 个编译器（见图 7-1a），实现这么多的编译器是一项十分巨大的工程。

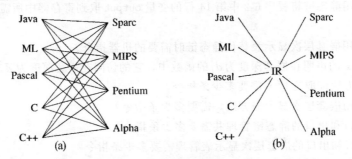

图 7-1　面向 5 种语言并支持 4 种目标机的编译器：（a）没有 IR，（b）有 IR

中间表示（intermediate representation，IR）是一种抽象机器语言，它可以表示目标机的操作而不需太多地涉及机器相关的细节。而且，它也独立于源语言的细节。编译器的前端（front end）进行词法分析、语法分析和语义分析，并且产生中间表示。编译器的后端（back end）对中间表示进行优化并将中间表示翻译成机器语言。

一个可移植的编译器如图 7-1b 所示，它先将源语言转换成 IR，然后再将 IR 转换成机器语言，这样便只需要 N 个前端和 M 个后端。这种实现要更合理些。

即使在只需实现一个前端和一个后端的情况下，好的 IR 也便于将任务模块化，使得前端不会由于机器相关的细节而复杂化，后端不会受源语言特殊信息的干扰。编译器可使用的 IR 有多种形式。对于本书的编译器，我选择了简单的表达式树。

7.1　中间表示树

接口 tree.h 给出了中间表示树语言的定义，如图 7-2 所示。

一种好的中间表示应具有以下一些特点。

- 它必须便于语义分析阶段生成它。
- 对于希望支持的所有目标机，它必须便于转变成真实的机器语言。
- 每一种结构必须具有简单而清晰的含义，以便能够较容易地指定和实现重写中间表示的各种优化变换。

```
/* tree.h */
typedef struct T_stm_ *T_stm;
struct T_stm_ {enum {T_SEQ, T_LABEL, T_JUMP, ..., T_EXP} kind;
               union {struct {T_stm left, right;} SEQ;
                          ⋮
                     } u; };
T_stm T_Seq(T_stm left, T_stm right);
T_stm T_Label(Temp_label);
T_stm T_Jump(T_exp exp, Temp_labelList labels);
T_stm T_Cjump(T_relOp op, T_exp left, T_exp right,
              Temp_label true, Temp_label false);
T_stm T_Move(T_exp, T_exp);
T_stm T_Exp(T_exp);

typedef struct T_exp_ *T_exp;
struct T_exp_ {enum {T_BINOP, T_MEM, T_TEMP, ..., T_CALL} kind;
               union {struct {T_binOp op; T_exp left, right;} BINOP;
                          ⋮
                     } u; };
T_exp T_Binop(T_binOp, T_exp, T_exp);
T_exp T_Mem(T_exp);
T_exp T_Temp(Temp_temp);
T_exp T_Eseq(T_stm, T_exp);
T_exp T_Name(Temp_label);
T_exp T_Const(int);
T_exp T_Call(T_exp, T_expList);

typedef struct T_expList_ *T_expList;
struct T_expList_ {T_exp head; T_expList tail;};
T_expList T_ExpList(T_exp head, T_expList tail);

typedef struct T_stmList_ *T_stmList;
struct T_stmList_ {T_stm head; T_stmList tail;};
T_stmList T_StmList (T_stm head, T_stmList tail);

typedef enum {T_plus, T_minus, T_mul, T_div, T_and, T_or,
              T_lshift, T_rshift, T_arshift, T_xor} T_binOp ;
typedef enum {T_eq, T_ne, T_lt, T_gt, T_le, T_ge,
              T_ult, T_ule, T_ugt, T_uge} T_relOp;
```

图 7-2　树中间表示

　　抽象语法中有个别部分可以表示复杂的事情，比如数组下标、过程调用等。"真实计算机"中有的指令也具有比较复杂的作用（尽管对于现代 RISC 体系结构来说，这种情况比早期计算机已有所降低）。但不幸的是，抽象语法中的复杂部分并不总是能正好与机器可以执行的复杂指令相对应。

　　因此，中间表示中的个体成分应该只描述特别简单的事情：如单个取、存、加法、传送或转移等操作。这样，抽象语法中的任何复杂部分都可以用一组恰当的抽象机器指令来表示，而这些成组的抽象机器指令则能"凝结成块"（或者凝结在不同的块中）而形成"真正的"机器指令。

　　下面介绍中间表示树中每一种操作符的含义。首先是表达式(T_exp)，它代表某个值的计算（可能具有副作用）。有如下一些表达式。

- CONST(i)　整型常数 i，用 C 语言写作 T_Const(i)。
- NAME(n)　符号常数 n（相当于汇编语言中的标号）。用 C 语言写作 T_Name(n)。
- TEMP(t)　临时变量 t，抽象机器中的临时变量类似于真实机器中的寄存器，但抽象机

151

器中可以有无限多个临时变量。

- BINOP(o,e_1,e_2)　对操作数 e_1、e_2 施加二元操作符 o 表示的操作，子表达式 e_1 的计算先于 e_2。整型算术操作符是 PLUS、MINUS、MUL、DIV；整型按位逻辑操作符是 AND、OR、XOR；整型逻辑移位操作符是 LSHIFT、RSHIFT；整型算术右移操作符是 ARSHIFT。Tiger 语言没有逻辑操作符，这里出现逻辑操作符是因为中间语言是独立于任何源语言的，并且在实现 Tiger 语言的其他特征时可能会需要逻辑操作。
- MEM(e)　开始于存储器地址 e 的 wordSize 个字节的内容（wordSize 是在 Frame 模块中定义的）。注意，当 MEM 作为 MOVE 操作的左子式时，它表示对存储器地址 e 的"存储"；在其他位置统统表示"读取"。
- CALL(f,l)　过程调用：以参数表 l 调用函数 f。子表达式 f 的计算先于参数的计算，参数的计算则从左到右。
- ESEQ(s,e)　先计算语句 s 以形成其副作用，然后计算 e 作为此表达式的结果。

树中间语言的语句（T_stm）执行副作用和控制流。有如下一些语句。

- MOVE(TEMP t,e)　计算 e 并将结果送入临时单元 t。
- MOVE(MEM(e_1),e_2)　计算 e_1，由它生成地址 a。然后计算 e_2，并将计算结果存储在从地址 a 开始的 wordSize 个字节的存储单元中。
- EXP(e)　计算 e 但忽略结果。
- JUMP($e,labs$)　将控制转移到地址 e，目标地址 e 可以是文字标号，例如用 NAME(lab)表示的标号，也可以是由其他种类的表达式计算出来的一个地址。例如，C 语言的 switch(i)语句可以通过对 i 进行算术操作来实现。标号表 labs 指出表达式 e 可能计算出的所有目标地址；较后进行的数据流分析会需要它们。转移到一个已知标号 l 的普通情形可表示为：

```
T_Jump(l,Temp_LabelList(l,NULL));
```

- CJUMP(o,e_1,e_2,t,f)　依次计算 e_1、e_2，生成值 a、b，然后用关系操作符 o 比较 a 和 b。如果结果为 true，则跳转到 t；否则跳转到 f。关系操作符 EQ 和 NE 分别表示（有符号的或无符号的）整数的相等比较与不等比较。有符号整数的非相等比较是 LT、GT、LE、GE；无符号整数的非相等比较有 ULT、ULE、UGT、UGE。
- SEQ(s_1,s_2)　语句 s_1 之后跟随语句 s_2。
- LABEL(n)　定义名字 n 的常数值为当前机器代码的地址。这类似于汇编语言中的标号定义。值 NAME(n)可能是转移或者调用等操作的目标。

几乎已有可能给出这种 Tree 语言的形式语义了。但是，还未给出这种语言的过程和函数的定义，我们只能够指定每一个函数的函数体。过程的入口和出口序列以后将作为特殊的"粘合剂"加入进来，而对于每一种目标机，这种"粘合剂"又都是不相同的。

7.2　翻译为树中间语言

将抽象语法表达式转换成树中间语言是相当直接的，只是需要处理很多种情况。

7.2.1　表达式的种类

在 Tree 语言中应当用什么来表示抽象语法表达式 A_exp？乍一看似乎应当用 T_Exp。但是，这只适合于某些类型的表达式，即那种计算一个值的表达式。不返回值的表达式（如 Tiger 语言中的某些过程调用、**while** 表达式）用 T_stm 来表示则要更自然些。而对于如 $a > b$ 这样的布尔表达式，最好是将它表示为一个条件转移——它由一个 T_stm 和两个用 Temp_labels 表示的不同目标地址所组成。

　　因此，我们将在 Translate 模块中创建一种联合类型（像平常一样，它带有一个 kind 标志）来模拟这三种表达式：

```
/* in translate.h */
typedef struct Tr_exp_ *Tr_exp;

/* in translate.c */
struct Cx {patchList trues; patchList falses; T_stm stm;};

struct Tr_exp_
    {enum {Tr_ex, Tr_nx, Tr_cx} kind;
      union {T_exp ex; T_stm nx; struct Cx cx; } u;
    };

static Tr_exp Tr_Ex(T_exp ex);
static Tr_exp Tr_Nx(T_stm nx);
static Tr_exp Tr_Cx(patchList trues, patchList falses,
                    T_stm stm);
```

- Ex 代表"表达式"，表示为 Tr_exp。
- Nx 代表"无结果语句"，表示为 Tree 语句。
- Cx 代表"条件语句"，表示为一个可能转移到两个标号之一的语句；其中一个标号是条件为真时对应的标号，称为"真值标号"，另一个是条件为假时对应的标号，称为"假值标号"；并且语句中的这两个标号有可能还未填入。在已填入这两个标号的目标地址的情况下，该语句的行为是：计算某些条件，然后转移到其中的一个目标地址（该语句决不会下降执行）。

　　例如，Tiger 表达式 a>b ｜ c<d 可能被转换成如下的条件语句：

```
Temp_label z = Temp_newlabel();
T_stm s1 = T_Seq(T_Cjump(T_gt,a,b, NULL ,z),
            T_Seq(T_Label(z),
                T_Cjump(T_lt,c,d, NULL , NULL )));
```

这里的问题是，此时还不知道 t 和 f，因此语句中用 NULL 来替代它们。真值标号和假值标号的目标地址一直要到非常晚的时候才能知道。为此我们需要建立两张表，一张表记录那些当 t 已知时需要用它来填充的 NULL 的出现之处，称为真值标号回填表（true patch list）；另一张表记录那些当 f 已知时需要用它来填充的 NULL 的出现之处，称为假值标号回填表（false patch list）。

　　我们使用 patchList 来表示这种由"需要填充标号的地点"组成的表：

```
typedef struct patchList_ *patchList;
struct patchList_ {Temp_label *head; patchList tail;};
static patchList PatchList(Temp_label *head, patchList tail);
```

因此，可如下这样来完成将 a>b ｜ c<d 转换到 Tr_exp 的翻译：

```
patchList trues = PatchList(&s1->u.SEQ.left->u.CJUMP.true,
                     PatchList(&s1->u.SEQ.right->u.SEQ.right->
                                           u.CJUMP.true,
                  NULL));
patchList falses= PatchList(&s1->u.SEQ.right->u.SEQ.right->
                                       u.CJUMP.false,
                  NULL);
Tr_exp e1 = Tr_Cx(trues, falses, s1);
```

有时候我们会需要将一种类型的表达式转换成等价的另一种类型的表达式。例如，Tiger 语句

```
flag := (a>b | c<d)
```

需要将一个 Cx 转换为 Ex，以便可以将值 1（条件为真时）或 0（条件为假时）存储到 flag 中。

有三种有助于这种转换的函数：

```
static    T_exp    unEx(Tr_exp e);
static    T_stm    unNx(Tr_exp e);
static struct Cx unCx(Tr_exp e);
```

这三个函数中，每一个的功能就像是简单地剥下（逆转）对应的构造函数（Ex、Nx 或 Cx）一样，但需领会的是，每一个转换函数都必须要能适应参数无论是用哪一种构造函数构造的情况！

设 e 代表 a>b | c<d，则

```
e = Tr_Cx(trues,falses,stm)
```

于是赋值语句可以实现为

$$\text{MOVE(TEMP}_{flag}, \text{ unEx}(e)).$$

即使实际上存在的是 Cx，我们也已"剥下了 Ex 的构造函数"。

程序 7-1 是 unEx 的实现。为了将"条件语句"转换为"值表达式"，我们首先生成一个新的临时变量 r 和两个新的标号 t 和 f。然后生成一条将值 1 赋给 r 的语句 T_stm，紧接着生成语句 e->u.cs.stm。当该语句为真时将转移到 t；为假时将转移到 f。如果条件为 false，则将值 0 赋给 r；如果为真，将继续执行 t，并跳过第二条赋值指令。整个语句的结果是值为 0 或 1 的临时变量 r。

我们通过调用 doPatch(e->u.cx.trues,t)利用标号 t 来填充真值标号回填表 trues 中所有待填的标号，并且类似地，调用 doPatch(e->u.cx.false,f) 来填充假值标号回填表 falses 中待填的标号。doPatch 函数是操作回填表的两个实用函数之一，这两个实用函数是：

```
void doPatch(patchList tList, Temp_label label) {
   for (; tList; tList=tList->tail)
     *(tList->head) = label;
}

patchList joinPatch(patchList first,patchList second) {
  if (!first) return second;
  for (; first->tail; first=first->tail); /* go to end of list */
  first->tail = second;
  return first;
}
```

函数 unCx 和 unEx 的实现留给读者作为练习。unCx 的一种较好的实现应特殊对待 CONST 0 和 CONST 1，因为它们的处理特别简单，并且能使转换过程更高效。另外，unCx 也应拒绝 kind 标志是 Tr_nx 的 Tr_exp——在编译一个类型正确的 Tiger 程序时，这种情况决不会发生。

程序 7-1 转换函数 unEx

```
static T_exp unEx(Tr_exp e) {
switch (e->kind) {
 case Tr_ex:
   return e->u.ex;
 case Tr_cx: {
   Temp_temp r = Temp_newtemp();
   Temp_label t = Temp_newlabel(), f = Temp_newlabel();
   doPatch(e->u.cx.trues, t);
   doPatch(e->u.cx.falses, f);
   return T_Eseq(T_Move(T_Temp(r), T_Const(1)),
           T_Eseq(e->u.cx.stm,
            T_Eseq(T_Label(f),
             T_Eseq(T_Move(T_Temp(r), T_Const(0)),
              T_Eseq(T_Label(t),
                  T_Temp(r))))));
 }
 case Tr_nx:
   return T_Eseq(e->u.nx, T_Const(0));
 }
 assert(0);    /* can't get here */
}
```

7.2.2 简单变量

语义分析阶段的函数 transVar 在类型环境 tenv 和值环境 venv 的上下文中对变量的类型进行检查，它的返回值是一个类型为 expty 的结构，该结构含有类型分别为 Tr_exp 和 Ty_ty 的两个成员。在第 5 章，这个类型为 Tr_exp 的成员 exp 仅仅是一个占位符，但现在必须修改 Semant 使得每一个 exp 存放有每个 Tiger 表达式转换后的中间表示。

对于在当前过程中声明的存放在栈帧中的简单变量 v，我们将它转换为：

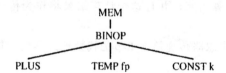

MEM(BINOP(PLUS, TEMP fp, CONST k))

其中 k 是在栈帧内的位移，TEMP fp 是帧指针寄存器。在 Tiger 编译器中，我们简单地假设：所有变量的大小都相同，即一个机器字。

Translate 和 Semant 之间的接口。 类型 Tr_exp 是抽象数据类型，它的 Ex 和 Nx 构造函数都只在 Translate 内是可见的。

对 MEM 结点的管理应当都放在 Translate 模块内，而不应放在 Semant 中。放在 Semant 中会阻碍该模块的可读性，并会使得 Semant 依赖于中间语言 Tree 表示。

我们在 Translate 接口中增加一个函数：

```
Tr_Exp Tr_simpleVar(Tr_Access, Tr_Level);
```

这样，Semant 就能够传递 x 的 access（从 Tr_allocLocal 得到的）和 x 所在函数的 level 给 Tr_simpleVar，并由此得到一个 Tr_exp。

　　有了这个接口，Semant 便完全不会涉及 T_exp。事实上，在确定 Semant 和 Translate 之间的接口时，一种较好的规则是：Semant 模块不应当包含任何对 Tree 或 Frame 模块的直接引用，任何对 IR 的操作都应当由 Translate 来实现。

　　Frame 模块包含所有机器相关的定义，这里我们再给它增加一个帧指针寄存器 FP 和一个其值是机器字大小的常数：

```
/* frame.h */
    ⋮
Temp_temp F_FP(void);
extern const int F_wordSize;
T_exp F_Exp(F_access acc, T_exp framePtr);
```

　　在这里以及后面的章节中，$BINOP(PLUS, e_1, e_2)$ 将简写为 $+(e_1, e_2)$。因此，前面那棵树将变成如下所示：

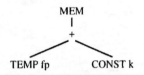

$$+(\text{TEMP fp}, \text{CONST } k)$$

　　Translate 调用函数 F_Exp 将一个 F_access 转换成 Tree 表达式。F_Exp 的 T_exp 参数是 F_access 所在栈帧的地址。因此，对于一个形如 $InFrame(k)$ 的访问 a，我们有：

　　F_Exp(a, T_Temp(F_FP()))　返回　MEM(BINOP(PLUS, TEMP(FP), CONST(k)))

　　为什么要麻烦地将树表达式 T_Temp(F_FP()) 作为参数来传递？回答是，仅当在变量自己的层次内访问该变量时，它的栈帧地址才是当前帧指针所指的栈帧地址。当从一个嵌套在内层的函数中访问 a 时，它的帧地址必须用静态链才能计算出来，并且这个计算结果将作为传递给 F_Exp 的 T_exp 参数。

　　如果 a 是形如 $InReg(t_{832})$ 这样的寄存器访问，则忽略传递给 F_Exp 的栈帧地址参数，其结果简单地就是 TEMP t_{832}。

　　像 v 或 $a[i]$ 或 $p.next$ 这样的一个左值既可出现在赋值语句的左端，也可出现在其右端——它不同于那些只可以出现在赋值语句右端的右值。所幸的是，只有 MEM 和 TEMP 结点可以出现在 MOVE 结点的左端。

7.2.3　追随静态链

　　如果变量 x 是在外层静态作用域中声明的，就必须使用静态链来访问它。这种变量访问的一般形式是：

$$MEM(+(\text{CONST } k_n, MEM(+(\text{CONST } k_{n-1}, \cdots$$
$$MEM(+(\text{CONST } k_1, \text{TEMP FP})) \cdots))))$$

其中，$k_1, \cdots, k_{n-1}$ 是各个嵌套函数的静态链的位移，k_n 是 x 在自己的栈帧内的位移。

　　为了生成这个表达式，我们需要这个使用 x 的函数 f 的层次 l_f 以及声明 x 的函数 g 的层次 l_g。我们从 l_f 层由里向外逐一使用其中各层的静态链位移 $k_1, k_2, \cdots$ 来生成访问它的表达式树。

最终我们将到达 l_g 层而停止。

为了读取在使用层（传递给 simpleVar 的 level 参数）和定义层（位于变量的 access 内的 level 域中）之间的所有栈帧的静态链，Tr_simpleVar 必须生成一条由 MEM 和＋结点组成的链。

7.2.4 数组变量

本章的余下部分将不会像前面对 simpleVar 所做的那样详细地指明 Translate 的所有接口函数。但是在介绍 simpleVar 时给出的经验规则都是适用的：应该有一个 Translate 函数处理数组下标，一个函数处理记录的域，一个函数处理各种类型的表达式，等等。

不同的程序设计语言对待数组变量各不相同。

在 Pascal 中，数组变量代表该数组的内容——下面例子中的数组代表 12 个整型变量。Pascal 程序

```
var a,b : array[1..12] of integer
begin
     a := b
end;
```

复制数组 a 的内容到数组 b。

C 语言没有这种数组变量，它使用指针变量，数组名就像"指针常数"。因此，如下程序是非法的：

```
{int a[12], b[12];
 a = b;
}
```

但下面的程序是合法的：

```
{int a[12], *b;
 b = a;
}
```

语句 b＝a 并不是复制 a 的内容，而是表示使 b 指向数组 a 的起点。

在 Tiger 中（同 Java 和 ML），数组变量的行为与指针类似。但是，Tiger 没有 C 语言中的命名数组常数，新数组是用结构 $t_a[n]$ of i 来创建（并初始化）的，其中 t_a 是数组类型的名字，n 是元素个数，i 是每个元素的初值。在下面的程序中：

```
let
 type intArray = array of int
 var a := intArray[12] of 0
 var b := intArray[12] of 7
in a := b
end
```

在程序结束点，数组变量 a 同数组变量 b 一样指向 12 个 7；原来分配给 a 的 12 个 0 已被丢弃。

Tiger 的记录值也是指针。记录赋值像数组赋值一样也是指针赋值，并且不复制记录的每一个域。现代面向对象程序设计语言和函数式程序设计语言也是这样，都试图模糊掉指针和对象之间的区别。但是，在 C 和 Pascal 中，一个记录的值是"一大块值"，并且记录的赋值意味着复制记录的所有域。

7.2.5 结构化的左值

左值是一个可以出现在赋制语句左端的表达式的结果，例如 x、p、y 或者 a[i+2]。右值

是只能出现在赋值语句表达式右端的表达式的结果,例如 a + 3 或 f(x)。也就是说,左值代表一个可以赋值的位置,而右值则不是。

当然,左值也能够出现在赋值语句的右端,此时,隐含地取其位置中的内容。

整数或指针值称为"标量",因为它只有一个成员。这种值仅占一个字的存储空间并可以放在寄存器中。Tiger 中所有的变量和左值都是标量。即便是 Tiger 数组或记录变量,事实上也是一个指针(标量)。Tiger 语言参考手册并没有明显地这样说,因为它们讨论的是 Tiger 语言的语义,而不是 Tiger 的实现。

C 和 Pascal 语言有结构化的左值——C 中是结构,Pascal 中是数组和记录,它们都不是标量。为了实现具有像 C 或 Pascal 中的数组和记录这种大体积变量的语言,还需要做一些额外的工作。在 C 编译器中,access 类型可能会需要关于变量大小的信息。因此,TREE 中间语言的 MEM 操作符可能会需要增加关于变量大小的表示:

```
T_exp T_Mem(T_exp, int size);
```

则一个局部变量到 IR 树的转换为:

$$\text{MEM}(+(\text{TEMP fp}, \text{CONST } k_n), S)$$

其中 S 指出要存或取(取决于这棵树出现在 MOVE 的左边还是右边)的对象的大小。

在 MEM 结点中虽然 size 可使 Tiger 编译器的实现更容易,但它却限制了其中间表示的通用性。

7.2.6 下标和域选择

要访问一个用下标指明的 Pascal 或 C 数组元素(计算 $a[i]$),需要计算 a 的第 i 个元素的地址:$(i-l) \times s + a$,其中,l 是索引范围的下界,s 是每个数组元素的大小(以字节为单位),a 是数组元素的基地址。若 a 是全局的,它将具有编译时的常数地址,因此计算 $a - s \times l$ 能够在编译时完成。

类似地,为了选择一个作为左值的记录 a 中的域 f(计算 $a.f$),只需要将 f 的常数位移与 a 相加。

数组变量 a 是左值,带下标的数组表达式 $a[i]$ 也是左值,尽管其中的 i 不是左值。为了由 a 计算左值 $a[i]$,我们要对 a 的地址执行算术操作。因此,在 Pascal 编译器中,左值(尤其是结构化的左值)不应该转换成这样的形式:

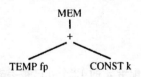

而应当是一个表示了数组基地址的 Tree 表达式:

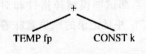

对这个左值能做些什么呢?

- 可以用下标指明它的特定元素，从而产生一个（更小的）左值。用"＋"结点可以将索引和元素大小的乘积与该数组基地址的左值相加。
- 这个左值（代表整个数组）可用于需要右值的上下文中（例如，作为一个传值参数被传递，或赋给另一个数组变量）。然后可通过对这个左值施加 MEM 操作而将它转换为右值。

Tiger 语言中所有记录和数组值实际上都是指向记录和数组结构的指针，因此它没有结构化的或"大体积"的左值。数组的"基地址"实际上是一个指针变量的内容，因此取得这个基地址需要使用 MEM 操作。

于是，若 a 是一个分配在存储器的数组变量，且它的存储器位置是 MEM(e)，则地址 e 的内容是一字长的指针值 p。地址 $p, p+W, p+2W, \cdots$（其中 W 是字长）的内容是数组的元素（所有元素都是一字长）。因此，$a[i]$ 就是：

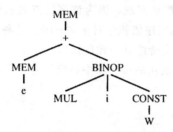

$$\text{MEM}(+(\text{MEM}(e), \text{BINOP}(\text{MUL}, i, \text{CONST } W)))$$

左值和 MEM 结点。技术上而言，一个左值（或可赋值的变量）应当表示成一个地址（没有上图中顶部的 MEM）。将一个左值转换为右值（当在一个表达式中使用时）意味着从该地址中读数；对一个左值赋值意味着对该地址存数。在不知道对 MEM 结点执行的是存还是取操作之前，我们将这个 MEM 看成是左值；因为在 Tree 中间表示中，MEM 既表示存入（作为 MOVE 的左子式），也表示取出（其他情况），所以这样做是可行的。

163

7.2.7　关于安全性的劝告

生命是如此短暂，我们不值得将时间浪费在寻找不可再现的错误上；金钱是宝贵的，不能浪费它们来购买奇怪的软件。当一个程序有错误时，应该尽可能早地在错误造成损失之前检测出来并报告（或纠正）。

有些错误隐藏很深，因而很难发现，但检测出像数组下标越界这种错误并不需要劳驾天才：如果数组的维界是 $L \cdots H$，下标是 i，则当 $i < L$ 或 $i > H$ 时便是一个数组越界错误。此外，计算机已具备了足够快的用于计算条件 $i > H$ 的硬件。我们知道，编译器几十年前就能够自动生成对此条件进行测试的代码了。现在一个编译器没有任何借口不生成数组维界检查代码。这些维界检查代码在生成之后，优化编译器常常可以通过编译时的分析安全地消除它们（见 18.4 节）。

有人可能会找出借口说，"但我使用的程序设计语言中有一种地址算术运算会导致无法知道数组维界"。是的，枪杀了父母的人只能依靠法官的怜悯，因为他已成了孤儿。[①]

在某些极少见的情况下，程序的一部分可能会单纯地只要求速度，并且给这部分程序设定的运行时间太紧迫以至于不允许进行边界检查。在这种情况下，最好是有一个优化编译器，它能

[①] 这句话的意思是，如果你用的程序设计语言使得编译器无法判断数组是否越界，那么用这个语言编写的程序的正确性也难以保证。——译者注

够对下标进行分析，并证明下标总是在边界内，从而不需要显式的边界检查。如果优化编译器还不能消除这种检查，则在这种极少见的情况下，允许程序员显式地指明对一个未曾检查的下标进行操作是可接受的。但是这并不意味着编译器可以不对该程序中其他部分的下标表达式进行检查。

毫无疑问，编译器也应该在使用指针进行间接访问之前检查它是否为空指针 nil[①]。

7.2.8　算术操作

整型算术操作很容易翻译：每个 Absyn 算术操作符对应一个 Tree 操作符。

Tree 语言没有一元算术操作符。整数的一元负操作可以实现成 0 减去一个整数，一元求反操作也可以用整数与一个所有位全为 1 的整数求异或（XOR）来实现。

浮点数的一元负操作不能用 0 减去一个浮点数来实现，因为许多符点表示都允许负 0 的存在，对负 0 求负则得到正 0，反之亦然。有些数值程序依赖于对诸如 $-0<0$ 这种条件的识别。因此，为了简单起见，我们的 Tree 语言没有很好地支持浮点一元负操作。

幸运的是，Tiger 语言不支持浮点数。但是在真正的编译器中，应当有一个新的操作符来表示浮点一元负操作。

7.2.9　条件表达式

比较操作符的操作结果是一个 Cx 表达式，即一个语句 s，它可转移到任意一个你指定的真值标号或假值标号的目标地址。

用 CJUMP 操作符不难从 Absyn 的比较操作符生成一个"简单的"Cx 表达式。但 Cx 表示的总的意图是要使得条件表达式很容易由 Tiger 的操作符 & 和｜组合形成。因此，像 x<5 这样的表达式将转换成具有如下形式的 Cx：

$$trues = \{t\}$$
$$falses = \{f\}$$
$$stm = CJUMP(LT, x, CONST(5), \Box_t, \Box_f)$$

Tiger 语言的操作符 & 和｜分别用"并"和"交"（与和或）的捷径计算来组合条件，它们在抽象语法中已经被转换为 if 表达式。

处理 if 表达式

if e_1 **then** e_2 **else** e_3

最直接的方法是，将 e_1 视为 Cx 表达式，将 e_2 和 e_3 视为 Ex 表达式。也就是说，对 e_1 施加 unCx，对 e_2 和 e_3 施加 unEx。生成条件将要分支到的两个标号 t 和 f，分配一个临时变量 r，并在标号 t 之后将 e_2 赋给 r，在标号 f 之后将 e_3 赋给 r。两个分支都应该转移到同一个汇合点，这个汇合点有一个新生成的汇合标号。

这样将能得到完全正确的结果。但得到的代码并不十分高效。如果 e_2 和 e_3 都是"语句"（不返回值的表达式），则它们的表示很可能是 Nx 而不是 Ex。对它们应用 unEx 虽然可行——会自动地进行强制类型转换，但专门地识别出这种情形则要更好。

[①] 检查空指针的另一种方法是将它映射到虚存页表中一个未映射的页 0 中，从而使得企图读取/存储空指针 nil 所指记录域的操作产生一个页失效中断。

更坏的是，当 e_2 或 e_3 是一个 Cx 表达式时，对它施加 unEx 强制转换则会出现转移和标号纠缠不清的混乱状态。因此最好是专门识别出这种情形并分开处理。

例如，对于

if $x < 5$ **then** $a > b$ **else** 0

如前面已说明的，将 $x<5$ 将转换成 Cx(s_1)；类似地，将 $a>b$ 将转换成 Cx(s_2)（s_2 代表某个语句）。整个 if 语句的转换结果大致如下所示：

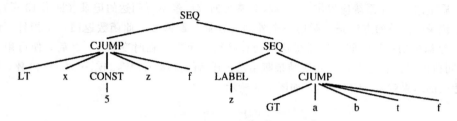

$$\text{SEQ}(s_1(z, f), \text{SEQ}(\text{LABEL } z, s_2(t, f)))$$

其中 z 是一个新标号。简写 $s_1(z, f)$ 表示这个 Cx 语句 s_1 已用 z 填充了它的真值标号，用 f 填充了它的假值标号。

字符串比较。 字符串相等比较的运算较复杂（它必须从头至尾地逐字节进行相等比较），因此编译器应当调用运行时系统库函数 stringEqual 来实现这种比较。这个函数的返回值是 0 或 1（假或真），因此，它的 CALL 树必然会包含在一个 Ex 表达式中。字符串不等比较可通过生成对该函数调用结果求反的 Tree 代码来实现。

7.2.10 字符串

Tiger（或 C）语言中的字符串字面量是有适当字符初始值的一片存储单元的地址，此地址是一个常量。在汇编语言中，这个地址有一个标号，以便从指令序列中的某个位置来引用它。在定义该标号的地方，其后跟有保留内存空间并用适当字符对它进行初始化的汇编语言伪指令。

对于每个字符串文字常数 lit，Translate 模块生成一个新的标号 lab，并返回这个标号的树中间表示 T_NAME(lab)。它也将汇编语言片段 F_string(lab,lit) 放到一个由这种片段组成的全局表中，这种片段将提交给代码流出器。7.3.3 节将进一步讨论这种"片段"（fragment）。第 12 章将讨论字符串片段到汇编语言的转换。

所有字符串操作都由运行系统提供的函数来完成的，这些函数为字符串操作的结果分配堆空间，并返回指针。因此，编译器（几乎）不需要知道中间表示是什么，它只要知道每个字符串指针正好是一个字长。我们说"几乎"是因为编译器仍需要表示字符串字面量。

但 Tiger 中是如何表示字符串的呢？在 Pascal 中，字符串是长度固定的数组，字面量的尾部填有空格，这样做并没有什么好处。在 C 语言中，字符串是指向可变长度的以 0 结尾的字符序列的指针。尽管不能表示含有一个 0 字节的字符串，但这样做的好处要大些。

Tiger 字符串应当能够表示任意的 8 位码（包括 0）。一种能很好地实现这种字符串的简单表示是：使用一个字符串指针指向一个字，此字中的整数给出字符串的长度（字符的个数），紧跟在这个字之后的是组成字符串的字符。这样，与机器相关的模块 Frame(mipsframe.c、sparcframe.c、 pentiumframe.c，等等）便能用一个标号的定义、一条创建一个字且字中包含一个表示长度的整数的汇编语言伪指令以及一条生成字符数据的伪指令来生成一个字符串。

7.2.11   记录和数组的创建

Tiger 语言的构造 $a\{f_1=e_1,f_2=e_2,\cdots,f_n=e_n\}$ 创建一个 n 个元素的记录，并用表达式 e_i 的值对它的各个元素进行初始化。这种记录的生存期可以长于创建它的那个过程的生存期，所以不能将它们分配到栈中，而必须分配到堆中。Tiger 语言对记录（或者字符串）的释放没有规定；具有产品质量的 Tiger 系统应提供一个垃圾收集器回收已经不可到达的记录（见第 13 章）。

创建一个记录最简单的方法是：调用一个外部的存储分配函数，此函数返回一个指针；该指针指向 n 个字组成的一片空间，然后将这个指针赋给一个新的临时变量 r。之后，便可用一串 MOVE 中间树语句将表达式 e_i 的转换结果赋给从 r 开始的位移 $0,1W,2W,\cdots,(n-1)W$。最后，整个表达式的结果就是 TEMP(r)，如图 7-3 所示。

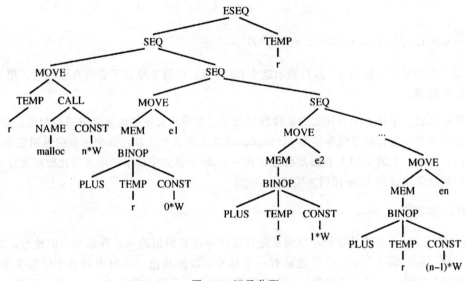

图 7-3   记录分配

在产品质量的编译器中，对每个记录的创建都调用 malloc（或者它的等价函数）可能会太费时间（见 13.7 节）。

数组的创建与记录的创建非常类似，不同的只是数组中的元素都用相同的值初始化。外部函数 initArray 以数组长度和初值作为参数。

调用运行时系统的函数。 为了调用一个名为 initArray，带有参数 a、b 的外部函数，只需生成如下的 CALL 表达式：

```
CALL(NAME(Temp_namedlabel("initArray")),
        T_ExpList(a,T_ExpList(b,NULL)))
```

它引用一个外部函数 initArray，这个函数是用 C 或汇编语言编写的——它不能用 Tiger 语言编写，因为 Tiger 没有对存储器进行管理的机制。

但是有些操作系统中的 C 编译器在每个标号的开始添加了一个下划线，因而 C 函数的调用约定可能不同于 Tiger 函数的约定，并且 C 函数也不期望接收静态链，等等。所有这些目标机相关的细节都应该封装在 Frame 结构提供的函数 F_externalCall 中：

```
/* frame.h */
    ⋮
T_exp F_externalCall(string s,T_expList args);
```

168

其中，F_externalCall 的参数是外部过程的名字以及要传递的参数。

externalCall 的实现取决于 Tiger 的过程调用约定和外部函数的调用约定之间的关系。一种最简单的实现方式可以像这样

```
T_exp F_externalCall(string s, T_expList args) {
  return T_Call(T_Name(Temp_namedlabel(s)), args);
}
```

但对于静态链或带有下划线的标号等，则必须进行适当的调整。

7.2.12　while 循环

while 循环的一般形式为

test:
　　　if not(*condition*) goto *done*
　　　body
　　　goto *test*
done:

若 *body* 中出现 **break** 语句（没有嵌套在任何内层的 **while** 语句中），则可以简单地将它转换成一个转移至 *done* 的 JUMP。

为了让 transExp 能够转换 **break** 语句，它需要有一个新的形式参数 break，此参数是直接包含这个 break 语句的循环的 *done* 标号。在翻译 **while** 循环的过程中，对 *body* 调用 transExp 时要用 *done* 标号作为 break 参数。当 transExp 在非循环上下文中递归调用自己时，它可以简单地将接收到的 break 参数向下传递。

函数 transDec 也必须增加 break 参数。

7.2.13　for 循环

for 语句可以用其他的语句来表示：

```
for i := lo to hi        let var i := lo
  do body                    var limit := hi
                         in while i <= limit
                             do (body; i := i+1)
                         end
```

翻译 **for** 语句的一种非常直接的方法是将其抽象语法重写为如上所示的 **let**/**while** 表达式的抽象语法，然后再调用 transExp 翻译出结果。

169

这样做基本上是正确的，但我们来看看 *limit* = *maxint*[①] 的情形。在这种情况下 *i* + 1 将会溢出；它要么导致硬件发出一个异常，要么导致 *i* ≤ *limit* 永远为真！解决这个问题的方法是将测试放在循环的底部，其中对 *i* < *limit* 的测试位于增加 *i* 值之前。然后，在进入循环之前还需要另外一个测试来检查是否有 *lo* ≤ *hi*。

---

① *maxint* 代表机器可表示的最大整数。——译者注

7.2.14　函数调用

函数调用 $f(a_1, \cdots, a_n)$ 的翻译相当简单，但必须将静态链作为一个隐含的参数传递：

CALL(NAME l_f, [$sl, e_1, e_2, ..., e_n$])

其中 l_f 是 f 的标号，sl 是用第 6 章所述方法计算出的静态链。为完成这个计算，需要知道 f 的嵌套层 level 和调用 f 的函数的嵌套层 level。然后从 Frame 模块定义的帧指针 TEMP(FP) 开始，顺着一系列（0 个、1 个或多个）level 描述字形成的链读取其中找到的每一个位移的单元。

7.3　声明

5.4 节给出了对 **let** 表达式进行类型检查的从句，我们不难对它进行扩充，使它能同时将 **let** 表达式转换为 Tree 表达式。为此，transExp 和 transDec 都要比原来（本章前面描述的）多一个参数，并且 transDec 必须返回一个额外的结果——由声明产生的 Tr_exp。

现在调用 transDec 会对 frame 数据结构产生副作用：对这个声明中的每一个变量声明，要在当前层的 frame 中为它们保留空间。同样，对于每一个函数声明，要为其函数体保留一段新的待完成的 Tree 代码段。

7.3.1　变量定义

第 5 章描述的函数 transDec 对值环境和类型环境进行更新，在处理 **let** 表达式的函数体时需要使用这两个环境。

但是，变量的初值会被转换成一个 Tree 表达式，该表达式必须放置在 **let** 的函数体之前。因此，transDec 也必须返回一个 Tr_Exp，这个 Tr_Exp 应当包含完成赋初值的赋值表达式。

如果对函数和类型声明施加 transDec，结果将得到像 Ex(CONST(0))这样的"空操作"表达式。

7.3.2　函数定义

每一个 Tiger 函数将被翻译成由入口处理代码（prologue）、函数体（body）和出口处理代码（epilogue）组成的汇编语言代码段。Tiger 函数的函数体是一个表达式，函数体的翻译简单地说就是翻译这个表达式。

在函数的汇编语言代码中，入口处理代码位于函数体之前，它包括如下部分。

（1）特定汇编语言需要的声明一个函数开始的伪指令。

（2）函数名字的标号定义。

（3）调整栈指针的一条指令（用以分配一个新栈帧）。

（4）将"逃逸"参数（包括静态链）保存至栈帧的指令，以及将非逃逸参数传送到新的临时寄存器的指令。

（5）保存在此函数内用到的被调用者保护的寄存器（包括返回地址寄存器）的存储指令。

入口处理后是：

（6）该函数的函数体。

出口处理代码位于函数体之后，它包括如下部分。

（7）将返回值（函数的结果）传送至专用于返回结果的寄存器的指令。

（8）用于恢复被调用者保护的寄存器的取数指令。

（9）恢复栈指针的指令（释放栈帧）。

（10）一条 return 指令（JUMP 到返回地址）。

（11）汇编语言需要的声明一个函数结束的伪指令。

这里有几条（1、3、9 和 11）需要知道栈帧的确切大小，而栈帧的大小要等到寄存器分配器已确定出有多少局部变量不能放到寄存器而必须存放在栈帧之后才能确定下来。因此这些指令应在很晚的时候才生成，生成它们的函数是 FRAME 模块中名为 procEntryExit3（见第 12 章）的函数。第 2 条（和第 10 条）位于第 1 条和第 3 条（第 9 条和第 10 条）之间，也要到那时才进行处理。

为了实现第 7 条，Translate 阶段应当生成一条传送指令

MOVE(RV, body)

它将函数体计算出的结果存放到保存返回值的单元（RV），此单元是由机器相关的 frame 结构指定的。

/ frame.h */*
⋮
Temp_temp F_RV(void);

第 4 条（接收传入的参数）、第 5 条和第 8 条（保护和恢复被调用者保护的寄存器）是 6.2.1 节描述过的视角移位的一部分。它们应由 Frame 模块中的一个函数来完成：

/ frame.h */*
⋮
T_stm F_procEntryExit1(F_frame frame, T_stm stm);

我们将在第 12 章讨论这个函数的实现。Translate 在翻译过程体（第 5～7 条）时，应当对每个过程体调用这个函数。

7.3.3 片段

给定一个由嵌套层次 level 和一个已翻译好的函数体表达式组成的 Tiger 函数的定义，Translate 阶段应生成关于这个函数的一个描述符，它应包含如下必要信息。

- **栈帧**：一个栈帧描述符，它包含有关局部变量和参数的机器相关信息。
- **函数体**：从 procEntryExit1 返回的结果。

这两个信息称为一个片段（fragment），片段还需要被翻译成汇编语言。这是我们见到的第二种片段；另一种是关于字符串文字常数的汇编语言伪指令序列。因此，较好的做法是（在 Translate 接口中）定义一个 frag 数据类型：

/ frame.h */*
⋮
```
typedef struct F_frag_ *F_frag;
struct F_frag_ { enum {F_stringFrag, F_procFrag} kind;
                 union {
```

```
                  struct {Temp_label label;
                         string str;} stringg;
                  struct {T_stm body; F_frame frame;} proc;
                } u;
              };
      F_frag F_StringFrag(Temp_label label, string str);
      F_frag F_ProcFrag(T_stm body, F_frame frame);

      typedef struct F_fragList_ *F_fragList;
      struct F_fragList_ {F_frag head; F_fragList tail;};
      F_fragList F_FragList(F_frag head, F_fragList tail);

      /* translate.h */
        ⋮
      void Tr_procEntryExit(Tr_level level, Tr_exp body,
                            Tr_accessList formals);
      F_fragList Tr_getResult(void);
```

172

语义分析阶段在处理函数头时调用 Tr_newLevel。随后，它将调用 Translate 的另一个接口函数来翻译 Tiger 函数的函数体。这样做的副作用是可记住遇到的所有字符串字面量的片段 DataFrag（见 7.2.10 节和第 12 章）。最后，语义分析器调用 procEntryExit，它的副作用是记住一个过程的片段 ProcFrag。

所有记住的片段都存放在 Translate 内的一个私有片段表中，然后可以用 getResult 来获取这个表中的片段。

程序设计：翻译成树

设计 translate.h，实现 translate.c，并重写 Semant 结构以正确地调用 Translate。调用 SEM_transProg 的结果应当是一个 F_fragList。

为了使得（眼下的）实现较简单，将所有局部变量保存在栈帧内；不调用 FindEscape，并假定每一个变量都是逃逸的。

在 Frame 模块中，用一个"虚"的实现：

```
T_stm F_procEntryExit1(F_frame frame, T_stm stm){
    return stm;
}
```

可以让 Translate 通过初步的测试。

在 $ TIGER/chap7 中包含的支持文件有：

- tree.h、tree.c，Tree 语言的数据结构；
- printtree.c，调试中用于输出树的函数。

173   还有其他一些与以前相同的文件。

一种较简单的翻译。 为了简化 Translate 的实现，你可以不用 Ex、Nx 或 Cx 构造函数。整个 Translate 模块可以用原来的值表达式来实现，这将使得 Tr_exp 和 T_exp 相同。也就是说，不使用 Ex(e)，而是直接使用 e。不使用 Nx(s)，而使用表达式 ESEQ(s, CONST 0)。对于条件，不使用 Cx，而是使用其计算结果为 1 或 0 的一个表达式。

由这种质朴的转换生成的中间表示树比那种所谓"精致的"转换要笨拙、要慢，但它一定能正确工作，并且原则上，一个精致的后端优化器有可能能够摆脱这种笨拙和简陋。无论如何，一个笨拙但是正确的 Translate 模块要比一个精致但不能工作的模块要好。

习题

7.1 假设一个编译器可将所有表达式和子表达式翻译成 T_exp 树，并且没有使用 Nx 和 Cx 构造函数用不同的方式来表示表达式。画出由下列表达式生成的 IR 树。除非明确指明，否则假定所有变量都是非逃逸的。

a. a + 5。

b. b[i + 1]。

c. p.z.x，其中 p 是一个具有如下类型的 Tiger 变量：

    type m = {x:int,y:int,z:m}

d. write(" ")，和程序 6-3 第 13 行所出现的一样。

e. a < b，它应当通过生成一个 ESEQ 来实现，其中 ESEQ 的左操作数传送 0 或者 1 到一个新生成的临时变量，它的右操作数是这个临时变量。

f. if a then b else c，其中 a 是一个整型变量（a≠0 代表 true）；它也应当能够用 ESEQ 来翻译。

g. a := x + y，翻译后的结果的顶部为 EXP 结点。

h. if a < b then c := a else c := b，使用从上面 e 部分得到的 a < b 的树来翻译；不过这样做整个语句会比较笨拙和低效。

i. if a < b then c := a else c := b，用一种不太笨拙的方式来翻译。

7.2 正确地使用 Ex、Nx 和 Cx 构造器，将下面每一个表达式翻译成 IR 树。在每一种情况下，只需画出相应的树。Ex 树是表达式树（Tree exp）；Nx 树是语句树（Tree stm）；Cx 树是语句（stm），它含有目前暂为空，稍后将填入的真/假值标号。

a. a + 5

b. output := concat(output,s)，和程序 6-3 的第 8 行一样。函数 concat 是标准库中的一个函数（见 A.4 节），为了计算它的静态链，假定它所在的嵌套层与函数 prettyprint 的相同。

c. b[i + 1] := 0

d. (c := a + 1; c * c)

e. while a > 0 do a := a - 1

f. a < b 传送 0 或 1 到某个新生成的临时变量，并且这个传送语句的右边是这个临时变量。

g. if a then b else c，其中 a 是一个整型变量（a≠0 代表 true）。

h. a := x + y

i. if a < b then a else b

j. if a < b then c := a else c := b

7.3 用你选择的 C 编译器（或者其他语言的编译器）将一些例子函数翻译成汇编语言。在 UNIX 中，这可通过指定 C 编译器的 - S 选项来完成。

174

　　　　然后标识出所有调用序列（见7.3节中的第1～11条），并解释每一行汇编指令的作用（尤其是构成第1条和第11条的那两条伪指令）。尝试一个没有多少计算便返回的小函数（叶子函数）和一个返回之前需要调用另一个函数的函数作为例子。

7.4　Tree 中间语言没有作用于浮点变量的操作符。说明对该语言增加新的浮点二元算术操作符和新的浮点关系操作符后，它会是什么样子？你可能会发现需要引入一个 MEM 结点的变种来描述浮点值的存操作和取操作。

*7.5　Tree 中间语言不提供非一个字长的数据值。C 程序设计语言中有若干种大小的有符号整数和无符号整数，以及在不同大小之间进行转换的操作符。扩展 Tree 中间语言以适应若干种不同大小的整数，并允许它们之间的转换。

　　　　提示：不要在中间语言树中区别有符号值和无符号值，而要区别其中的有符号操作符和无符号操作符。参见 Fraser 和 Hanson[1995]一书的 5.5 节和 9.1 节。

第 8 章　基本块和轨迹

规范的（ca-non-i-cal）：被尽可能地简化到最简单或最清楚样式的。

韦氏词典

语义分析阶段生成的中间语言树必须转换成汇编语言或机器语言。Tree 语言的操作符都经过了仔细的选择以便与大多数机器的能力相匹配。然而，Tree 语言中存在一些与机器语言不能完全对应的情况，也存在一些与编译优化分析相冲突的情况。

例如，计算一个表达式时，如果它的子表达式能够按任意顺序来计算，则会比较方便。但 Tree. exp 的子表达式却可能含有副作用——它的 ESEQ 和 CALL 结点含有赋值语句并执行输入输出。如果树表达式不含 ESEQ 和 CALL 结点，则可以按任意顺序来计算它们。

Tree 语言表示的程序和机器语言程序之间存在着如下一些不匹配的情况。

- CJUMP 指令能够转移到两个标号中的任意一个，但是真正的机器语言的转移指令在条件为假时下降至下一条指令。
- 在表达式中使用 ESEQ 结点不太方便，因为它们会使得子树的不同计算顺序产生不同的结果。
- 在表达式中使用 CALL 结点会引起同样的问题。
- 当企图将参数送入固定的形式参数寄存器集合时，在一个 CALL 结点的参数表达式中使用另一个 CALL 结点会出现问题。

既然 ESEQ 和两路 CJUMP 会引起这么多麻烦，Tree 语言为什么还要使用它们呢？因为它们有利于编译器的 Translate 阶段（翻译到中间代码）。

176

对于任意一棵树，我们可以将它重写为没有上述任何一种情况的等价的树。没有了上面所列的情况，SEQ 结点唯一可能的父结点就是另一个 SEQ；所有的 SEQ 结点都将集中在树的顶部。这使得 SEQ 完全没有什么作用，因此可以删除它们，并创建一个由 T_stm 组成的表。

转换过程以下三步进行。首先，将一棵树重写成一列不含 SEQ 和 ESEQ 结点的规范树（canonical tree）。然后，将这一列树分组组合成不含转移和标号的基本块集合。最后，对基本块排序并形成一组轨迹（trace），轨迹中每一个 CJUMP 之后都直接跟随它的 false 标号。

因此，模块 Canon 中有对树进行重新整理的以下函数：

```
/* canon.h */

typedef struct C_stmListList_ *C_stmListList;
struct C_block { C_stmListList stmLists; Temp_label label;};
struct C_stmListList_ { T_stmList head; C_stmListList tail;};

T_stmList C_linearize(T_stm stm);
struct C_block C_basicBlocks(T_stmList stmList);
T_stmList C_traceSchedule(struct C_block b);
```

Linearize 删除 ESEQ 并将 CALL 移至顶层，然后 BasicBlocks 将语句分成一组一组的直线代码序列。最后，traceSchedule 对基本块排序，使得每个 CJUMP 后面都有跟随它的 false 标号。

8.1　规范树

我们定义具有以下属性的树为规范树。

(1) 无 SEQ 或 ESEQ。

(2) 每一个 CALL 的父亲不是 EXP(…)，就是 MOVE(TEMP t,…)。

8.1.1　ESEQ 的转换

怎样才能消除 ESEQ 结点呢？方法是在树中一级一级地将它们往上提升，直至它们可以变为 SEQ 结点。

图 8-1 给出了一些有用的树等价形式。

等价形式(1)是显然的。等价形式(2)也一样，其中先计算语句 s，然后是 e_1、e_2，最后返回这两个表达式之和。如果 s 有影响 e_1 和 e_2 的副作用，第一个等式的左端或者右端都会在计算这两个表达式之前执行这些副作用。

等价形式(3)较复杂，因为不能交换 s 和 e_1 的计算。例如，如果 s 是 MOVE(MEM(x),y)，e_1 是 BINOP(PLUS,MEM(x),z)，则当 s 的计算先于 e_1 时，该程序的计算结果会与 s 的计算后于 e_1 时的不同。我们的目的只是想将 s 从 BINOP 表达式中抽取出来。但是现在（为了保持计算顺序）必须随同它一起将 e_1 移出。为了实现这一点，我们将 e_1 赋给一个新的临时变量 t，并将 t 放入 BINOP 中。

也有可能 s 并没有能对 e_1 的计算结果造成影响的副作用。当 e_1 不引用 s 赋值的临时变量或存储单元（并且 s 和 e_1 都不执行 I/O）时，便是这种情况。在这种情况下，可以使用等价形式(4)。

我们不是总能辨别出两个表达式能否交换。例如，MOVE(MEM(x),y) 能否与 MEM(z) 交换取决于 $x=z$ 是否成立，而该等式在编译时并不总能判断出来。所以我们以一种保守的近似方式来决定两个语句能否交换，这种保守方式确定两个语句要么"肯定可交换"，要么"或许不能交换"。例如，我们知道任何语句都肯定可与表达式 CONST(n) 进行交换，因此可以使用等价形式(4)来处理像下面这样的特殊情况：

$$BINOP(op,CONST(n),ESEQ(s,e))=ESEQ(s,BINOP(op,CONST(n),e))$$

函数 commute 能（非常简单地）判别一个语句能否与一个表达式交换：

```
static bool isNop(T_stm x) {
  return x->kind == T_EXP && x->u.EXP->kind == T_CONST;
}
static bool commute(T_stm x, T_exp y) {
  return isNop(x) || y->kind==T_NAME || y->kind==T_CONST;
}
```

常数可与任何语句交换，空语句可与任何表达式交换。其他都假定是不可交换的。

8.1.2　一般重写规则

一般而言，对于每一种 Tree 语句或者表达式，我们都能有等价的子表达式。因此，可以像图 8-1 那样，建立一套重写规则，将 ESEQ 移出语句或者表达式之外。

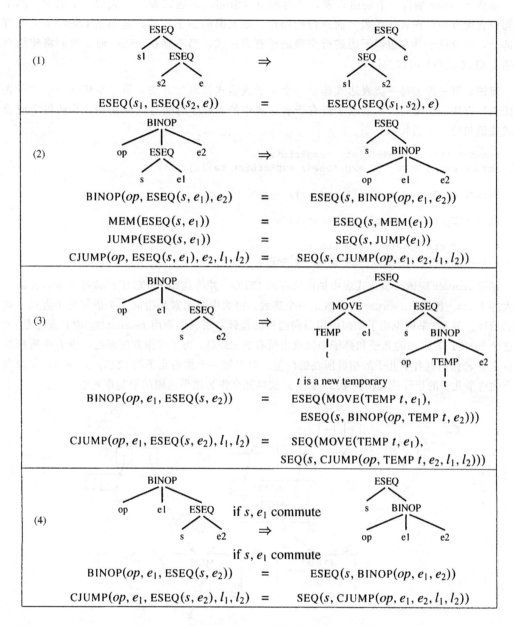

$$ESEQ(s_1, ESEQ(s_2, e)) \quad = \quad ESEQ(SEQ(s_1, s_2), e)$$

$$BINOP(op, ESEQ(s, e_1), e_2) \quad = \quad ESEQ(s, BINOP(op, e_1, e_2))$$

$$MEM(ESEQ(s, e_1)) \quad = \quad ESEQ(s, MEM(e_1))$$

$$JUMP(ESEQ(s, e_1)) \quad = \quad SEQ(s, JUMP(e_1))$$

$$CJUMP(op, ESEQ(s, e_1), e_2, l_1, l_2) = SEQ(s, CJUMP(op, e_1, e_2, l_1, l_2))$$

t is a new temporary

$$BINOP(op, e_1, ESEQ(s, e_2)) \quad = \quad ESEQ(MOVE(TEMP\ t, e_1),$$
$$ESEQ(s, BINOP(op, TEMP\ t, e_2)))$$

$$CJUMP(op, e_1, ESEQ(s, e_2), l_1, l_2) \quad = \quad SEQ(MOVE(TEMP\ t, e_1),$$
$$SEQ(s, CJUMP(op, TEMP\ t, e_2, l_1, l_2)))$$

if s, e_1 commute

$$BINOP(op, e_1, ESEQ(s, e_2)) \quad = \quad ESEQ(s, BINOP(op, e_1, e_2))$$

$$CJUMP(op, e_1, ESEQ(s, e_2), l_1, l_2) \quad = \quad SEQ(s, CJUMP(op, e_1, e_2, l_1, l_2))$$

图 8-1 树的等价形式（同时参见习题 8.1）

例如，在 $[e_1, e_2, ESEQ(s, e_3)]$ 中，需要将语句 s 抽取出来移到 e_2 和 e_1 的左边。如果它们是可交换的，将得到 $(s; [e_1, e_2, e_3])$。但是假设 e_2 不能与 s 交换，则必须有

$$(SEQ(MOVE(t_1, e_1), SEQ(MOVE(t_2, e_2), s)); [TEMP(t_1), TEMP(t_2), e_3])$$

如果 e_2 可与 s 交换，但 e_1 不能，则有

$$(SEQ(MOVE(t_1, e_1), s); [TEMP(t_1), e_2, e_3])$$

函数 reorder 接收一个表达式表，并返回由（语句，表达式表）组成的一个偶对。其中的语句包含所有必须在表达式表之前执行的操作。如上面的例子所示，这包括 ESEQ 中的所有语句部分，以及位于其左边但不能进行交换的所有表达式。当不存在 ESEQ 时，我们将使用空操作的 EXP(CONST 0) 作为语句。

算法。第一步为每一类表达式建立一个"子表达式抽取"方法。第二步建立一个"子表达式插入"方法：给定一个已清除了所有子表达式中的 ESEQ 的表达式或语句，算法将生成该表达式或语句的一个新版本。

```
typedef struct expRefList_ *expRefList;
struct expRefList_ {T_exp *head; expRefList tail;};

struct stmExp {T_stm s; T_exp e;};

static T_stm reorder(expRefList rlist);

static T_stm do_stm(T_stm stm);
static struct stmExp do_exp(T_exp exp);
```

函数 reorder 应该从表达式表中抽出所有的 ESEQ，并将这些 ESEQ 中的语句部分合并成一个较大的 T_stm。传递给 reorder 的参数是一个链表，链表中的元素是指向这个语句各个直接子表达式的指针。图 8-2 举例说明了如何使用指向指针的指针。当我们调用 reorder(l_2) 时，意思是："请从这个 BINOP 结点 e_2 的儿子和孙子中抽取出所有的 ESEQ。为了使你方便起见，表 l_2 中所指的各个位置是 e_2 指向其各个儿子的指针所在的位置。对于每一个作为儿子的 ESEQ(s_k, e_k)，你应当修改指向这个儿子的指针使其指向 e_k，并将 s_k 放到那个作为结果返回的语句序列中。"

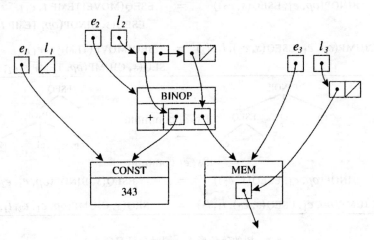

图 8-2　传递给 reorder 的地址表参数

reorder(l_2) 对表 l_2 中的每一个表达式（即 e_1 和 e_3）调用一个辅助函数 do_exp。do_exp(e_1) 返回一个语句 s_1 和一个表达式 e_1'，其中 e_1' 不含 ESEQ 且 ESEQ(s, e_1') 与原来的表达式 e_1 等价。在这个例子中，因为 e_1 太简单，使得 s_1 是一个无操作的语句 EXP(CONST(0))，并且 $e_1' = e_1$。但是假若表达式 e_3 的 MEM 结点指向 ESEQ(s_x, TEMP a)，则 do_exp(e_3) 将产生 $s_3 = s_x$ 和 $e_3' = \text{MEM(TEMP } a)$。

do_exp 的实现相当简单。对于除 ESEQ 之外的任何类型的表达式，do_exp 都只是建立其子

表达式的地址表并调用 reorder:

```
static struct stmExp do_exp(T_exp exp) {
switch(exp->kind) {
 case T_BINOP:
  return StmExp(reorder(ExpRefList(&exp->u.BINOP.left,
               ExpRefList(&exp->u.BINOP.right,NULL))), exp);
 case T_MEM:
  return StmExp(reorder(ExpRefList(&exp->u.MEM,NULL)), exp);
 case T_ESEQ: {
    struct stmExp x = do_exp(exp->u.ESEQ.exp);
    return StmExp(seq(do_stm(exp->u.ESEQ.stm), x.s), x.e);
   }
 case T_CALL:
    return StmExp(reorder(get_call_rlist(exp)), exp);
 default:
    return StmExp(reorder(NULL), exp);
}}
```

函数 $seq(s_1, s_2)$ 简单地返回一个等价于 $SEQ(s_1, s_2)$ 的语句，但在 s_1 或 s_2 是一个空操作语句的常见情况下，我们还可以做得更简单些：

```
static T_stm seq(T_stm x, T_stm y) {
 if (isNop(x)) return y;
 if (isNop(y)) return x;
 return T_Seq(x,y);
}
```

181

do_exp 对 ESEQ 情形必须调用 do_stm，该函数抽出一个语句中所有的 ESEQ。它也是通过建立所有子表达式的地址表并调用 reorder 来实现的：

```
static T_stm do_stm(T_stm stm) {
switch (stm->kind) {
 case T_SEQ:
  return seq(do_stm(stm->u.SEQ.left),
            do_stm(stm->u.SEQ.right));
 case T_JUMP:
  return seq(reorder(ExpRefList(&stm->u.JUMP.exp,NULL)), stm);
 case T_CJUMP:
  return seq(reorder(ExpRefList(&stm->u.CJUMP.left,
             ExpRefList(&stm->u.CJUMP.right,NULL))), stm);
 case T_MOVE:
    ⋮ see below
 case T_EXP:
  if (stm->u.EXP->kind == T_CALL)
      return seq(reorder(get_call_rlist(stm->u.EXP)), stm);
  else return seq(reorder(ExpRefList(&stm->u.EXP, NULL)),
                  stm);
 default:
  return stm;
}}
```

我们不将 MOVE 语句左端的操作数看成子表达式，因为它是这个语句的目的操作数——该语句不使用它的值。但是，如果目的操作数是一个存储单元，则其地址的行为类似于源操作数。因此，我们有

182

```
static T_stm do_stm(T_stm stm) {
    :
  case T_MOVE:
    if (stm->u.MOVE.dst->kind == T_TEMP &&
        stm->u.MOVE.src->kind == T_CALL)
      return seq(reorder(get_call_rlist(stm->u.MOVE.src)),
                 stm);
    else if (stm->u.MOVE.dst->kind == T_TEMP)
      return seq(reorder(ExpRefList(&stm->u.MOVE.src, NULL)),
                 stm);
    else if (stm->u.MOVE.dst->kind == T_MEM)
      return seq(reorder(ExpRefList(&stm->u.MOVE.dst->u.MEM,
                         ExpRefList(&stm->u.MOVE.src, NULL))),
                 stm);
    else if (stm->u.MOVE.dst->kind == T_ESEQ) {
      T_stm s = stm->u.MOVE.dst->u.ESEQ.stm;
      stm->u.MOVE.dst = stm->u.MOVE.dst->u.ESEQ.exp;
      return do_stm(T_Seq(s, stm));
    }
    :
```

有了 do_exp 和 do_stm 的辅助，函数 reorder 便能够根据给它的指针表从右至左地从每一个
表达式 e_i 中抽出语句 s_i。

8.1.3　将 CALL 移到顶层

Tree 语言允许将 CALL 结点作为子表达式。但是在实际中 CALL 的实现是：每一个函数将
它的结果返回到同一个规定的返回值寄存器 TEMP(RV) 中。因此，如果我们有

BINOP(PLUS, CALL(...), CALL(...))

第二个调用将会在 PLUS 能够执行之前覆盖 RV 寄存器。

这个问题可以用重写规则来解决。其思想是将每一个返回值立即赋给一个新的临时寄存
器，即

CALL(*fun*, *args*)　→　ESEQ(MOVE(TEMP *t*, CALL(*fun*, *args*)), TEMP *t*)

这样，ESEQ 消除器就能把 MOVE 从包含它的 BINOP（等）表达式中提取出来。

这种技术会生成少量多余的 MOVE 指令，不过寄存器分配器（第 11 章）最终可以将它们
清除。

重写规则的实现如下：reorder 用

ESEQ(MOVE(TEMP t_{new}, CALL(*f*, *args*)), TEMP t_{new})

替代 CALL(*f*, *args*) 的每一个出现，并且用 ESEQ 再次递归调用自己。但 do_stm 可以识别模式

MOVE(TEMP t_{new}, CALL(*f*, *args*)),

并且在这种情况下，它不调用 reorder 处理 CALL 结点，而是将 *f* 和 *args* 看成是 MOVE 结点的
儿子。因此 reorder 绝不会"见到"任何一个已经是 MOVE 的直接儿子的 CALL 结点。模式
EXP(CALL(*f*, *args*)) 也进行类似的处理。

8.1.4 线性语句表

一旦整个函数体 s_0 已用 do_stm 处理完毕，将得到一棵树 s_0'，其中所有的 SEQ 结点都集中在树的顶部（决不会在其他类型的结点之下）。函数 linearize 重复施加规则

$$\text{SEQ}(\text{SEQ}(a, b), c) = \text{SEQ}(a, seq(b, c))$$

的结果是将 s_0' 线性化为如下形式的一个表达式

$$\text{SEQ}(s_1, \text{SEQ}(s_2, \ldots, \text{SEQ}(s_{n-1}, s_n) \ldots))$$

其中 SEQ 结点完全不提供结构化信息，因此我们可以认为它只是由语句组成的简单列表：

$$s_1, s_2, \ldots, s_{n-1}, s_n$$

其中所有的 s_i 都不包含 SEQ 结点或 ESEQ 结点。

重写规则由 linearize 使用一个辅助函数 linear 来实现。linear 函数如下：

```
static T_stmList linear(T_stm stm, T_stmList right) {
 if (stm->kind == T_SEQ)
    return linear(stm->u.SEQ.left,
              linear(stm->u.SEQ.right,
                right));
 else return T_StmList(stm, right);
}

T_stmList C_linearize(T_stm stm) {
    return linear(do_stm(stm), NULL);
}
```

184

8.2 处理条件分支

Tree 语言不能与大多数机器指令集直接等价的另一个地方是它具有两路分支 CJUMP 指令。为了便于转换到树并对树进行分析，Tree 语言的 CJUMP 设计了两个目标标号。但在真实的机器中，条件转移指令要么使控制发生转移（当条件为真时），要么"下降到"下一条指令执行。

为了易于将树转换成机器指令，需要重新安排 CJUMP，使得每一个 CJUMP($cond$, l_t, l_f) 之后直接跟随 LABEL(l_f)，即"false 分支"。在真实的机器上，每个这样的 CJUMP 都能直接用一条转移到 l_t 的条件分支指令来实现。

我们分两步来实现这种转换：首先取一列规范树，并由它们形成基本块；然后对这些基本块排序使之形成一条轨迹。下面两小节将定义这两个术语。

8.2.1 基本块

在确定程序中转移指令的目标地址时，我们要分析程序的控制流（control flow）。控制流是程序中指令执行的先后顺序，它不关心寄存器和存储器中的数据值是什么，也不关心进行的是什么算术运算。当然，不知道数据值就无法知道条件转移分支的真假走向。因此，我们简单地认为这种条件转移可能转移到任意一个分支。

在分析程序的控制流中，任何非转移指令的行为对分析都没有意义。因此可以将由非分支指令组成的序列集中到一个基本块中，并分析这些基本块之间的控制流。

基本块是语句组成的一个序列，控制只能从这个序列的开始处进入并从结尾处退出，即
- 第一个语句是一个 LABEL；
- 最后一个语句是 JUMP 或者 CJUMP；
- 没有其他的 LABEL、JUMP 或者 CJUMP。

将一长串语句序列划分成基本块相当简单，方法是：从头至尾扫描语句序列，每发现一个 LABEL，就开始一个新的基本块（并结束前一个基本块）；每发现一个 JUMP 或 CJUMP，就结束一个基本块（并开始下一个基本块）。如果这个过程遗留有任何基本块不是以 JUMP 或 CJUMP 结束的，则在这个基本块的末尾增加一条转移到下一个基本块标号处的 JUMP。如果遗留有任何基本块不是以 LABEL 开始的，则生成一个新的标号并插入该基本块的开始。

我们将这一算法依次应用于每个函数体。过程的"出口处理"（回收栈并返回到调用者）不是函数体的一部分，但是要跟随在最后一条语句的后面。当程序执行流到达最后一个基本块的末尾时，接着将流向出口处理。但是有这样一个"特殊的"基本块是不方便的——它必须位于一个末尾没有 JUMP 且是最后的基本块之后。为此，我们添加一个新的标号 done（表示出口处理的开始）并将 JUMP(NAME done) 放到最后一个基本块的末尾。

在 Tiger 编译器中，实现这一简单算法的函数是 C_basicBlocks。

8.2.2　轨迹

现在我们可以按任意顺序来安排这些基本块，并且程序执行的结果仍是相同的——因为无论怎么排序，每个基本块的末尾都能转移到一个正确的位置。我们可以利用这一点来选择适当的基本块排列顺序，以满足每个 CJUMP 之后都跟随它的 false 标号这一条件。

与此同时，我们也可以安排基本块，使得无条件转移 JUMP 之后直接跟随的是它们的目标标号。这样便可以删除这些无条件转移，从而使编译生成的程序拥有更快的执行速度。

轨迹是在程序执行期间可能连贯执行的语句序列，可以包含条件分支。一个程序有许多不同的、重叠的轨迹。为了适当安排 CJUMP 和 false 标号，我们需要建立一组正好能覆盖整个程序的轨迹，也就是每一个基本块在一条且只在一条轨迹中。为了使从一条轨迹到另一条轨迹的 JUMP 个数最少，覆盖集合中的轨迹越少越好。

用非常简单的算法就足以找出这种能覆盖整个程序的轨迹集合。方法是：从某个基本块开始（它是一个轨迹的开始），追寻一条可能执行的路径——即追寻该轨迹的其余部分。假设基本块 b_1 以一个转移至 b_4 的 JUMP 结束，而 b_4 有一个至 b_6 的 JUMP，那么我们可以建立一条轨迹 b_1、b_4、b_6。

假设 b_6 是以条件转移 CJUMP($cond$, b_7, b_3) 结束的，则我们在编译时无法知道下一个执行的应当是 b_7 还是 b_3。但可以假定某种执行将会流向 b_3，并想象我们正在模拟这个执行。于是，我们将 b_3 添加到我们的轨迹后面，并从 b_3 之后继续追寻剩余的轨迹。基本块 b_7 可能属于其他的轨迹。

算法 8-1（与 C_traceSchedule 类似）按如下方法将基本块重新排列为轨迹：它从某个基本块开始，追踪 JUMP 链，标记遇到的每一个未标记的基本块并添加到当前轨迹中。最终将到达一个其后继都已标记过的基本块，它就是这个轨迹的结束基本块。之后它再选择一个未标记的基本块作为另一个轨迹的开始。

算法 8-1 轨迹的生成

将程序的所有基本块放至表 Q 中。
while Q 不为空
　　开始一个新的（空）轨迹，称之为 T。
　　从 Q 中删除头元素 b。
　　while b 还未被标记
　　　　标记 b；将 b 添加到当前轨迹 T 的末尾。
　　　　检查 b 的各个后继（b 分支到的基本块）；
　　　　if 存在着未标记的后继 c
　　　　　　$b \leftarrow c$
　　　　（b 的所有后继都已被标记。）
　　结束当前轨迹 T。

8.2.3 完善

许多分析和优化算法在针对基本块（个数相对较少）时要比针对单个的语句（个数相对较多）时运行得更快，因此讲究效率的编译器会将语句组合成基本块。但是，对于 Tiger 编译器，我们追求的是简化其后面阶段的实现。因此，我们将对轨迹排序，并仍将排序后的轨迹表表示成一长串语句组成的表。

这时，大多数（但不是所有）CJUMP 之后将跟随着它们的 true 标号或 false 标号。我们再进行某些细微的调整。

- 所有后面跟有 false 标号的 CJUMP 维持不变（许多 CJUMP 都是这种情况）。
- 对任何其后跟有 true 标号的 CJUMP，交换它们的 true 标号和 false 标号并将其条件更改成相反的条件。
- 对其后跟随的既不是它的 true 标号也不是它的 false 标号的 CJUMP($cond, a, b, l_t, l_f$)，生成一个新的标号 l_f'，并用如下三条语句重写该 CJUMP 语句，使它的 false 标号紧跟其后：

　　CJUMP($cond, a, b, l_t, l_f'$)
　　LABEL l_f'
　　JUMP(NAME l_f)

轨迹生成算法有助于重排基本块，使得许多无条件 JUMP 之后直接跟随其目标标号。这种 JUMP 都可以被删除。

8.2.4 最优轨迹

在轨迹的某些应用中，一个重要的要求是：任何频繁执行的指令序列（如循环体）都应该是一条独立的轨迹。这样不仅有助于减少无条件转移的次数，而且有助于其他类型的优化，如寄存器分配和指令调度。

图 8-3 给出了对同一个程序用不同方式划分得到的轨迹。图 8-3a 中 **while** 循环的每个迭代有一个 CJUMP 和一个 JUMP。图 8-3b 使用了不同的轨迹覆盖该程序，但每个迭代仍有一个 CJUMP 和一个 JUMP。图 8-3c 给出的是一种较优的轨迹覆盖，每个迭代都没有 JUMP。

Tiger 编译器的 Canon 模块不打算对包含循环的轨迹进行优化，但是它能够整理好用于生成汇编代码的 Tree 语句表，做到这一点也就足够了。

prologue statements **JUMP(NAME** *test***)** LABEL(*test*) CJUMP(>, *i*, *N*, *done*, *body*) LABEL(*body*) *loop body statements* JUMP(NAME *test*) LABEL(*done*) *epilogue statements*	*prologue statements* **JUMP(NAME** *test***)** LABEL(*test*) CJUMP(≤, *i*, *N*, *body*, *done*) LABEL(*done*) *epilogue statements* LABEL(*body*) *loop body statements* JUMP(NAME *test*)	*prologue statements* JUMP(NAME *test*) LABEL(*body*) *loop body statements* **JUMP(NAME** *test***)** LABEL(*test*) CJUMP(>, *i*, *N*, *done*, *body*) LABEL(*done*) *epilogue statements*
(a)	(b)	(c)

图 8-3 同一个程序的不同轨迹覆盖

推荐阅读

图 8-1 中的重写规则是一个条款重写系统（term rewriting system）的例子，已有人对这种系统进行了很多的研究[Dershowitz and Jouannaud 1990]。

Fisher[1981]说明了如何用轨迹覆盖一个程序，使得频繁执行的路径能够保留在同一个轨迹中。这种轨迹有助于程序的优化和调度。

习题

*8.1 图 8-1 中的重写规则是消除表达式中所有 ESEQ 所必需的规则的子集。给出下列未完成的规则的右部：

a. MOVE(TEMP t, ESEQ(s, e)) $\Rightarrow$

b. MOVE(MEM(ESEQ(s, e_1)), e_2) $\Rightarrow$

c. MOVE(MEM(e_1), ESEQ(s, e_2)) $\Rightarrow$

d. EXP(ESEQ(s, e)) $\Rightarrow$

e. EXP(CALL(ESEQ(s, e), $args$)) $\Rightarrow$

f. MOVE(TEMP t, CALL(ESEQ(s, e), $args$)) $\Rightarrow$

g. EXP(CALL(e_1, [e_2, ESEQ(s, e_3), e_4])) $\Rightarrow$

在有些情况下，根据某个部分是否可交换，相同的左部可能需要两个不同的右部（就像图 8-1 中的(3)和(4)对于同一个左部有不同的右部一样）。

8.2 画出下面每一个表达式的中间语言树，然后对它们应用图 8-1 和习题 8.1 的重写规则，以及 8.1.3 节的 CALL 规则。

a. MOVE(MEM(ESEQ(SEQ(CJUMP(LT, TEMP$_i$, CONST$_0$, L_{out}, L_{ok}), LABEL$_{ok}$),
TEMP$_i$)), CONST$_1$)

b. MOVE(MEM(MEM(NAME$_a$)), MEM(CALL(TEMP$_f$, [])))

c. BINOP(PLUS, CALL(NAME$_f$, [TEMP$_x$]),
CALL(NAME$_g$, [ESEQ(MOVE(TEMP$_x$, CONST$_0$), TEMP$_x$)]))

8.3 目录 $ TIGER/chap8 中包含了本章描述的所有算法的实现,阅读并理解这些实现。

8.4 8.1.1 节最后给出了函数 commute 的简单测试形式。该函数是保守的:如果交换表达式的计算顺序会改变程序的执行结果,则该函数将确定无疑地返回 false;但是如果交换是无害的,commute 可能会返回 true 或者 false。

写一个测试能力更强的 commute,它在大多数情况下都返回 true,但仍然是保守的。画出 commute 返回 true 时可交换的两棵表达式树,以此作为你的程序的说明。

*8.5 MOVE 结点的左端表示的实际上是一个目的地址,而不是一个表达式。因此,下面的重写规则并不好:

$$\text{MOVE}(e_1, \text{ESEQ}(s, e_2)) \;\rightarrow\; \text{SEQ}(s, \text{MOVE}(e_1, e_2)) \qquad\qquad \text{若 } s\text{、}e_1 \text{ 是可交换的}$$

编写一个与这个重写规则左部匹配但用此规则重写后会产生不同结果的语句。

提示:语句 $\text{MOVE}(\text{TEMP}_a, \text{TEMP}_b)$ 可与表达式 TEMP_b(若 a 和 b 不同)交换是非常合理的,因为不论 TEMP_b 在 MOVE 之前执行还是之后执行,它都会生成相同的值。

结论:$\text{MOVE}(\text{TEMP}_a, e)$ 的唯一子表达式是 e,$\text{MOVE}(\text{MEM}(e_1), e_2)$ 的子表达式是 $[e_1, e_2]$;但我们不能认为 a 是 $\text{MOVE}(a, b)$ 的一个子表达式。

8.6 将下列程序分解成基本块。

```
 1  m ← 0              9  x ← M[r]
 2  v ← 0             10  s ← s + x
 3  if v ≥ n goto 15  11  if s ≤ m goto 13
 4  r ← v             12  m ← s
 5  s ← 0             13  r ← r + 1
 6  if r < n goto 9   14  goto 6
 7  v ← v + 1         15  return m
 8  goto 3
```

8.7 将习题 8.6 中的基本块表示成 Tree 中间形式的语句,并用算法 8-1 生成它的轨迹集合。

第9章 指令选择

指令（in-struc-tion）：告诉计算机去执行特定操作的一条代码。

韦氏词典

中间表示（Tree）语言的每一个结点只表示一种操作，如从存储器读取或存储，加或减，以及条件转移等。真实的机器常常能用一条指令完成若干个基本操作。例如，几乎所有的机器都可以用同一条指令完成与如下的树对应的取加操作：

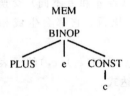

找出实现一个给定的中间表示树的恰当机器指令序列是编译器在指令选择阶段要完成的工作。

树型

可以将一条机器指令表示成 IR 树的一段树枝（fragment），称为树型（tree pattern）。于是，指令选择的任务就变成了用树型的最小集合来覆盖（tiling）一棵树。

为了说明这个方法，我们设计了一种指令集：Jouette 体系结构。图 9-1 给出了 Jouette 体系结构的算术指令和存取指令。在这种机器中，寄存器 r_0 总是包含 0。

图 9-1 中双线上方的每一条指令都生成一个存放在寄存器中的结果。最上面的第一项并不是一条真正的指令，它只是表示 TEMP 结点是作为寄存器来实现的，这种结点不需执行任何指令就能"生成一个存放在寄存器中的结果"。双线下方的指令不生成存放在寄存器中的结果，它的执行只对存储器产生副作用。

图 9-1 还给出了每一条指令所实现的树型。有些指令对应于多种树型，出现多种树型是由于可交换操作符（如＋和＊），以及在有些情况下寄存器或者常数可以是 0（如 LOAD 和 STORE 操作）而导致的。在本章，我们将稍微简化树的表示：BINOP(PLUS, x, y) 将写成＋(x, y)，并且不一定给出 CONST 结点和 TEMP 结点的实际值。

使用基于树的中间表示来实现指令选择的基本思想是，用一些"瓦片"来覆盖 IR 树；瓦片（tile）是与合法机器指令对应的树型，指令选择的目的是用一组不重叠的瓦片来覆盖这棵 IR 树。

例如 Tiger 语言中的表达式 $a[i]:=x$，其中 i 是一个寄存器变量，a 和 x 是栈帧变量，由该表达式生成的树可以有多种不同的覆盖方式。图 9-2 给出了它的两种覆盖和对应的指令序列（记住，a 实际上是一个指向数组的指针的栈帧位移）。在这两种覆盖中，瓦片 1、3 和 7 并不对应任何机器指令，因为它们是已经含有正确值的寄存器（TEMP）。

指令名	作用	树型
—	r_i	TEMP
ADD	$r_i \leftarrow r_j + r_k$	+
MUL	$r_i \leftarrow r_j \times r_k$	*
SUB	$r_i \leftarrow r_j - r_k$	-
DIV	$r_i \leftarrow r_j / r_k$	/
ADDI	$r_i \leftarrow r_j + c$	+ CONST / + CONST / CONST
SUBI	$r_i \leftarrow r_j - c$	- CONST
LOAD	$r_i \leftarrow M[r_j + c]$	MEM + CONST / MEM + CONST / MEM CONST / MEM
STORE	$M[r_j + c] \leftarrow r_i$	MOVE MEM + CONST CONST / MOVE MEM + / MOVE MEM CONST / MOVE MEM
MOVEM	$M[r_j] \leftarrow M[r_i]$	MOVE MEM MEM

图 9-1 算术和存储器存取指令。$M[x]$是地址为 x 的存储单元

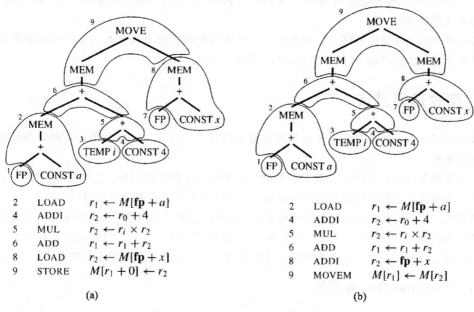

2	LOAD	$r_1 \leftarrow M[\mathbf{fp} + a]$
4	ADDI	$r_2 \leftarrow r_0 + 4$
5	MUL	$r_2 \leftarrow r_i \times r_2$
6	ADD	$r_1 \leftarrow r_1 + r_2$
8	LOAD	$r_2 \leftarrow M[\mathbf{fp} + x]$
9	STORE	$M[r_1 + 0] \leftarrow r_2$

(a)

2	LOAD	$r_1 \leftarrow M[\mathbf{fp} + a]$
4	ADDI	$r_2 \leftarrow r_0 + 4$
5	MUL	$r_2 \leftarrow r_i \times r_2$
6	ADD	$r_1 \leftarrow r_1 + r_2$
8	ADDI	$r_2 \leftarrow \mathbf{fp} + x$
9	MOVEM	$M[r_1] \leftarrow M[r_2]$

(b)

图 9-2 用两种方式覆盖的一棵树

　　我们假定最终总是能得到一个"合理的"瓦片-树型（tile-pattern）集合——因为用一些每次只覆盖一个结点的小瓦片来覆盖一棵树总是可能的。在我们这个例子中，最终得到的覆盖将是：

ADDI	$r_1 \leftarrow r_0 + a$
ADD	$r_1 \leftarrow \mathbf{fp} + r_1$
LOAD	$r_1 \leftarrow M[r_1 + 0]$
ADDI	$r_2 \leftarrow r_0 + 4$
MUL	$r_2 \leftarrow r_i \times r_2$
ADD	$r_1 \leftarrow r_1 + r_2$
ADDI	$r_2 \leftarrow r_0 + x$
ADD	$r_2 \leftarrow \mathbf{fp} + r_2$
LOAD	$r_2 \leftarrow M[r_2 + 0]$
STORE	$M[r_1 + 0] \leftarrow r_2$

对于一个合理的树型集合，让每个单独的 Tree 结点对应某个瓦片就足够了。一般情况下都可以做到这一点。例如，利用常数 0，便可以用 LOAD 指令覆盖单个 MEM 结点。

最佳覆盖与最优覆盖

树的最好覆盖对应于代价最小的指令序列：即最短的指令序列，或者当指令的执行时间各不相同时，总执行时间最短的指令序列。

假设可以给每种指令一个代价，我们便可以将最优（optimum）覆盖定义为：其瓦片的代价之和可能是最小的覆盖。最佳（optimal）覆盖是指不存在两个相邻的瓦片能连接成一个代价更小的瓦片的覆盖。如果存在某个树型，能进一步分割成几个具有较小组合代价的瓦片，则在开始之前就应当将该树型从瓦片清单中删除。

每一个最优覆盖同时也是最佳的[①]，但反之不然。例如，假设除 MOVEM 指令以外，其他每一条指令的代价是一个单位，MOVEM 指令的代价为 m 个单位。则要么图 9-2a 是最优的（当 $m > 1$ 时），要么图 9-2b 是最优的（当 $m < 1$ 时），要么两个都是最优的（当 $m = 1$ 时）；但是两棵树都是最佳的。

最优覆盖基于理想代价模型。在实际中，单条指令的代价不仅仅与自己的属性有关，相邻的多条指令之间也会像第 20 章讨论的那样，以多种方式相互产生影响。

9.1   指令选择算法

现在已经有了一些确定最优覆盖和最佳覆盖的较好算法，但正如预期的那样，最佳覆盖算法要更简单些。

复杂指令集计算机（CISC）具有一些能一次完成若干操作的指令。这些指令的瓦片相当大，尽管它们的最优覆盖和最佳覆盖之间的差别不是特别大，但至少有时是明显的。

现代大多数计算机都是精简指令集计算机（RISC）。每一条 RISC 指令只完成少量操作（除 MOVEM 指令外，所有 Jouette 指令都是典型的 RISC 指令）。由于它们对应的瓦片很小且其代价一致，通常在最优与最佳覆盖之间完全不存在差别。因此，采用较简单的覆盖算法就足够了。

9.1.1   Maximal Munch 算法

本节描述的最佳覆盖算法叫作 Maximal Munch。它的实现相当简单：从树的根结点开始，

---

① 原文用了两个含义相近的词 optimum 和 optimal，分别表示两种不同的"最好"情况。前者针对的是总的执行代价，后者针对的是瓦片的覆盖形状。我们也类似地处理，用"最优"表示总执行代价可能最小的覆盖，用"最佳"表示局部代价较小但覆盖的树型最大的瓦片组成的覆盖。——译者注

寻找适合它的最大瓦片，用这个瓦片覆盖根结点，同时也可能会覆盖根结点附近的其他几个结点。覆盖根结点后，遗留下了若干子树。然后，对每一棵子树重复相同的算法。

当用瓦片进行覆盖的同时，也生成了与瓦片对应的指令。Maximal Munch 算法按逆序生成指令——虽然与根结点对应的指令是首先生成的，但毕竟只有当其他指令已经在寄存器中形成了操作数之后，才能执行与根结点对应的这条指令。

"最大瓦片"是覆盖结点数最多的瓦片。例如，ADD 操作对应的瓦片只有一个结点，SUBI 操作对应的瓦片有两个结点，STORE 和 MOVEM 操作对应的瓦片每一个都有三个结点。

当两个大小相等的瓦片都可以覆盖根结点时，可随意选择其中之一。如在图 9-2 的树中，STORE 和 MOVEM 两者都可以匹配，故可从中任选一个。

Maximal Munch 算法很容易用 C 来实现。我们只需要简单地编写两个递归函数，一个是用于语句的 munchStm，另一个是用于表达式的 munchExp。munchExp 中每一种情形的从句将匹配一个瓦片。这些从句按瓦片的优先级排列（最大瓦片优先级最高）。

程序 9-1 和程序 9-2 是基于 Maximal Munch 算法的 Jouette 代码生成器中的部分代码梗概。对图 9-2 中的树执行这段程序将匹配 munchStm 的第一种情形的从句，它将调用 munchExp 生成所有与 STORE 的操作数有关的指令，以及跟随在这些指令之后的 STORE 指令本身。程序 9-1 并没有说明如何选择寄存器，也没有为这些指令指明操作数的语法；我们这里关心的只是瓦片的树型匹配。 195

如果 Tree 语言的每一种结点类型都存在着一个单结点的瓦片树型，Maximal Munch 算法就不会因为没有可与某个子树匹配的瓦片树型而"陷入困境"。 196

程序 9-1 用 C 语言编写的 Maximal Munch 算法

```
static void munchStm(T_stm s) {
  switch(s->kind) {
  case T_MOVE: {
    T_exp dst = s->u.MOVE.dst, src = s->u.MOVE.src;
    if (dst->kind==T_MEM) {
      if (dst->u.MEM->kind==T_BINOP
          && dst->u.MEM->u.BINOP.op==T_plus
          && dst->u.MEM->u.BINOP.right->kind==T_CONST){
          T_exp e1 = dst->u.MEM->u.BINOP.left, e2=src;
          /* MOVE(MEM(BINOP(PLUS, e1, CONST(i))), e2)  */
          munchExp(e1); munchExp(e2); emit("STORE");
        }
      else if (dst->u.MEM->kind==T_BINOP
          && dst->u.MEM->u.BINOP.op==T_plus
          && dst->u.MEM->u.BINOP.left->kind==T_CONST) {
          T_exp e1 = dst->u.MEM->u.BINOP.right, e2=src;
          /* MOVE(MEM(BINOP(PLUS, CONST(i), e1)), e2) */
          munchExp(e1); munchExp(e2); emit("STORE");
        }
      else if (src->kind==T_MEM) {
          T_exp e1 = dst->u.MEM, e2=src->u.MEM;
          /* MOVE(MEM(e1), MEM(e2)) */
          munchExp(e1); munchExp(e2); emit("MOVEM");
        }
      else  {
          T_exp e1 = dst->u.MEM, e2=src;
          /* MOVE(MEM(e1), e2)· */
          munchExp(e1); munchExp(e2); emit("STORE");
        } }
    else if (dst->kind==T_TEMP) {
```

（续）

```
        T_exp e2=src;
        /* MOVE(TEMP~i, e2) */
        munchExp(e2); emit("ADD");
    }
    else assert(0); /* destination of MOVE must be MEM or TEMP */
    break;

case T_JUMP: ···
case T_CUMP: ···
case T_NAME: ···
    :
```

程序 9-2 C 函数 munchStm 的实现梗概

```
static void munchStm(T_stm s)
    MEM(BINOP(PLUS, e1, CONST(i)))  ⇒  munchExp(e1); emit("LOAD");
    MEM(BINOP(PLUS, CONST(i), e1))  ⇒  munchExp(e1); emit("LOAD");
    MEM(CONST(i))  ⇒  emit("LOAD");
    MEM(e1)  ⇒  munchExp(e1); emit("LOAD");
    BINOP(PLUS, e1, CONST(i))  ⇒  munchExp(e1); emit("ADDI");
    BINOP(PLUS, CONST(i), e1)  ⇒  munchExp(e1); emit("ADDI");
    CONST(i)  ⇒  munchExp(e1); emit("ADDI");
    BINOP(PLUS, e1, CONST(i))  ⇒  munchExp(e1); emit("ADD");
    TEMP(t)  ⇒  {}
```

9.1.2 动态规划

Maximal Munch 算法总在寻找一种最佳覆盖，但不一定是最优覆盖。动态规划（dynamic-programming）算法却可以找到最优的覆盖。一般而言，动态规划是根据每个子问题的最优解找到整个问题的最优解的一种技术。在这里，子问题是每棵子树的覆盖。

动态规划算法给树中每个结点指定一个代价，这个代价是可以覆盖以该结点为根的子树的最优指令序列的指令代价之和。

与自顶向下的 Maximal Munch 算法相反，动态规划算法是自底向上的。它首先递归地求出结点 n 的所有儿子（和孙子）的代价，然后将每一种树型（瓦片种类）与结点 n 进行匹配。

每个瓦片会有 0 个或更多个叶子结点。在图 9-1 中，这些叶子结点是用其底端超出了瓦片的边来表示的。瓦片的这些叶子结点便是可以连接子树的地方。

对每一个以代价 c 与结点 n 匹配的瓦片 t，存在着 0 个或更多个与该瓦片的叶子结点对应的子树 s_i，而且每一个子树的代价 c_i 都已经计算出来了（因为该算法是自底向上的）。因此，匹配瓦片 t 的代价就是 $c + \sum c_i$。

在所有与结点 n 相匹配的瓦片 t_j 中，选择代价最小的那个瓦片，于是结点 n 的（最小）代价也计算出来了。例如，考虑这棵树：

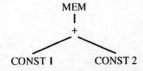

唯一与 CONST 1 匹配的瓦片是代价为 1 的 ADDI 指令。类似地，与 CONST 2 匹配的瓦片代价

也为 1。有若干瓦片可与结点＋匹配：

瓦片	指令	瓦片代价	叶子结点代价	总代价
＋ (ADD)	ADD	1	1+1	3
＋ CONST	ADDI	1	1	2
＋ CONST	ADDI	1	1	2

其中，ADD 瓦片有两个叶子结点，而 ADDI 瓦片只有一个叶子结点。在匹配第一种 ADDI 树型时，我们说："虽然已算出了 CONST 2 的覆盖代价，但我们并不打算使用这个信息。"因为如果选择使用第一种 ADDI 树型，CONST 2 便不会是任何瓦片的根，它的代价就会被忽略。在这种情况下，两个 ADDI 瓦片都能使结点＋的代价最小，因此选择是任意的，结点＋计算出来的代价是 2。

现在，有若干瓦片可与 MEM 结点相匹配：

瓦片	指令	瓦片代价	叶子结点代价	总代价
MEM	LOAD	1	2	3
MEM ＋ CONST	LOAD	1	1	2
MEM ＋ CONST	LOAD	1	1	2

最后两种匹配都是最优的。

一旦求出了根结点的代价（也就是整棵树的代价），便开始指令流出（instruction emission）阶段。指令流出的算法如下。

Emission(node n)：对于在结点 n 选择的瓦片的每一个叶子结点 l_i，执行 Emission(l_i)。然后流出在结点 n 匹配的指令。

Emission(n)并不是重复地作用于结点 n 的子结点，而是作用于与结点 n 相匹配的瓦片的叶子结点。例如，在动态规划算法找到上面的简单树的最优代价以后，指令流出阶段将流出指令：

ADDI $r_1 \leftarrow r_0 + 1$
LOAD $r_1 \leftarrow M[r_1 + 2]$

但是对于任何以中间这个＋结点为根的瓦片，并没有指令流出，因为这个＋结点不是与根结点匹配的瓦片的叶子结点。

9.1.3 树文法

对于具有复杂指令集以及若干类寄存器和寻址模式的机器，上述动态规划算法有一个很有用的推广算法。假设我们创建了一个"大脑分裂了的"Jouette 计算机，它有两类寄存器：a 寄存器用于地址，d 寄存器用于"数据"。这个"患有精神分裂症的"Jouette 计算机（类似于 Motorola 68000）的指令集如图 9-3 所示。

198

指令名	作用	树型

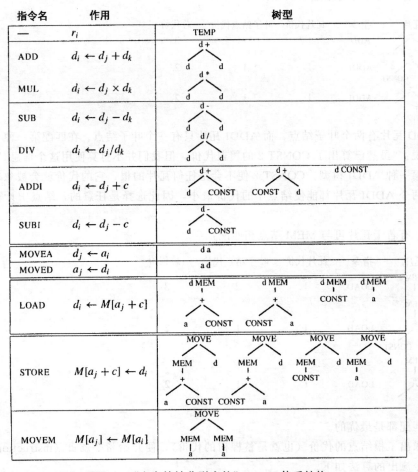

图 9-3　"患有精神分裂症的" Jouette 体系结构

　　每一个瓦片的根和叶子都必须带有标记 a 或 d，以指明使用的是哪种类型的寄存器。现在，动态规划算法必须知道每一个结点使用 a 类寄存器时的最小代价，同时也必须知道使用 d 类寄存器时的最小代价。

　　此时，一种有助的方法是用一个上下文无关文法来描述瓦片，该文法有非终结符 s（表示语句）、a（表示其值存放到 a 寄存器的表达式）和 d（表示其值存放到 d 寄存器的表达式）。3.1 节描述了用于源语言语法的上下文无关文法，但这里使用它们的目的已截然不同。

　　LOAD、MOVEA 和 MOVED 指令的文法规则将像下面这样：

$$d \rightarrow \text{MEM}(+(a, \text{CONST}))$$
$$\quad \rightarrow \text{MEM}(+(\text{CONST}, a))$$
$$d \rightarrow \text{MEM}(\text{CONST})$$
$$d \rightarrow \text{MEM}(a)$$
$$d \rightarrow a$$
$$a \rightarrow d$$

这种文法具有高度的歧义性：同一棵树有多种不同的分析结果（因为同一个表达式可以由许多不同的指令序列来实现）。由于这一原因，第 3 章描述的分析技术对于这种应用不是很有用。但是，一般的动态规划算法却能很好地适应这种情况：因为对文法中每个非终结符，要计算的只是每个结点的最小代价匹配。

动态规划算法虽然在概念上很简单，但用像 C 这样的通用程序设计语言来直接实现它却很繁琐。因此，人们开发了一些工具。这些工具就是代码生成器的生成器，处理用于指明机器指令集的文法。对于文法中的每一条规则，都指明了代价和所要进行的动作。代价用于寻找最优覆盖，而与规则相匹配的动作则用于指令流出阶段。

同 Yacc 和 Lex 一样，代码生成器的生成器的输出通常是一个 C 程序，该程序用插入在适当点的动作代码（用 C 编写）来操纵一个表驱动的匹配引擎。

这些工具十分方便。文法可以很好地指定类似于树的 CISC 指令的寻址模式。VAX 机的典型文法有 112 条规则和 20 个非终结符；Motorola 68020 的文法有 141 条规则和 35 个非终结符。但是，对于那种产生多个结果的指令，如 VAX 机中的地址自增指令，则很难用树型来表达。

代码生成器的生成器对于 RISC 机器而言则可能是大材小用。因为瓦片都非常小，且其数量也很少，故很少需要使用含有多个非终结符的文法。

9.1.4　快速匹配

对于每一个结点而言，Maximal Munch 算法和动态规划算法都必须检查与该结点相匹配的所有瓦片。如果一个瓦片的每一个非叶子结点上标记的操作符都与树中对应结点的操作符（MEM、CONST 等）相同，则该瓦片是匹配的。

比较简单的匹配算法是依次考察每一个瓦片，并对照树中相应的结点检查瓦片中的每一个结点。不过，还有更好的方法。为了在树结点 n 匹配一个瓦片，可用结点 n 的标号作为 case 语句的标号：

```
match(n) {
  switch (label(n)) {
    case MEM: ···
    case BINOP: ···
    case CONST: ···
  }
}
```

一旦选中了某个标号（如 MEM）的从句，则可只考虑以该标号作为根的那些树型。另一个 case 语句则可以用结点 n 的子结点的标号来区分这些树型。

关于树型匹配判定树的组织和优化超出了本书讨论的范围。但是，为了有更好的性能，函数 munchExp 中那种自然排列的从句应当重写为按这种顺序排列的从句：它在进行比较时，决不会对同一个树结点考察两次。

9.1.5　覆盖算法的效率

Maximal Munch 算法和动态规划算法的开销究竟有多大？

假设存在 T 个不同的瓦片，平均每个匹配的瓦片有 K 个非叶子（带标号的）结点。令 K' 表示在给定的子树中为确定应匹配哪个瓦片而需要检查的最大结点个数，该值近似于最大瓦片的大小。假定平均而言，每一个树结点都可以与 T' 个树型（瓦片）相匹配。对于典型的 RISC 机器，我们可以预期 $T=50$，$K=2$，$K'=4$，$T'=5$。

假设在输入树中存在 N 个结点。Maximal Munch 算法只需考虑在 N/K 个结点上的匹配，因为一旦"吃掉"了根结点，这个瓦片的非叶子结点就不再需要进行树型匹配了。

为了能找到与某个结点相匹配的所有瓦片，必须检查的树结点数至多为 K' 个，但（当使用的是一种成熟的判定树时）其中的每一个结点都只检查一次。然后，算法需要比较每一个成功的匹配，以查看它的代价是否为最小。因此，每一个结点的匹配代价是 $K'+T'$，总的代价则与 $(K'+T')N/K$ 成正比。

动态规划算法必须找出每一个结点的所有匹配，因此它的代价与 $(K'+T')N$ 成正比。但是，动态规划算法的比例常数比 Maximal Munch 算法的比例常数要大，因为它需要对树进行两次遍历而不是一次。

K、K' 和 T' 都是常数，因此所有这些算法的运行时间都是线性的。实际的测量表明，与一个真实编译器所执行的其他处理相比，这些指令选择算法都运行得非常快——即使是词法分析，其执行时间也可能比指令选择要长。

9.2 CISC 机器

典型的现代 RISC 计算机具有如下一些特征。

（1）32 个寄存器。

（2）仅有一类整数/指针寄存器。

（3）算术运算仅对寄存器进行操作。

（4）采用形如 $r_1 \leftarrow r_2 \oplus r_3$ 的"三地址"指令。

（5）取指令和存指令只有 $M[\text{reg}+\text{const}]$ 寻址模式。

（6）每条指令的长度恰好为 32 位。

（7）每一条指令产生一个结果或一种作用。

20 世纪 70 年代至 80 年代中期之间设计的许多计算机都是复杂指令集计算机（CISC）。这种计算机具有用较少位进行编码的复杂寻址方式。在计算机存储器容量较小并且很昂贵的情况下，这种做法有其重要意义。CISC 计算机有下列典型特点。

（1）不多的几个寄存器（一般是 16、8 或 6 个）。

（2）寄存器分为不同的类型，某些操作只在某类特定的寄存器上才能进行。

（3）算术运算可以通过不同的"寻址模式"访问寄存器或存储器。

（4）指令是形如 $r_1 \leftarrow r_1 \oplus r_2$ 的两地址指令。

（5）有若干不同的寻址模式。

（6）有由变长操作码加变长寻址模式形成的变长指令。

（7）指令具有副作用，例如"自增"寻址方式。

20 世纪 90 年代以来设计的大多数计算机都是 RISC 结构的。但是，20 世纪 90 年代以来安装的大多数通用计算机都是 CISC 计算机，例如 Intel 80386 及其后代产品（486、Pentium）。

Pentium 计算机采用 32 位模式，有 6 个通用寄存器、一个栈指针和一个帧指针。大多数指令可对这 6 个寄存器进行操作，但是乘法和除法指令只能使用寄存器 eax。与 RISC 机器中的"三地址"指令不同，Pentium 的算术指令一般都是"两地址"指令，这就意味着目标寄存器必须与第一个源寄存器相同。大多数指令可以有两个寄存器操作数（$r_1 \leftarrow r_1 \oplus r_2$），或者一个寄存器操作数和一个存储器操作数，例如 $M[r_1+c] \leftarrow M[r_1+c] \oplus r_2$ 或者 $r_1 \leftarrow r_1 \oplus M[r_2+c]$，但

不能是 $M[r_1+c_1] \leftarrow M[r_1+c_1] \oplus M[r_2+c_2]$。

针对 CISC 机器的这些特点，我们可以用如下快刀斩乱麻的方式来解决其难题。

(1) **寄存器较少**：我们仍不受限制地生成 TEMP 结点，并假设寄存器分配器能够很好地完成寄存器分配的工作。

(2) **寄存器分类**：Pentium 中的乘法指令要求将左操作数（因此也是目标操作数）放入寄存器 eax 中，结果的高位（对 Tiger 程序无用）放至寄存器 edx 中。解决的方法是将操作数和结果显式地传送到相应的寄存器中。例如，用下面的指令来实现 $t_1 \leftarrow t_2 \times t_3$：

```
mov eax, t₂      eax ← t₂
mul t₃           eax ← eax × t₃;   edx ← garbage
mov t₁, eax      t₁  ← eax
```

这看起来非常笨拙，但是寄存器分配器的工作之一就是尽可能多地清除传送指令。如果寄存器分配器能够给 t_1 或 t_3（或两者）分配寄存器 eax，则它既可以删除这两条传送指令中的一条，也可以将两条全部删除。

(3) **两地址指令**：我们用与前面相同的方法来解决这个问题：增加一条额外的传送指令。为了实现 $t_1 \leftarrow t_2 + t_3$，我们生成

```
mov t₁, t₂       t₁ ← t₂
add t₁, t₃       t₁ ← t₁ + t₃
```

然后寄希望于寄存器分配器能够将 t_1 和 t_2 分配到同一个寄存器中，这样便可以删除这条传送指令。

(4) **算术运算可以访问存储器**：指令选择阶段将每一个 TEMP 结点转换成一个"寄存器"引用。这些"寄存器"中的多数都将转变成存储器单元。寄存器分配器的溢出阶段必须能够有效地处理这种情况（见第 11 章）。

对于使用存储器模式的操作数，可以简单地在运算进行之前将操作数取到寄存器，运算完成之后再存入存储器。例如，下面两个序列完成的计算是相同的：

```
mov eax, [ebp − 8]
add  eax, ecx                    add [ebp − 8], ecx
mov [ebp − 8], eax
```

右边的序列更加简洁（并且占用了较少的机器代码空间），但是这两个序列的执行速度是相同的。取数、寄存器-寄存器加和存储结果各需一个时钟周期的执行时间，而存储器-寄存器加需要三个时钟周期的执行时间。在像 Pentium Pro 这样高度流水的机器中，简单地数时钟周期数并不能反映事情的全貌，但在这里结果是相同的：无论使用的是什么指令，处理器都必须执行取、加和存。

左边的序列有一个相当大的缺点：它破坏了寄存器 eax 的值。因此，在可能的情况下，我们应尽量使用右边的序列。但这是寄存器分配的问题，而不是指令执行速度的问题，因此，我们将它推迟到寄存器分配器再解决。

(5) **有若干种寻址模式**：典型情况下，能够完成 6 件事的寻址模式需要有 6 个执行步骤。因此，这种指令执行起来并不比可替代它们的多条指令组成的序列快。它们只有两个优点：一个是"破坏"的寄存器较少（例如前例中的 eax 寄存器），另一个是指令代码较短。多做一点工作，可以使得树匹配时的指令选择能选择 CISC 寻址模式，同时又能使程序的执行速度仍与使用简单的 RISC 指令时一样快。

（6）**变长指令**：这实际上不是编译器的问题。一旦选定了指令，流出具体编码就是汇编程序的事（尽管是单调乏味的）。

（7）**有副作用的指令**：有些机器具有"地址自增的"存储器取数指令，其效果如下：

$$r_2 \leftarrow M[r_1]; \quad r_1 \leftarrow r_1 + 4$$

这条指令产生两个结果，很难用一个树型来模拟。对这一问题，有以下三种解决方法。

（a）忽略地址自增指令，并希望它们会自动消失。这是一种会逐渐变得有效的解决方法，因为现代机器只有少数还存在多副作用指令。

（b）在采用树型匹配的代码生成器的上下文中，尽量用一种特别方式来匹配特殊"方言"。

（c）使用完全不同的指令算法，该算法基于 DAG 样式，而不是树型。

这些解决方法中，有几种需要紧密地依靠寄存器分配器删除传送指令，并明智地进行溢出（见第 11 章）。

9.3 Tiger 编译器的指令选择

如程序 9-1 所示，用 C 实现"瓦片"的树型匹配是简单的（尽管冗长）。但是这段程序并没有给出对于每一种树型匹配应做何种处理。它做到的只是输出了指令名，但这些指令应当使用哪些寄存器呢？

在已用指令样式、即瓦片覆盖的树中，每一个瓦片的根对应于一个需要存放到寄存器的中间结果。寄存器分配的任务就是给每一个这样的结点指派一个寄存器号。

指令选择阶段也可以同时进行寄存器分配。但是，寄存器分配的很多方面都与特定目标机的指令集无关，并且为每一种目标机重复寄存器分配算法的做法也是很愚蠢的。因此，寄存器分配应当在指令选择之前或者之后进行。

在指令选择之前进行分配将无法知道哪些树结点需要寄存器来存储其结果，因为只有瓦片的根（而不是瓦片内其他带标记的结点）需要有明确的寄存器。因此，在指令选择之前无法非常准确地进行寄存器分配。但无论如何，有一些编译器为了避免在没有填充真实寄存器的情况下描述机器指令，确实这样做了。

我们将在指令选择之后进行寄存器分配。指令选择阶段将在并不确切知道指令使用哪个寄存器的情况下生成指令。

9.3.1 抽象的汇编语言指令

我们设计了一种数据类型 As_instr，用于表示"没有指定寄存器的汇编语言指令"：

```
/* assem.h */
typedef struct {Temp_labelList labels;} *AS_targets;
AS_targets AS_Targets(Temp_labelList labels);


typedef struct {
    enum {I_OPER, I_LABEL, I_MOVE} kind;
    union {struct {string assem; Temp_tempList dst, src;
                   AS_targets jumps;} OPER;
           struct {string assem; Temp_label label;} LABEL;
           struct {string assem;
                   Temp_tempList dst, src;} MOVE;
```

```
                              } u;
        } *AS_instr;

        AS_instr AS_Oper(string a, Temp_tempList d,
                          Temp_tempList s, AS_targets j);
        AS_instr AS_Label(string a, Temp_label label);
        AS_instr AS_Move(string a, Temp_tempList d, Temp_tempList s);


        void AS_print(FILE *out, AS_instr i, Temp_map m);
           ⋮
```

OPER 中包含汇编语言指令 assem、操作数寄存器表 src 和结果寄存器表 dst，其中 src 和 dst 都可以是空表。对于总是使得控制顺序执行下一条指令的操作，有 jump = NULL；其他的 jump 操作具有由它们可转移到的"目标"标号组成的一张表（如果该表有可能下降到下一条指令执行，则它必须明确地包括下一条指令）。

LABEL 是程序中转移可以到达的位置。它有一个 assem 成员和一个 label 成员，前者用于指明汇编语言程序中标号的形式，后者用于指出表示标号的那个符号。

MOVE 与 OPER 类似，但只进行数据传送。如果某个 MOVE 指令的临时变量 dst 和 src 分配了同一个寄存器，则该 MOVE 指令可以在稍后删除。

调用 AS_print(f, i, m) 可将一条汇编指令表示为字符串的形式，并输出到文件 f。m 是一个临时变量映射（temp mapping），它给出每一个临时变量的寄存器指派（或者只是寄存器的名字）。

temp.h 接口描述了对临时变量映射进行操作的函数：

```
/* temp.h */
   ⋮
typedef struct Temp_map_ *Temp_map;
Temp_map Temp_empty(void);  /* create a new, empty map */
Temp_map Temp_layerMap(Temp_map over, Temp_map under);
void Temp_enter(Temp_map m, Temp_temp t, string s);
string Temp_look(Temp_map m, Temp_temp t);

Temp_map Temp_name(void);
```

Temp_map 只是一张表，表中每一项的键值是 Temp_temp，绑定是字符串。但是，一个映射可以压在另一个映射之上。例如，如果 $\sigma_3 = \text{layer}(\sigma_1, \sigma_2)$，意味着 $\text{look}(\sigma_3, t)$ 将首先尝试 $\text{look}(\sigma_1, t)$，如果失败则继续尝试 $\text{look}(\sigma_2, t)$。另外，$\text{enter}(\sigma_3, t, a)$ 的效果就是将 $t \mapsto a$ 送入 σ_2。

这些 Temp_map 操作的主要使用者是寄存器分配器，寄存器分配器决定每个临时变量使用的寄存器名字。但是 Frame 模块创建了 Temp_map，用于描述所有预先分配的寄存器的名字（如帧指针、栈指针，等等）。因而为了有助于调试，最好使用一个特殊的 Temp_name 映射将每一个临时变量（如 t_{182}）映射到它的"名字"（如字符串"t182"）。

机器无关性。 As_instr 类型与所选择的目标机汇编语言无关（尽管它被调整成适合只有一类寄存器的机器）。如果目标机是 Sparc，则 assem 字符串将是 Sparc 汇编语言。我将用 Jouette 汇编语言作为例子。

例如，树

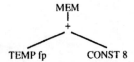

可以翻译为如下的 Jouette 汇编语言：

```
AS_Oper("LOAD 'd0 <- M['s0+8]",
        Temp_TempList(Temp_newtemp(), NULL),
        Temp_TempList(T_Temp(F_FP()), NULL),
        NULL)
```

这条指令需要解释一下。在寄存器分配之后，实际的 Jouette 汇编语言可能是：

```
LOAD r1 <- M[r27+8]
```

其中，假设寄存器 r_{27} 是帧指针 fp，并且寄存器分配器决定将这个新的临时变量指派给寄存器 r_1。但是，这条 Assem 指令并不知道有关寄存器的具体指派；它只涉及每条指令的源操作数和目的操作数。这条 LOAD 指令有一个源寄存器 's0 和一个目的寄存器 'd0。

另外还有一个有用的例子。树

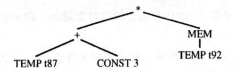

可能被转换为

```
assem                  dst       src
ADDI 'd0 <- 's0+3      t908      t87
LOAD 'd0 <- M['s0+0]   t909      t92
MUL 'd0 <- 's0*'s1     t910      t908,t909
```

其中，t908、t909 和 t910 都是由指令选择器新选择的临时变量。

在寄存器分配之后，汇编语言可能会是这样的：

```
ADDI   r1 <- r12+3
LOAD   r2 <- M[r13+0]
MUL    r1 <- r1 * r2
```

instr 中的 string 可以引用源寄存器 's0、's1,…, 's($k-1$)，以及目标寄存器 'd0、'd1，等等。转移指令是引用标号 'j0、'j1 等的 OPER 指令。通常，条件转移指令（它可能分支，也可能下降执行）在 jump 表中有两个标号，但在 assem 字符串中只引用其中之一。

两地址指令。一些机器具有含两个操作数的算术指令，其中一个操作数既是源操作数，又是目标操作数。指令 add t1,t2 的作用同 $t_1 \leftarrow t_1 + t_2$，它可以描述为

```
assem          dst      src
add 'd0,'s1    t1       t1,t2
```

其中，'s0 是隐含的，它不会在 assem 字符串中显式地出现。

9.3.2 生成汇编指令

现在，编写将 Tree 表达式转换为 Assem 指令的模式匹配从句的右部已是一件简单的事情。我将给出一些源自 Jouette 代码生成器的例子，其中的思想也可用于实际计算机的代码

生成器中。

函数 munchStm 和 munchExp 自底向上产生 Assem 指令。函数 munchExp 返回一个存放结果的临时变量。

```
static Temp_temp munchExp(T_exp e);
static void munchStm(T_stm s);
```

程序 9-1 中 munchExp 中从句的 "动作" 可以按程序 9-3 和程序 9-4 所示编写。

程序 9-3 munchExp 的 Assem 指令

```
static Temp_temp munchExp(T_exp e) {
  switch( e )
   case MEM(BINOP(PLUS,e1,CONST(i))):  {
     Temp_temp r = Temp_newtemp();
     emit(AS_Oper("LOAD 'd0 <- M['s0+" + i + "]\n",
                 L(r,NULL), L(munchExp(e1),NULL), NULL));
     return r; }
   case MEM(BINOP(PLUS,CONST(i),e1)): {
     Temp_temp r = Temp_newtemp();
     emit(AS_Oper("LOAD 'd0 <- M['s0+" + i + "]\n",
                 L(r,NULL), L(munchExp(e1),NULL), NULL));
     return r; }
   case MEM(CONST(i)): {
     Temp_temp r = Temp_newtemp();
     emit(AS_Oper("LOAD 'd0 <- M[r0+" + i + "]\n",
          L(r,NULL), NULL, NULL));
     return r; }
   case MEM(e1): {
     Temp_temp r = Temp_newtemp();
     emit(AS_Oper("LOAD 'd0 <- M['s0+0]\n",
                 L(r,NULL), L(munchExp(e1),NULL), NULL));
     return r; }
   case BINOP(PLUS,e1,CONST(i)): {
     Temp_temp r = Temp_newtemp();
     emit(AS_Oper("ADDI 'd0 <- 's0+" + i + "\n",
                 L(r,NULL), L(munchExp(e1),NULL), NULL));
     return r; }
   case BINOP(PLUS,CONST(i),e1): {
     Temp_temp r = Temp_newtemp();
     emit(AS_Oper("ADDI 'd0 <- 's0+" + i + "\n",
                 L(r,NULL), L(munchExp(e1),NULL), NULL));
     return r; }
   case CONST(i): {
     Temp_temp r = Temp_newtemp();
     emit(AS_Oper("ADDI 'd0 <- r0+" + i + "\n",
                 NULL, L(munchExp(e1),NULL), NULL));
     return r; }
   case BINOP(PLUS,e1,e2): {
     Temp_temp r = Temp_newtemp();
     emit(AS_Oper("ADD  'd0 <- 's0+'s1\n",
                 L(r,NULL), L(munchExp(e1),L(munchExp(e2),NULL)), NULL));
     return r; }
   case TEMP(t):
     return t;
     ⋮
```

程序 9-4   munchStm 的 Assem 指令

```
Temp_tempList L(Temp_temp h, Temp_tempList t) {return Temp_TempList(h,t);}
static void munchStm(T_stm s) {
  switch ( s )
    case MOVE(MEM(BINOP(PLUS,e1,CONST(i))),e2):
      emit(AS_Oper("STORE M['s0+" + i + "] <- 's1\n",
              NULL, L(munchExp(e1), L(munchExp(e2), NULL)), NULL));
    case MOVE(MEM(BINOP(PLUS,CONST(i),e1)),e2):
      emit(AS_Oper("STORE M['s0+" + i + "] <- 's1\n",
              NULL, L(munchExp(e1), L(munchExp(e2), NULL)), NULL));
    case MOVE(MEM(e1),MEM(e2)):
      emit(AS_Oper("MOVE   M['s0] <- M['s1]\n",
              NULL, L(munchExp(e1), L(munchExp(e2), NULL)), NULL));
    case MOVE(MEM(CONST(i)),e2):
      emit(AS_Oper("STORE M[r0+" + i + "] <- 's0\n",
              NULL, L(munchExp(e2), NULL), NULL));
    case MOVE(MEM(e1),e2):
      emit(AS_Oper("STORE M['s0] <- 's1\n",
              NULL, L(munchExp(e1), L(munchExp(e2), NULL)), NULL));
    case MOVE(TEMP(i), e2):
      emit(AS_Move("ADD    'd0 <- 's0 + r0\n",
              i, munchExp(e2)));
    case LABEL(lab):
      emit(AS_Label(Temp_labelstring(lab) + ":\n", lab));
    ⋮
}
```

函数 emit 只是将后面要返回的指令登记在指令表中，此表如程序 9-5 所示。assem.h 接口包含了指令表 AS_instrList 的数据结构和函数：

```
/* more of assem.h */
   ⋮
typedef struct AS_instrList_ *AS_instrList;
struct AS_instrList_ { AS_instr head; AS_instrList tail;};
AS_instrList AS_InstrList(AS_instr head, AS_instrList tail);

AS_instrList AS_splice(AS_instrList a, AS_instrList b);
void AS_printInstrList (FILE *out, AS_instrList iList,
                  Temp_map m);
typedef struct {
  string prolog; AS_instrList body; string epilog;
} *AS_proc;
```

程序 9-5   codegen 函数

```
/* codegen.c */
   ⋮
static AS_instrList iList=NULL, last=NULL;
static void emit(AS_instr inst) {
  if (last!=NULL)
      last = last->tail = AS_InstrList(inst,NULL);
  else last = iList = AS_InstrList(inst,NULL);
}

AS_instrList F_codegen(F_frame f, T_stmList stmList)  {
  AS_instrList list;  T_stmList sl;
```

（续）

```
    :     /* miscellaneous initializations as necessary */
   for (sl=stmList; sl; sl=sl->tail) munchStm(sl->head);
   list=iList; iList=last=NULL; return list;
}
```

9.3.3 过程调用

过程调用是用 EXP(CALL(f, $args$)) 来表示的，函数调用则用 MOVE(TEMP t, CALL(f, $args$)) 来表示。这两个树型可以用如下瓦片来匹配：

```
case EXP(CALL(e,args)): {
   Temp_temp r = munchExp(e);
   Temp_tempList l = munchArgs(0,args);
   emit(AS_Oper("CALL `s0\n", calldefs, L(r,l), NULL));}
```

在这个例子中，由 munchArgs 生成将所有参数传递到正确位置（实参寄存器和/或存储器）的代码。如果传递给 munchArgs 的整型参数为 i，则处理第 i 个参数；munchArgs 会用 $i+1$ 重复处理下一个参数，依此类推。

munchArgs 返回的是一张表，这张表中包含要传递给机器的 CALL 指令的所有临时变量。尽管这些临时变量不会显式地出现在汇编语言中，但仍应当将它们作为 CALL 指令的源操作数列出，以便活跃分析（见第 10 章）能够知道在此调用点需要保存它们的值。

CALL 指令可能会"破坏"某些寄存器中的值，这些寄存器包括调用者保护的寄存器、返回地址寄存器和返回值寄存器。应将这些寄存器作为 CALL 指令的目标寄存器列在表 calldefs 中，以便编译器在后面的各个阶段能知道这些寄存器在此曾被定值。

通常，就任何一条指令而言，只要有写另一个寄存器的副作用，就需要进行这样的处理。例如，Pentium 的乘法指令使用寄存器 edx 来存放结果中无用的高位字节，因此 edx 和 eax 都要作为乘法指令的目标寄存器列入到表中。（高位字节对于用汇编语言编写高精度的算术运算程序是非常有用的，但是大多数高级程序设计语言都无法访问它们。）

212

9.3.4 无帧指针的情形

在如图 6-1 所示的栈帧布局中，帧指针指向栈帧的一端，栈指针则指向栈帧的另一端。在每次过程调用时，栈指针寄存器的值将被复制到帧指针寄存器中，然后栈指针本身再加上新栈帧的大小。

很多计算机的调用约定不使用帧指针，而是使用一个"虚拟的帧指针"，这个虚拟帧指针总是等于栈指针加栈帧的大小。这样做可以节省时间（无复制指令）和空间（多了一个可用于其他目的的寄存器）。但是我们的 Translate 阶段已经生成了引用这个虚拟帧指针的树。因此，函数 codegen 必须用 SP+k+fs 来替代所有对 FP+k 的引用，其中 fs 是栈帧的大小。codegen 在用瓦片覆盖树的过程中可以识别出这种引用模式。

但是，为了替代它们，codegen 必须知道 fs 的值，而此时还不知道寄存器分配的情况，因此无法确定 fs 的值。假设要在标号 L14 处流出函数 f 的代码，codegen 可以在它的汇编指令中只生成 sp + L14_framesize，并期望函数 f 的入口代码（由 F_procEntryExit3 生成）会包含汇编语言常数 L14_framesize。因此 codegen（程序 9-5）要接收一个 frame 参数，这样它就可以知道名字 L14。

有"真实"帧指针的实现不需要对代码进行这种修改,并且可以忽略给 codegen 的 frame 参数。但是,既然使用真实帧指针的实现浪费时间和空间,为什么还要这种有帧指针的实现呢?回答是,这种实现使得在创建了栈帧之后,仍然可以支持栈的增长和收缩;有些语言允许动态分配数组位于栈帧内(例如,C 语言中使用 alloca 分配的数组)。不过,调用约定的设计者现在倾向于避免动态可调整的栈帧。

程序设计:指令选择

```
/* codegen.h */
AS_instrList F_codegen(F_frame f, T_stmList stmList);
```

使用 Maximal Munch 算法为你喜欢的指令集实现 IR 树到汇编指令的转换(令 μ 代表 Sparc、Mips、Alpha、Pentium 等)。如果你想要生成的是 RISC 机器的代码,却没有可对所生成代码进行测试的 RISC 机器,那么可以使用本书 Web 网页中介绍的 SPIM(由 James Larus 实现的一个 MIPS 模拟器)。

首先写出实现 codegen. h 中接口的模块 μcodegen. c,此模块用 Maximal Munch 转换算法将 IR 树转换为 Assem 数据结构。

在将你的 codegen 模块作用于 IR 树之前,应先用第 8 章描述的 Canon 模块简化它们。用函数 AS_printInstrList 将 codegen 模块得到的 Assem 树转换为 μ 汇编语言。因为你还没有进行寄存器分配,故只要将 Temp_name 传递给 AS_print 作为将临时变量转换到字符串的函数即可。

这样生成的是完全不需要使用寄存器名的"汇编"语言:指令将使用诸如 t3、t283 之类的名字。但是这些临时变量中有一些是"内建"的临时变量,它们是由 Frame 模块创建的用于表示特定机器寄存器(如 Frame.FP,见 7.2.2 节)的临时变量。如果这些寄存器以本来的名字出现(例如,用 fp 而不用 $t1$),汇编语言程序就会比较容易阅读。

Frame 模块必须提供从这种特殊临时变量至其名字的映射,并将非特殊的临时变量映射为 NULL:

```
/* frame.h */
   ⋮
Temp_map F_tempMap;
```

于是,为了能够在寄存器分配之前就显示出汇编语言,可用 Temp_layerMap 创建一个新函数。这个新函数首先尝试 F_tempMap,如果返回 NULL,则转而使用函数 Temp_name。

寄存器表

生成下述寄存器表:对于每一个寄存器,都需要有一个给出其汇编语言表示的字符串和一个在 Tree 与 Assem 数据结构中引用它的 Temp_temp。

- specialregs μ 寄存器组成的表,用于实现"特殊"寄存器,如 RV 和 FP,还有栈指针 SP、返回地址寄存器 RA,以及(某些机器上)0 号寄存器 ZERO。某些机器可能还有其他的特殊寄存器。
- argregs μ 寄存器组成的表,此表中的寄存器用于传递实在参数(包括静态链)。
- calleesaves μ 寄存器组成的表,此表中的寄存器是被调用过程(被调用者)必须保护并恢复以防止其改变的寄存器。

- callersaves　μ 寄存器组成的表，此表中的寄存器是被调用者可能破坏的寄存器。

这 4 种寄存器表不能相互重叠，并且必须包括可能在 Assem 指令中出现的所有寄存器。这些表不能通过 frame.h 接口导出到外部，但在内部对 Frame 和 codegen 都很有用——例如，用于实现 munchArgs 和构造 calldefs 表。

实现 frame.h 接口中的 F_procEntryExit2 函数。

/ frame.h */*
　　⋮
```
AS_instrList F_procEntryExit2(AS_instrList body);
```

这个函数在函数体的末尾添加了一条所谓的"下沉"（sink）指令，用以告诉寄存器分配器，某些寄存器在过程的出口是活跃的。在 Jouette 机器的情况下，这个函数相当简单：

```
static Temp_tempList returnSink = NULL;

AS_instrList F_procEntryExit2(AS_instrList body) {
  if (!returnSink) returnSink =
   Temp_TempList(ZERO, Temp_TempList(RA,
                       Temp_TempList(SP, calleeSaves)));
  return AS_splice(body, AS_InstrList(
             AS_Oper("", NULL, returnSink, NULL), NULL));
}
```

这意味着在函数结尾处，临时变量 0、返回地址、栈指针，以及所有被调用者保护的寄存器都仍然是活跃的。使得临时变量 *zero* 在出口处是活跃的就意味着它始终都是活跃的，这可以防止寄存器分配器将它用于其他目的。同样的技巧也适用于机器可能具有的其他特殊寄存器。

$ TIGER/chap9 中包含的可用文件有：

- canon.c，规范化和轨迹生成；
- assem.c，Assem 模块；
- main.c，需要你修改的 Main 模块。

你的代码生成器将只处理每个过程的过程体或函数的函数体，而不处理过程的入口和出口指令序列。你可利用 F_procEntryExit3 函数的一个"掐头去尾"的版本：

```
AS_proc F_procEntryExit3(F_frame frame, AS_instrList body) {
  char buf[100];
  sprintf(buf,"PROCEDURE %s\n", S_name(frame->name));
  return AS_Proc(String(buf), body, "END\n");
}
```

推荐阅读

Cattell[1980]将机器指令表示成各种树型，发明了用于指令选择的 Maximal Munch 算法，还建立了一个代码生成器的生成器，该生成器能够根据指令集的树型描述生成指令选择函数。Glanville 和 Graham[1978]将树型表示成 LR(1)文法中的产生式，从而使得 Maximal Munch 算法可以使用多个非终结符来表示不同类型的寄存器和不同的寻址方式。但是描述指令集的文法的固有歧义性导致 LR(1)方法存在问题；Aho 等人[1989]采用动态规划方法来分析树的文法，解决了歧义性问题，同时该文也介绍了自动代码生成器的生成器 Twig。动态规划可以在构造编译器的时候完

215

成，而不是在生成代码的时候完成[Pelegri-Llopart and Graham 1988]；利用这种技术，BURG 工具[Fraser et al. 1992]实现了一个与 Twig 相似但生成代码速度更快的接口。

习题

9.1 画出下面每一个表达式的树，并使用 Maximal Munch 算法生成它们对应的 Jouette 机器指令。圈出其中的瓦片（见图 9-2），按照匹配的顺序对这些瓦片编号，并给出所生成的 Jouette 指令序列。

    a. MOVE(MEM(+(+(CONST$_{1000}$, MEM(TEMP$_x$)), TEMP$_{fp}$)), CONST$_0$)

    b. BINOP(MUL, CONST$_5$, MEM(CONST$_{100}$))

*9.2 考虑一个具有如下指令的计算机：

    mult const1(src1), const2(src2), dst3

    $r_3 \leftarrow M[r_1 + \text{const}_1] * M[r_2 + \text{const}_2]$

这个机器中，r_0 总是 0，并且 $M[1]$ 总是包含 1。

    a. 画出与这条指令（和它的特殊情形）对应的所有树型。

    b. 在 a 中选择一个较大的树型，并说明如何写一个对此树型进行匹配的 C 语言的 if 语句，使得它与 Tiger 编译器中使用的某个 Tree 表达式相匹配。

9.3 在 Jouette 计算机中有如下几种控制流指令

    BRANCHGE   if $r_i \geq 0$ goto L

    BRANCHLT   if $r_i < 0$ goto L

    BRANCHEQ   if $r_i = 0$ goto L

    BRANCHNE   if $r_i \neq 0$ goto L

    JUMP   goto r_i

其中，JUMP 指令的转移地址包含在寄存器中。

用这些指令实现下面的树型：

假设 CJUMP 之后总是跟随着它的 false 标号。给出实现每种树型的最好方法；在某些情况下，你可能会需要使用多条指令或创建一个新的临时变量。如何在不使用 BRANCHGT 指令的情况下实现 CJUMP(GT, …)？

第10章 活 跃 分 析

活跃的（live）：继续存在的或当前兴趣所在的。

韦氏词典

 编译器的前端将程序转换为含有大量临时变量的中间语言。转换后的程序必须在寄存器个数有限的计算机上运行。如果两个临时变量 a 和 b 不会同时都处在"使用中"，则可以把它们放在同一个寄存器中。因此，尽管有很多的临时变量，但可以只用少量的寄存器来保存它们。如果不能将它们全部放入寄存器，则超出的临时变量可以放在存储器中。

 因此，编译器需要分析程序的中间表示，以确定哪些临时变量在同时被使用。如果一个变量的值在将来还需要使用，则称这个变量是活跃的（live），于是我们称这种分析为活跃分析（liveness analysis）。

 为了对程序进行分析，通常有益的做法是生成程序的控制流图（control flow graph）。程序中的每条语句都是流图中的一个结点。如果语句 x 之后跟随着语句 y，则图中会有一条从 x 到 y 的边。图 10-1 表示了一个简单循环的流图。

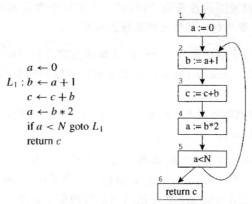

$a \leftarrow 0$
$L_1 : b \leftarrow a + 1$
$c \leftarrow c + b$
$a \leftarrow b * 2$
if $a < N$ goto L_1
return c

图 10-1 程序的控制流图

 我们来考虑图 10-2 中每一个变量的活跃性。如果一个变量的当前值在将来还需要使用，该变量就是活跃的，所以活跃分析是采用回溯方式进行的。变量 b 将在语句 4 中被使用，所以在边 3→4 上 b 是活跃的。因为语句 3 并没有给变量 b 赋值，所以在边 2→3 上 b 也是活跃的。语句 2 为 b 赋值，这意味着在边 1→2 上，b 中的内容将不再需要使用，因此 b 在这条边上是不活跃的。所以 b 的活跃范围是{2→3,3→4}。

 变量 a 的情形比较有意思。它在 1→2 是活跃的，然后在 4→5→2 再次活跃，但在 2→3→4 之间不是活跃的。尽管 a 在结点 3 有适当定义了的值，但是在 a 被赋予一个新值之前已不再需要使用该值。

 变量 c 在进入这段程序时就是活跃的，它有可能是一个形式参数。如果它是一个局部变量，活跃分析会发现它是一个未初始化的变量；此时编译器将向程序员输出一条警告信息。

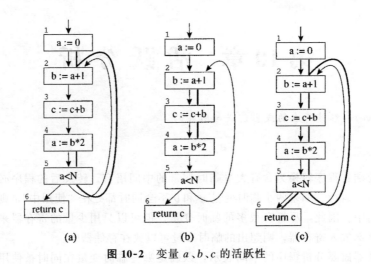

图 10-2　变量 a、b、c 的活跃性

　　一旦计算出 a、b 和 c 的所有活跃范围，我们就能从结果看出这段程序只需两个寄存器便可以存放它们，因为 a 和 b 决不会同时活跃。寄存器 1 可以用来存放 a 和 b，寄存器 2 可以用来存放 c。

10.1　数据流方程的解

　　变量的活跃性沿着控制流图的各条边"流动"，决定每个变量的活跃范围是*数据流*（data-flow）问题的一种。第 17 章将讨论其他几种数据流问题。

　　流图术语。流图中的每个结点都有一条引向后继结点的出边（out-edge），以及一条从前驱结点进入的入边（in-edge）。$pred[n]$ 是结点 n 的所有前驱结点的集合，$succ[n]$ 是其所有后继结点的集合。

　　图 10-1 中，结点 5 的出边包括 $5 \rightarrow 6$ 和 $5 \rightarrow 2$，因此 $succ[5] = \{2, 6\}$。结点 2 的入边是 $5 \rightarrow 2$ 和 $1 \rightarrow 2$，因此 $pred[2] = \{1, 5\}$。

　　使用和定值。对变量或临时变量的赋值称为变量的定值（define）。出现在赋值号右边（或其他表达式中）的变量称为变量的使用（use）。我们说一个变量的 *def* 是对该变量定值的图结点组成的集合；或者说一个图结点的 *def* 是在该结点定值的变量组成的集合。类似地，可以定义变量和图结点的 *use*。在图 10-1 中，$def(3) = \{c\}$，$use(3) = \{b, c\}$。

　　活跃性。一个变量在一条边上是活跃的是指，存在一条从这条边通向该变量的一个 *use* 的有向路径，并且此路径不经过该变量的任何 *def*。如果一个变量在一个结点的所有入边上均是活跃的，则该变量在这个结点是*入口活跃*的（live-in）；如果一个变量在一个结点的所有出边上均是活跃的，则该变量在该结点是*出口活跃*的（live-out）。

10.1.1　活跃性计算

　　活跃信息（入口活跃信息和出口活跃信息）可以用如下方式从 *use* 和 *def* 求出。

　　（1）如果一个变量属于 $use[n]$，那么它在结点 n 是入口活跃的。也就是说，如果一条语句使用了一个变量，则该变量在这条语句入口是活跃的。

　　（2）如果一个变量在结点 n 是入口活跃的，那么它在所有属于 $pred[n]$ 的结点 m 中都是出口活跃的。

（3）如果一个变量在结点 n 是出口活跃的，而且不属于 $def[n]$，则该变量在结点 n 是入口活跃的。也就是说，如果变量 a 的值在语句 n 结束后还需使用，但是 n 并没有对 a 赋值，则 a 的值在进入 n 的入口时就是需要使用的。

上述三点陈述可以写成关于变量集合的方程 10-1。入口活跃集合是以结点为下标的数组 $in[n]$，出口活跃集合是数组 $out[n]$。也就是说，集合 $in[n]$ 是属于 $use[n]$ 的所有变量加上属于 $out[n]$ 但不属于 $def[n]$ 的所有变量。$out[n]$ 是 n 的所有后继的入口活跃集合的并集。

方程 10-1　活跃分析的数据流方程

$$in[n] = use[n] \cup (out[n] - def[n])$$
$$out[n] = \bigcup_{s \in succ[n]} in[s]$$

算法 10-1 用迭代方法求这些方程的解。像平常一样，对于所有的 n，我们初始化 $in[n]$ 和 $out[n]$ 为空集 {}，然后将这些方程作为赋值语句重复地赋值，直至到达一个不动点为止。

算法 10-1　活跃性计算的迭代方法

```
for each n
    in[n] ← { }; out[n] ← { }
repeat
    for each n
        in'[n] ← in[n]; out'[n] ← out[n]
        in[n] ← use[n] ∪ (out[n] − def[n])
        out[n] ← ⋃_{s∈succ[n]} in[s]
until in'[n] = in[n] and out'[n] = out[n] for all n
```

表 10-1 给出了对图 10-1 运行该算法的结果。其中，第 1 列、第 2 列等是 **repeat** 循环的连续迭代得到的 in 和 out 的值。因为第 7 列与第 6 列相同，所以该算法在迭代 7 后终止。

表 10-1　沿控制流边正向进行的活跃计算

	use	def	1st in	1st out	2nd in	2nd out	3rd in	3rd out	4th in	4th out	5th in	5th out	6th in	6th out	7th in	7th out
1		a				a		a		ac	c	ac	c	ac	c	ac
2	a	b	a		a	bc	ac	bc	ac	bc	ac	bc	ac	bc	ac	bc
3	bc	c	bc		bc	b	bc	b	bc	b	bc	b	bc	bc	bc	bc
4	b	a	b		b	a	b	a	b	ac	bc	ac	bc	ac	bc	ac
5	a		a	a	a	ac	ac	ac	ac	ac	ac	ac	ac	ac	ac	ac
6	c		c		c		c		c		c		c			

通过对结点适当排序可以显著地加快算法的收敛过程。假设图中有一条边 3→4，因为 $in[4]$ 是由 $out[4]$ 计算出来的，$out[3]$ 是从 $in[4]$ 计算得来的，依此类推，故我们应按照 $out[4]$ → $in[4]$ → $out[3]$ → $in[3]$ 的顺序计算集合 in 和 out。但是在表 10-1 中，每一次迭代使用的顺序恰好相反！为了利用前一次迭代得到的信息，我们不得不在每次迭代中等待很长时间。

表 10-2 给出了这种沿控制流边反向进行的活跃计算，其中，每个 **for** 循环都是从 6 迭代到 1（近似地沿着流图箭头的反方向），并且每次迭代总是先计算 out 集合，后计算 in 集合。迭代到第二次结尾时便找到了不动点，第三次迭代只是为了确认该不动点。

221

表 10-2 沿控制流边反向进行的活跃计算

			1st		2nd		3rd	
	use	def	out	in	out	in	out	in
6	c			c		c		c
5	a		c	ac	ac	ac	ac	ac
4	b	a	ac	bc	ac	bc	ac	bc
3	bc	c	bc	bc	bc	bc	bc	bc
2	a	b	bc	ac	bc	ac	bc	ac
1		a	ac	c	ac	c	ac	c

当用迭代方法解数据流方程时，计算应沿着信息"流动"的方向进行。因为活跃性是沿控制流箭头的反方向流动的，即从 out 流向 in，所以计算也应如此。

使用 17.4 节给出的深度优先搜索算法很容易给这些结点排序。

基本块。 流图中那些只有一个前驱和一个后继的结点对分析的影响不大，可以将它们和它们的前驱结点及后继结点合并在一起，由此得到一个结点数少得多的图，图中每个结点代表一个基本块。算法（例如活跃分析）在这种流图上可以运行得更快。第 17 章将讨论如何调整数据流方程使其适用于基本块。为了简单起见，本章仍用单个语句作为结点的流图。

每次一个变量。 除了使用集合方程来"并行地"计算数据流信息外，也可以每次只计算一个变量的数据流信息作为该变量所需的信息。对于活跃计算，这意味着要重复地对每个临时变量进行一次数据流遍历。也就是说，对于一个临时变量 t，从它的每一个使用点开始，使用深度优先搜索算法向后追踪（沿着流图中指向前驱的边），记录下它在每个结点的活跃信息。当到达该变量的定值点时，这一搜索过程便终止。尽管这样似乎代价昂贵，但很多临时变量的活跃范围非常短，所以对大多数变量来说，搜索会很快终止而且无须遍历整个流图。

10.1.2 集合的表示

表示数据流方程的集合至少有两种较好的方法：位数组或有序变量表。

如果程序中有 N 个变量，位数组表示将用 N 位来表示每个集合。求两个集合的并集是对位数组求"按位或"运算来实现的。因为计算机的每个字有 K 位（典型的是 $K = 32$），所以集合的并运算需要进行 N/K 次操作。

集合也可以用链表来表示，其中链表的成员是组成集合的元素，并按任意关键字（例如变量名）排序。求并集的计算通过合并链表来实现（忽略其中的重复元素），它的时间开销与求并集的集合的大小成正比。

显然，如果集合是稀疏的（平均少于 N/K 个元素），则用有序表表示的方法速度会比较快（表越稀疏，速度越快）；如果集合是密集的，则位数组表示会更好。

10.1.3 时间复杂度

迭代数据流分析有多快？

大小为 N 的程序在流图中最多有 N 个结点，也最多只有 N 个变量。因此，每个结点的入口活跃集合（或出口活跃集合）最多有 N 个元素。为计算入口活跃（或出口活跃）而进行的并集运算每次所需的时间是 $O(N)$。

for 循环对流图中每个结点进行的集合运算的次数是不变的。流图有 N 个结点，因此 **for** 循

环需要的时间为 $O(N^2)$。

repeat 循环的每次迭代只会使每个 in 或 out 集合变大，而绝不会使其变小。这是因为 in 和 out 集合都是相互单调变化的。也就是说，在方程 $in[n] = use[n] \bigcup (out[n] - def[n])$ 中，一个较大的 $out[n]$ 只会使得 $in[n]$ 更大。同理，在 $out[n] = \bigcup_{s \in succ[n]} in[s]$ 中，一个较大的 $in[s]$ 只会使 $out[n]$ 更大。

每一次迭代都必定会向这些集合中加入一些元素，但是集合不能无限地扩大，每一个集合至多包含全部变量。因此，所有 in 和 out 集合大小之和是 $2N^2$，这是 **repeat** 循环能够迭代的最大次数。

因此，该算法在最坏情况下的运行时间是 $O(N^4)$。使用深度优先搜索（见算法 17-1）对结点排序通常可使 **repeat** 循环的迭代次数为 2 次或 3 次，而且活跃信息集合常常是稀疏的，所以在实际中该算法的运行时间在 $O(N)$ 到 $O(N^2)$ 之间。

17.4 节讨论了快速求解数据流方程的更为复杂的方法。

10.1.4 最小不动点

表 10-3 举例说明了方程 10-1 的两个解（和一个非解！），其中假设在程序中还有另一个未在图 10-1 的程序段中使用的程序变量 d。

表 10-3　X 和 Y 是方程 10-1 的两个解，但 Z 不是解

	use	def	X in	X out	Y in	Y out	Z in	Z out
1		a	c	ac	cd	acd	c	ac
2	a	b	ac	bc	acd	bcd	ac	b
3	bc	c	bc	bc	bcd	bcd	b	b
4	b	a	bc	ac	bcd	acd	b	ac
5	a		ac	ac	acd	acd	ac	ac
6	c		c		c		c	

在解为 Y 的情况下，变量 d 虽无用却仍携带在循环中。但事实上，Y 同 X 一样满足方程 10-1。那么这意味着什么？d 究竟是活跃的还是不活跃的？

回答是，数据流方程的任何一个解都只是保守的近似解。当程序执行到流图的结点 n 时，如果该程序的某个执行点确实还需要使用变量 a 的值，此方程的任何一个解都可以向我们保证 a 在结点 n 是出口活跃的。但是反过来并不成立；我们可以计算出 d 是出口活跃的，但这并不表示其值一定会被使用。

这样是可接受的吗？通过了解数据流信息有些什么用途，便可回答这一问题。以活跃分析为例，如果一个变量被认为是活跃的，则可以保证让它的值待在寄存器中。活跃信息的保守近似值只是会误认为变量是活跃的，但绝不会错误地认为它是死去的。因此，保守近似值的结果只是导致编译器所生成的代码使用的寄存器比实际需要的要多，但生成的代码一定是正确的。

考虑用 Z 作为入口活跃集合，它不满足数据流方程。用这个 Z 集合，我们会认为 b 和 c 绝不会同时活跃，因此可给它们分配同一个寄存器。由此生成的程序使用的寄存器个数最少，但却会计算出错误的结果。

为编译优化而建立的数据流方程应当使得它的任何解都向优化器提供保守信息。不够准确的信息可以得到非最优的方程，但绝不会是错误的程序。

定理　方程 10-1 有一个以上的解。

证明 X 和 Y 都是它的解。

定理   方程 10-1 的所有解都包含解 X。也就是说，如果 $in_X[n]$ 和 $in_Y[n]$ 分别是解 X 和 Y 中某个结点 n 的入口活跃集合，则有 $in_X[n] \subseteq in_Y[n]$。

证明   见习题 10.2。

我们称 X 是方程 10-1 的最小解（least solution）。显然，解越大，使用的寄存器个数越多（产生的代码也不是最优的），因此我们需要的是集合元素个数最少的解。幸运的是，算法 10-1 总能计算出最小不动点。

10.1.5　静态活跃性与动态活跃性

一个变量是活跃的，意味着它的值在未来还要被使用。在图 10-3 中，我们知道 $b \times b$ 一定
225　是非负数，所以测试 $c \geqslant b$ 会为真。由此可推出控制永远不会到达结点 4，进而推出在结点 2 之后就不再需要 a 的值了，因此 a 在结点 2 不是出口活跃的。

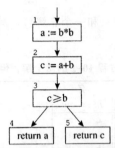

图 10-3   标准静态数据流分析不能利用控制决不会到达结点 4 这一事实

但由方程 10-1 能知道的只是：a 在结点 4 是入口活跃的，因此它在结点 3 和结点 2 都是出口活跃的。这些方程并不关心条件分支的走向。但较"精明"的方程有可能允许 a 和 c 分配在同一个寄存器中。

尽管我们这里可以证明 $b*b \geqslant 0$，并且也可让编译器来寻找算术恒等式，但没有编译器能够完全理解每一个程序的所有控制流是如何工作的。这是可由停机问题推导出的一个基本数学定理。

定理   不存在这样一个程序 H，它以任意程序 P 和输入 X 作为自己的输入，当 $P(X)$ 停止（不会无限循环）时它返回真，当 $P(X)$ 无限循环时它返回假。

证明   假设存在这样的一个程序 H，我们则会得出如下的矛盾。从程序 H 构造出函数 F，

$F(Y) = \textbf{if } H(Y, Y) \textbf{ then } (\textbf{while } \text{true } \textbf{do } ()) \textbf{ else } \text{true}$

由 H 的定义，如果 $F(F)$ 会停止，则 $H(F, F)$ 应为真，因此应当执行 **then** 语句；**while** 循环将永远
226　执行，故 $F(F)$ 不会停止。但是如果 $F(F)$ 永远循环，则 $H(F, F)$ 应当为假，从而应当执行 **else** 语句，$F(F)$ 停止。我们得出，程序 $F(F)$ 只有在自己不停止时才停止；只有在自己停止时才不停止，这是矛盾的。因此不存在测试另一个程序是否停止（并且自己总是能终止）的程序 H。

推论   不存在一个这样的程序 $H'(X, L)$，对任何程序 X 和 X 中的标号 L，它可以判断出 X 在执行中是否曾经到达了标号 L。

证明   由 H' 可以构造出 H：在我们想要测试它是否终止的某个程序中，令 L 就是该程序的结束点，并用 **goto** L 取代该程序中 **halt** 命令的所有实例。

保守的近似值。这个定理并不意味着我们绝不可能判断出一个给定的标号是否是可到达的，它表达的只是不存在这样一种总是能作出判断的通用的算法。我们可以用一些针对特殊情况的算法来改进活跃分析，这些算法在某些情况下能计算出关于运行时控制流的更多信息。但它们无一例外地都会遇到很多不能确切描述程序运行状态的情况。

由于程序分析的这种固有局限性，没有任何一个编译器能确切地说出一个变量的值是否真正会被使用，即该变量是否真是活跃的。作为替代，我们只得凑合着使用保守近似值。我们假定每一个条件分支都会向两条路分支，因此得到的是一个动态条件和这个条件的静态近似值。

动态活跃。如果程序的某个执行从结点 n 到 a 的一个使用之间没有经过 a 的任何定值，那么变量 a 在结点 n 是动态活跃的。

静态活跃。如果存在着一条从 n 到 a 的某个使用的控制流路径，且此路径上没有 a 的任何定值，那么变量 a 在结点 n 是静态活跃的。

显然，如果 a 是动态活跃的，则它也是静态活跃的。优化编译器必须根据静态活跃信息来进行寄存器分配和其他优化，因为（一般）计算不出动态活跃信息。

10.1.6　冲突图

编译器中有好几种优化都需要使用活跃信息。某些优化需要确切地知道在流图的每个结点有哪些变量是活跃的。

活跃分析最重要的应用之一是寄存器分配：我们有一组临时变量 $a,b,c,\cdots$，需要将它们分配给寄存器 $r_1,\cdots,r_k$。阻止将 a 和 b 分配到同一个寄存器的条件称为冲突（interference）。

最常见的一种冲突是由于活跃范围相互重叠而造成的冲突：当 a 和 b 在程序中的同一点均活跃时，不可以把它们放入同一个寄存器中。但是其他情况也会产生冲突。例如，当必须用一条不能对寄存器 r_1 进行寻址的指令来生成 a 时，则 a 和 r_1 之间存在冲突。

冲突信息可以用矩阵来表示；图 10-4a 中的 "×" 标记指出了图 10-1 中变量之间的冲突。冲突矩阵也可以用无向图来表示（图 10-4b），图中每个结点表示一个变量，每条边连接相冲突的两个变量。

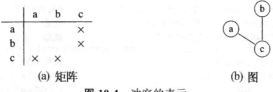

	a	b	c
a			×
b			×
c	×	×	

(a) 矩阵　　　　　　　　(b) 图

图 10-4　冲突的表示

MOVE 指令的特殊处理。在静态活跃分析中，对于 MOVE 指令需要一些特别的考虑。要引起重视的是不要在传送指令的源操作数与目标操作数之间制造人为的冲突。考虑下面的程序：

$$t \leftarrow s \qquad\qquad 复写$$
$$\vdots$$
$$x \leftarrow \ldots s \ldots \qquad (s 的使用)$$
$$\vdots$$
$$y \leftarrow \ldots t \ldots \qquad (t 的使用)$$

在复写指令之后，s 和 t 都是活跃的。一般情况下我们会创建一条冲突边 (s,t)，因为在 t 的

定值点 s 是活跃的。但是我们并不需要分别给 s 和 t 分配不同的寄存器，因为它们的值相同。解决的方法是在这种情况下不加入冲突边 (t,s)。当然，如果之后还有 t 的另一个（非传送的）定值，且在此定值点 s 仍是活跃的，则要创建一条冲突边 (s,t)。

因此，为每一个新定值添加冲突边的方法如下。

（1）对于任何对变量 a 定值的非传送指令，以及在该指令处是出口活跃的变量 $b_1,\cdots,b_j$，添加冲突边 $(a,b_1),\cdots,(a,b_j)$。

（2）对于传送指令 $a \leftarrow c$，如果变量 $b_1,\cdots,b_j$ 在该指令处是出口活跃的，则对每一个不同于 c 的 b_i 添加冲突边 $(a,b_1),\cdots,(a,b_j)$。

10.2　Tiger 编译器的活跃分析

Tiger 编译器的流分析分两步进行：首先，分析 Assem 程序的控制流并生成一个控制流图；然后，在控制流图中分析变量的活跃性并生成冲突图。

10.2.1　图

为了表示这两种图，我们定义了一个 Graph 抽象数据类型（见程序 10-1）。

程序 10-1　Graph 抽象数据类型

```
/* graph.h */

typedef struct G_graph_  *G_graph;                          图类型
typedef struct G_node_  *G_node;                            结点类型


typedef struct G_nodeList_  *G_nodeList;                    结点表
struct G_nodeList_ { G_node head; G_nodeList tail;};

G_graph G_Graph(void);                                      创建一个新的图
G_node G_Node(G_graph g, void *info);                       创建一个新的图结点
G_nodeList G_NodeList(G_node head, G_nodeList tail);
G_nodeList G_nodes(G_graph g);                              获得图的结点表
bool G_inNodeList(G_node a, G_nodeList l);                  a属于l吗?
void G_addEdge(G_node from, G_node to);                     创建一条新边
void G_rmEdge(G_node from, G_node to);                      删除一条边
void G_show(FILE *out, G_nodeList p, void showInfo(void *));
G_nodeList G_succ(G_node n);                                获得n的所有后继
G_nodeList G_pred(G_node n);                                获得n的所有前驱
G_nodeList G_adj(G_node n);                                 G_succ(n)∪G_pred(n)
bool G_goesTo(G_node a, G_node b);                          有从a到b的边吗?
int G_degree(G_node n);                                     n的度(入边和出边之和)是多少?
void *G_nodeInfo(G_node n);                                 获得n的信息

typedef struct TAB_table_   *G_table;                       映射结点至任何事物
G_table G_empty(void);                                      创建一个新表
void G_enter(G_table t, G_node n, void *v);                 在表t中建立n↦v
void *G_look(G_table t, G_node n);                          查找n↦v,并报告出v
```

函数 G_Graph()创建一个空的有向图，G_Node(g,x)在图 g 中生成一个新的结点，x 是调用者希望"添加"到这个新结点的附加信息。G_addEdge(n,m)创建从 n 到 m 的有向边；创建了这条边

之后，便可以在表 g_succ(n)中找到 m，在 G_pred(m)中找到 n。采用无向图时，函数 adj 会有帮助，它的定义是：G_adj(m)＝G_succ(m)∪G_pred(m)。

G_rmEdge 删除边。m══n 测试 m 和 n 是否为相同的结点。

当在算法中使用图时，图中的每个结点代表的是某种对象（例如，程序中的一条指令）。我们用表 G_table 实现从结点到它们所表示的对象的映射。下面的习惯用法在映射表 mytable 中建立结点 n 与信息 x 之间的关联。

```
G_enter(mytable,n,x);
```

不采用一张分开的表来实现映射 $n \mapsto x$，我们可以将 x 直接放在结点 n 中。执行 n＝G_Node(g,x)将创建一个有"关联信息" x 的新结点 n。调用 G_nodeInfo(n)则读取结点 n 的关联信息 x。

10.2.2　控制流图

Flowgraph 模块管理控制流图。流图中的每一个结点代表一条指令（或一个基本块）。如果指令 n 的执行可以跟随在指令 m 之后（无论是通过跳转还是顺序执行），则在图中会有一条边 (m,n)。

229

```
/* flowgraph.h */
Temp_tempList FG_def(G_node n);
Temp_tempList FG_use(G_node n);
bool FG_isMove(G_node n);

G_graph FG_AssemFlowGraph(AS_instrList il);
```

一个流图就是一个 G_graph，其中每个结点都含有某些附加（隐藏）信息。从这些信息中可以得知每个结点 n 的如下三种属性。

- FG_def(n)　结点 n 中定值的临时变量（结点 n 对应指令中的目标寄存器）组成的表。
- FG_use(n)　结点 n 中使用的临时变量（结点 n 对应指令中的源寄存器）组成的表。
- FG_isMove(n)　指明 n 表示的指令是否为一条 MOVE 指令；如果是 MOVE 指令，则当它的 def 和 use 相同时，可以删除这条 MOVE 指令。

230

Flowgraph 模块是一种抽象数据类型，使用它的客户看不到结点内的信息。它的实现（flowgraph.h）含有一个函数 FG_AssemFlowGraph，这个函数的参数是一张指令表，其返回结果是一个流图，流图中每一个结点 G_node 的 info 域实际上是指向 AS_instr 的指针。在创建这个流图时，指令 instr 的 jump 域用来创建控制流的边，use 和 def 信息从该指令的 src 和 dst 域获得。Flowgraph 的客户决不应直接调用 G_nodeInfo，而是要通过 flowgraph.h 中提供的操作来获得与结点关联的信息。

结点关联的信息。对于一个流图，我们需要给图中的每个结点关联一些 use 和 def 信息。之后，活跃分析算法也需要记录每个结点的入口/出口活跃信息。我们已在 G_node 数据结构中留出了存放所有这些信息的空间，这些信息是通过 G_nodeInfo( )来访问的所谓"关联信息"。这样做可行，而且相当有效率，但模块化的程度却不是很好。因为此后还可能要对流图进行其他的分析，这些分析也会需要记住每个结点有关的其他信息。但我们可能不愿对每种新的分析都修改这个数据类型（这个数据结构是一种广泛使用的接口）。

因此，我们可以不将信息存储在结点中，而是采用更加模块化的方法将图与流图分开。图就是图，而流图是附带有独立封装的辅助信息（表或将结点映射到其他某种信息的函数）的图。类似地，针对图的数据流算法不需要修改结点内的数据流信息，而只需修改自己独有的映射。

这样做在效率和模块化之间会有所折中，因为将信息保存在结点内的方法效率要高些，它可通过简单的指针遍历而不需使用散列表或搜索树进行查找。

10.2.3 活跃分析

Liveness 模块处理流图，并生成两样东西：冲突图和由结点偶对组成的表，表中的结点偶对代表一条尽可能分配相同寄存器的 MOVE 指令（从而使得这条 MOVE 指令可以被删除）。

/ liveness.h */*

```
typedef struct Live_moveList_ *Live_moveList;
struct Live_moveList_ {G_node src, dst;
                       Live_moveList tail;};
Live_moveList Live_MoveList(G_node src, G_node dst,
                            Live_moveList tail);

struct Live_graph { G_graph graph; Live_moveList moves; };
Temp_temp Live_gtemp(G_node n);

struct Live_graph Live_liveness(G_graph flow);
```

对于冲突图中的结点 n，Live_gtemp 指出 n 表示的是哪个临时变量，这是通过让每个图结点的 info 域指向一个 Temp_temp 来实现的。

在 Liveness 模块的实现中，用一个数据结构来记住在每一个结点有哪些出口活跃的临时变量会有所帮助：

```
static void enterLiveMap(G_table t, G_node flowNode,
                         Temp_tempList temps) {
  G_enter(t, flowNode, temps);
}
static Temp_tempList lookupLiveMap(G_table t,
                                   G_node flownode) {
  return (Temp_tempList)G_look(t, flownode);
}
```

已知一个流图结点 n，在此结点活跃的临时变量集合可通过查看全局表 liveMap 得知。

计算出完整的 liveMap 之后，便可以构建冲突图。对于流图中的每一个结点 n，如果该结点有新定值的临时变量 $d \in def(n)$，并且有属于 liveMap 的临时变量 $\{t_1, t_2, \cdots\}$，则添加冲突边 $(d, t_1), (d, t_2), \cdots$。对于 MOVE 指令，添加这些边是安全的但不是最理想的；10.1.6 节介绍了一种更好的处理方法。

如果新定值的临时变量在定值之后就是不活跃的会怎样呢？这应当是一个变量虽被定值但未被使用的情况。似乎完全没有必要将这个变量放到寄存器中，因此它不会和其他任何临时变量发生冲突。但是如果对它定值的指令是需要被执行的指令（或许是因为需要该指令的其他副作用），那么此变量将会被写到某个寄存器中，这个寄存器最好不要包含其他活跃的变量。这样，长度为 0 的活跃范围就能与任何与其重叠的活跃范围相冲突。

程序设计：构造流图

实现将 Assem 指令列表转换为流图的 flowgraph.c。使用 $TIGER/chap10 中提供的接口 graph.h、1flowgraph.h 和 graph.c 实现。

程序设计：活跃分析模块

实现 Liveness 模块。可使用集合方程算法，或者一次计算一个变量的方法。采用集合方程算法时，可以用布尔数组表示集合，也可用临时变量有序表表示集合。

习题

10.1　对习题 8.6 中的程序执行流分析。

　　　a. 画出控制流图。

　　　b. 计算每个语句的入口活跃集合和出口活跃集合。

　　　c. 构造出寄存器冲突图。

**10.2　证明方程 10-1 有最小不动点，并且算法 10-1 总是能够计算出最小不动点。

　　　提示：我们知道算法 10-1 直到遇到一个不动点时才会结束。这里的问题是：(a)此算法最终是否一定会结束？(b)算法计算出的这个不动点是否小于其他所有的不动点？对于(a)，证明集合只会越来越大。对于(b)，用归纳法证明在任一时刻，集合 *in* 和集合 *out* 是所有可能的不动点集合的子集。初始状态下，当 *in* 和 *out* 都是空集时，这是正确的。证明算法的每一步都保持这个不变式。

*10.3　分析每次计算一个变量的数据流信息方法的渐近复杂度。

*10.4　分析在最坏情况下构造一个大小为 N 的程序（即最多有 N 个变量且最多有 N 个控制流结点）的冲突图的渐近复杂度。假定数据流分析已经完成且每个结点的 *use*、*def* 和出口活跃信息的查询时间为常数。为了提高效率，图的邻接矩阵应该使用哪种表示？

233

10.5　对于希望能从算术异常恢复执行的程序，DEC 的 Alpha 体系结构对浮点指令有以下规定。

　　　(1) 在一个基本块内［实际上是在任何没有被自陷栅栏（trap-barrier）指令分隔的指令序列内］不可以有两条指令写同一个目标寄存器。

　　　(2) 指令的源寄存器不能与该指令的目标寄存器或基本块中位于该指令之后的任何指令的目标寄存器相同。

$r_1+r_5\to r_4$	$r_1+r_5\to r_4$	$r_1+r_5\to r_3$	$r_1+r_5\to r_4$
$r_3\times r_2\to r_4$	$r_4\times r_2\to r_1$	$r_4\times r_2\to r_4$	$r_4\times r_2\to r_6$
违反规则 1	违反规则 2	违反规则 2	OK

说明如何在寄存器冲突图中表示这些限制。

234

第 11 章　寄存器分配

寄存器（reg-is-ter）：一种用于存储少量数据的设备。

分配（al-lo-cate）：为特定目的而进行的分派。

韦氏词典

我们这个编译器在 Translate、Canon 和 Codegen 阶段均假定有无限个寄存器可以用于存放临时变量，同时假定 MOVE 指令没有代价。寄存器分配器的任务就是将大量的临时变量分配到计算机实际具有的少量机器寄存器中，同时在可能的情况下，给一条 MOVE 指令的源地址和目的地址分配同一个寄存器，以便能删除该 MOVE 指令。

通过考察控制和数据流图，我们可以得到冲突图。冲突图中的每一个结点代表一个临时变量，每一条边（t_1, t_2）指出一对不能分配到同一个寄存器中的临时变量。产生冲突边的最常见原因是因为 t_1 和 t_2 是同时活跃的。冲突边也能够表示其他的约束。例如，若我们的机器不允许某条指令 $a \leftarrow b \oplus c$ 将结果存放于寄存器 r_{12}，则可以让 a 与 r_{12} 相冲突。

然后，我们给这个冲突图着色。我们希望使用尽可能少的颜色，但由同一条边相连的一对结点不能使用相同的颜色。图着色问题源于古老的地图标示规则：地图上相邻的两个国家应当用不同的颜色来表示。在这里，"颜色"对应于寄存器：如果目标机器有 K 个寄存器，则可以用 K 种颜色给图着色，于是，得到的着色就是关于这个冲突图的一种合法的寄存器分配。如果不存在 K 色着色，我们就必须将一部分变量和临时变量存放在存储器中，而不是寄存器中，这称为溢出（spilling）。

11.1　通过简化进行着色

寄存器分配是一个 NP 完全问题（除了一些特殊情况，如表达式树之外），图着色也是一个 NP 完全问题。幸运的是，对于图着色问题，存在着一种能给出较好结果的线性时间近似算法，它由四个主要的处理阶段组成：**构造、简化、溢出**和**选择**。

构造（build）：构造冲突图。利用数据流分析方法，计算在每个程序点同时活跃的临时变量集合。由该集合中的每一对临时变量形成一条边，并将这些边加入冲突图中。对程序中的每一点重复这一处理过程。

简化（simplify）：用一个简单的启发式对图着色。假设图 G 有一个结点 m，它的邻结点个数少于 K，其中 K 是机器寄存器的个数。令 G' 为 $G - \{m\}$，即 G' 是从图 G 中去掉结点 m 后得到的图。若 G' 能够用 K 色着色，那么 G 也可以。因为当将 m 添加到已着色的图 G' 时，m 的邻结点至多使用了 $K-1$ 种颜色，所以总是能找到一种颜色作为 m 的颜色。这自然地导出了一种基于栈（或递归）的图着色算法：这个算法重复地删除度数小于 K 的结点（并将它压入栈中）。每简化掉一个结点都会减少其他结点的度数，从而产生更多的简化机会。

溢出（spill）：假设在简化过程的某一点图 G 只包含高度数（significant degree）结点，即度≥K 的结点。这时简化阶段使用的启发式算法已不起作用，于是我们标记某个结点是需要溢出的结点。也就是说，在图中选择一个结点（代表程序中的一个临时变量），并决定在程序执行期间将它存储在存储器中而不是寄存器中。我们对这个溢出的效果做出乐观的估计，寄希望于这个被溢出的结点将来不会与余留在图中的其他结点发生冲突。因此可以将这个选中的结点从图中删除并压入栈中，然后继续进行简化处理。

选择（select）：将颜色指派给图中的结点。我们从一个空的图开始，通过重复地将栈顶结点添加到图中来重建原来的冲突图。当我们往图中添加一个结点时，一定会有一种它可使用的颜色，因为在简化阶段将这个结点移出的前提是，只要图中剩余的结点可以成功着色，这个结点就总是有可能分配到一种颜色。

当从栈中弹出一个用溢出启发式算法压入栈的潜在溢出结点 n 时，并不能保证它是可着色的：在图中，它的相邻结点可能已用 K 种不同的颜色着色。在这种情况下，我们就会有一个实际溢出。此时，我们不指派任何颜色，而是继续执行选择阶段来识别其他的实际溢出。

但是，潜在溢出结点 n 的邻结点中或许有一些结点的颜色是相同的，因此它们之中的颜色数可能会少于 K 种。这样，我们就能给结点 n 着色，并且它不会成为一个实际溢出。这种技术称为乐观着色（optimistic coloring）。

重新开始（start over）：如果选择阶段不能为某个（或某些）结点找到颜色，则必须对程序进行改写，使得在每次使用这些结点之前将它从存储器中读出，在每次对这些结点定值之后将它存回到存储器中。这样，一个被溢出的临时变量会转变成几个具有较小活跃范围的新的临时变量。这些新临时变量可能会与图中的其他临时变量发生冲突，因此对改写后的程序还要再重复用该算法进行一次寄存器分配。这种处理过程将反复迭代，直到没有溢出而简化成功为止。但在实际中，几乎总是迭代一两次就足够了。

例子

图 11-1 给出了一个简单程序的冲突图。其中的结点是用它们所代表的临时变量来标记的，并且在两个同时活跃的结点之间存在一条边。例如，结点 d、k 和 j 在此基本块的末尾是同时活跃的，因此它们之间都有边相连。假设机器中有 4 个可用的寄存器，于是简化阶段开始时，算法的工作表中包含候选删除结点 g、h、c 和 f，因为它们中每一个的邻结点个数都少于 4。只要图中剩余的结点都可成功着色，就肯定能为这 4 个结点找到一种颜色。假设算法开始时先删除 h、g 和它们的所有边，则结点 k 将成为下一个候选的删除对象，并被加入到工作表中。图 11-2 是删除结点 g、h 和 k 后所形成的图。图 11-3a 所示的栈表示的是用这种方式继续时，结点被删除的一种可能的顺序，其中栈是向上增长的。

现在我们从栈中弹出结点，重新构造原来的冲突图，并在构造的同时给该图着色。我们从 m 开始，此时可以给它随意指派一种颜色，因为图中只有一个结点。下一个要放入图中的结点是 c，这时唯一的限制是要给它指派一种与 m 不同的颜色，因为存在着一条从 m 到 c 的边。图 11-3b 给出了对这个重构的复原图的一种可能的颜色指派。

236

237

238

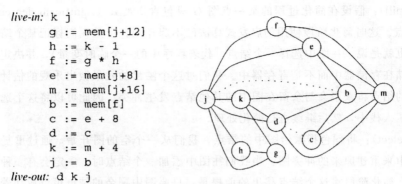

```
live-in: k j
        g := mem[j+12]
        h := k - 1
        f := g * h
        e := mem[j+8]
        m := mem[j+16]
        b := mem[f]
        c := e + 8
        d := c
        k := m + 4
        j := b
live-out: d k j
```

图 11-1 一个程序的冲突图。虚线不是冲突边，但它指出了传送指令

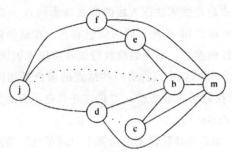

图 11-2 删除 h、g、k 之后

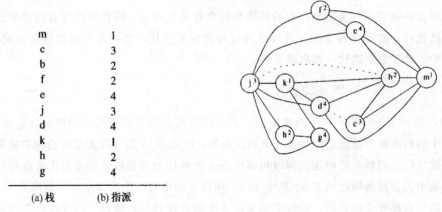

(a) 栈	
m	1
c	3
b	2
f	2
e	4
j	3
d	4
k	1
h	2
g	4

(a) 栈　　　(b) 指派

图 11-3 简化栈和一种可能的着色

11.2 合并

利用冲突图可以很容易地删除冗余的传送指令。如果在冲突图中，一条传送指令的源操作数和目的操作数对应的结点之间不存在边，那么可以删除这条传送指令。它的源操作数结点和目的操作数结点可以合并（coalesce）成新的结点，这个新结点的边是被合并两个结点的边的并集。

原则上，可以合并任何一对无冲突边相连的结点。这种积极的复写传播形式可以非常成功地删除传送指令。但不幸的是，合并引入的新结点受到的限制比合并删除的那两个结点的限制要多，因为新引入结点的边是被删除结点的边的并集。因此，一张图很有可能在合并之前是可 K 色着色的，而在盲目合并之后就不再是可 K 色着色的了。我们希望的是，仅仅在合并是安全的情况下才实行合并，所谓安全是指合并不会导致图成为不能着色的。下面两种合并策略都是安全的。

- Briggs：如果结点 a 和 b 合并产生的结点 ab 的高度数（即度 $\geq K$）邻结点的个数少于 K，则结点 a 和 b 可以被合并。这样的合并可以保证不会将一个可 K 色着色的图变成非可 K 色着色的，因为在简化阶段将所有度 $<K$ 的结点从图中移走之后，被合并的结点将只能与高度数的结点相邻。因为这些结点的个数少于 K，通过简化便可以将这个合并的结点从图中移走。因此，如果原来的图是可着色的，则保守的合并方案不会改变这个图的可着色性。
- George：结点 a 和 b 可以合并的条件是：对于 a 的每一个邻居 t，或者 t 与 b 已有冲突，或者 t 是低度数（度 $<K$）的结点。通过下述推理可以证明这种合并是安全的。令 S 为原图中结点 a 的度 $<K$ 的邻结点组成的集合。若不进行合并，简化可以移去 S 中的所有结点，得到一个变小了的图 G_1。如果进行合并，则简化也可以移去 S 内的所有结点，得到图 G_2。但是，G_2 是 G_1 的子图（结点 G_2 中的 ab 对应于 G_1 中的 b），因此它至少会比 G_1 更容易着色。

之所以说这两种策略是保守的，是因为在合并不成功时它们仍然是安全的。这意味着程序可能会执行一些不必要的传送指令——但这总比溢出要好！

将这种保守的合并穿插到简化步骤中能删除大部分传送指令，并保证不会引入新的溢出。如图 11-4 所示，这种合并、简化和溢出过程将交替进行直到冲突图为空。

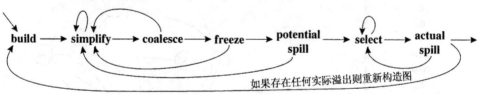

图 11-4　带合并的图着色

以下是一个具有合并能力的寄存器分配器的各个处理阶段。

- **构造**：构造冲突图，并将每个结点分类为传送有关的（move-related）或传送无关的（non-move-related）。传送有关的结点是这样一种结点，它是一条传送指令的源操作数或目的操作数。
- **简化**：每次一个地从图中删除低度数的（度 $<K$）与传送无关的结点。
- **合并**：对简化阶段得到的简化图施行保守的合并。因为通过简化已降低了很多结点的度数，所以此时保守合并策略找出的合并可能要比原冲突图多。在合并了两个结点（并删除了关联它们的传送指令）之后，如果由此产生的结点不再是传送有关的，则它可用于下一轮的简化。重复进行这种简化和合并过程，直到仅剩下高度数的结点或传送有关的结点为止。
- **冻结**（freeze）：如果简化和合并都不能再进行，就寻找一个度数较低的传送有关的结点。我们冻结这个结点所关联的那些传送指令：放弃对这些传送指令进行合并的希望。这将导致该结点（或许还有与这些被冻结的传送指令有关的其他结点）被看成是传送无关的，从而使得有更多的结点可简化。然后，重新开始简化和合并阶段。
- **溢出**：如果没有低度数的结点，选择一个潜在可能溢出的高度数结点并将它压入栈。

· **选择**：弹出整个栈并指派颜色。

考虑图 11-1，结点 b、c、d 和 j 是仅有的传送有关的结点。简化阶段使用的初始工作表必须只含传送无关结点，因此它由结点 g、h 和 f 组成。在删除 g、h 和 k 后，我们再次得到了图 11-2。

我们可以继续进行简化。但是，如果此时进行一轮合并，会发现 c 和 d 的确是可合并的，因为合并后得到的这个结点只有两个高度数的邻居：m 和 b。合并后得到的结果如图 11-5a 所示，合并得到的结点标记为 c&d。

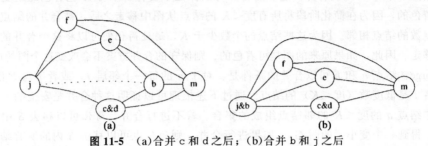

图 11-5　(a) 合并 c 和 d 之后；(b) 合并 b 和 j 之后

从图 11-5a 可看出，b 和 j 也是可以合并的。结点 b 和 j 与两个高度数的结点 m 和 e 相邻。合并 b 和 j 的结果如图 11-5b 所示。

在合并这两个传送之后，图中不再有传送有关的结点，因此没有进一步合并的可能了。为删除剩余的所有结点，可再次调用简化阶段。图 11-6 给出了一种可能的颜色指派。

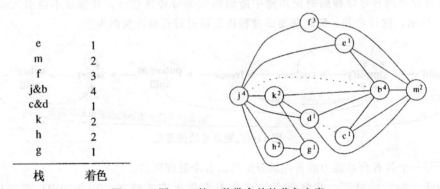

栈	着色
e	1
m	2
f	3
j&b	4
c&d	1
k	2
h	2
g	1

图 11-6　图 11-1 的一种带合并的着色方案

有一些传送指令既没有被合并，也没有被冻结，它们是受抑制的（constrained）。考虑图的结点 x、y、z，其中 (x, z) 是唯一的冲突边，并且有两条传送指令，$x \leftarrow y$ 和 $y \leftarrow z$。这两条传送指令都是合并的候选。但在 x 和 y 合并之后，得到的传送 $xy \leftarrow z$ 不能再合并，因为存在冲突边 (xy, z)。我们称这个传送是受抑制的。在进一步考虑到它不会再导致其他结点成为传送有关的结点之后，我们可以将它也删除。

溢出

当有溢出时，必须对整个程序重复一遍构造和简化阶段。最简单的做法是，当构造阶段必须重复一遍时，忽略所有已找到的合并。这样，在新一轮的构造中，合并不会增加溢出的数量。一种更有效的算法是在发现第一个潜在的溢出之前照常进行合并，但在发现溢出后忽略所有的合并（即不合并）。

合并溢出。 在有很多寄存器（＞20）的机器上，一般只有少量的溢出结点。但是在只有 6 个寄存器的机器上（如 Intel Pentium），则会有很多溢出结点。编译器前端会生成许多临时变量，并且诸如 SSA（见第 19 章）之类的转换还可能将这些临时变量进一步分裂成更多的临时变量。如果将所有要溢出的临时变量都保存在栈帧内，栈帧可能会非常大。

更糟糕的是，有很多传送指令可能会涉及一对被溢出的结点。但是当 a 和 b 都是被溢出的临时变量时，为了实现 $a \leftarrow b$，需要一个存/取序列：$t := M[b_{loc}]$；$M[a_{loc}] := t$。这样做的代价很高，同时还定义了一个临时变量 t，而 t 本身又可能导致其他结点的溢出。

不过，这些溢出的偶对中有很多从不会同时活跃。因此，通过合并便有可能对这些结点着色！事实上，对栈帧单元的数量并没有固定的限制，因此我们可以实施激进的合并，而不用考虑被溢出的结点有多少个高度数的邻结点。于是合并溢出的算法如下。

（1）使用活跃信息构造被溢出结点的冲突图。

（2）如果传送指令关联的一对溢出结点不相冲突，合并它们。

（3）使用简化和选择对图着色。在着色过程中不会有（进一步的）溢出；相反，简化阶段只是挑选度数最低的结点，选择阶段则取第一个可用的颜色，它不对颜色数量预先设定任何限制。

（4）这些颜色对应于被溢出变量在活动记录中的存储单元。

这个算法应该在生成溢出指令和重新生成寄存器-临时变量的冲突图之前进行，以避免为已合并的传送指令所关联的溢出结点生成存/取指令序列。

242

11.3　预着色的结点

有一些临时变量是预着色的——它们代表的是机器寄存器。例如，当两个模块按照标准调用约定对接时（即一个模块调用另一个模块时），编译器前端就会产生这种临时变量。对于每一个有专门用途的真实寄存器，例如帧指针、第 1 个参数使用的标准寄存器、第 2 个参数使用的标准寄存器，依此类推，Codegen 或者 Frame 模块应该使用与这些寄存器永久绑定的特殊临时变量（参见第 12 章）。对于任一给定颜色（也就是说，对于任一给定的机器寄存器），应该只有一个使用这种颜色的预着色结点。

选择和合并操作可以给普通临时变量分配与预着色寄存器相同的颜色，只要它们之间不发生冲突，而事实上这是很常见的情况。因此，一个调用约定的标准寄存器能够在过程中重新用于临时变量。预着色结点可以通过保守的合并算法与其他（非预着色的）结点合并。

对于有 K 个寄存器的机器，会有 K 个预着色结点，并且它们之间相互冲突。预着色结点中那些没有被显式使用过的（例如在参数传递约定中）结点将不会与任何一个普通结点（非预着色的）相冲突。但是，一个显式使用了的机器寄存器将会有一个活跃范围，因此会与任何在此范围内也同时活跃的其他变量相冲突。

我们不能简化一个预着色的结点——将该结点从冲突图中抽出来并寄希望于稍后能为它指派一种颜色。事实上我们不能自由地为预着色结点指派颜色。而且也不应该将预着色的结点溢出到存储器，因为由定义可知机器的寄存器是寄存器（而不是临时变量）。因此，应认为它们的度是"无限大"。

11.3.1　机器寄存器的临时副本

着色算法通过不断调用简化、合并和溢出过程来工作，直到只剩下预着色结点，然后，选择阶段才能够开始向冲突图中加入其他的结点（并对它们着色）。

　　预着色结点不能溢出，因此编译器前端必须小心地使它们的活跃范围保持较小。可以通过生成保存和恢复预着色结点值的 MOVE 指令来实现这一点。例如，假设 r_7 是一个被调用者保护的寄存器，它是一个在过程入口有"定值"并将在过程出口"使用"的寄存器。我们不是在整个过程中都将它保存在预着色寄存器中（见图 11-7a），而是将它保存到一个新的临时变量 t_{231} 中，然后在过程出口时再将它恢复回来（见图 11-7b）。当这个函数存在较大的寄存器压力（对寄存器有较大的需求）时，t_{231} 将会溢出；否则 t_{231} 可以与 r_7 合并，并且可以删除与 t_{231} 和 r_7 关联的那两条 MOVE 指令。

$$
\begin{array}{ll}
\text{enter:} & \text{def}(r_7) \\
& \vdots \\
\text{exit:} & \text{use}(r_7) \\
& \text{(a)}
\end{array}
\qquad\qquad
\begin{array}{ll}
\text{enter:} & \text{def}(r_7) \\
& t_{231} \leftarrow r_7 \\
& \vdots \\
& r_7 \leftarrow t_{231} \\
\text{exit:} & \text{use}(r_7) \\
& \text{(b)}
\end{array}
$$

图 11-7　将一个被调用者保护的寄存器传送到一个新的临时变量中

11.3.2　调用者保护的寄存器和被调用者保护的寄存器

　　最基本的溢出启发式算法可以做到将跨调用活跃的变量分配到被调用者保护的寄存器中。对于局部变量或任何跨过程调用都不活跃的编译器生成的临时变量，一般应当将它们分配到调用者保护的寄存器中，因为在这种情况下，可以完全不需要保护和恢复任何寄存器。另一方面，任何跨过程调用活跃的变量都应该保存在被调用者保护的寄存器中，因为这样便只需要做一次保护和恢复（在被调用过程的入口处和出口处）。

　　寄存器分配器应当按上述准则来给变量分配寄存器。幸运的是，带溢出的图着色寄存器分配器能很容易地实现这一点。Assem 语言中的 CALL 指令所附带的注释指明了所有调用者保护的寄存器（即与它相冲突的寄存器）。如果一个变量不是跨过程调用活跃的，它往往会被分配到调用者保护的寄存器中。

　　如果变量 x 是跨过程调用活跃的，那么它会与所有调用者保护的（预着色的）寄存器相冲突，并且会与所有用于保存被调用者保护的寄存器而生成的新临时变量（如图 11-7 中的 t_{231}）相冲突。在这种情况下，变量 x 会导致一个溢出。当使用的是普通的溢出代价启发式算法时，这种启发式算法溢出的是一个度数较高但使用次数较少的结点。这样，为溢出所选择的结点将不会是 x 而是 t_{231}。因为 t_{231} 溢出后，可用 r_7 给 x（或某个另外的变量）着色。

11.3.3　含预着色结点的例子

　　我们通过一个模拟图着色工作过程的例子来说明，在有预着色的结点、被调用者保护的寄存器和溢出等情形下，寄存器分配中遇到的问题。

　　假设一个 C 编译器正在为某个目标机编译程序 11-1a。该目标机有三个寄存器：r_1 和 r_2 是调用者保护的，r_3 是被调用者保护的。因此代码生成器在生成函数 f 的代码时，通过将 r_3 复制到临时变量 c，然后再将它恢复到 r_3 中来显式地保护 r_3 的值。

程序 11-1　一个 C 函数以及由它转换成的指令

```
int f(int a, int b) {
    int d=0;
    int e=a;
    do {d = d+b;
        e = e-1;
    } while (e>0);
    return d;
}
```

(a)

enter:　　$c \leftarrow r_3$
　　　　　$a \leftarrow r_1$
　　　　　$b \leftarrow r_2$
　　　　　$d \leftarrow 0$
　　　　　$e \leftarrow a$
loop:　　 $d \leftarrow d + b$
　　　　　$e \leftarrow e - 1$
　　　　　if $e > 0$ goto loop
　　　　　$r_1 \leftarrow d$
　　　　　$r_3 \leftarrow c$
　　　　　return　　$(r_1, r_3\ live\ out)$

(b)

设指令选择阶段已生成了程序 11-1b 所示的指令表。该函数的冲突图如下所示。

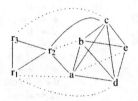

寄存器分配的处理过程如下（其中 $K=3$）。

（1）在这个冲突图中，没有简化和冻结的机会（因为所有非预着色的结点的度数都大于等于 K）。任何进行合并的企图生成的合并结点都会是一个与 K 个或 K 个以上高度数结点相邻的结点。因此，必须溢出某个结点。我们计算出的各个结点的溢出优先级如下：

结点	外层循环的 Use+Def		内层循环的 Use+Def		度		溢出优先级
a	(2	$+ 10 \times$	0	) /	4	=	0.50
b	(1	$+ 10 \times$	1	) /	4	=	2.75
c	(2	$+ 10 \times$	0	) /	6	=	0.33
d	(2	$+ 10 \times$	2	) /	4	=	5.50
e	(1	$+ 10 \times$	3	) /	3	=	10.33

结点 c 的优先级最低——它与许多其他临时变量相冲突但却很少被使用，所以应该先将它溢出。溢出 c 后得到右图。

（2）现在 a 和 e 是可以合并的，因为合并它们得到的结点的邻结点中，高度数结点的个数小于 K（在合并之后，结点 d 将变成低度数的，尽管它现在是高度数结点）。此外，没有其他简化或合并的可能了。

（3）现在，我们可以合并 ae 和 r_1，也可合并 b 和 r_2。我们选择合并后者。

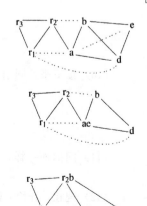

（4）现在，我们可以合并 ae 和 r_1，也可合并 d 和 r_1。我们选择合并前者。

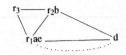

（5）现在，我们不能合并 r_1ae 和 d，因为它涉及的传送是受抑制的：结点 r_1ae 和 d 相冲突，我们必须简化 d。

（6）至此，我们得到了一个只含有预着色结点的图，于是开始从栈中弹出结点，并给它们指派颜色。我们首先弹出结点 d，并给它指派颜色 r_3。结点 a、b 和 e 已经通过合并被指派了颜色。但是，对于潜在的溢出结点 c，当将它从栈中弹出时，由于已经没有颜色可用而变成了一个实际的溢出结点。

（7）由于在这一轮存在溢出，所以必须重写这个程序使之包含实现溢出的指令。为此，对于 c 的每一次使用，我们生成一个新的临时变量，在使用 c 之前生成一条将该临时变量读取到寄存器的取数指令；对于 c 的每一次定值，我们也生成一个新的临时变量，在对 c 定值之后生成一条将寄存器的值存储到该临时变量的指令。

246

```
enter: c₁ ← r₃
       M[cloc] ← c₁
       a ← r₁
       b ← r₂
       d ← 0
       e ← a
loop:  d ← d + b
       e ← e - 1
       if e > 0 goto loop
       r₁ ← d
       c₂ ← M[cloc]
       r₃ ← c₂
       return
```

（8）现在，我们再重新构造一个新的冲突图，如右图所示。

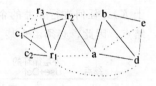

（9）随后如下继续进行图着色处理。我们可以立即合并 c_1 和 r_3，之后合并 c_2 和 r_3。

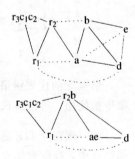

（10）接下来，同前面一样，可以合并 a 和 e，然后合并 b 和 r_2。

（11）同前面一样，合并 ae 和 r_1，然后简化 d。

（12）现在，开始从栈中弹出结点：为 d 选择颜色 r_3，d 是栈中唯一的结点——所有其他结点都已被合并或是预着色的。分配的颜色如右图所示。

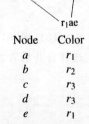

Node	Color
a	r_1
b	r_2
c	r_3
d	r_3
e	r_1

（13）现在，可以用指派的寄存器来重写这个程序。

```
enter:  r₃ ← r₃
        M[c_loc] ← r₃
        r₁ ← r₁
        r₂ ← r₂
        r₃ ← 0
        r₁ ← r₁
loop:   r₃ ← r₃ + r₂
        r₁ ← r₁ − 1
        if r₁ > 0 goto loop
        r₁ ← r₃
        r₃ ← M[c_loc]
        r₃ ← r₃
        return
```

（14）最后，可以删除源操作数和目的操作数相同的传送指令；
右图是经过合并后得到的结果。

```
enter:  M[c_loc] ← r₃
        r₃ ← 0
loop:   r₃ ← r₃ + r₂
        r₁ ← r₁ − 1
        if r₁ > 0 goto loop
        r₁ ← r₃
        r₃ ← M[c_loc]
        return
```

最终得到的程序只有一条未合并的传送指令。

11.4 图着色的实现

图着色算法需要频繁地查询冲突图数据结构。有两种查询操作。

（1）获得与结点 X 相邻的所有结点。

（2）判断 X 和 Y 是否相邻。

使用邻接表（每个结点一个）可以快速地回答第一种查询，但是当邻接表很长时，却不能很快地答复第二种查询。一个以结点编号作为索引的二维位矩阵可以很快地答复第二种查询，但是却不能很快地答复第一种查询。因此，我们需要同时使用这两种数据结构来（冗余地）表示冲突图。如果图是非常稀疏的，则使用整数偶对的散列表可能比使用位矩阵更好。

机器寄存器（预着色的结点）的邻接表可能会非常大，因为标准调用约定使用了这些寄存器，所以它们会与程序中过程调用点附近恰好是活跃的所有临时变量相冲突。不过，我们并不需要表示预着色结点的邻接表，因为邻接表只有在选择阶段（它不作用于预着色的结点）和 Briggs 合并测试中才使用。为了节省空间和时间，我们不显式地表示机器寄存器的邻接列表。我们可以用 George 合并测试来合并一个普通结点 a 和一个机器寄存器 r，这种测试需要 a 的邻接表，但不需要 r 的邻接表。

为了测试能否合并两个普通结点（非预着色的结点），本节给出的这个算法使用 Briggs 合并测试。

每个传送有关的结点都有一个计数器，这个计数器中记录的是该结点涉及的传送指令的条数。我们能够很容易地维护它，并用它来测试一个结点是否不再与传送指令相关。所有结点都还有另一个给出图中当前与它相邻的结点个数的计数器，该计数器在合并期间用于确定一个结点是否是高度数结点，在简化期间用于确定一个结点是否能从图中删除。

寄存器分配中，重要的是要能够快速地执行每一个简化步骤（删除一个低度数的传送无关的结点）、每一个合并步骤以及每一个冻结步骤。为了做到这点，我们需要维护记录下述信息的 4 张工作表。

- 低度数的传送无关的结点（simplifyWorklist）。
- 有可能合并的传送指令（worklistMoves）。
- 低度数的传送有关的结点（freezeWorklist）。
- 高度数的结点（spillWorklist）。

利用这些工作表，就可避免在寻找合并结点时计算时间上出现二次量级的爆炸。

11.4.1　传送指令工作表的管理

当结点 x 从高度数结点变为低度数结点时，与其邻结点关联的传送指令必须添加到传送指令工作表中。此时，那些原来因为合并后会有太多的高度数邻结点而不能合并的传送指令现在则可能变成可以合并的了。传送指令只在下面少数几种情况下才会加入工作表中。

- 在简化期间，删除一个结点可能导致其邻结点 x 的度数发生变化。因此要把与 x 的邻结点相关联的传送指令加入到 worklistMoves 中。
- 当合并 u 和 v 时，可能存在一个与 u 和 v 都有冲突的结点 x。因为 x 现在只与 u 和 v 合并后的这个结点相冲突，故 x 的度将减少，因此也要把与 x 的邻结点关联的传送指令加入到 worklistMoves 表中。如果 x 是传送有关的，则与 x 本身关联的传送指令也要加入到此表中，因为 u 和 v 有可能都是高度数的结点。

11.4.2　数据结构

算法用下面的若干数据结构来掌握有关图结点和传送边的情况。

结点、工作表、集合和栈的数据结构。 下面的表和集合总是互不相交的，并且每个结点都属于一个且只属于一个集合或者表。

- **precolored**：机器寄存器集合，每个寄存器都预先指派了一种颜色。
- **initial**：临时寄存器集合，其中的元素既没有预着色，也没有被处理。
- **simplifyWorklist**：低度数的传送无关的结点表。
- **freezeWorklist**：低度数的传送有关的结点表。
- **spillWorklist**：高度数的结点表。
- **spilledNodes**：在本轮中要被溢出的结点集合，初始为空。
- **coalescedNodes**：已合并的寄存器集合。当合并 $u \leftarrow v$ 时，将 v 加入到这个集合中，u 则被放回到某个工作表中（或反之）。
- **coloredNodes**：已成功着色的结点集合。
- **selectStack**：一个包含从图中删除的临时变量的栈。

因为常常要测试这些集合的成员关系，所以每个结点的表示应该包含一个枚举值，用以说明它属于哪个集合。因为会频繁地从这些集合中添加或者删除一个结点，所以每个集合都被表示成结点的双向链表。开始时（在 Main 的入口处），以及在 RewriteProgram 的出口处，只有 precolored 集合和 initial 集合是非空的。

传送指令集合的数据结构。 下面给出了 5 个由传送指令组成的集合，每一条传送指令都只在其中的一个集合中（执行完 Build 之后直到 Main 结束）。

- **coalescedMoves**：已经合并的传送指令集合。
- **constrainedMoves**：源操作数和目标操作数冲突的传送指令集合。

- **frozenMoves**：不再考虑合并的传送指令集合。
- **worklistMoves**：有可能合并的传送指令集合。
- **activeMoves**：还未做好合并准备的传送指令集合。

像结点工作列表一样，这些传送指令集合也应该用双向链表来实现，并且每一条传送指令含有一个枚举值用以说明它属于哪个集合。

其他数据结构。

- **adjSet**：图中冲突边 (u,v) 的集合。如果 $(u,v) \in$ adjSet，则 $(v,u) \in$ adjSet。
- **adjList**：图的邻接表表示。对于每一个非预着色的临时变量 u，adjList[u]是与 u 冲突的结点的集合。
- **degree**：包含每个结点当前度数的数组。
- **moveList**：从一个结点到与该结点相关的传送指令表的映射。
- **alias**：当一条传送指令 (u,v) 已被合并，并且 v 已放入已合并结点集合 coalescedNodes 时，有 alias(v)=u。
- **color**：算法为结点选择的颜色。对于预着色结点，其初值为给定的颜色。

不变式。 执行完 Build 之后，下列不变式总是成立的。

250

度的不变式。

$$(u \in \text{simplifyWorklist} \cup \text{freezeWorklist} \cup \text{spillWorklist}) \Rightarrow$$
$$\text{degree}(u) = |\text{adjList}(u) \cap (\text{precolored} \cup \text{simplifyWorklist}$$
$$\cup \text{freezeWorklist} \cup \text{spillWorklist})|$$

简化工作表的不变式。

$$(u \in \text{simplifyWorklist}) \Rightarrow$$
$$\text{degree}(u) < K \land \text{moveList}[u] \cap (\text{activeMoves} \cup \text{worklistMoves}) = \{\}$$

冻结工作表的不变式。

$$(u \in \text{freezeWorklist}) \Rightarrow$$
$$\text{degree}(u) < K \land \text{moveList}[u] \cap (\text{activeMoves} \cup \text{worklistMoves}) \neq \{\}$$

溢出工作表的不变式。

$$(u \in \text{spillWorklist}) \Rightarrow \text{degree}(u) \geqslant K$$

11.4.3　程序代码

算法的启动点是过程 Main，它不断循环（通过尾递归调用），直到不再生成溢出为止。

```
procedure Main()
    LivenessAnalysis()
    Build()
    MakeWorklist()
    repeat
        if simplifyWorklist ≠ {} then Simplify()
        else if worklistMoves ≠ {} then Coalesce()
        else if freezeWorklist ≠ {} then Freeze()
        else if spillWorklist ≠ {} then SelectSpill()
    until simplifyWorklist = {} ∧ worklistMoves = {}
```

$\wedge$ freezeWorklist = {} $\wedge$ spillWorklist = {}
AssignColors()
if spilledNodes $\neq$ {} **then**
    RewriteProgram(spilledNodes)
    Main()

当 AssignColors 生成了溢出时，RewriteProgram 要为被溢出的临时变量分配存储单元，并插入访问这些单元的存/取指令。这些存/取指令访问的是新创建的临时变量（具有很小的活跃范围），因此必须对改变后的图再次调用 Main 过程。

$\boxed{251}$

```
procedure Build ()
    forall b ∈ 程序中的基本块
        let live = liveOut(b)
        forall I ∈ instructions(b)按逆序
            if isMoveInstruction(I) then
                live ← live\use(I)
                forall n ∈ def(I) ∪ use(I)
                    moveList[n] ← moveList[n] ∪ {I}
                worklistMoves ← worklistMoves ∪ {I}
            live ← live ∪ def(I)
            forall d ∈ def(I)
                forall l ∈ live
                    AddEdge(l, d)
            live ← use(I) ∪ (live\def(I))
```

过程 Build 使用静态活跃分析的结果来构造冲突图（和位矩阵），并且初始化 worklist-Moves，使之包含程序中所有的传送指令。

```
procedure AddEdge(u, v)
    if ((u, v) ∉ adjSet) ∧ (u ≠ v) then
        adjSet ← adjSet ∪ {(u, v), (v, u)}
        if u ∉ precolored then
            adjList[u] ← adjList[u] ∪ {v}
            degree[u] ← degree[u] + 1
        if v ∉ precolored then
            adjList[v] ← adjList[v] ∪ {u}
            degree[v] ← degree[v] + 1

procedure MakeWorklist()
    forall n ∈ initial
        initial ← initial \ {n}
        if degree[n] ⩾ K then
            spillWorklist ← spillWorklist ∪ {n}
        else if MoveRelated(n) then
            freezeWorklist ← freezeWorklist ∪ {n}
        else
            simplifyWorklist ← simplifyWorklist ∪ {n}
```

$\boxed{252}$

```
function Adjacent(n)
    adjList[n] \ (selectStack ∪ coalescedNodes)

function NodeMoves (n)
    moveList[n] ∩ (activeMoves ∪ worklistMoves)

function MoveRelated(n)
    NodeMoves(n) ≠ {}
```

```
procedure Simplify()
    let n ∈ simplifyWorklist
    simplifyWorklist ← simplifyWorklist \ {n}
    push(n, selectStack)
    forall m ∈ Adjacent(n)
        DecrementDegree(m)
```

从图中去掉一个结点需要减少该结点的当前各个邻结点的度数。如果某个邻结点的 degree 已经小于 $K-1$，则这个邻结点一定是传送有关的，因此不将它加入到 simplifyWorklist 中。当邻结点的度数从 K 变到 $K-1$ 时，与它的[①]邻结点相关的传送指令将有可能变成可合并的。

```
procedure DecrementDegree(m)
    let d = degree[m]
    degree[m] ← d-1
    if d = K then
        EnableMoves({m} ∪ Adjacent(m))
        spillWorklist ← spillWorklist \ {m}
        if MoveRelated(m) then
            freezeWorklist ← freezeWorklist ∪ {m}
        else
            simplifyWorklist ← simplifyWorklist ∪ {m}

procedure EnableMoves(nodes)
    forall n ∈ nodes
        forall m ∈ NodeMoves(n)
            if m ∈ activeMoves then
                activeMoves ← activeMoves \ {m}
                worklistMoves ← worklistMoves ∪ {m}
```

合并阶段只考虑 worklistMoves 中的传送指令。当合并一条传送指令时，它涉及的那两个结点可能不再是传送有关的，因而可用过程 AddWorkList 将它们加入简化工作表中。函数 OK 是合并一个预着色寄存器时所使用的启发式函数。Conservative 是实现保守合并启发式的函数。

253

```
procedure Coalesce()
    let m(=copy(x,y)) ∈ worklistMoves
    x ← GetAlias(x)
    y ← GetAlias(y)
    if y ∈ precolored then
        let (u, v) = (y, x)
    else
        let (u, v) = (x, y)
    worklistMoves ← worklistMoves \ {m}
    if (u = v) then
        coalescedMoves ← coalescedMoves ∪ {m}
        AddWorkList(u)
    else if v ∈ precolored ∨ (u, v) ∈ adjSet then
        constrainedMoves ← constrainedMoves ∪ {m}
        AddWorkList(u)
        AddWorkList(v)
    else if u ∈ precolored ∧ (∀t ∈ Adjacent(v), OK(t, u))
            ∨  u ∉ precolored ∧
```

---

① 指这个邻结点本身的。——译者注

```
                              Conservative(Adjacent(u) ∪ Adjacent(v)) then
                coalescedMoves ← coalescedMoves ∪ {m}
                Combine(u,v)
                AddWorkList(u)
        else
                activeMoves ← activeMoves ∪ {m}

procedure AddWorkList(u)
        if (u ∉ precolored ∧ not(MoveRelated(u)) ∧ degree[u] < K) then
                freezeWorklist ← freezeWorklist \ {u}
                simplifyWorklist ← simplifyWorklist ∪ {u}

function OK(t,r)
        degree[t] < K ∨ t ∈ precolored ∨ (t, r) ∈ adjSet

function Conservative(nodes)
        let k = 0
        forall n ∈ nodes
                if degree[n] ⩾ K then k ← k + 1
        return (k < K)

function GetAlias (n)
        if n ∈ coalescedNodes then
                GetAlias(alias[n])
        else n

procedure Combine(u,v)
        if v ∈ freezeWorklist then
                freezeWorklist ← freezeWorklist \ {v}
        else
                spillWorklist ← spillWorklist \ {v}
        coalescedNodes ← coalescedNodes ∪ {v}
        alias[v] ← u
        moveList[u] ←moveList[u] ∪moveList[v]
        EnableMoves(v)
        forall t ∈ Adjacent(v)
                AddEdge(t,u)
                DecrementDegree(t)
        if degree[u] ⩾ K ∧ u ∈ freezeWorkList
                freezeWorkList ← freezeWorkList \ {u}
                spillWorkList ← spillWorkList ∪ {u}

procedure Freeze()
        let u ∈ freezeWorklist
        freezeWorklist ← freezeWorklist \ {u}
        simplifyWorklist ← simplifyWorklist ∪ {u}
        FreezeMoves(u)

procedure FreezeMoves(u)
        forall m(=copy(x,y)) ∈ NodeMoves(u)
                if GetAlias(y)=GetAlias(u) then
                        v ← GetAlias(x)
                else
                        v ← GetAlias(y)
                activeMoves ← activeMoves \ {m}
                frozenMoves ← frozenMoves ∪ {m}
                if NodeMoves(v) = {} ∧ degree[v] < K then
                        freezeWorklist ← freezeWorklist \ {v}
                        simplifyWorklist ← simplifyWorklist ∪ {v}
```

procedure SelectSpill()
    let $m \in$ spillWorklist 并且 m 是用所喜好的启发式从这个集合中选择出来的
        注意：要避免选择那种由读取前面已溢出的寄存器产生的、活跃范围很小的结点
    spillWorklist $\leftarrow$ spillWorklist $\setminus \{m\}$
    simplifyWorklist $\leftarrow$ simplifyWorklist $\cup \{m\}$
    FreezeMoves(m)

procedure AssignColors()
    while SelectStack not empty
        let n = pop(SelectStack)
        okColors $\leftarrow$ {0, $\cdots$, K-1}
        forall $w \in$ adjList[n]
            if GetAlias(w) $\in$ (coloredNodes $\cup$ precolored) **then**
                okColors $\leftarrow$ okColors $\setminus$ {color[GetAlias(w)]}
        if okColors = {} **then**
            spilledNodes $\leftarrow$ spilledNodes $\cup \{n\}$
        else
            coloredNodes $\leftarrow$ coloredNodes $\cup \{n\}$
            let $c \in$ okColors
            color[n] $\leftarrow c$
    forall $n \in$ coalescedNodes
        color[n] $\leftarrow$ color[GetAlias(n)]

procedure RewriteProgram()
    为每一个$v \in$ spilledNodes分配一个存储单元，
    为每一个定值和每一个使用创建一个新的临时变量v_i，
    在程序中（指令序列中）v_i的每一个定值之后插入一条存
    储指令，v_i的每一个使用之前插入一条取数指令。
    将所有的v_i放入集合newTemps。
    spilledNodes $\leftarrow$ {}
    initial $\leftarrow$ coloredNodes $\cup$ coalescedNodes $\cup$ newTemps
    coloredNodes $\leftarrow$ {}
    coalescedNodes $\leftarrow$ {}

我给出的是图着色算法的一个变种，在这个变种算法中，如果必须重写程序以插入实现溢出的存/取指令，则所有的合并都将被忽略。为了使算法更快，可以在第一次调用 SelectSpill 之前保存已找到的所有合并，然后重写程序删除已合并的传送指令和临时变量。

原则上，本应使用启发式来选择要冻结的结点，而上面给出的 Freeze 是从冻结工作表中随意取出一个结点。但是因为冻结的情况并不常见，所以使用选择启发式不一定会有显著的差别。

11.5 针对树的寄存器分配

在表达式树上进行寄存器分配要比在随意的流图上简单得多。我们不需要进行全局数据流分析，也不需要冲突图。假设有一棵如图 9-2a 所示的已用瓦片覆盖了的树。这棵树有两个为叶子结点的瓦片：TEMP 结点 fp 和 i；假定它们已经分别存储在寄存器 r_{fp} 和 r_i 中。我们希望可以用表 $r_1, r_2, \cdots, r_k$ 中的寄存器来标记那些不是叶子结点的瓦片的根。

算法 11-1 对树进行后序遍历来给每个瓦片的根指派一个寄存器。n 的初始值为 0，算法作用于树根（瓦片 9）产生分配 $\{$tile2 $\mapsto r_1$, tile4 $\mapsto r_2$, tile5 $\mapsto r_2$, tile6 $\mapsto r_1$, tile8 $\mapsto r_2$, tile9 $\mapsto r_1\}$。此算法可以和 Maximal Munch 算法结合，因为两者都是从底向上进行遍历的。

算法 11-1　对树进行的简单寄存器分配

```
function SimpleAlloc(t)
    for t 的儿子中的每一个非平凡的瓦片 u
        SimpleAlloc(u)
    for t 的儿子中的每一个非平凡的瓦片 u
        n ← n − 1
    n ← n + 1
    指派 r_n 存放根结点 t 的值
```

但是这个算法并不总能得到最佳分配。考虑下面这棵树，其中每个瓦片是一个单独的结点：

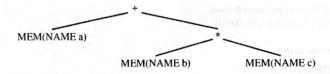

257　函数 SimpleAlloc 将为这个表达式分配三个寄存器（如下面左列所示），但是通过重排指令，我们只用两个寄存器就能完成计算（如下面右列所示）：

$$
\begin{array}{ll}
r_1 \leftarrow M[a] & r_1 \leftarrow M[b] \\
r_2 \leftarrow M[b] & r_2 \leftarrow M[c] \\
r_3 \leftarrow M[c] & r_1 \leftarrow r_1 \times r_2 \\
r_2 \leftarrow r_2 \times r_3 & r_2 \leftarrow M[a] \\
r_1 \leftarrow r_1 + r_2 & r_1 \leftarrow r_2 + r_1
\end{array}
$$

使用动态规划方法，我们可以找出最优的指令顺序。算法的思想是，在计算每个瓦片的同时，用它所需要的寄存器个数来标记此瓦片。假设瓦片 t 有两个非叶子结点的儿子 u_{left} 和 u_{right}，它们分别需要 n 和 m 个寄存器用于其计算。如果我们先计算 u_{left}，并在计算 u_{right} 时将 u_{left} 的结果存放到一个寄存器中，则为了计算以 t 为根的整个表达式，需要 $\max(n, 1+m)$ 个寄存器。相反，如果首先计算 u_{right}，则需要 $\max(1+n, m)$ 个寄存器。显然，如果 $n>m$，则应该先计算 u_{left}。如果 $n<m$，则应该先计算 u_{right}。如果 $n=m$，则无论谁先计算都会需要 $n+1$ 个寄存器。

算法 11-2 用 $need[t]$ 来标记每一个瓦片 t，它是以 t 为根的子树所需要的寄存器个数。这个

258　算法也可以推广到处理含两个以上儿子的瓦片。Maximal Munch 算法标识（而不是流出）瓦片的过程可以与算法 11-2 的标记同步进行，下一遍再流出这些瓦片的 Assem 指令；当一个瓦片有多个儿子时，必须按 $need$ 指明的所需寄存器个数的降序来流出这些子树的指令。

259　在采用图着色寄存器分配的编译器中使用算法 11-2 可得到好处。按 $need$ 的降序流出子树可使得同时活跃的临时变量的个数最少并减少溢出的数量。

在不使用图着色寄存器分配的编译器中，算法 11-2 可作为算法 11-3 之前的一遍。其中，算法 11-3 在流出树的同时指派寄存器，并简洁地进行溢出处理。这样做照顾到了表达式树内部结点的寄存器分配；而为 Tree 语言中显式出现的 TEMP 变量分配寄存器原本是需要用其他方法才能实现的。一般而言，不使用图着色寄存器分配的编译器会将程序中几乎所有的变量都保存在栈帧中。因此，在这些显式出现的 TEMP 中，不会有很多 TEMP 需要进行分配。

算法 11-2 Sethi-Ullman 标记算法

---

function Label(*t*)
  for 每一个是 *t* 的儿子的瓦片 *u*
    Label(*u*)
  if *t* 是平凡的
    then *need*[*t*] ← 0
  else if *t* 有两个儿子，u_{left} 和 u_{right}
    then if *need*[u_{left}] = *need*[u_{right}]
      then *need*[*t*] ← 1 + *need*[u_{left}]
      else *need*[*t*] ← max(1, *need*[u_{left}], *need*[u_{right}])
  else if *t* 只有一个儿子，*u*
    then *need*[*t*] ← max(1, *need*[*u*])
  else if *t* 没有儿子
    then *need*[*t*] ← 1

算法 11-3 针对树的 Sethi-Ullman 寄存器分配

---

function SethiUllman(*t*)
  if *t* 有两个儿子，u_{left} 和 u_{right}
    if *need*[u_{left}] ≥ *K* ∧ *need*[u_{right}] ≥ *K*
      SethiUllman(t_{right})
      n ← *n* − 1
      溢出：流出存储 *reg*[t_{right}] 的指令
      SethiUllman(t_{left})
      恢复溢出：*reg*[t_{right}] ← "r_{n+1}"；流出取 *reg*[t_{right}] 的指令
    else if *need*[u_{left}] ≥ *need*[u_{right}]
      SethiUllman(t_{left})
      SethiUllman(t_{right})
      n ← *n* − 1
    else *need*[u_{left}] < *need*[u_{right}]
      SethiUllman(t_{right})
      SethiUllman(t_{left})
      n ← *n* − 1
    reg[*t*] ← "r_n"
    流出 OPER(*instruction*[*t*], *reg*[*t*], [*reg*[t_{left}], *reg*[t_{right}]])
  else if *t* 只有一个儿子，*u*
    SethiUllman(*u*)
    reg[*t*] ← "r_n"
    流出 OPER(*instruction*[*t*], *reg*[*t*], [*reg*[*u*]])
  else if *t* 是非平凡结点但没有儿子
    n ← *n* + 1
    reg[*t*] ← "r_n"
    流出 OPER(*instruction*[*t*], *reg*[*t*], [ ])
  else if *t* 是一个平凡结点 TEMP(r_i)
    reg[*t*] ← "r_i"

程序设计：图着色

用两个模块 Color 和 RegAlloc 来实现图着色寄存器分配，其中 Color 只对图着色；RegAlloc 处理溢出，并将 Color 作为子程序来调用。为了简单起见，不实现溢出或合并，这样可以显著地简化算法。

```
/* color.h */
struct COL_result{Temp_map coloring; Temp_tempList spills;};
struct COL_result COL_color(G_graph ig,
                            Temp_map initial,
                            Temp_tempList registers);
```

```
/* regalloc.h */
struct RA_result {Temp_map coloring; AS_instrList il;};
struct RA_result RA_regAlloc(F_frame f, AS_instrList il);
```

给定一个冲突图、一个初始分配 initial 和一张代表寄存器的颜色表 registers，其中 initial 给出了由调用约定强加给某些临时变量的初始分配（预着色）。模块 Color 中的函数 color 扩大初始分配 initial。你实现的这个分配要用 registers 表中的寄存器对流图中使用的所有临时变量进行分配。

初始分配 initial 是由 Frame 结构提供的 F_tempMap，参数 registers 是所有机器寄存器组成的表，即 F_registers()（见第 12 章）。初始分配 initial 中的寄存器也可以出现在传递给 COL_color() 的参数 registers 中，因为也允许用它们给其他结点着色。

COL_color 的结果是一个给出了寄存器分配的 Temp_map 和一张溢出表。RegAlloc 的结果在没有溢出的情况下是一个同样的 Temp_map，可以在最后的汇编代码流出中作为 As_print 的参数。

更好的 COL_color 接口应当有一个描述每个临时变量溢出代价的 spillCost 参数。它可以是临时变量的使用次数和定值次数，并且最好是用循环和嵌套循环适当加权后的使用次数和定值次数。一个朴素的、对每一个临时变量都返回 1 的 spillCost 也能工作。

实现一个简单的无合并的着色算法只需要一个工作表：simplifyWorklist，它包含所有非预着色的结点和度小于 *K* 的未简化的结点。显然，不需要使用 freezeWorklist。如果每次 simplifyWorklist 变为空时，我们都愿意在原始图中查找所有的结点来作为溢出候选结点，那么也不需要 spillWorklist。

当只使用 simplifyWorklist 时，双向链表的表示也是不必要的：这个工作表既可以用一个单向链表来实现，也可以用一个栈来实现，因为绝不会"从中间"来访问此表。

高级项目：溢出

实现溢出，使得无论 Tiger 程序中有多少个参数和局部变量，都可以对它进行正常编译。

高级项目：合并

实现合并，实际删除程序中的所有 MOVE 指令。

推荐阅读

Kempe[1879]发明了通过去掉图中度$<K$的结点来为图着色的简化算法。Chaitin[1982]将寄存器分配问题形式化为图着色问题（使用 Kempe 算法为图着色），并在对图着色之前，通过（非保守的）合并无冲突的传送有关的结点实现了复写传播。Briggs 等人[1994]用乐观溢出的思想改进了该算法，同时通过在对图着色之前使用保守合并启发式而减少了溢出的产生。George 和 Appel[1996]发现，如果保守的合并在简化过程中进行，而不是简化之前完成，则会有更多的合并机会，并由此开发了本章给出的工作表算法。

Ershov[1958]开发了对表达式树进行最佳寄存器分配的算法；Sethi 和 Ullman[1970]推广了该算法，并说明了应如何处理溢出。

261

习题

11.1 假设已经在一台有 3 个寄存器 r_1、r_2、r_3 的机器上编译了下面的程序；其中 r_1 和 r_2 是参数寄存器，并且是由调用者保护的；r_3 是被调用者保护的寄存器。构造这个程序的冲突图，并像 11.3.3 节中那样详细说明寄存器分配的处理步骤。当你合并两个结点时，要说明使用的判别标准是 Briggs 还是 George。

提示： 如果两个结点是由一条冲突边和一条传送边连接起来的，你可以删除这条传送边，这称为抑制（constrain），删除动作是通过 Coalesce 过程中的第一个 **else if** 从句来实现的。

```
f :    c  ← r₃
       p  ← r₁
       if p = 0 goto L₁
       r₁ ← M[p]
       call f          (使用 r₁,定值 r₁, r₂)
       s  ← r₁
       r₁ ← M[p + 4]
       call f          (使用 r₁,定值 r₁, r₂)
       t  ← r₁
       u  ← s + t
       goto L₂
L₁ :   u  ← 1
L₂ :   r₁ ← u
       r₃ ← c
       return          (使用 r₁, r₃)
```

11.2 下表表示的是一张寄存器冲突图。结点 1～6 是预着色的（用颜色 1～6），结点 A～H 是普通（未着色）结点。每一对预着色的结点之间都存在冲突，每一个普通结点与这张表中标记有×的结点相冲突。

262

	1	2	3	4	5	6	A	B	C	D	E	F	G	H
A	x	x	x	x	x	x								
B	x		x	x	x	x								
C			x	x	x	x				x	x	x	x	x
D	x		x	x	x				x		x	x	x	x
E	x		x	x	x	x			x	x		x	x	x
F	x		x	x		x			x	x	x		x	x
G									x	x	x	x		
H	x			x	x	x			x	x	x	x		

下面的结点偶对是与 MOVE 指令有关的：

$$(A,3)(H,3)(G,3)(B,2)(C,1)(D,6)(E,4)(F,5)$$

假定寄存器分配是针对一个有 8 个寄存器的机器进行的。

a. 忽略 MOVE 指令并且不使用合并启发式，用简化和溢出为此图着色。记录简化和潜在溢出的判定结果序列（栈），说明哪些潜在溢出会变成实际溢出，并且给出由此产生的着色。

b. 使用合并对这个图着色。记录简化、合并、冻结和溢出的判定结果序列，说明每个合并的风格是 Briggs 的还是 George 的，并说明还剩下多少条 MOVE 指令。

*c. 另一种合并启发式是偏着色（biased coloring）。它不是在简化期间使用保守的合并启发式——像上面 a 那样运行算法的简化和溢出部分，而是在算法的选择部分使用合并启发式。

   (i) 当为一个与结点 Y 传送有关的结点 X 选择一种颜色时，若已经给 Y 选定了颜色，则在可能的情况下，为 X 也选择同样的颜色（用以删除与它们关联的这条 MOVE 指令）。

   (ii) 当为一个与结点 Y 传送有关的结点 X 选择一种颜色时，若还未给 Y 选定颜色，则选择一种与 Y 的所有邻结点使用的颜色都不相同的颜色（以增加启发式(i)在对 Y 着色时的成功机会）。

   人们已经发现（简化阶段的）保守合并一般比偏着色更具效率。但是对于这个特定的图则可能不是这样。因为这两种合并算法在不同的阶段使用，所以它们能用于同一个寄存器分配器。

*d. 在寄存器分配过程中同时使用保守合并和偏着色。说明偏着色在何处能有助于做出正确的决策。

11.3 保守合并的名称源于它不会引入任何（潜在的）溢出。但是，它能够避免溢出吗？在下图中，实线代表冲突，虚线表示一个 MOVE。

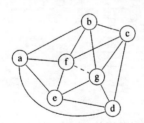

a. 不进行合并，用 4 种颜色对此图着色。给出选择栈的内容，并指出移走结点的顺序。其中有潜在溢出吗？有没有实际溢出？

b. 采用保守合并，用 4 种颜色对此图着色。你使用的判别准则是 Briggs 还是 George？现在有潜在溢出吗？有没有实际溢出？

11.4 有人提出可以简化保守合并启发式。当测试 MOVE(a,b) 是否可以合并时，不是查询合并后的结点 ab 的高度数的邻结点个数是否小于 K 个，而是简单地测试 ab 的所有邻结点个数是否小于 K。这样做的道理是，如果 ab 有很多低度数的邻结点，这些结点总是可通过简化而被删除。

a. 说明这种合并不会创建任何新的潜在溢出。

b. 用下图举例说明该算法（令 $K=3$）：

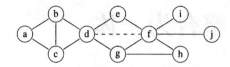

*c. 证明这种测试效率低于标准的保守合并。

　　提示：使用习题 11.3 中的图，并令 $K=4$。

264

第 12 章　整合为一体

调试（de-bug）：排除系统中的错误或存在的故障。

韦氏词典

第 2~11 章介绍了一个好的编译器的基本组成部分，包括一个前端和一个后端。前端进行词法分析、语法分析、构造抽象语法树、类型检查和翻译成中间代码；后端进行指令选择、数据流分析和寄存器分配。

我们都学到了什么呢？我希望读者学到了用于一个编译器不同组成部分的各种算法和连接各组成部分的接口。而作者自己也从习题中得到了相当多的收获。

我的目的是想要介绍一个好的编译器，即借用爱因斯坦的名言，它是一个"尽可能简单，但不过于简单"的编译器。下面将讨论的是在设计 Tiger 及其编译器时遇到的一些棘手的问题。

嵌套函数。Tiger 有嵌套函数，因而需要某种机制（如静态链）来实现对非局部变量的访问。但是许多广泛使用的程序设计语言（如 C、C++、Java 等）都没有嵌套函数或静态链。假如没有嵌套函数，Tiger 编译器可能会更简单些，因为这样的话不会有逃逸的变量，也不需要 FindEscape 阶段。但是有两个理由使我们需要讲解怎样编译非局部变量。第一，对一些程序设计语言而言，嵌套函数是特别有用的——它们是第 15 章将要介绍的函数式语言。第二，我们会发现在可获取地址（如 C）或传地址（如C++）的程序设计语言中存在逃逸变量，因而编译器需要有对它们进行处理的机制。

结构化的左值。与 C、C++ 和 Pascal 不同，Tiger 没有记录和数组变量。相反，所有的记录和数组实际上都是指向分配在堆中的数据的指针。这种省略实际上只是为了使得编译器简单；实现结构化的左值需要考虑得更多一些，但并没有实质性的新知识点。

树中间表示。Tree 语言有一个根本性的缺点：它不能描述过程的入口和出口。入口和出口由隐含在 Frame 模块中的生成 Tree 代码的过程来处理，这些过程对客户是不透明的。这意味着对于同一个程序，用 Frame 的 PentiumFrame 版本转换得到的 Tree 代码将不同于用 SparcFrame 版本转换得到 Tree 的代码——Tree 表示不是完全与机器无关的。

另外，Tree 本身表示的信息不足以表示整个程序的执行，因为视角移位（见 6.2 节）有一部分是通过过程的入口处理和出口处理来实现的，而过程的入口处理和出口处理不能用树来表示。因此，没有足够的信息可用于整个程序（跨函数边界）的优化。

Tree 表示宜作为低级中间表示，它有利于指令选择和过程内的优化。高级中间表示应当保存更多源程序的语义，包括嵌套函数、非局部变量、记录的创建（不同于不透明的外部函数调用）等概念。和通用的 Tree 语言相比，这种高级中间表示与具体源语言族的关系要更紧密。

寄存器分配。图着色寄存器分配广泛用于真实的编译器中，但是对于我们这个想要"尽可能简单"的编译器而言，使用它是否合适呢？毕竟，它需要全局数据流（活跃）分析，需要构造冲突图，等等。这会导致编译器的后端相当大。

设想一下 Tiger 编译器没有寄存器分配的情形，我们便会明白为什么这个编译器要使用图着色寄存器分配。如果没有寄存器分配，所有局部变量都必须存放在栈帧内（就像对逃逸变量所做的一样），并且仅当它们作为指令的操作数时才会被取到寄存器中。尽管通过局限于基本块的活跃分析可以消除位于单个基本块内的冗余取数指令，并且 Tree 表达式的中间结点也可以通过算法 11-2 和算法 11-1 指派到寄存器中，但是编译器的其他部分将变得非常难看：对树进行规范化（删除 ESEQ）而引入的临时变量将不得不用一种特别的方式来处理，即需要给 Tree 语言扩充一个明确指出临时变量作用域的操作符；Frame 接口在多处涉及了寄存器，现在则必须用一种更复杂的方式来处理它们。使用图着色寄存器分配使我们能够创建任意多的临时变量和传送指令，并且可依赖寄存器分配器来清除它们，从而最大程度地简化了过程调用序列和代码生成。

程序设计：过程入口/出口

实现 Frame 模块的剩余部分，包括该编译器的所有机器相关部分：寄存器集合、调用序列，以及活跃记录（栈帧）的布局。

程序 12-1 给出了 Frame.h。在其他地方已经给出了这个接口的大部分描述，剩下的部分如下。

- **registers**　机器的所有寄存器的名字组成的一张表，它将作为寄存器分配的"颜色"。
- **tempMap**　对于每一个机器寄存器，Frame 模块维护着一个特定的 Temp_temp，它表示与该寄存器对应的"预着色临时变量"。这些临时变量出现在由 CALL 结点生成的 Assem 指令中，由 procEntryExit1 生成的过程入口序列中，等等。tempMap 给出每一个预着色临时变量的"颜色"。
- **procEntryExit1**　将每一个传入的寄存器参数存放到从函数内来看它的位置。这个位置可以是栈帧内的单元（对于逃逸的参数）或是一个新的临时变量。一种较好的实现方法是，由 newFrame 创建一组 T_MOVE 语句来访问所有的形式参数。newFrame 可以将这一组语句保存到 frame 数据结构中，然后 procEntryExit1 只需要将它们与过程体连接起来即可。

　　同时连接到过程体的还有那些对被调用者保护的寄存器（包括返回地址寄存器）进行保护和恢复的语句。如果寄存器分配器没有实现溢出，则应当在过程体的开始就将所有被调用者保护的（以及返回地址）寄存器写到栈帧内，并在过程体的结尾将它们重新恢复到寄存器中。因此，procEntryExit1 应当对每一个要保护的寄存器调用 allocLocal，并生成保护和恢复这些寄存器的 T_MOVE 指令。对被调用者保护的寄存器进行保护和恢复能使寄存器分配器有足够多的可用于分配的寄存器，运气好的话，一些非平凡的程序可以成功地进行编译，无需溢出。当然有些程序没有溢出是不能成功编译的。

　　如果你的寄存器分配器实现溢出，则不应当总是将被调用者保护的寄存器写到栈帧内。如果寄存器分配器需要可分配的寄存器，它可以选择只溢出某些被调用者保护的寄存器。但是决不要溢出"预着色"的临时变量。因此，procEntryExit1 应当为每一个被调用者保护的（和返回地址）寄存器建立新的临时变量，在过程入口，将所有这些寄存器传送到它们的新临时变量单元中，在过程出口，再将它们传送回来。当然，这些传送指令（对非溢出的寄存器）将通过寄存器合并而消除，因此，它们不会有什么开销。

程序 **12-1**　接口 frame.h

```
/* frame.h */
typedef struct F_frame_ *F_frame;
typedef struct F_access_ *F_access;
typedef struct F_accessList_ *F_accessList;
struct F_accessList_ {F_access head; F_accessList tail;};
F_accessList F_AccessList(F_access head, F_accessList tail);

typedef struct F_frag_ *F_frag;
struct F_frag_ {
    enum {F_stringFrag, F_procFrag} kind;
    union {struct {Temp_label label; string str;} stringg;
           struct {T_stm body; F_frame frame;} proc;
    } u;
};
F_frag F_StringFrag(Temp_label label, string str);
F_frag F_ProcFrag(T_stm body, F_frame frame);

typedef struct F_fragList_ *F_fragList;
struct F_fragList_ {F_frag head; F_fragList tail;};
F_fragList F_FragList(F_frag head, F_fragList tail);

Temp_map F_tempMap;
Temp_tempList F_registers(void);
string F_getlabel(F_frame frame);
T_exp F_Exp(F_access acc, T_exp framePtr);
F_access F_allocLocal(F_frame f, bool escape);    (see p. 98)
F_accessList F_formals(F_frame f);    (p. 97)
Temp_label F_name(F_frame f);         (p. 96)
extern const int F_wordSize;   (p. 112)
Temp_temp F_FP(void);          (p. 112)
Temp_temp F_SP(void);
Temp_temp F_ZERO(void);
Temp_temp F_RA(void);
Temp_temp F_RV(void);          (p. 121)
F_frame F_newFrame(Temp_label name, U_boolList formals);    (p. 96)
T_exp F_externalCall(string s, T_expList args);    (p. 119)
F_frag F_string(Temp_label lab, string str);    (p. 191)
F_frag F_newProcFrag(T_stm body, F_frame frame);
T_stm F_procEntryExit1(F_frame frame, T_stm stm);    (p. 190)
AS_instrList F_procEntryExit2(AS_instrList body);    (p. 153)
AS_proc F_procEntryExit3(F_frame frame, AS_instrList body);

/* codegen.h */
AS_instrList F_codegen(F_frame f, T_stmList stmList);    (p. 150)
```

- **procEntryExit3**　生成过程入口处理和出口处理的汇编语言代码。首先（对于某些机器而言），它计算通过栈帧传递实参需要的空间大小。这个大小等于该过程体内所有 CALL 指令的实参的最大个数。不幸的是，在转换到 Assem 树之后，过程调用已与它们的参数分开，导致实参已不能明显区分出来。为此，procEntryExit2 应当扫描过程体并将实参信息记录到 frame 类型的某个新成员中，否则，procEntryExit3 应当使用一个最大的合法值。

　　一旦知道了这个大小，有关过程的入口、栈指针的调整，以及过程的出口的汇编语言代码就可以整合到一起；这些就是过程的入口处理（prologue）和出口处理（epilogue）。

- **string**　Tiger 中被转换为 F_StringFlag 片段的字符串文字常数最终必须被转换为机器相关的一段汇编语言代码，这段代码保留一片内存空间并进行初始化。函数 F_string 返回一个字符串，该字符串包含定义和初始化一个字符串文字常数所需要的汇编指令。例如，

```
F_string(Temp_namedlabel("L3"),"hello")
```

将产生典型的汇编语言代码:"L3:.ascii "hello"\n"。Translate 模块可创建一个 F_StringFrag(L3,hello)(见 7.3.3 节)；Main 模块（见后面）将通过调用 F_string 来处理它。

程序设计：创建一个可运行的编译器

使你的编译器能够生成可以运行的工作代码。

文件 $ TIGER/chap12/runtime.c 是一个 C 语言源文件，它包含若干对你的 Tiger 程序有用的外部函数。这些函数一般是通过你的编译器生成的 externalCall 来调用的。你可以根据需要修改它们。

写出模块 main.c，对于每一个输入程序 prog.tig，它调用所有其他的模块产生汇编代码文件 prog.s。prog.s 应当经过汇编（产生 prog.o）并与 runtime.o 一起连接才能生成一个可执行文件。

程序设计项目

在你的 Tiger 编译器完成之后，可以进一步考虑下面一些工作。

12.1　（用 C 语言）为你的 Tiger 编译器写一个垃圾收集器。为了增加关于记录和栈帧的描述字，你会需要修改编译器本身（见第 13 章）。

12.2　在 Tiger 中实现一阶函数值，使得函数既可以作为参数传递也可以作为返回值返回（见第 15 章）。

12.3　使 Tiger 语言是面向对象的，即用带有方法的对象替代其中的记录。构建一个这种面向对象的 Tiger 编译器（见第 14 章）。

12.4　实现诸如到达定值和可用表达式这样的数据流分析，并利用它们实现第 17 章讨论的某些优化。

12.5　考虑用其他方法来改进你的编译器生成的汇编语言，可以只讨论，也可以尝试实现。

12.6　实现指令调度，用以填充汇编语言中的分支延迟槽和隐藏取数延迟。也可以讨论怎样将这种模块集成到现存的编译器中；哪些接口需要改变？采用什么途径改变？

12.7　在你的编译器中实现"软流水"（围绕循环迭代的指令调度）。

12.8　分析 Tiger 语言本身是否适宜书写编译器？为使它成为一种更有用的语言，最少应有哪些可能的增加/改变？

12.9　在 Tiger 语言中，有些记录类型是递归的并且必须作为指针来实现；另外一些不是递归的，可以不需用指针来实现。修改你的编译器通过将非递归、非逃逸的记录保存在栈帧内而不是堆中来利用不需指针的优点。

12.10　类似地，有些数组具有编译时已知的维界，并且不是递归的，也没有将它们赋给其他的数组变量。修改你的编译器将这种数组存放在栈帧中。

12.11   实现函数的内联（见 15.4 节）。

12.12   假设一个普通的 Tiger 程序要在一台并行机（多处理机）上运行。编译器怎样才能自动
地由原来的串行程序构造一个并行程序？研究其处理方法。

第二部分 高级主题

第13章 垃 圾 收 集

垃圾（gar-bage）：不想要的或无用的东西。

韦氏词典

在堆中分配且通过任何程序变量形成的指针链都无法到达的记录称为垃圾（garbage）。垃圾占据的存储空间应当被回收，以便分配给新的记录，这一过程叫作垃圾收集（garbage collection）。垃圾收集不是由编译器完成的，而是由运行时系统完成的，运行时系统是与已编译好的代码连接在一起的一些支持程序。

理想情况下，可以将所有动态不再活跃的（即在以后的计算中不再需要的）记录都视为垃圾。但是如 10.1 节所述，我们并不总是能知道一个变量是否是活跃的，因此采用的是一种保守的近似方法：我们要求编译器保证所有活跃的（live）记录都是可到达的（reachable），并尽可能减少那些可到达的、但非活跃的记录的数量；同时，我们保留所有可到达的记录，尽管其中有些记录可能不是活跃的。

图 13-1 说明了一个要（在标记 "garbage-collect here" 处）进行垃圾收集的 Tiger 程序。作用域中只有三个程序变量：p、q 和 r。

```
let
  type list = {link: list,
               key: int}
  type tree = {key: int,
               left: tree,
               right: tree}
  function maketree() = ···
  function showtree(t: tree) = ···
in
  let var x := list{link=nil,key=7}
      var y := list{link=x,key=9}
  in x.link := y
  end;
  let var p := maketree()
      var r := p.right
      var q := r.key
  in garbage-collect here
     showtree(r)
  end
end
```

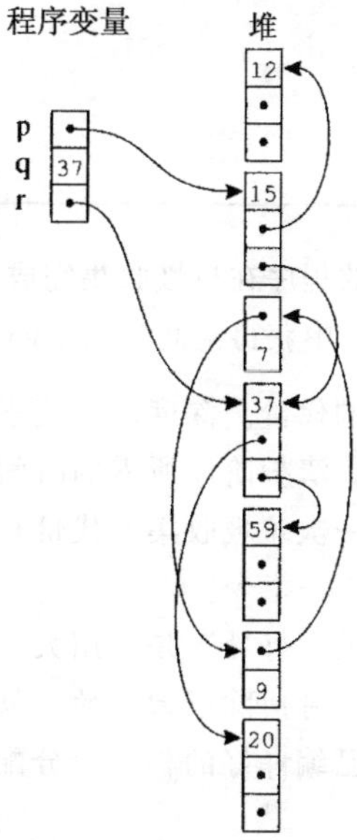

图 13-1 要进行垃圾收集的堆存储

13.1   标记-清扫式收集

程序变量和堆分配的记录构成了一个有向图。每一个程序变量是图中的一个根。如果存在着从某个根结点 r 出发，由有向边 $r \rightarrow \cdots \rightarrow n$ 组成的一条路径，则称这个结点 n 是可到达的（reachable）。类似于深度优先搜索的图搜索算法（算法 13-1）可以标记出所有可到达结点。

算法 13-1   深度优先搜索

---

function DFS(x)
    if x 是一个指向堆的指针
        if 记录 x 还没有被标记
        标记 x
        for 记录 x 的每一个域 f_i
        DFS($x.f_i$)

任何未标记的结点都一定是垃圾，应当回收。通过从第一个地址到最后一个地址对整个堆进行清扫（sweep），查找那些未标记的结点（算法 13-2，图 13-2 给出了图示说明），便可以做到这一点。那些清扫出来的垃圾可以用一个链表（称为空闲表）链接在一起。同时，清扫阶段应当清除所有已标记结点的标记，以便为下一次垃圾收集做准备。

算法 13-2   标记-清扫式垃圾收集

标记阶段：
    for 每一个根 v
        DFS(v)

清扫阶段：
    $p \leftarrow$ 堆中第一个地址
    while $p <$ 堆中最后一个地址
        if 记录 p 已标记
        去掉 p 的标记
        else 令 f_1 为 p 中的第一个域
        $p.f_1 \leftarrow$ freelist
        freelist$\leftarrow p$
        $p \leftarrow p +$ (size of record p)

已编译好的程序在垃圾收集完成之后将恢复继续执行。每当它需要在堆中分配一个新的记录时，便从空闲表中获得空间。当空闲表为空时，则是开始另一次垃圾收集来补充空闲表的好时机。

垃圾收集的代价。深度优先搜索所需的时间与它标记的结点个数成正比，即与可到达数据的数量成正比。清扫阶段所需的时间与堆的大小成正比。假设在大小为 H 的堆中有 R 个字的可到达数据，则一次垃圾收集的代价是 $c_1 R + c_2 H$，其中 c_1 和 c_2 是常数；例如，c_1 可能是 10 条指令，c_2 可能是 3 条指令。

收集得到的"好处"是可用大小为 $H - R$ 个字的自由存储单元补充空闲表。因此，我们可以将收集所花的时间除以回收的垃圾数量所得的结果作为收集的分摊代价（amortized cost）。也就是说，对于已编译好的程序所分配的每一个字，有一个最终的垃圾收集代价：

$$\frac{c_1 R + c_2 H}{H - R}$$

如果 R 接近于 H，这个代价就会非常大：每一次垃圾收集仅回收几个字的垃圾。如果 H 比 R 大得多，则每个已分配字的代价近似地为 c_2，即每个已分配字的垃圾收集代价约为 3 条指令。

这种垃圾收集器可直接度量出 H（堆大小）和 $H-R$（空闲表大小）。在一次收集之后，当 R/H 大于 0.5（或其他某个标准）时，收集器应当向操作系统申请更多的存储单元以增大 H。这样，每个已分配字的代价将大约为 c_1+2c_2，即大概每字 16 条指令。

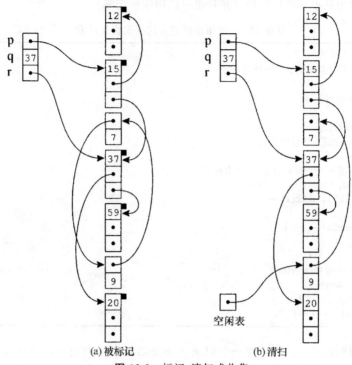

(a) 被标记　　　　　　(b) 清扫

图 13-2 标记-清扫式收集

使用一个显式的栈。 DFS 算法是递归算法，它的最大递归深度与可到达数据图中的最长路径的长度相等。最坏情况下可能存在长度为 H 的路径，这意味着活动记录栈有可能超过整个堆的大小！

为了解决这个问题，我们使用一个显式栈（而不是通过递归），如算法 13-3 所示。现在，这个栈仍有可能生长到 H 大小，但它至少只是 H 个字而不是 H 个活动记录。尽管如此，要求辅助栈的存储空间大小与被分配的堆空间大小相同仍然是不能接受的。

算法 13-3 使用显式栈的深度优先搜索

```
function DFS(x)
    if x 是一个指针并且记录 x 没有标记
        标记 x
        t←1
        stack[t]←x
        while t > 0
            x←stack[t]; t←t-1
            for 记录 x 的每一个域 f_i
                if x.f_i 是一个指针并且记录 x.f_i 没有标记
                    标记 x.f_i
                    t←t+1;    stack[t]←x.f_i
```

　　指针逆转。 在记录域 $x.f_i$ 的内容被压入栈后，算法 13-3 将不再查看原来的 $x.f_i$。这意味着我们可以使用 $x.f_i$ 来存储栈自身的一个元素！这种极为聪明的思想称作指针逆转（pointer reversal），因为它能使 $x.f_i$ 反指向这样一个记录：从该记录可到达 x。之后，当从栈中弹出 $x.f_i$ 的内容时，再将域 $x.f_i$ 恢复为它原来的值。

276

　　算法 13-4 要求每个记录有一个名为 done 的域，用以指明一个记录中有多少个域已被处理过，它在每个记录中只占几个比特位（并且也可以用作标记域）。

算法 13-4　使用指针逆转的深度优先搜索

```
function DFS(x)
    if x 是一个指针并且记录 x 没有标记
        t ← nil
        标记 x;   done[x] ← 0
        while true
            i ← done[x]
            if i < 记录 x 中域的个数
                y ← x.fᵢ
                if y 是一个指针并且记录 y 没有标记
                    x.fᵢ ← t;   t ← x;   x ← y
                    标记 x;   done[x] ← 0
                else
                    done[x] ← i + 1
            else
                y ← x;   x ← t
                if x = nil then return
                i ← done[x]
                t ← x.fᵢ;   x.fᵢ ← y
                done[x] ← i + 1
```

　　变量 t 用于指明栈顶，栈内的每一个记录 x 都是已标记了的记录，并且如果 $i = \text{done}[x]$，则 $x.f_i$ 是链接下面一个结点的"栈链"。当对栈执行弹出操作时，$x.f_i$ 则恢复为它原来的值。

　　空闲表数组。 不论采用何种标记算法，清扫阶段都是一样的：它只是简单地将未标记的记录置于空闲表中，并清除带标记的记录中的标记。但是，如果记录的大小各不相同，则对分配器而言，采用简单链表的效率将不会很高。因为当要分配一个大小为 n 的记录时，为了找到适当大小的空闲块，分配器可能不得不沿着链表向下搜索较长的路径。

　　一种较好的解决方法是使用一个由若干个空闲表组成的数组，使得 freelist[i] 是所有大小为 i 的记录组成的链表。这样，当程序要分配一个大小为 i 的结点时，只需取 freelist[i] 的表头即可。收集器的清扫阶段可以将每一个大小为 j 的结点放在 freelist[j] 的表头处。

　　如果程序企图从一个空的 freelist[i] 进行分配，它可以从 freelist[j]（$j > i$）抢夺一个较大的记录，并分割这个记录（将未用的部分放回到 freelist[$j-i$]）。如果不能这样做，那么就到了应该调用垃圾收集器补充空闲表的时候了。

　　碎片。 有时会出现这种情况：程序想要分配一个大小为 n 的记录，并且有许多小于 n 的空闲记录，但却没有所需大小的记录。这种情形叫作外部碎片（external fragmentation）。另一方面，内部碎片（internal fragmentation）发生在程序使用了一个太大的记录并且没有对它进行分割时，这种情况使得未使用的存储空间位于记录之内而不是在记录之外。

277

13.2 引用计数

有一天，一个学生来见 Moon 教授，并对他说：“我知道如何构造一个更好的垃圾收集器。我们必须保存指向每一个结构的指针的引用计数。”

Moon 教授耐心地给学生讲了下面的故事：

“有一天，一个学生来见 Moon 教授并对他说：‘我知道如何构造一个更好的垃圾收集器……’”

（麻省理工学院的人工智能禅语，作者 Danny Hillis）

标记-清扫式收集通过首先找出哪些记录是可到达的来识别垃圾。实际上，通过记住每一个记录有多少个指针指向它便可直接做到这一点：这个计数叫作记录的引用计数（reference count），它与每一个记录存储在一起。

编译器要生成一些额外的指令，使得每当将 p 存储到 $x.f_i$ 时便增加 p 的引用计数，并减少 $x.f_i$ 以前指向的记录的引用计数。如果某个记录 r 的引用计数减少为零，则需将 r 放到空闲表中，并且减少 r 指向的所有其他记录的引用计数。

除了在将 r 放到空闲表时减少 $r.f_i$ 的计数外，另一种更好的做法是在将 r 从空闲表中删除时，“递归地”减少 $r.f_i$ 的计数，这样做有两个原因。

（1）它能将“递归减少”的动作分解为较短的操作，从而使得程序的运行更为平滑（这只对交互式程序或实时程序有意义）。

（2）编译器（在每一个做减少操作的地方）必须生成这样的代码：检查计数是否为 0，并在为 0 的情况下将记录放到空闲表中。但用递归减少的做法，递归减少动作只需在一个地方进行，即在分配器中。

引用计数收集似乎简单而有吸引力，但是它存在两个主要的问题。

（1）无法回收构成环的垃圾。例如在图 13-1 中，存在着一个由表元素组成的环（它们的键值是 7 和 9），这些元素是从程序变量不可到达的，但是每一个表元素的引用计数都为 1。

（2）增加引用计数所需的操作代价非常大。对于每一条机器指令 $x.f_i \leftarrow p$，程序都必须执行下述代码。

```
z          ← x.fi
c          ← z.count
c          ← c − 1
z.count ← c
if c = 0 call putOnFreelist
x.fi       ← p
c          ← p.count
c          ← c + 1
p.count ← c
```

一个简单质朴的引用计数器会对程序变量的每一次赋值都执行这种增加和减少计数的动作。这样做的代价极其昂贵，因此要尽量利用数据流分析来消除这种增/减计数器的操作：每当读取一个指针值，然后通过局部变量传播它时，编译器能够将对相关的计数器的多次改变操作汇总成一次增加计数操作，或完全不产生额外的指令（当净改变是 0 时）。但即使采用这种技术，也仍然会余留很多增/减引用计数器的操作，并且它们的代价很大。

有两种可行的"环"问题解决方法。第一种方法简单地要求程序员在使用一个数据结构时显式地解开所有的环。这比显式地调用 free（在完全没有垃圾收集情况下必须做的动作）的烦恼要少些，但是很难保证每一个程序员都优雅地做到这一点。第二种解决方法是将引用计数（用于急切的且非破坏性的垃圾回收）与偶尔的标记–清扫（用于回收环）相结合。

总体来讲，引用计数的问题超过了它的优点，所以它很少在程序设计环境中用于自动存储管理。

13.3　复制式收集

堆中的可到达部分是一个有向图，堆中的记录是图中的结点，指针是图中的边，每一个程序变量在图中是一个根。复制式垃圾收集（copying garbage collection）遍历这个图（堆中称为 from-space 的部分），并在堆的新区域（称为 to-space）建立一个同构的副本。副本 to-space 是紧凑的，它占据连续的、不含碎片的存储单元（即在可到达数据之间没有零散分布的空闲记录）。原来指向 from-space 的所有的根在复制之后变成指向 to-space 副本；在此之后，整个from-space（垃圾，加上以前可到达的图）便成为不可到达的。

图 13-3 举例说明了在进行复制式收集之前和之后的情形。在收集之前，因为 next 已到达limit，所以 from-space 允满了可到达结点和垃圾，已没有剩余的空间可用于分配。在收集之后，位于 next 和 limit 之间的 to-space 区域可用于已编译好的程序分配新记录。因为新分配的区域是连续的，故给指针 p 分配一个大小为 n 的记录非常容易：只需将 next 复制给 p，并使 next 增加 n 即可。复制式收集没有碎片问题。

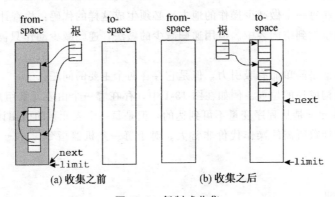

图 13-3　复制式收集

最终，程序将由于已分配了足够多的空间而使 next 到达 limit；于是需要另一次垃圾收集。此时 from-space 和 to-space 将交换角色，并再次复制可到达数据。

收集的初始化。 为了开始一次新的收集，初始化指针 next 使其指向 to-space 的开始。每当在 from-space 发现一个可到达记录，便将它复制到 to-space 的 next 所指的位置，同时使 next 增加该记录的大小。

转递。 复制式收集的基本操作是转递（forwarding）指针，即使一个指向 from-space 的指针 p 转而指向 to-space（算法 13-5）。

存在如下三种情形。

（1）如果 p 指向的是 from-space 中一个已复制过的记录，则 $p.f_1$ 是一个指明副本在何处的特殊的转递指针（forwarding pointer）。通过指针指向 to-space 内这一事实可识别出这种转递指针，因为原来的 from-space 域中不会有指向 to-space 的域。

（2）如果 p 指向 from-space 中一个还未复制过的记录，则将它复制到 next 所指的位置；同时将转递指针赋给 $p.f_1$。此时写 from-space 中原来那个记录的域 f_1 是合法的，因为所有数据都已复制到了 to-space 的 next 处。

281

（3）如果 p 不是指针，或者指向的是 from-space 之外的指针（指向垃圾收集区域之外的记录，或指向 to-space），则转递 p 不做任何事情。

算法 13-5   转递指针

```
function Forward(p)
    if p 指向 from-space
        then if p.f₁ 指向 to-space
            then return p.f₁
            else for p 的每一个域 fᵢ
                next.fᵢ ← p.fᵢ
                p.f₁ ← next
                next ← next + 记录 p 的大小
                return p.f₁
        else return p
```

Cheney 算法。 最简单的复制式收集算法使用宽度优先搜索对可到达数据进行遍历（算法 13-6，图 13-4 给出了图示说明）。首先，它转递所有的根结点，这会导致连带复制少数几个记录（这是一些从根结点指针直接可到达的记录）到 to-space，并由此增加 next。

算法 13-6   宽度优先复制式垃圾收集

```
scan ← next ← to-space 的开始
for 每一个根 r
    r ← Forward(r)
while scan < next
    for scan 处的那个记录的每一个域 fᵢ
        scan.fᵢ ← Forward(scan.fᵢ)
    scan ← scan + scan 处的那个记录的大小
```

位于 scan 和 next 之间的区域包含的是已复制到 to-space 但其子域还未转递的记录：一般而言，这些子域指向 from-space。位于 to-space 开始和 scan 之间的区域包含的是已复制并已转递的记录，因此这个区域中的所有指针都指向 to-space。算法 13-6 的 **while** 循环使 scan 向 next 移动，不过复制记录也会导致 next 移动。最终，当所有可到达数据都被复制到 to-space 之后，scan 将追上 next。

Cheney 算法不需要外部的栈，也不需要逆转指针：它使用 scan 和 next 之间的 to-space 区域作为其宽度优先搜索队列。这使得它的实现比采用指针逆转的深度优先搜索简单得多。

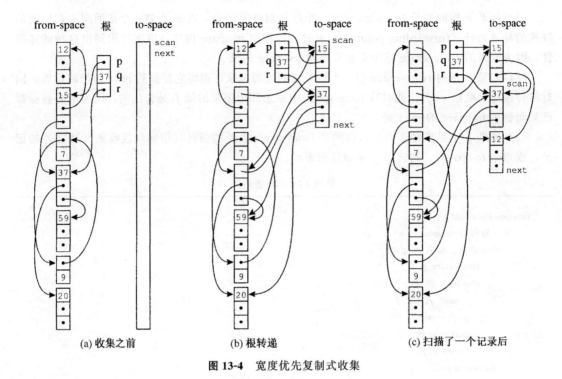

(a) 收集之前　　　　　　　(b) 根转递　　　　　　　(c) 扫描了一个记录后

图 13-4　宽度优先复制式收集

引用的局部性。但是，采用宽度优先顺序复制的指针数据结构的引用局部性较差：如果一个位于地址 a 的记录指向另一个位于地址 b 的记录，则 a 和 b 很可能会相距很远。相反，位于地址 $a+8$ 的记录却很可能与位于地址 a 的记录无关。那些被复制的相互离得较近的记录是与根的距离相等的一些记录。

在有虚拟存储器或高速缓存的计算机系统中，具有良好的引用局部性非常重要。当程序从地址 a 读取了数据后，存储器子系统会预期不久将读取地址 a 附近的数据。这样便可以保证能够快速地访问包含 a 及其邻近地址的整个页面或高速缓存行。

假设程序是沿着链表中由 n 个指针组成的指针链读取数据的。如果表中的记录在存储器内是分散的，例如每个页面（或高速缓存行）一个记录且页面中包含的是完全不相关的数据，则将需要 n 个不同的活跃页或高速缓存行。但是，如果链中连续的记录有相邻的地址，则只需要 n/k 个活跃页（或高速缓存行），其中每页（或高速缓存行）容纳 k 个记录。

深度优先复制能得到更好的局部性，因为每一个对象 a 往往与它的第一个儿子 b 相邻；除非 b 已与另一个"父亲"a'相邻。a 的其他儿子可能不与 a 相邻，但如果子树 b 较小，则它们应该会在 a 的附近。

但是深度优先复制需要指针逆转，这既不方便也较慢。一种混合的方法，即部分采用深度优先和部分采用宽度优先的算法，能提供可接受的局部性。它的基本思想是使用宽度优先复制，但每当复制一个对象时，要查看是否有某个儿子可以复制在它附近（算法 13-7）。

垃圾收集的代价。宽度优先搜索（或半深度优先的变种）的时间与它标记的结点数量成正比；即 c_3R，其中 c_3 是常数（约为 10 条指令）。因为没有清扫阶段，故 c_3R 是总的收集代价。因为堆被分成两半，故每一次收集回收 $H/2-R$ 个字，且这些字是下一次收集之前可用于分配的字。因此分摊的收集代价是每个分配字

$$\frac{c_3 R}{\frac{H}{2} - R}$$

条指令。

算法 13-7　半深度优先转递

```
function Forward(p)
    if p 指向 from-space
        then if p.f₁ 指向 to-space
            then return p.f₁
            else Chase(p); return p.f₁
        else  return p

function Chase(p)
    repeat
        q ← next
        next ← next + 记录 p 的大小
        r ← nil
        for 记录 p 的每一个域 fᵢ
            q.fᵢ ← p.fᵢ
            if q.fᵢ 指向 from-space 且 q.fᵢ.f₁ 不指向 to-space
            then r ← q.fᵢ
        p.f₁ ← q
        p ← r
    until p = nil
```

当 H 的增长远远超过 R 时，这个代价将接近于 0。也就是说，不存在固有的垃圾收集代价的下界。在一个更为真实的设置中 $H = 4R$，其代价是每个已分配字大约 10 条指令。在空间和时间上这个代价都相当大：它需要的存储空间是可到达数据的 4 倍，并且对于每一个已分配的 4 字对象，需要 40 条指令的开销。为了显著地减少空间和时间，一般使用分代收集（generational collection）。

13.4　分代收集

在许多程序中，新创建的对象有可能很快便死去；但一些经过多次垃圾收集之后仍然是可到达的对象则很可能再经过多次的垃圾收集之后还是可达到的。因此，收集器应当将它的注意力集中在那些较"年轻"的数据上，因为它们的存储单元成为垃圾的可能性较高。

我们将堆划分成若干"代"，最年轻的（即最近分配的）对象属于 G_0 代；所有属于 G_1 代的对象都比 G_0 代的对象要"老"；所有属于 G_2 代的对象都比 G_1 代的对象要"老"，依此类推。

为了只收集 G_0 中的对象（通过标记–清扫式方法或通过复制式方法），收集器只需要从根结点开始进行深度优先标记或宽度优先复制（或半深度优先复制）。不过此时这些根不仅仅是程序变量，其中还包括 $G_1, G_2, \cdots$ 中那些指向 G_0 中对象的指针。如果这种指针太多的话，则处理这些根结点所花的时间可能要多于遍历 G_0 代中可到达对象的时间！

幸运的是，极少出现较老的对象指向年轻得多的对象的情况。在许多常见的程序设计风格中，每当创建一个对象 a 时，通常会立即对它的各个域进行初始化，例如可能使它的两个域分别指向 b 和 c，而此时 b 和 c 已经存在，它们都比 a 要"老"。因此我们有一个指向较老对象的新对象。一个较老的对象 b 能够指向一个较新的对象 a 的唯一途径是：在创建对象 b 很长时间

后才更新 b 的某个域；但这种情况是很少出现的。

为了避免在所有的 $G_1, G_2, \cdots$ 中搜索 G_0 的各个根结点，我们让编译好的程序记住何处存在有这种从老对象指向新对象的指针。有几种方法可实现这种记忆。

- **记忆表**：编译器在每一条形如 $b.f_i \leftarrow a$ 的对存储器进行更新的存储指令之后，生成将 b 加入一个由被更新过的对象组成的向量中的代码。然后在每次垃圾收集时，收集器扫描这个记忆表来寻找指向 G_0 的老对象 b。

- **记忆集合**：与记忆表类似，但它是用对象 b 内的 1 位来记录 b 已在更新对象向量中。然后由编译器生成的代码可以查看这 1 位，以避免在向量中重复引用 b。

- **卡片标记**：将存储器分成大小为 2^k 字节的许多逻辑"卡片"。一个对象可以占一张卡片的一部分，也可以从一张卡片的中间开始并延续到下一张卡片。每当更新地址 b 时，包含地址 b 的那张卡片便被标记。有一个用作标记的字节数组，字节索引可由 b 的地址右移 2^k 位而获得。

- **页标记**：它类似于卡片标记，但如果 2^k 与页的大小相同，则可以使用计算机的虚拟存储器系统替代由编译器生成额外的指令。对老一代的更改将导致在那一页设置一个脏位（dirty bit）。在操作系统不允许用户程序使用这种脏位的情况下，用户程序可以这样来实现对脏位的设置：对该页设置写保护并要求操作系统将违背保护的访问提交给用户模式下的页失效异常处理程序，由这个程序来记录脏位并解除对该页的保护。

在垃圾收集开始时，记忆集合指出老一代中哪些对象（或卡片、页）有可能包含指向 G_0 代的指针；需要扫描这些指针来寻找出所有的根结点。

收集器可以使用算法 13-2 或算法 13-6 来收集 G_0 代：此时的"堆"或"from-space"即 G_0，"to-space"是一个新的足以容纳 G_0 中所有可到达对象的区域，而"根结点"则包括程序变量和记忆集合。指向较老一代的指针保持不变：标记算法不标记老一代中的记录，复制算法逐字地复制这种指针但不传递它们。

在对 G_0 进行了若干次收集后，G_1 可能积累了相当多的应当收集的垃圾。由于 G_0 可能包含许多指向 G_1 的指针，最好将 G_0 和 G_1 合在一起进行收集。同前面一样，也必须扫描记忆集合寻找 $G_2, G_3, \cdots$ 中的根结点。甚至在很少的情况下也还可能对 G_2 进行收集，如此等等（见图 13-5）。

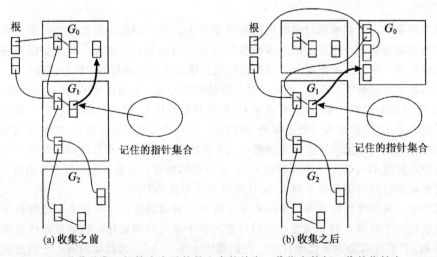

图 13-5 分代收集。粗箭头表示的是少有的从老一代指向较新一代的指针之一

和其下一代的空间相比，每个较老一代的空间都呈指数级增长。如果 G_0 是 0.5MB，则 G_1 可能是 2MB，G_2 就可能是 8MB，依此类推。当一个对象经历了对 G_i 的两到三次收集之后仍是可到达的，就应当将它从 G_i 提升到 G_{i+1}。

分代收集的代价。不知道以实验为基础的关于对象生命期分布的详细信息，我们就无法分析分代收集的行为。不过，在实际中常见的情况是，最年轻一代中的活跃数据一般都小于 10%。在采用复制式收集器的情况下，这意味着这一代的 H/R 值是 10，因此分摊到每个回收字的代价是 $c_3 R/(10R-R)$，或大约 1 条指令。如果 G_0 中约有 50~100KB 的可到达数据，且在最年轻一代中 $H=10R$，则"浪费"的空间大约是 1MB。在 50MB 的多代系统中，这种代价是很小的。

对较老的一代进行收集的代价要大一些。为了避免使用太多的空间，对老一代可以使用较小的比值 H/R。这样虽会增加老一代收集所花的时间，但由于对老一代进行收集的情况很少发生，因此总的分摊时间开销仍然会比较理想。

维护记忆集合也需要花时间。为了将一个对象加入到记忆集合，然后处理此集合中该对象的登记项，每一个指针更新约需 10 条指令。如果程序进行的指针更新大大超过新空间的分配，则分代收集的代价可能会高于非分代收集的代价。

13.5 增量式收集

尽管整个垃圾收集所需的时间占全部计算时间的百分比非常小，但收集器还是偶尔会有较长一段时间中断程序运行的情况。对于交互式程序或实时程序而言，这种情况是不受欢迎的。增量式的或并发的垃圾收集算法是在程序执行的同时插入垃圾收集动作，从而可避免对程序较长时间的中断。

287

术语。收集器（collector）试图收集垃圾；与此同时，编译好的程序则不断地使可到达数据图发生改变（变异），因此，称它为变异器（mutator）。在增量式（incremental）算法中，仅当变异器需要时，收集器才进行操作；并且收集器的操作可以在变异器执行的任意两条指令之间，或在其执行的任意指令期间，以一种并发的方式来进行。

三色标记（tricolor marking）。在标记-清扫式或复制式垃圾收集方式中，有以下三种记录。

- **白色**对象是用深度优先或宽度优先搜索那些还未访问过的对象。
- **灰色**对象是那些已经被访问过（标记或复制），但其儿子还未被查看过的对象。在标记-清扫式收集中，这些对象是栈中的对象；在 Cheney 复制式收集中，它们是处在 scan 和 next 之间的对象。
- **黑色**对象是那些已经被标记过，并且其儿子也已被标记过的对象。在标记-清扫式收集中，这些对象是已从栈中弹出的对象；在 Cheney 算法中，它们是已经被扫描过的对象。

收集过程从所有白色对象开始，收集器执行算法 13-8，它将灰色对象改变成黑色，并使它们的白色儿子变为灰色。将一个对象由灰色变成黑色隐含着将它从栈中或队列中移出，将一个对象变成灰色隐含着将它放至栈中或队列中。当已没有灰色对象时，所有白色对象都一定是垃圾。

算法 13-8　基本的三色标记

---

while 存在任何灰色对象
　选择一个灰色记录 p
　for p 的每一个域 f_i
　　if 记录 $p.f_i$ 是白色
　　　将记录 $p.f_i$ 涂成灰色
　将记录 p 涂成黑色

算法 13-8 是迄今介绍的所有标记-清扫式和复制式算法（算法 13-1、算法 13-2、算法13-3、算法 13-4 和算法 13-6）的概括。

所有这些算法都保持了下面两个自然的不变式。

（1）不会有黑色对象指向白色对象。

（2）每一个灰色对象都位于收集器的（栈或队列）数据结构中（我们称之为灰色集合）。

在收集器操作期间，变异器创建新的对象（什么颜色？）并更新已有对象的指针域。如果变异器违背了上述两个不变式之一，收集器就不能正确工作。

大部分增量式或并发收集算法都基于允许变异器在保持这两个不变式的前提下完成工作的技术，下面是一些例子。

- **Dijkstra、Lamport 等人的算法**。每当变异器将一个白色的指针 a 存储到一个黑色的对象 b 时，它便会将 a 涂成灰色的（编译器在每一条存储指令处生成对此进行检查的额外的指令）。

- **Steele 算法**。每当变异器将一个白色的指针 a 存储到一个黑色的对象 b 时，它便会将 b 涂成灰色的（利用由编译器生成的额外指令）。

- **Boehm、Demers、Shenker 算法**。将全都是黑色的页标记为虚存系统中的只读页。每当变异器将一个值存储到一个全黑的页时，页失效便会将那一页中的所有对象都标记成灰色的（并使得这一页成为可写的）。

- **Baker 算法**。每当变异器读取一个指向白色对象的指针 b 时，它便会将 b 涂成灰色的。变异器决不会持有一个指向白色对象的指针，因此它不会违背不变式 1。检查 b 的颜色的指令是由编译器生成的，它们位于每一条取指令之后。

- **Appel、Ellis、Li 算法**。每当变异器从任何含有非黑色对象的虚存页中读取一个指针 b 时，页失效处理程序便会将那个页中的每一个对象改变为黑色的（同时使得这些对象的儿子变成灰色的）。因此变异器决不会持有一个指向白色对象的指针。

这些算法中的前三个是栅栏写（write-barrier）算法，这意味着必须对变异器所执行的每一条写数（即存数）指令进行检查以确保其遵守相关的不变式。最后两个算法是栅栏读（read-barrier）算法，这意味着读数（即取数）指令是必须进行检查的指令。我们前面在分代收集中已见到了栅栏写的算法：记忆表、记忆集合、卡片标记和页标记都是栅栏写的不同实现。类似地，栅栏读也可以用软件（例如 Baker 算法）或虚拟存储器硬件来实现。

栅栏写或栅栏读的任何实现都必须与收集器同步。例如，在 Dijkstra 风格的收集器企图将一个白色的结点改变为灰色（并将它放到灰色集合中）的同时，变异器也正处在将该结点改变为灰色（并将它放到灰色集合中）的过程中。因此，用软件实现栅栏读或栅栏写需要显式地使用同步指令，而这种指令的代价是很大的。

而使用虚拟存储器硬件的实现则可以利用页失效所隐含的同步：当变异器在某页发生了页失效时，操作系统会保证在完成对该页的处理之前不会有其他进程访问该页。

13.6　Baker 算法

Baker 算法说明了增量式收集的细节。它是基于 Cheney 复制式收集算法的，因此要将可到达对象从 from-space 转递到 to-space。Baker 算法可与分代收集兼容，这样 from-space 和 to-space 可以用于 G_0 代，也可以用于 $G_0 + \cdots + G_k$ 代。

为了启动垃圾收集（这发生在分配请求由于缺乏可用的存储空间而失败时），（原来的）from-space 和 to-space 的角色要进行交换，并且要转递所有的根结点，这个过程叫作翻转（flip）。然后变异器恢复执行；但每次变异器调用分配器申请一个新记录时，会扫描 scan 处的几个指针，使得 scan 向 next 推进。然后通过将 limit 减小适当的数量而在 to-space 的末尾分配一个新的记录。

这里的不变式是：变异器只具有指向 to-space 的指针（绝不会指向 from-space）。因此，当变异器分配一个新记录并对它进行初始化时，不需扫描该记录；当变异器存储一个指针到老记录时，它存储的只是一个指向 to-space 的指针。

如果变异器读取记录域，则它有可能会破坏这个不变式。因此在每一条读记录域的指令之后需要有两到三条指令检查被取的指针是否指向 from-space。如果指向 from-space，该指针必须立即使用标准的转递算法进行转换。

对于每个已分配的字，分配器一定会使 scan 向前移动至少一个字。当 scan＝next 时，收集过程将终止并一直到下一次分配器没有空间可分配时才会再次运行。如果堆空间被分为大小为 $H/2$ 的两半，并且 $R < H/4$，则在 next 延伸到 to-space 的一半之前，scan 将赶上 next；并且在此时，新分配的记录所占的空间将不到 to-space 的一半。

Baker 算法在翻转时复制的数据并不会多于活跃的数据。因为在收集期间分配的记录不经过扫描，所以不会增加收集的代价。因此，收集代价是 $c_3 R$。但是，还存在着（在每一个分配点）对是否需要增量扫描进行检查的代价，这个代价与 $H/2 - R$ 成正比。

Baker 算法的最大代价是为了维持不变式而在每条取数指令之后增加的额外指令。如果每隔 10 条指令就有一条读取堆记录的指令，并且这些指令需要两条额外的指令来测试它是否是一个 from-space 指针，则仅用于维持不变式的开销就至少是 20%。所有用软件实现栅栏读/写的增量式或并发式算法对普通的变异器操作都存在着相当大的开销代价。

290

13.7　编译器接口

支持垃圾收集语言的编译器通过在所产生的分配记录的代码中给出每一次垃圾收集的根结点的位置描述以及堆中数据记录的布局描述来与垃圾收集器相互作用。对于某些增量式垃圾收集的版本，编译器还必须生成实现栅栏读或栅栏写的指令。

13.7.1　快速分配

有些程序设计语言（和某些程序）分配堆数据（和产生垃圾）的速度非常快。用函数式语言编写的程序尤其是这样，因为它不鼓励对旧数据进行更新。

对于一个合理的程序，我们能设想到的最多的分配（和垃圾）是每条存储指令分配一个字，这是因为堆分配记录中的每一个字通常都会被初始化。经验性的测试表明，大约每执行 7 条指令就有一条是存储指令，这个结论几乎与程序设计语言或程序无关。因此，每执行一条指令（至多）就有 1/7 个字的分配。

假设通过适当调整分代收集器可减少垃圾收集的代价，但即使这样，堆记录的创建代价仍然还是相当大。为了尽可能地减少这种代价，应当使用复制式收集，使得分配的空间是连续的空闲区域；这个区域的末端是 limit，而 next 则指向下一个空闲单元。为了分配一个大小为 N 的记录，其步骤如下。

(1) 调用存储分配函数。

(2) 测试 next$+N<$limit 是否成立。（若不成立，调用垃圾收集器。）

(3) 将 next 复制到 result。

(4) 清除 $M[\text{next}], M[\text{next}+1], \cdots, M[\text{next}+N-1]$。

(5) next$\leftarrow$next$+N$。

(6) 从分配函数返回。

A. 将 result 传送到计算上有用的某个地方。

B. 将要用的值存储到该记录。

通过在所有分配记录的地方对分配函数进行内联扩展可消除步骤 1 和步骤 6。步骤 3 常常可与步骤 A 合并进而得以消除，因为有步骤 B，所以可以消除步骤 4（步骤 A 和步骤 B 没有编号是因为它们属于有用的计算，而不属于分配开销）。

不能消除步骤 2 和步骤 5，但如果在同一个基本块中（或在同一条轨迹中，见 8.2 节）有多个分配，则可在多个分配之间共用比较操作和自增操作。通过将 next 和 limit 存放在寄存器中，步骤 2 和步骤 5 总共只需 3 条指令。

通过这些技术的组合，分配一个记录（以及最终垃圾回收它）的代价可以减少到约需要 4 条指令。这意味着在平常的程序设计中可以有效地使用诸如长效二叉搜索树（persistent binary search tree，5.1.3 节）这样的程序设计技术。

13.7.2　数据布局的描述

收集器必须能够操作各种类型的记录，如链表、树以及程序能声明的任何类型。它必须能够确定每一个记录中域的个数，以及每一个域是否为指针。

对于静态类型语言（如 Tiger 或 Pascal）或面向对象的语言（如 Java 或 Modula-3）识别堆对象最简单的方法是让每个对象的第一个字指向一个特殊的类型（或类）描述字记录。这个记录给出对象的总大小和每一个指针域的位置。

对于静态类型语言，每个记录有一字的开销用于垃圾收集器。但是面向对象的语言在每个对象中需要这个字正好可以用来实现动态方法的查找，因此每个对象没有额外的用于垃圾收集的开销。

编译器必须根据语义分析阶段计算出的静态类型信息生成类型或类的描述字，并将该描述字的指针作为运行时系统的存储分配函数 alloc 的参数。

除了描述每个堆记录外，编译器还必须为收集器标识出那些存放指针的临时变量或局部变量，并指出它们是存放在一个寄存器中还是在一个活动记录中。因为每一条指令都有可能使得活跃临时变量集合发生改变，故指针映像（pointer map）在程序的每一点都是不同的。因此，较简单的方法是，仅在那些可以开始一次新的垃圾收集的点上才描述指针映像。这些点是 alloc 函数的调用点；另外，由于调用的其他函数内也有可能再调用 alloc，在每一个函数的调用点都必须描述指针映像。

指针映像最好以返回地址作为键值：在位置 a 的一个函数调用最好用它的返回地址来描述，即紧跟在 a 后面的地址，因为这个返回地址是收集器在下一个被激活的活动记录中能看到的内容。指针映像数据结构会将返回地址映射到活跃指针集合；对于每一个紧跟在这个调用之后的活跃指针，指针映像都会指出它的寄存器号或栈帧中的位置。

为了找出所有的根结点，收集器从栈顶开始逐个栈帧地向下扫描，每一个返回地址键值对应一个指针映像登记项，该登记项描述下一个栈帧。在每一个栈帧内，收集器从栈帧内的指针开始进行标记（或在复制式收集的情况下进行转递）。

对被调用者保护的寄存器需要进行特殊的处理。假设函数 f 调用了函数 g，而 g 又调用了函数 h。函数 h 知道自己在栈帧内保存了一些被调用者保护的寄存器，并在其指针映像中反映了这一事实，但是 h 并不知道这些寄存器中哪些是指针。因此，g 的指针映像必须指出在调 h 时它的被调用者保护的寄存器中哪些是指针，哪些是从 f "继承的"。

13.7.3 导出指针

有时候，已编译好的程序会有一个指向一个堆记录中间的指针，或者有一些分别指向该记录之前或之后的指针。例如，对于表达式 a[i-2000]，在内部可能被计算成 M[a-2000+i]：

$$t_1 \leftarrow a - 2000$$
$$t_2 \leftarrow t_1 + i$$
$$t_3 \leftarrow M[t_2]$$

如果表达式 a[i-2000] 出现在循环内，编译器可能会选择将 $t_1 \leftarrow a - 2000$ 提升到循环外执行，以避免在每次迭代中都重复计算它。如果这个循环也包含了对 alloc 函数的调用，并且垃圾收集发生在 t_1 活跃时，那么收集器是否会被指针 t_1 并没有指向一个对象的开始处，更为糟糕的是它可能指向一个毫不相关的对象而搞糊涂呢？

我们说这个 t_1 是由基（base）指针 a 导出的（derived）。指针映像必须标识出每一个导出指针（derived pointer），并指出导出它的基指针。于是，当收集器将 a 重新定位到地址 a' 时，它必须调整 t_1 使之指向地址 $t_1 + a' - a$。

当然，这意味着只要 t_1 是活跃的，a 就必须保持是活跃的。考虑下面左边的循环，右边是它的实现：

`let`	$r_1 \leftarrow 100$
`var a := intarray[100] of 0`	$r_2 \leftarrow 0$
	`call alloc`
	$a \leftarrow r_1$
`in`	$t_1 \leftarrow a - 2000$
`for i := 1930 to 1990`	$i \leftarrow 1930$
`do f(a[i-2000])`	$L_1 : r_1 \leftarrow M[t_1 + i]$
	`call f`
`end`	$L_2 : \text{if } i \leqslant 1990 \text{ goto } L_1$

如果没有其他地方使用临时变量 a，在对 t_1 赋值之后 a 就将死去。但是这样一来，与返回地址 L_2 相关联的指针映像将不能恰当地 "解释" t_1。因此，为了便于编译器的活跃分析，一个导出的指针将隐含地保持其基指针是活跃的。

程序设计：描述字

实现用于 Tiger 编译器的记录描述字和指针映像。

对于每一个记录类型的声明，构造一个字符串字面量作为记录描述字。这个字符串的长度应当等于记录中域的个数。如果记录的第 i 个域是指针（字符串、记录或数组），则该字符串的第 i 个字节应当为 p；如果不是指针，则第 i 个字节应为 n。

函数 allocRecord 应该以记录描述字字符串（指针）作为参数，而不是用记录长度作为参数，因为分配器可以从字符串字面量中得到记录长度。然后，allocRecord 函数应将这个描述字指针存储在记录的第 0 号域中。请你在运行时系统中实现此处所描述的修改。

现在，用户可见记录的各个域的位移量则由 $0,1,2,\cdots$ 变成了 $1,2,3,\cdots$。请对编译器进行适当的调整。

设计用于数组的描述字格式，并在编译器和运行时系统中实现它。

用一个布尔变量为每个临时变量实现一个临时变量映像：它指出该变量是否为指针。同时，为驻存在栈帧内的指针变量构造一个关于栈帧内位移的类似映像。你不必处理导出指针，因为 Tiger 编译器可能不保持导出指针是跨函数调用活跃的。

对于每个过程调用，紧跟在 call 指令之后放置一个新的返回地址标号 L_{ret}。对每个这样的标号构造如下形式的一个数据段：

294

$L_{\text{ptrmap}327}$:	.word	$L_{\text{ptrmap}326}$	与前一个指针映像项的链接
	.word	$L_{\text{ret}327}$	本项的键值
	.word	$\cdots$	本返回地址的指针映像

$\vdots$

于是，运行系统就能遍历这个指针映像登记项的链表，并且可能会将它加入到它自己选择的数据结构中，以便快速地查找返回地址。当然，安排数据的伪指令形式（.word 等）与具体的机器相关。

程序设计：垃圾收集

用 C 语言实现一个标记-清扫式或复制式收集器，并将它连接到运行时系统中。当空闲空间耗尽时，从 allocRecord 或者 initArray 中调用收集器。

推荐阅读

引用计数[Collins 1960]和标记-清扫式收集[McCarthy 1960]的历史几乎和具有指针的语言一样久远。Knuth[1967]认为指针逆转的思想既应归功于 Peter Deutsch，也应归功于 Herbert Schorr 和 W. M. Waite。

Fenichel 和 Yochelson[1969]使用深度优先搜索算法设计了最初的空间对开的复制式收集器；Cheney [1970]设计了一种算法将 to-space 中未扫描的结点作为宽度优先搜索队列，并使用了半深度优先复制来改善链表的局部性。

Steele[1975]设计了第一个并发的标记-清扫式算法。Dijkstra 等人[1978]形式化了三色标记的概念，同时设计了一个可证明正确性的并发算法，并尝试尽可能地弱化对同步的要求。Baker [1978]发明了增量式复制算法，在这种算法中，变异器看到的只是指向 to-space 的指针。

分代垃圾收集是由 Lieberman 和 Hewitt[1983]发明的，它利用了较新的对象死得较快且从老对象指向新对象的指针很少这一事实；Ungar[1986]开发了更简单有效的记忆集合机制。

Symbolics Lisp 机器[Moon 1984]有专门辅助增量式垃圾收集和分代垃圾收集的硬件。微代码式的存储器取指令可强制保持 Baker 算法的不变式；微代码式的存储器存数指令可为分代收集维护记忆集合。收集器通过将有关联的对象保存在同一个虚存页中，第一次明显地改善了引用的局部性。

由于现代计算机已很少使用微代码，并且嵌入在通用存储层次体系结构中的现代通用微处理机往往比采用特殊指令和存储器标识的计算机更快而且更便宜，到 20 世纪 80 年代末期，人们的注意力便转移到了那些可以用标准 RISC 指令和标准虚拟存储器硬件来实现的算法上。Appel等人[1988] 在一个采用 Baker 算法的真实并发变种中用虚拟存储器实现了栅栏读；Shaw [1988]使用虚拟存储器的脏位实现了用于分代收集的栅栏写；Boehm 等人[1991]为并发分代收集的标记-清扫提供了同样简单的栅栏写服务。栅栏写的实现比栅栏读的实现代价要小，这是因为向旧的页中存数的操作比从 to-space 中取数的操作更为稀少，并且栅栏写只需设置一个脏位，对变异器造成的中断极少。Sobalvarro[1988]发明了卡片标记技术，这种技术使用普通的 RISC 指令，不需要与虚拟存储器系统打交道。

Appel 和 Shao[1996]介绍了快速分配堆记录的几项技术，并讨论了其他几个与垃圾收集系统有关的效率问题。

Branquart 和 Lewi[1971]描述了用于编译器与其垃圾收集器之间进行通信的指针映像；Diwan等人[1992]将指针映像与返回地址绑定在一起，说明了如何处理派生指针和如何压缩映像以节省空间。

Appel[1992,第 12 章]指出函数式语言编译器必须小心处理闭包表示。例如，使用简单的静态链会使得大量的数据是可到达的，从而妨碍了收集器回收它们。

Boehm 和 Weiser[1988]介绍了一种保守收集（conservative collection），在这种方法中，编译器不告诉收集器哪些变量和记录域包含指针，收集器必须自己做出"猜测"。任何指向已分配堆内的位模式都假定可能是指针，并且被它指向的记录将保持活跃。但是，这种位模式可能实际表示的是一个整数，它是不能移动的（移动它会导致这个整数发生改变），从而有些垃圾对象可能不能被回收。Wentworth[1990]指出，这样的一个整数有可能（碰巧）是一个指向一个极大垃圾数据结构的根结点的指针，从而导致这个极大的垃圾数据结构不会被回收。因此，保守收集偶尔也会遇到损失惨重的内存泄露。Boehm[1993]介绍了几种使得这类损失不会发生的技术。例如，如果收集器发现一个整数指向的地址 X 不是当前分配对象的地址，它就应该将该地址加入到黑色表中，使得分配器决不会在其中分配对象。Boehm[1996]指出，即使是保守收集器也需要一定的编译器辅助：如果一个导出指针能够指到一个对象的边界之外，那么只要这个导出指针还存在，就要认为它的基指针是活跃的。

第 21 章的"推荐阅读"对若干关于改善垃圾收集系统 Cache 性能的文献进行了讨论。

Cohen[1981]全面地综述了最初 20 年关于垃圾收集的研究；Wilson[1997]描述并讨论了一些更新的工作。Jones 和 Lins[1996]出版了一本全面论述垃圾收集的教科书。

习题

*13.1   分析比较标记-清扫式收集和复制式收集的代价。假设每个记录恰好为两个字长，并且记录的每个域都是指针。有些指针可能指向可收集的堆之外的空间，这种指针将保持不变。

    a. 分析算法 13-6 以估计 c_1，即深度优先标记的代价（以每个可到达字的指令条数为单位）。

    b. 分析算法 13-3 以估计 c_2，即清扫的代价（以堆中每字的指令条数为单位）。

    c. 分析算法 13-9 以估计 c_3，即复制式收集的每个可到达字的代价。

    d. 存在着某个比值 γ，使得对于 $H = \gamma R$，复制式收集的代价等于标记-清扫式收集的代价。找出 γ。

    e. 对于 $H > \gamma R$，标记-清扫式收集和复制式收集哪一种方法的代价更小？

13.2   对图 13-1 的堆运行算法 13-6（指针逆转）。给出第一次标记含有 59 的结点时，堆、done 标记以及变量 t、x 和 y 的状态。

297

*13.3   假设 main 调用 f 时，所有被调用者保护的寄存器全都为 0。接着 f 保存它要使用的那些被调用者保护的寄存器；将一些指针存放到某些被调用者保护的寄存器中，将一些整数存放在另外一些被调用者保护的寄存器中，对其余的寄存器不做改动；然后调用 g。现在 g 保存某些被调用者保护的寄存器，将一些指针和整数赋给这些寄存器，然后调用函数 alloc，此时 alloc 启动垃圾收集。

    a. 写出符合上述描述的函数 f 和函数 g。

    b. 举例说明函数 f 和函数 g 的指针映像。

    c. 给出收集器为恢复所有指针的确切地址而采取的步骤。

**13.4   Java 语言中的所有对象都有一个 hashCode ( ) 方法，该方法返回一个 "散列码" 给对象。散列码并不是唯一的，不同的对象可以返回相同的散列码；但是每个对象在每次调用 hashCode ( ) 方法时都必须返回相同的散列码，并且随机选择的两个对象返回相同散列码的可能性应当比较小。

    Java 语言规范指出："hashCode ( ) 的典型实现是将对象的地址转换为一个整数，但这种实现技术并不是 Java 语言要求的。"

298

    解释在一个具有复制式垃圾收集的 Java 系统中，用这种方法实现 hashCode ( ) 遇到的问题，并提出一种解决方法。

第 14 章　面向对象的语言

反感（ob-ject）：不喜欢某事物。[①]

韦氏词典

软件工程中一个有用的原则是信息隐藏（information hiding），也叫封装（encapsulation）。一个模块可以提供一种给定类型的值，但是这个类型的具体表示则只有这个模块才知道。模块的客户只有通过模块提供的操作才能操纵其中的值。用这种方式，模块可以保证它所提供的值总是满足它自己选定的一致性要求。

面向对象的程序设计语言是为了支持信息隐藏而设计的。因为"值"可以具有一些内在的状态，操作可以修改这些状态，所以在这个意义上称这种值为对象（object）。典型的"模块"只操纵一种类型的对象，因此我们可以去除模块的概念，并（在语法上）将这些操作当作对象的域来对待，在对象中称这种域为方法。

面向对象语言的另一个重要特征是扩展（extension）或继承（inheritance）的概念。如果某个程序的上下文（例如一个函数或方法的形式参数）期望有一个支持方法 m_1、m_2、m_3 的对象，那么它也能够接受一个支持方法 m_1、m_2、m_3、m_4 的对象。

14.1　类

为了举例说明面向对象语言的编译技术，我将使用一种简单的基于类的面向对象语言，其名字为 Object-Tiger。

我们用下面这些新的用于声明类的语法来扩充 Tiger 语言：

$$
\begin{aligned}
&\textit{dec} \rightarrow \textit{classdec} \\
&\textit{classdec} \rightarrow \textbf{class}\ \textit{class-id}\ \textbf{extends}\ \textit{class-id}\ \{\ \{\textit{classfield}\}\ \} \\
&\textit{classfield} \rightarrow \textit{vardec} \\
&\textit{classfield} \rightarrow \textit{method} \\
&\textit{method} \rightarrow \textbf{method}\ \textit{id}(\textit{tyfields}) = \textit{exp} \\
&\textit{method} \rightarrow \textbf{method}\ \textit{id}(\textit{tyfields}) : \textit{type-id} = \textit{exp}
\end{aligned}
$$

calss B extends A { … } 声明一个由类 A 扩展而来的新的类 B。这个声明必须位于声明 A 的 let 表达式的作用域之内。所有属于 A 的域和方法隐含地都属于 B。B 中可以重载（重新声明）A 的某些方法，但是不可以重载 A 的域。这个重载的方法的参数和结果的类型必须与被重载的方法的参数和结果的类型相同。

有一个预先定义的不含域和方法的类，其标识符为 Object。

方法与函数很相似，它有形式参数和方法体。但是，属于 B 的每一个方法都有一个隐含的类

[①] 英文中 object 既有"对象"的含义又有"反感、反对"的含义。作者在这里选用的解释是"to feel distaste for something"，它表达了作者的一种观点，即面向对象的程序设计语言也有不受欢迎的一面。——译者注

型为 B 的形式参数 self。但 self 不是保留字，只是一个在每一个方法中自动绑定的标识符。

初始化对象的各个数据域的责任由这个类自己承担，而不是由客户承担。因此，对象域的声明看起来更像变量声明而不像记录域的声明。

我们用一种新的表达式语法来创建对象和调用方法：

$$exp \rightarrow \textbf{new } class\text{-}id$$
$$\rightarrow lvalue \; . \; id()$$
$$\rightarrow lvalue \; . \; id(exp\{, exp\})$$

表达式 new B 创建一个新的类型为 B 的对象；这个对象的各个数据域的初始化是通过计算 B 的类声明中与这些域对应的初值表达式来完成的。

左值 b.x 表示对象 b 的域 x，其中 b 是一个类型为 B 的左值；这种表示与记录域选择的表示相同，因而不需要新的语法。

表达式 b.f(x,y)，其中 b 是一个类型为 B 的左值，表示以显式的实参 x 和 y，以及 f 的隐含参数 self 的值 b 调用对象 b 的方法 f。

程序 14-1 举例说明了 Object-Tiger 语言的使用。每一个 Vehicle 是一个 Object，每一个 Car 是一个 Vehicle，因此每一个 Car 也是一个 Object。每一个 Vehicle（例如每一个 Car 和 Truck）有一个整型域 position 和一个方法 move。

程序 14-1　一个面向对象程序

```
let start := 10

    class Vehicle extends Object {
        var position := start
        method move(int x) = (position := position + x)
    }
    class Car extends Vehicle {
        var passengers := 0
        method await(v: Vehicle) =
            if (v.position < position)
                then v.move(position - v.position)
            else self.move(10)
    }
    class Truck extends Vehicle {
        method move(int x) =
            if x <= 55 then position := position + x
    }

    var t := new Truck
    var c := new Car
    var v : Vehicle := c
in
    c.passengers := 2;
    c.move(60);
    v.move(70);
    c.await(t)
end
```

此外，Car 有一个整型域 passengers 和一个方法 await。在 await 方法的入口起作用的变量如下。

• start，根据正常的 Tiger 语言作用域规则。

- passengers，因为它是 Car 的一个域。
- position，因为它是 Car 的一个（隐含的）域。
- v，因为它是 await 的一个形式参数。
- self，因为它是 await 的一个（隐含的）形式参数。

在主程序中，表达式 new Truck 的类型为 Truck，所以 t 的类型是 Truck（按 Tiger 中变量声明的标准方式）。变量 c 的类型为 Car，变量 v 的类型显式地声明为 Vehicle。在要求类型 Vehicle 的上下文中（v 的初始化）使用 c（其类型为 Car）是合法的，因为类 Car 是Vehicle的子类。

301

类 Truck 重载了 Vehicle 的方法 move，使得任何使一辆货车移动速度大于 55 的 move 企图都不会起作用。

在调用 c.await(t)时，货车 t 与 await 方法的形式参数 v 结合。当调用 v.move 时，它激活的方法体是 Truck_move，而不是 Vehicle_move。

我们用记号 A_m 表示类 A 中声明的一个方法的实例 m。它不是 Object-Tiger 语法的组成部分，而只是用来讨论 Object-Tiger 程序的语义。一个方法的每一种不同的声明是一个不同的方法实例。两个不同的方法实例可以有相同的名字。例如，当一个方法重载了另一个方法时就是这种情况。

14.2　数据域的单继承性

为了计算表达式 v.position，其中 v 属于类 Vehicle，编译器必须生成代码从 v 指向的对象（记录）中取出域 position 的值。

实现这一点似乎很容易：变量 v 的环境登记项（除了有其他信息外）包含一个指向 Vehicle 类型（类）描述的指针，这个类型描述包含一张描述各个域及其位移的表。但是在运行时，变量 v 也可能会包含指向 Car 或者 Truck 的指针，那么域 position 应当是 Car 中的域，还是 Truck 中的域呢？

单继承（single inheritance）。在单继承语言中，每个类只能由一个父类扩展而来。对于这种语言，可以用简单的前缀技术来处理。如果 B 由 A 扩展而来，则将 B 中那些从 A 继承过来的域安排在记录 B 的开始处，并保持它们在 A 记录中相同的顺序；而 B 中那些不是从 A 继承过来的域都排在后面，如图 14-1 所示。

302

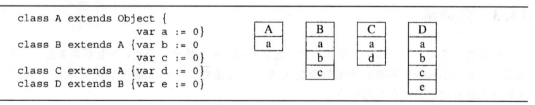

图 14-1　数据域的单继承

方法

编译一个方法实例很像编译一个函数：它被转换成驻存在指令空间中一个特定地址处的机器代码。让我们举个例子，比如方法实例 Truck_move 的入口点的机器代码标号是 Truck_move。在编译器的语义分析阶段，每个变量的环境登记项有一个指向其类描述字的指针；每个类的描述字有一个指向其父类的指针和一张方法实例的链表；每一个方法实例有一个机器代码标号。

静态方法。有些面向对象语言允许将一些方法声明成静态的（static）。调用 c.f( ) 时执行的机器代码取决于变量 c 的类型，而不是存放在 c 中的对象的类型。为了编译形如 c.f( ) 的方法调用，编译器要找到 c 的类，假设它是类 C。于是编译器将在类 C 中搜索方法 f；若在 C 中搜索不到，则要在类 C 的父类，即类 B 中搜索；若还找不到，则需进一步在类 B 的父类中搜索；依此类推。假设在某个祖先类 A 中发现了静态方法 f，编译器就能将这个方法编译成对标号 A_f 的函数调用。

动态方法。上面的技术不适用于动态方法。如果 A 中的方法 f 是一个动态方法，则该方法可以在 C 的某个子类 D 中被重载（见图 14-2）。但是在编译期间，无法确定变量 c 指向的是类 D 的一个对象（这时应该调用 D_f）还是类 C 的一个对象（这时应该调用 A_f）。

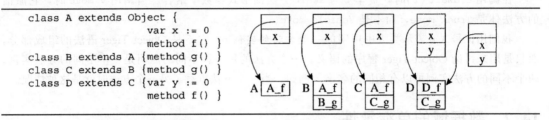

图 14-2   用于动态方法搜索的类描述字

为了解决这一问题，类描述字必须包含一个向量，在此向量中每个（非静态的）方法名对应有一个方法实例。当类 B 继承类 A 时，其方法表的开始是 A 的所有方法名的登记项，然后才是 B 中用 new 声明的新方法。这种安排很像继承对象的各个域的安排。

图 14-2 说明了类 D 重载方法 f 时发生的情况。尽管此时 f 的登记项和它位于祖先类 A 的方法表的开始一样，也位于 D 的方法表的开始，但它指向的是一个不同的方法实例标号，因为 f 已经被重载了。

为了执行 c.f( )，其中 f 是一个动态方法，编译好的代码必须执行如下一些指令。

（1）在对象 c 的位移 0 处取出类描述字 d。

（2）从 d 的位移 f（f 是常量）处取出方法实例指针 p。

（3）转移到地址 p，并保存返回地址（即调用 p）。

14.3   多继承

在允许一个类 D 继承多个父类 A、B、C（也就是说，A 不是 B 的子类，B 也不是 A 的子类）的语言中，要找出域的位移和方法实例会更困难。不可能做到既将 A 的所有域都放在 D 的开始，又将 B 的所有域也都放在 D 的开始。

全局图着色。解决上面这个问题的一种方法是静态地一次同时分析所有的类，找出每个域名的某个位移，使得这个位移能够用于每一个包含此域的记录。我们可以将这个问题建模为图着色问题：每一个不同的域名[①]对应一个结点，共存于同一个类的（可能是通过继承而存在的）任意两个域之间存在一条边，位移 0,1,2,… 是不同的颜色。图 14-3 给出了一个例子。

[①] 不同的域名并不是指简单的字符串上的不同。域或方法 x 的每一个新的声明（它没有重载父类的 x）实际上是一个不同的名字。

```
class A extends Object {var a := 0}
class B extends Object {var b := 0
                        var c := 0}
class C extends A {var d := 0}
class D extends A,B,C {var e := 0}
```

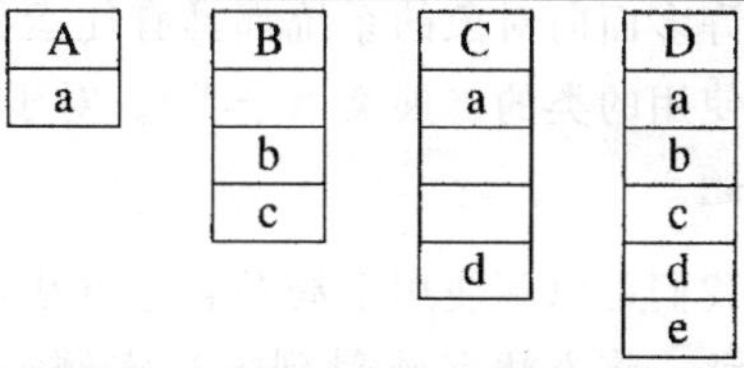

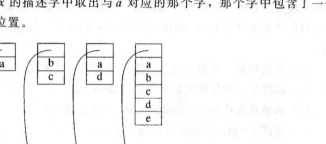

图 14-3　数据域的多继承

　　采用这种方法的一个问题是，在各个对象之间会留下一些空单元，因为不可能总是用前 N 种颜色对每个类中的 N 个域着色。为了消除对象之间的空单元，可以将每个对象的域紧凑地安排在一起，让类描述字来指出每个域的位置。图 14-4 给出了一个例子。我们仍像以前一样对所有的域名进行着色，但是现在这些"颜色"不是对象中域的位移，而是描述字中的位移。为了读取对象 x 中域 a 的内容，必须从 x 的描述字中取出与 a 对应的那个字，那个字中包含了一个小的整数指出 x 中 a 的数据的真正位置。

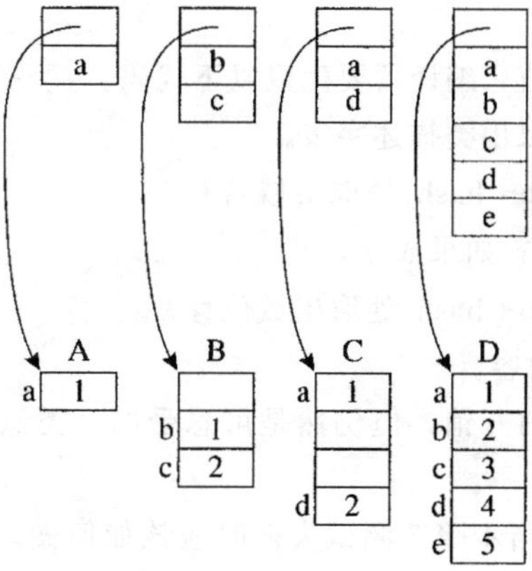

图 14-4　用于多继承的描述字中的域位移

　　用这种策略，空单元只出现在类描述字中，而不会出现在对象中。这种情况是可以接受的，因为一个具有成千上万个对象的系统中很可能只有几十个类描述字。但每次读取（或存储）域中的数据会需要三条指令而不是一条指令。

　　（1）从对象中取出描述字指针。

　　（2）从描述字中取出域位移值。

　　（3）在对象的适当位移读取数据（或存储数据）。

　　实际上，这个对象上所进行的其他操作很可能已取出了描述字指针，并且同一个域所进行的多个操作可以不需要重新从描述字取出位移值。公共子表达式删除可以删除大部分这种冗余开销。

　　方法查找。找出多继承语言的方法实例与找出域位移一样复杂。全局图着色方法可以实现对方法实例的查找：方法名可以同域名混在一起构成冲突图中的结点。描述字中域的登记项给出域在对象中的位置；描述字中方法的登记项则给出方法实例的机器代码地址。

　　动态连接问题。任何一种全局方法都受到着色（及类的描述字的布局）只能在程序连接时才能进行的困扰；这一工作实际上应由专用连接器来完成。

但是，许多面向对象的系统都具有往运行系统中加载新类的能力，这些新加载的类可能是系统中正在使用的类的扩展类（子类）。对于一个允许动态增量连接的系统，连接时的图着色会引起许多问题。

散列。我们可以不使用全局图着色方法，而是在每个类描述字中增加一个散列表，它将域名映射到位移，将方法名映射到方法实例。这种方法可以很好地适应分开编译和动态连接的情况。

域名的字符不是在运行时散列的，而是在编译时。每一个域名 a 在编译时被散列到一个位于范围 $[0, N-1]$ 之内的整数。另外，对于每一个域名，还为每个域创建唯一的运行时记录（指针）ptr_a。

每个类描述字有一个大小为 N 的域位移表 Ftab，此表中包含域位移和方法实例，并且（为了冲突检测的目的）与之并行地还有一个包含域名指针的键值表 Ktab。如果一个类有一个域 x，则在域位移表编号为 $hash_x$ 的单元中含有 x 的位移，键值表编号为 $hash_x$ 的单元中将含有指针 ptr_x。

为了取出对象 c 的域 x 的值，编译器要生成以下代码。

（1）从对象 c 的位移 0 处取出类描述字 d。

（2）从地址位移为 $d+Ktab+hash_x$ 处取出域名 f。

（3）测试 $f=ptr_x$ 是否成立；如果成立，则

（4）从地址位移为 $d+Ftab+hash_x$ 处取出域位移 k。

（5）从 $c+k$ 处读取域的内容。

尽管这个算法有 4 条指令的开销，但仍然是可忍受的。类似的算法也可用于动态方法实例的查找。

上面描述的算法没有说明当步骤 3 测试失败时应该如何做。我们可以使用任何一种散列表冲突处理技术。

14.4 测试类成员关系

有一些面向对象的语言允许程序在运行时测试一个对象是否是某个类的成员，表 14-1 概括了这种测试。

表 14-1   用于类型测试和安全类型转换的实用函数

	Modula-3	Java
测试对象 x 是否属于类 C 或类 C 的任何子类。	ISTYPE(X,C)	x instanceof C
给定类 C 的一个变量 x，其中 x 实际指向从 C 扩展而来的类 D 的一个对象，产生一个编译时类型为类 D 的表达式。	NARROW(X,D)	(D)x

因为每个对象都指向它的类描述字，所以类描述字的地址可以作为"类型标志"（typetag）。但是，如果 x 是 D 的一个实例，并且 D 扩展 C，那么 x 也是 C 的一个实例。假设没有多继承，实现 x instanceof C 的一种简单的方法是生成运行时执行下面循环的代码：

```
        t₁ ← x.descriptor
L₁:  if t₁ = C goto true
        t₁ ← t₁.super
```

if t_1 = nil **goto** *false*
goto L_1

其中 t_1.super 是类 t_1 的超类（即父类）。

不过，还存在一种更快的方法，这种方法使用父类的嵌套层次显示表。假设限制类的嵌套深度为某个常数，比如说 20。我们在每一个类描述字中保留一块 20 字大小的空间。对于一个嵌套深度为 j 的类 D，我们在它的描述字的第 j 个单元中放置一个指向描述字 D 的指针，在第 $j-1$ 个单元中放置一个指向 D.super 的指针，在第 $j-2$ 个单元中放置一个指向 D.super.super 的指针，依此类推，直到在第 0 个单元放置一个指向 Object 的指针。在所有编号大于 j 的单元中均放置 nil。

现在，如果 x 是 D 的一个实例，或者是 D 的任何子类的实例，那么 x 的类描述字的第 j 个单元将指向类描述字 D；否则就不会指向 D。所以实现 x instanceof D 需要执行下面的步骤。

（1）从对象 c 的位移 0 处取出类描述字 d。

（2）从 d 中取出第 j 个类指针单元的内容。

（3）与类描述字 D 相比较。

之所以可以这样做是因为 D 的类嵌套深度在编译时是已知的。

类型强制（type coercion）。已知一个类型为 C 的变量 c，总是可以合法地将 c 看作 C 的任意一个超类的类型。例如，如果 C 继承于 B，并且变量 b 的类型是 B，则赋值 $b \leftarrow c$ 是合法且安全的。

但是反之不然。仅当 b 确实是 C 的一个（运行时的）实例时，赋值 $c \leftarrow b$ 才是安全的，但这个条件并不总能满足。例如，如果在 $b \leftarrow$ new B, $c \leftarrow b$ 之后紧跟着一个读取 c 的某个域的操作，而此域属于类 C 但不属于类 B，则这个取值操作就会导致不可预测的行为。

因此，安全的面向对象语言（比如 Modula-3 和 Java）在强制任何超类到子类的转换时，会伴随着有运行时的类型检查；当运行时的值不是这个子类的一个真正的实例时（例如，不是 b instanceof C），这种检查便会产生一个异常。

下面是常见的程序设计习惯用语：

```
Modula-3:                    Java:
IF ISTYPE(b,C)                 if (b instanceof C)
  THEN f(NARROW(b,C))            f((C)b)
  ELSE ...                     else ...
```

这两个例子中都接连有两个相同的类型测试：一个是显式的（ISTYPE 或 instanceof），一个是隐式的（出现在 NARROW 中或通过类型强制）。一个好的编译器会进行充分的流分析以便能够注意到只有当 b 确实是 C 的一个实例时，才有可能到达 **then** 子句。因此在这种情况下，可以消除向子类转换运算的类型检查。

C++ 是一种不安全的面向对象语言，它具有一种不需要运行时检查的静态类型强制转换（static cast）机制。粗心地使用这种机制可能会导致程序出现不可预测的错误。C++ 也有一种具有运行时检查的动态类型强制转换（dynamic_cast）机制，这种机制与 Modula-3 和 Java 中的机制非常类似。

typecase 语句。先显式地进行 instanceof 测试，然后再通过向子类的转换将一个类转换成子类，这不是一种合乎"面向对象"的风格。程序员期望使用能正确适应每一个子类的动态方法而不是这种习惯用法。尽管如此，先测试然后再转换成子类的习惯用法仍然非常普遍。

Modula-3 提供了一种类型分情形语句——**typecase**，它使得这一习惯用法更加美观、更加高效（但并不更"面向对象"）：

```
TYPECASE expr
OF C₁ (v₁) => S₁
 | C₂ (v₂) => S₂
      ⋮
 | Cₙ (vₙ) => Sₙ
ELSE S₀
END
```

如果计算出 $expr$ 是类 C_i 的一个实例，则有一个类型为 C_i 的新变量 v_i 将指向 $expr$ 的结果，并且将执行语句 S_i。v_i 的声明隐含在 TYPECASE 中，它的作用域只局限在 S_i 中。

如果匹配的 C_i 超过一个（这种情况会发生，比如，一个类是另一个类的超类），那么只执行第一个相匹配的子句。如果没有一个 C_i 可匹配，那么执行 ELSE 子句（执行语句 S_0）。

typecase 能直接转换成一系列的 **else-if** 子句，其中每一个 **if** 子句执行一个实例测试和一个子类转换，并声明一个局部变量。但是，当有太多的子句时，要遍历所有的 **else-if** 子句就需花很长的时间。因此有吸引力的做法是将它看成一个基于整数的分情形语句（或 switch 语句），并使用变址转移（即计算 goto）。

一条普通的基于整数的分情形语句：

```
ML:
case i
 of 0 => s₀
  | 1 => s₁
  | 2 => s₂
  | 3 => s₃
  | 4 => s₄
  | _ => s_d
```

```
C, Java:
switch (i) {
case 0: s₀; break;
case 1: s₁; break;
case 2: s₂; break;
case 3: s₃; break;
case 4: s₄; break;
default: s_d;
}
```

将被编译成：先进行范围测试比较，以保证 i 处在 case 标号的范围内（这个 case 子句中为 0～4）；然后从一张表的第 i 个单元中取出第 i 条语句的地址，并将控制转移到 s_i。

由于有子类的原因，这种方法不适合于 **typecase**。也就是说，即使我们能够将类描述字变成一个小整数来替代指针，也不能根据对象的类来进行变址转移，因为这样做会遗漏那些与这个类的超类相匹配的子句。因此 Modula-3 的 **typecase** 仍然是用一系列的 **else-if** 子句来实现的。

给类指派整数并不是一件简单的事，因为每一个分开编译的模块都可以定义自己的类，并且我们不希望这些整数发生冲突。不过高级连接器能够在连接时给各个类无冲突地指派整数。

如果出现在 **typecase** 中的所有类都是 final 类（在 Java 中它们是不能再被扩展的类），则不会有这种问题。Modula-3 中没有 final 类，而 Java 中没有 **typecase** 语句。但是一个明智的 Java 系统应当能够认别出对这种 final 类集合进行 instanceof 测试的 **else-if** 子句序列，并且将它们转换成变址转移。

14.5　私有域和私有方法

真正的面向对象语言能够保护对象的域不被其他对象的方法直接操纵。私有域是不能被对象之外声明的任何函数或方法读取和更新的域；私有方法是不能在对象之外调用的方法。

私有性是由编译器的类型检查阶段来保证的。在类 C 的符号表中，同每个域的位移和方法的位移在一起的，还有一个布尔类型的标志，它指出这个域是否为私有的。当编译表达式 c.f() 或者 c.x 时，只要简单地检查这个域并且拒绝对象之外声明的方法对此私有域的任何访问即可。

私有性和保护有各种形式，不同的语言允许：

- 域和方法只可由声明它们的类来访问；
- 域和方法可由声明它们的类来访问，并且也可由这个类的子类来访问；
- 域和方法只在声明类的同一个模块（包、名字空间）内是可访问的；
- 域在类声明之外是只读的，但对本类的方法是可写的。

一般而言，对于基于类的语言，这些不同形式的保护机制可以通过编译时的类型检查静态地实现。

14.6　无类语言

有一些面向对象语言根本不使用 **class** 的表示。在这种语言中，每个对象能够实现任意一种方法，能够拥有它想要的任何数据域。这种语言的类型检查一般是动态的（运行时完成），而不是静态的（编译时完成）。

许多对象是通过克隆来创建的，即复制一个已存在的对象（或模板对象），然后修改其中的某些域。因此，即使在无类语言中，也会有一些由相似对象组成的组（称为"伪类"），这种伪类中的对象可共享描述字。如果 b 是通过克隆 a 而创建的，则它可以与 a 共享一个描述字。只有当 b 加入了一个新的域，或者更新（重载）了一个方法时，它才需要一个新的描述字。

编译无类语言所使用的技术与具有多继承和动态连接的基于类的语言所采用的技术类似：伪类的描述字也包含能产生域位移和方法实例的散列表。

适用于基于类的语言的全局程序分析和优化，如找出在（动态）方法调用点调用的是哪一个方法实例的技术，也同样适用于无类语言。

310

14.7　面向对象程序的优化

对于面向对象语言特别重要的一种优化（作用于一般程序设计语言的优化也能使面向对象语言受益）是将动态方法调用转换为静态方法实例调用。

与普通的函数调用相比，为了确定调用的是哪个方法实例，在每个方法调用点都需要动态地进行方法查找。对于单继承的语言，方法查找只需要两条指令。这看起来似乎代价不大，但是请注意以下两点。

- 现代机器直接转移到常量地址比转移到从表中取出的地址更具效率。当在指令流中明显地给出了地址时，处理机能够从目的地址中将指令预取到高速缓存中，并指挥指令发送机制从转移目标处取出指令。不可预测的转移指令会导致指令发送和执行流水线停顿若干个时钟周期。
- 对于具有内联扩展或过程间分析的优化编译器而言，如果它不知道在给定点调用的是哪一个方法实例，就不能很好地对调用的结果进行分析和推测。

对于多继承和无类的语言，动态方法查找的代价会更大。

因此，面向对象语言的优化编译器要执行全局程序分析，以确定出那些总是调用同一个方法实例的方法调用点，这样就可以用静态的函数调用来取代动态的方法调用。

对于方法调用 c.f ( )，其中 c 是类 C 的实例，类型层次分析（type hierarchy analysis）可用来确定 C 的哪些子类中包含可重载 C_f 的方法 f。如果没有这种方法，则这个方法实例一定是 C_f。

这种思想可以和类型传播（type propagation）结合起来。类型传播是一种与到达定值相似的静态数据流分析形式（见 17.2 节）。在赋值 $c \leftarrow$ new C 之后便可确切地知道 c 属于哪个类。这一信息可通过赋值 $d \leftarrow c$ 等进行传播。当遇到 d.f ( ) 时，类型传播信息限制的类型层次范围使得有可能确定出方法实例为 d。

假设类 C 中定义的方法 f 用 self 调用方法 g。但是 g 是一个动态方法并且可能被重载，因此这个调用需要进行动态方法查找。优化编译器可以为每个从 C 继承的子类（例如 D、E 等）创建方法实例 C_f 的一个不同的副本。这样当（新的副本）D_f 调用 g 时，编译器不需要进行动态方法查找就能知道应调用实例 D_g。

程序设计：Object-Tiger

在你的 Tiger 编译器中实现 Object-Tiger 关于面向对象的扩充。

本章对 Object-Tiger 语言的介绍还遗留了许多内容未加说明。例如，如果方法 f 的声明先于方法 g 的声明，f 可以调用 g 吗？一个方法可以访问该类的所有变量，还是只能访问在它之前声明的变量？一个类的变量（域）的初值能否调用该类的一个方法（并且这个方法能否因此而看到一个未初始化的域）？因此你需要细化 Object-Tiger 语言的定义并给出相应的文档。

推荐阅读

Dahl 和 Nygaard 的 Simula 67 语言 [Birtwistle et al. 1973] 介绍了类、对象、单继承、静态方法、实例测试、typecase 等概念，以及实现静态单继承的前缀技术。另外，Simula 67 语言也支持协同程序（coroutine）和垃圾收集。

Cohen[1991] 提出了用于类成员关系测试的嵌套层次显式表，这种方法的测试时间是常数。

动态方法和多继承出现于 Smalltalk 语言中 [Goldberg et al. 1983]，但是在它最初的一些实现中，为找出方法实例所使用的是一种较慢的查找父类的方法。Rose[1988] 和 Connor 等人 [1989] 讨论了用于多继承的基于散列的访问域和访问方法的快速算法。在实现多继承中使用图着色方法的做法应归功于 Dixon 等人 [1989]。Lippman[1996] 说明了如何实现 C++ 风格的多继承。

Chambers 等人 [1991] 描述了使得无类的、动态类型语言的执行更有效率的几种技术，如伪类描述字、多版本方法实例和其他优化技术。Diwan 等人 [1996] 描述了静态类型语言的优化，这种优化可以用静态函数调用代替动态方法调用。

传统的面向对象语言为调用 a.f(x,y) 选择方法实例时，只根据方法 *receiver*（a）的类而不考虑其他的参数(x,y)。具有多方法 [Bobrow et al. 1989] 的语言允许依据所有参数的类型来查找动态方法。Chambers 和 Leavens[1995] 说明了如何实现多方法的静态类型检查；Amiel 等人 [1994] 与 Chen 和 Turau[1994] 说明了如何实现高效的动态多方法查找。

Nelson[1991] 描述了 Modula-3 语言，Stroustrup[1997] 描述了 C++ 语言，Arnold 和 Gosling [1996] 描述了 Java 语言。

习题

*14.1 用嵌套层次显式表技术（见 14.4 节的解释）来测试类成员关系的一个问题是，必须预先确定类的最大嵌套深度 N，并且每个类描述字需要有 N 个字大小的空间，即使大部分类的嵌套深度并没有这么大也必须如此。设计一种不受此问题限制的嵌套层次显式表技术；与 14.4 节介绍的嵌套层次显式表相比，它可能有多几条指令的代价。

14.2 14.3 节最后介绍的、用于在有多继承的情况下查找域位移和方法实例的散列表技术是不完整的——它没有解决 $f \neq \text{ptr}_x$ 的情况。选择一种解决冲突的技术，解释它的工作原理，并分析在 $f = \text{ptr}_x$（没有冲突）和 $f \neq \text{ptr}_x$（有冲突）的情况下要付出的额外代价（以指令为单位）。

14.3 考虑下面的类层次，其中包含 5 个方法调用点。说明哪些方法调用点调用的是已知的方法实例，并说明（每种情况下）调用的是哪个方法实例。例如，你可以说"方法实例 X_g 总是调用 Y_f；方法 Z_g 可以调用 f 的多个实例"。

313

```
class A extends Object { method f() = print("1") }
class B extends A      { method g() = (f(); print("2")) }
class C extends B      { method f() = (g(); print("3")) }
class D extends C      { method g() = (f(); print("4")) }
class E extends A      { method g() = (f(); print("5")) }
class F extends E      { method g() = (f(); print("6")) }
```

根据下面的每一个假设来进行这种分析。

a. 这是一个完整的程序，并且这些模块没有其他的子类。

b. 这是一个大程序的一部分，并且这些类中任何一个都可能在其他地方被扩展。

c. 类 C 和类 E 局部于这个模块，并且不能在其他地方被扩展；其他的类可以被扩展。

*14.4 使用方法复制（method replication）来改善你对习题 14.3 中程序的分析，也就是说，使得每一个类都重载 f 和 g。例如，在类 B 中（它还没有重载 f）加入方法 A_f 的一个副本，在 D 中加入 C_f 的一个副本：

```
class B extends A      { ... method f() = (print("1")) }
class D extends C      { ... method f() = (g(); print("3")) }
```

类似地，增加新的实例 E_f、F_f 和 C_g。现在，对于习题 14.3 中 a、b、c 的每一组假设，说明哪个方法调用会转到这些已知的静态实例。

**14.5 为只涉及 final 类的任意 typecase 设计一种高效的实现机制。final 类是指不能再被扩展的类。（在 Java 中，有一个 final 关键字；但是在其他的面向对象语言中，不是从模块中导出的类实际上也是一个高效的 final 类，并且连接时的全程序分析能够发现哪些类从没有被扩展，不论这些类是否被声明为 final。）

你可以做出下面任意一种假设，但必须指明你需要使用的是哪一种假设。

a. 连接器可以控制类描述字记录的放置。

b. 类描述字是由连接器管理的整数，它起作描述字记录表索引的作用。

c. 编译器显式地标记出 final 类（在它们的描述字中）。

d. typecase 的代码可以在连接时生成。

e. 程序开始运行后，不会有其他的类和子类被动态连接到该程序中。

314

第 15 章　函数式程序设计语言

函数 （func-tion）：将集合中的一个元素确定地映射到同一个集合或另一个集合中一个元素的数学对应关系。

韦氏字典

函数的数学概念是：如果"这次" $f(x) = a$，则"下次"仍有 $f(x) = a$；$f(x)$ 不会等于其他值。这样我们就可以使用类似于代数中的等式推理 （equational reasoning）：如果 $a = f(x)$，则 $g(f(x), f(x))$ 等于 $g(a, a)$。使用纯函数式 （pure functional） 程序设计语言就可以像在数学中一样进行等式推理式的程序设计。

命令式 （imperative） 程序设计语言有着相似的语法：$a \leftarrow f(x)$。但是如果这条语句之后接有 $b \leftarrow f(x)$，则不能保证有 $a = b$；函数 f 可能会对全局变量具有副作用，这种副作用会使 f 的返回值每次都不同。此外，程序还可能在两次调用 $f(x)$ 之间给变量 x 赋值，因此 $f(x)$ 实际上每次都表示不同的值。

高阶函数 （higher-order function）。函数式程序设计语言也允许将函数作为参数传递给另外的函数，或者作为结果返回。使用函数作为参数的函数称为高阶函数。

如果语言既支持嵌套函数，也支持词法作用域 ［lexical scope，也称为块结构 （block struc-ture）］，高阶函数会变得特别有用。例如在 Tiger 中，词法作用域意味着每个函数可以访问嵌套它的任何函数的变量和参数。高阶函数式语言 （higher-order functional language） 是具有嵌套作用域和高阶函数的语言。

315 那么函数式程序设计的本质是什么呢？是等式推理还是高阶函数？这个问题没有一致的答案。在这一章，我们将讨论 3 种不同特色的"函数式"语言。

- **Fun-Tiger** 具有高阶函数的 Tiger 语言。由于仍旧允许副作用 （这也就意味着等式推理不能工作），它是一种不纯的高阶函数式语言，其他这样的语言还有 Scheme、ML 和 Small-talk。
- **PureFun-Tiger** 具有高阶函数并且没有副作用的语言，它本质上是一种严格的纯函数式语言 （类似 ML 的纯函数式子集）。
- **Lazy-Tiger** 一个非严格的纯函数式语言，它使用与 Haskell 语言类似的懒惰计算。非严格的纯函数式语言能够很好地支持等式推理 （见第 15.7 节）。

一等纯函数式语言 （first-order，pure functional language），例如 SISAL，支持等式推理，但是不支持高阶函数。

15.1　一个简单的函数式语言

为了构造新语言 Fun-Tiger，我们在 Tiger 语言中加入函数类型：

```
ty  → ty  -> ty
    →  ( ty {, ty} )-> ty
```

→ ( ) -> *ty*

类型 int ->string 是一个函数类型，它有一个整型参数，并返回字符串类型的结果。类型 (int,string)->intarray 描述了有两个参数（一个整型，一个字符串）并且返回一个 intarray 结果的函数。getchar 函数具有类型( )->string。

任何变量都可以具有函数类型；函数可以作为参数传递，也可以作为返回值。因此，类型 (int->int)->int ->int 是完全合法的；->操作符是右结合的，因此这是一个以 int ->int 为参数，返回结果是 int ->int 的函数类型。

我们也修改了 Tiger 语言的 CALL 表达式的形式，这样，被调用的函数可以是任意表达式，而不只是一个标识符：

exp→*exp*(*exp* {,*exp*})

exp→*exp*( )

程序 15-1 举例说明了函数类型的用法。函数 add 有一个整型参数 n，并返回一个函数 h。因此，addFive 是 h 的一个版本，它的变量 n 是 5，而 addSeven 是函数 h(*x*)＝7＋*x*。要求 h 的每个不同实例"记住"非局部变量 n 的正确值促使了闭包（closure）实现技术的产生，我们稍后会介绍这种技术。

程序 15-1　一个 Fun-Tiger 程序

```
let
    type intfun = int -> int

    function add(n: int) : intfun =
      let function h(m: int) : int = n+m
       in h
       end

    var addFive : intfun := add(5)
    var addSeven : intfun := add(7)
    var twenty := addFive(15)
    var twentyTwo := addSeven(15)

    function twice(f: intfun) : intfun =
      let function g(x: int) : int = f(f(x))
       in g
       end

    var addTen : intfun := twice(addFive)

    var seventeen := twice(add(5))(7)
    var addTwentyFour := twice(twice(add(6)))

 in addTwentyFour(seventeen)
end
```

函数 twice 的参数 f 是一个类型为 int ->int 的函数，twice(f)的结果是应用 f 两次的函数 g。因此，addTen 是函数 g(*x*)＝addFive(addFive(*x*))。与 h 的每个实例都需要记住 n 一样，g(*x*)的每个实例都需要记住正确的 f 值。

316

317

15.2 闭包

在没有嵌套函数的语言（例如 C）中，函数值的运行时表示可以是函数的机器代码地址。这个地址可以作为参数传递，或者存储在一个变量中，等等；当调用该函数时，这个地址被取到机器的寄存器中，然后使用"调用寄存器中所含地址"的指令。

用树（Tree）的中间表示很容易表达这一点。假设函数从标号 L_{123} 开始，我们可以使用 MOVE 指令将此地址赋给变量 t_{57}：

MOVE(TEMP(t_{57}), NAME(L_{123}))

然后用类似下面的指令调用该函数：

CALL(TEMP(t_{57}), … 参数 …)

但是对嵌套函数而言，这样做则行不通；如果我们用一个地址来表示函数 h，那么 h 在外层的哪一个栈帧中能够访问到变量 n 呢？同样，函数 g 又如何访问变量 f 呢？

解决的办法是将函数变量表示为闭包（closure）：闭包是一个记录，它包含指向函数机器代码的指针及访问必需的非局部变量的途径。一种简单的闭包可以只包含代码指针和静态链；非局部变量可以通过这个静态链来访问。闭包中给出对变量值的访问途径的部分通常称为环境（environment）。

闭包不一定需要基于静态链，它可以是其他任何能够给出非局部变量访问的数据结构。使用静态链有几个严重的缺陷：为了访问最外层的变量，它需要对指针链进行多次间接访问，并且即使程序只打算使用最外层的变量，垃圾收集器也不能沿着这条链回收中间的链。但是，为了简单起见，本章仍在闭包中使用静态链。

堆上分配的活动记录

在闭包中使用静态链意味着当 add 返回时，不能销毁 add 的活动记录，因为它的活动记录还要作为 h 的环境。为了解决这个问题，我们应当在堆上而不是在栈上创建活动记录。同时，我们不是在 add 返回时就显式地撤销 add 的栈帧，而是要等到垃圾收集器判断出可以安全地回收该栈帧时；当所有指向 h 的指针都消失之后，add 的栈帧便可以安全地被回收。

我们可以进一步改进这种技术：只将逃逸变量（被内层嵌套函数使用的变量）保存在堆上。栈帧将保存溢出的寄存器、返回地址等，此外还将保存一个指向逃逸变量记录（escaping-variable record）的指针。这个逃逸变量记录保存着：(1)内层嵌套过程可能需要使用的所有局部变量；(2)一个指向外围函数提供的环境（逃逸变量记录）的静态链，见图 15-1。

对 Tiger 编译器的修改。在每个 Fun-Tiger 函数中，我们构造一个指向逃逸变量记录的临时变量，称之为逃逸变量指针（escaping-variables pointer）或者 EP。所有静态链的计算，不管是访问非局部变量，还是计算要传递给其他函数的静态链，都将基于 EP，而不是 FP（帧指针）。EP 本身是一个非逃逸的局部临时变量，它和其他临时变量一样，也可根据需要而溢出到栈帧中。传递给该函数的静态链形参是逃逸变量（和普通 Tiger 函数的静态链一样），因为内层嵌套函数需要访问它。因此，静态链存放在逃逸变量记录中。

Tiger 编译器的 Frame 模块中创建形参和局部变量的接口函数（newFrame 和 allocLocal）也必须进行修改，使得所生成的（逃逸变量的）访问是基于 EP 的位移，而不是基于 FP 的位移。逃逸变量记录的存储空间必须由 procEntryExit1 中生成的指令来分配。

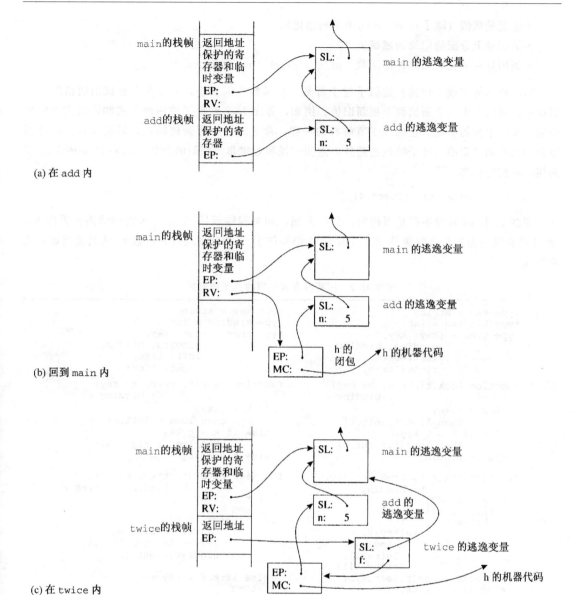

图 15-1　twice(add(5))执行时使用的闭包。SL=静态链，RV=返回值，
　　　　　EP=逃逸变量指针或者环境指针

15.3　不变的变量

Fun-Tiger 语言有着具有嵌套作用域的高阶函数，但是仍旧不能对 Fun-Tiger 程序使用等式推理。也就是说，$f(3)$ 每次可能返回不同的值。为了解决这个问题，我们禁止函数的副作用：当调用一个函数时，该函数必须返回一个结果，并且不能以任何可见的方式对外部"世界"造成改变。

为此，我们创造一种新的纯函数式程序设计语言 PureFun-Tiger。在 PureFun-Tiger 语言中，禁止下列情况。

- 给变量赋值（除了在 var 声明中被初始化）。
- 给在堆上分配的记录的域赋值。
- 调用具有可见效果的外部函数：print、flush、getchar、exit。

[319]　　程序该如何完成工作呢？这似乎过于苛刻。在函数式风格中，为了在没有赋值的情况下编写程序，可以产生一个新值而非更新旧值。例如，程序 15-2 给出了使用命令式和函数式两种风格的二叉搜索树的实现。正如 5.1 节解释的一样，命令式语言更新树结点，但是函数式程序通过复制从根到"新的"叶子结点的路径，返回一棵和老树非常相似的新树。如果 t1 是图 5-3a 中的树，我们可以有：

```
var t2 := enter(t1,"mouse",4)
```

并且现在在 t1 和 t2 对程序都是可用的。另一方面，如果程序返回 t2 作为函数的结果并丢弃 t1，则 t1 的根结点会被垃圾收集器回收（因为 t2 仍需使用 t1 的其他结点，所以 t1 的其他结点不会被回收）。

程序 15-2　用两种方式实现的二叉搜索树

```
type key = string                     type key = string
type binding = int                    type binding = int
type tree = {key: key,                type tree = {key: key,
             binding: binding,                     binding: binding,
             left: tree,                           left: tree,
             right: tree}                          right: tree}

function look(t: tree, k: key)        function look(t: tree, k: key)
             : binding =                           : binding =
  if k < t.key                          if k < t.key
        then look(t.left,k)                   then look(t.left,k)
  else if k > t.key                     else if k > t.key
        then look(t.right,k)                  then look(t.right,k)
  else t.binding                        else t.binding

function enter(t: tree, k: key,       function enter(t: tree, k: key,
             b: binding) =                         b: binding) : tree =
  if k < t.key                          if k < t.key
    then if t.left=nil                    then
      then t.left :=                        tree{key=t.key,
              tree{key=k,                        binding=t.binding,
                   binding=b,                     left=enter(t.left,k,b),
                   left=nil,                      right=t.right}
                   right=nil}
        else enter(t.left,k,b)
  else if k > t.key                     else if k > t.key
    then if t.right=nil                   then
      then t.right :=                       tree{key=t.key,
              tree{key=k,                        binding=t.binding,
                   binding=b,                     left=t.left,
                   left=nil,                      right=enter(t.right,k,b)}
                   right=nil}          else tree{key=t.key,
        else enter(t.right,k,b)               binding=b,
  else t.binding := b                         left=t.left,
                                              right=t.right}
            (a) 命令式                              (b) 函数式
```

类似的技术使函数式程序能够表达的算法的范围和命令式程序的一样宽，并且常常更清晰、更具有表现力，也更简明。

15.3.1　基于延续的 I/O

产生新的数据结构，而不是更新旧的数据结构，这使得语言有可能服从"无赋值"的规则，但是程序如何进行输入/输出呢？基于延续的 I/O(continuation-based I/O)技术可以在函数式框架内表示输入/输出。程序 15-3 展示了 PureFun-Tiger 语言的预定义类型和函数，这些类型和函数都依赖于一个称为答案（answer）的概念：answer 是整个程序返回的"结果"。

程序 15-3　PureFun-Tiger 的内建类型和函数

```
type answer
type stringConsumer = string -> answer
type cont = () -> answer

function getchar(c: stringConsumer) : answer
function print(s: string, c: cont) : answer
function flush(c: cont) : answer
function exit() : answer
```

内建函数 getchar 并不（像在 Tiger 中一样）返回一个字符串，而是以一个 stringConsumer 类型的使用者作为参数，并将最近读入的字符传递给这个使用者。该使用者产生的任何答案也都将是 getchar 的答案。

同样，函数 print 以一个要输出的字符串和一个延续（cont）作为参数；它输出一个字符串，然后调用 cont 产生一个答案。

这些安排的目的是为了在保持等式推理的同时允许输入/输出。有趣的是，现在输入/输出对类型检测器是"可见的"：任何进行输入/输出函数的结果类型都为 answer。

15.3.2　语言上的变化

对 Fun-Tiger 进行以下修改后，就可以构造出新的语言 PureFun-Tiger。

- 增加预定义类型 answer、stringConsumer 和 cont；如程序 15-3 所示，修改预定义 I/O 函数的类型。
- "过程"（未显式给出返回类型的函数）现在被认为有返回类型 answer。
- 从 Fun-Tiger 中删除赋值语句、**while** 循环、**for** 循环和复合语句（带分号的语句）。

程序 15-4 展示了一个完整的 PureFun-Tiger 程序，该程序循环读取整数，输出每个整数的阶乘，直到输入的整数大于 12。

程序 15-4　PureFun-Tiger 程序：读入 *i*，输出 *i*!

```
let
type intConsumer = int -> answer

function isDigit(s : string) : int =
      ord(s)>=ord("0") & ord(s)<=ord("9")

function getInt(done: intConsumer) =
 let function nextDigit(accum: int) =
       let function eatChar(dig: string) =
             if isDigit(dig)
              then nextDigit(accum*10+ord(dig))
              else done(accum)
          in getchar(eatChar)
       end
   in nextDigit(0)
 end

function putInt(i: int, c: cont) =
  if i=0 then c()
```

（续）

```
      else let var rest := i/10
               var dig := i - rest * 10
               function doDigit() = print(chr(dig), c)
           in putInt(rest, doDigit)
           end

   function factorial(i: int) : int =
     if i=0 then 1 else i * factorial(i-1)

   function loop(i) =
     if i > 12 then exit()
     else let function next() = getInt(loop)
             in putInt(factorial(i), next)
             end
   in
      getInt(loop)
   end
```

15.3.3 纯函数式语言的优化

由于我们仅仅从 Fun-Tiger 中删除了一些特征，并没有增加新的东西（除了改变了一些预定义的类型），所以我们的 Fun-Tiger 编译器能够马上编译 PureFun-Tiger 程序。并且，通常函数式语言编译器能够使用和命令式语言编译器相同的优化：如内联扩展、指令选择、循环不变量分析、图着色寄存器分配、复写传播，等等。但是，由于函数式语言中许多控制流是通过函数调用表示的，而且这些调用中有一些可能是函数变量而不是静态定义的函数，所以控制流图的计算要稍微复杂一点。

PureFun-Tiger 编译器还能够利用等式推理进行 Fun-Tiger 编译器不能进行的几种优化。

考虑这样一个程序片断，它先创建一个记录 r，稍后从 r 中读取记录的各个域：

```
type recrd = {a: …, b: …}

var a1 := 5
var b1 := 7
var r := recrd{a := a1, b := b1}

var x := f(r)

var y :=  r.a + r.b
```

在纯函数式语言中，编译器知道当 y 的计算引用 r.a 和 r.b 时，它要取的值是 a1 和 b1。在命令式（或者非纯函数式）语言中，计算 f(r) 时可能会给 r 的域赋新值，但是在 PureFun-Tiger 语言中不会发生这样的赋值。

因此，在 r 的作用域内，r.a 的每次出现都可以用 a1 替换，同样 r.b 也可以用 b1 替换。另外，因为程序的其他部分不能给 a1 赋予任何新值，a1 的值始终是相同的值（5）。因此，所有的 a1 都可以用 5 替换，b1 可以用 7 替换。优化后，我们有 var y := 5 + 7，这条语句可进一步转换为 var y := 12；这样，在 y 的作用域内，y 可以用 12 替换。

对命令式语言也可使用同样的替换；只是命令式语言的编译器常常不能确定一个域或变量在其定值点和使用点之间是否曾被更新过。因此，命令式语言的编译器必须做出保守的估计——假设变量可能被修改，故在大多数情况下都不能执行这种替换（见 17.5 节的别名分析）。

ML 语言具有纯函数式的记录，这种记录不能被更新，因而针对它们的这种替换转换总是合法的；ML 也有可更新的引用单元（cell），程序可以对这种单元赋值，其行为类似于传统的命令式语言中的记录。

15.4　内联扩展

因为函数式程序往往会使用许多小函数，尤其是会在程序中将函数从一个地方传递到另一个地方，所以一种重要的优化技术是函数调用的内联扩展（inline expansion）：即用函数体的副本替换函数调用。

例如，在程序 15-5 中，observeInt 是任意一个这样的函数："观察"一个整数，然后继续。（该函数类似于程序 15-5 中的 putInt。）函数 doList 将观察者 f 作用于列表 1，然后继续。此时，观察者不再是 putInt，而是 printDouble；printDouble 首先打印 i，然后接着打印 $2i$。这样，printTable 打印的是一个整数表，表中每行顺序包括一个整数和该整数的两倍值。

程序 15-5　用 PureFun-Tiger 编写的 printTable

```
let
    type list = {head: int, tail: list}
    type observeInt = (int,cont) -> answer

    function doList(f: observeInt, 1: list, c: cont) =
      if 1=nil then c()
      else let function doRest() = doList(f, 1.tail, c)
            in f(1.head, doRest)
            end

    function double(j: int) : int = j+j

    function printDouble(i: int, c: cont) =
        let function again() = putInt(double(i),c)
          in putInt(i, again)
          end

    function printTable(l: list, c: cont) =
        doList(printDouble, l, c)

    var mylist := ...

  in printTable(mylist, exit)
end
```

为了便于比较，程序 15-6a 是一个具有同样功能的普通的 Tiger 程序。

程序 15-5 使用了一个通用的列表遍历器 doList，任何函数都可以作为插件函数插入到 doList 中。尽管在这里插入的是 printDouble 函数，但是同样的程序也可以将 doList 重用于其他目的，例如打印或"观察"列表中的所有整数。但是程序 15-6a 缺乏这种灵活性——它直接调用了 printDouble，因为普通的 Tiger 语言不具备将函数作为参数传递的能力。

如果这个纯函数式程序（它将 printTable 作为参数传递）以不加优化的方式来编译，则它的函数调用会比命令式程序多出很多。通过使用内联扩展和尾调用优化（见 15.6 节），可以将程序 15-5 优化成效率和程序 15-6b 相同的机器指令。

避免变量捕获（variable capture）。在 Tiger（或 C）程序中进行内联时，我们必须小心地处理变量名，因为在这种语言中，局部声明有可能会在外层变量的作用域内创建一个"洞"[①]。

[①] 即外层变量名被内层变量名遮盖。——译者注

程序 15-6　用普通 Tiger 编写的 printTable

```
let
 type list = {head: int,                      let
             tail: list}                       type list = {head: int,
                                                           tail:list}
 function double(j: int): int =
     j+j                                       function printTable(l: list) =
                                                 while l <> nil
 function printDouble(i: int) =                   do let var i := l.head
     (putInt(i);                                  in putInt(i);
      putInt(double(i)))                             putInt(i+i);
                                                     l := l.tail
 function printTable(l: list) =                    end
    while l <> nil
       do (printDouble(l.head);
          l := l.tail)
                                               var mylist := ···
 var mylist := ···
                                             in printTable(mylist)
 in printTable(mylist)                       end
end
     (a) 编写的初始程序                                (b) 优化后
```

```
1 let var x := 5
2     function g(y: int): int =
3         y+x
4     function f(x: int): int =
5         g(1)+x
6 in f(2)+x
7 end
```

第 4 行的形参 x 在第 1 行声明的变量 x 的作用域内创建了一个洞,因此第 5 行的 x 指的是形参 x,而不是第 1 行声明的变量 x。如果我们想要内联扩展第 5 行的调用 g(1),将其替换成 g 的函数体,则不能将其简单地写为 1 + x。如果这样写,就会有:

```
4     function f(x: int) : int =
5         (1+x) +x
```

现在第 5 行的第一个 x 没有引用第 1 行声明的变量,而是错误地引用了 f 的参数。

为了解决这个问题,我们可以首先对 f 的形参进行重命名,或者 α 转换,然后再执行替换:

```
1 let var x := 5              let var x := 5
2     function g(y:int):int=      function g(y:int):int=
3         y+x                         y+x
4     function f(a:int):int=      function f(a:int):int=
5         g(1)+a                      (1+x)+a
6 in f(2)+x                    in f(2)+x
7 end                         end
```

另一种可选的方法是用实参来重命名形参,并定义一个替换函数,以避免在新定义的这个 x 的作用域内替换 x。

在所有避免变量捕获的方法中,最好的方法是在编译器的早期阶段重命名所有的变量,使相同的变量名决不会声明两次。这可以简化程序的推理和优化。

内联的规则。 算法 15-1 给出了可以用于命令式或函数式程序的内联扩展规则。函数体 B 被用来替代函数 f(···) 的调用,但是在 B 的这个副本内,已用每个实参替换了对应的形参。当实参恰好是变量或常数时,替换非常简单(算法 15-1a)。但是如果实参是一非平凡的表达式,就必须先将表达式的结果赋给一个新变量（算法 15-1b）。

算法 15-1　　函数体的内联扩展。假设不存在声明同一个名字的两个声明

(a)当实参是简单变量 $i_1,\cdots,i_n$ 时。	(b)当实参是非平凡的表达式,不是变量时。
在如下作用域内： function $f(a_1,\cdots,a_n) = B$ 将表达式 $f(i_1,\cdots,i_n)$ 重写为 $B[a_1\mapsto i_1,\cdots,a_n\mapsto i_n]$	在如下作用域内： function $f(a_1,\cdots,a_n) = B$ 将表达式 $f(E_1,\cdots,E_n)$ 重写为 let var　$i_1 := E_1$ 　　　$\vdots$ 　　var　$i_n := E_n$ in $B[a_1\mapsto i_1,\cdots,a_n\mapsto i_n]$ end 其中 $i_1,\cdots,i_n$ 是以往没有使用过的名字。

例如，程序 15-5 中的函数调用 double(i)可以用函数体 j+j 的副本替换，在这个副本中，每个 j 都用实参 i 替换。这里我们使用的是算法 15-1a，因为 i 是一个变量，不是一个比较复杂的表达式。 〔328〕

假设我们希望内联扩展 double(g(x))；如果不正确地使用了算法 15-1a，就会得到 g(x)+g(x)，它计算了两次 g(x)。即使等式推理的原则可以保证两个 g(x)都得到相同的结果，我们也不希望由于重复计算 g(x)（可能是费时的）而降低执行速度。为此改用算法 15-1b，生成：

```
let i := g(x) in i+i end
```

它只计算一次 g(x)。

在一个命令式程序中，g(x)+g(x)不仅仅是比下面的语句慢：

```
let i := g(x) in i+i end
```

由于 g 可能具有副作用，它还可能会计算出不同的结果！同样，算法 15-1b 对这种情况也可以进行正确的内联。

死函数删除。 如果一个函数（例如 double）的所有调用都已经被内联扩展，并且该函数没有作为参数被传递或者以其他方式被引用，那么可以删除这个函数本身。

内联递归函数。 将 doList 内联到 printTable 后，产生 printTable 的一个新版本：

```
function printTable(l: list, c: cont) =
   if l=nil then c()
   else let function doRest() =
                 doList(printDouble, l.tail,c)
        in printDouble(l.head, doRest)
        end
```

这个新版本不是很好：printTable 对 l.head 调用 printDouble，但是为了处理 l.tail，它和以前一样调用 doList。因此内联扩展的只是循环的第一个迭代，而我们本来想要的是一个完全内联扩展了的 doRest 版本；因此，不能采用这种方式。

对于递归函数，我们使用循环前置头（loop-preheader）转换（算法 15-2）。转换的思想是将 f 分裂成两个函数：一个从外部调用的序曲函数（prelude），一个在内部调用的循环头函数（loop header）。除了序曲函数中有一次对循环头的调用外，循环头的每次调用都是它自己内部的递归调用。对 doList 进行循环前置头转换后得到： 〔329〕

```
function doList(fX: observeInt, lX: list, cX: cont) =
  let function doListX(f: observeInt, l: list, c: cont) =
       if l=nil then c()
       else let function doRest() = doListX(f, l.tail, c)
            in f(l.head, doRest)
            end
  in doListX(fX,lX,cX)
  end
```

其中，新的函数 doList 是序曲函数，doListX 是循环头函数。值得注意的是，序曲函数将整个循环作为内部函数包含在内，这样，任何对 doList 的调用被内联扩展时，也就同时具有了 do-ListX 的一个新副本。

算法 15-2　循环前置头转换

$$\boxed{\begin{array}{l}\text{function } f(a_1,\cdots,a_n) =\\ B\end{array}} \quad\rightarrow\quad \boxed{\begin{array}{l}\text{function } f(a'_1,\cdots,a'_n) =\\ \quad\text{let function } f'(a_1,\cdots,a_n) =\\ \qquad B[f \mapsto f']\\ \quad\text{in } f'(a'_1,\cdots,a'_n)\\ \quad\text{end}\end{array}}$$

循环不变量参数。 在这个例子中，传递给函数 doListX 的值 f 和 c 是不变量——每次递归调用，它们的值总是不变的。在每一次迭代中，f 是 fX，c 是 cX。循环不变量外提转换（算法 15-3）可以将 f 的每个使用替换为 fX，c 的每次使用替换为 cX。

算法 15-3　循环不变量外提

如果 B 中 f' 的每次使用都具有形式 $f'(E_1,\cdots,E_{i-1},a_i,E_{i+1},\cdots,E_n)$，其中第 i 个参数总是 a_i，则可以重写为：

$$\boxed{\begin{array}{l}\text{function } f(a'_1,\cdots,a'_n) =\\ \quad\text{let function } f'(a_1,\cdots,a_n) = B\\ \quad\text{in } f'(a'_1,\cdots,a'_n)\\ \quad\text{end}\end{array}} \rightarrow \boxed{\begin{array}{l}\text{function } f(a'_1,\cdots,a'_{i-1},a_i,a'_{i+1},\cdots,a'_n) =\\ \quad\text{let function } f'(a_1,\cdots,a_{i-1},a_{i+1},\cdots,a_n) = B\\ \quad\text{in } f'(a'_1,\cdots,a'_{i-1},a'_{i+1},\cdots,a'_n)\\ \quad\text{end}\end{array}}$$

其中，B 中的每次调用 $f'(E_1,\cdots,E_{i-1},a_i,E_{i+1},\cdots,E_n)$ 重写为：
$f'(E_1,\cdots,E_{i-1},E_{i+1},\cdots,E_n)$。

对函数 doList 进行循环不变量外提转换，得到：

```
function doList(f: observeInt, lX: list, c: cont) =
  let function doListX(l: list) =
       if l=nil then c()
       else let function doRest() = doListX(l.tail)
            in f(l.head, doRest)
            end
  in doListX(lX)
  end
```

最后，将调用 doList(printDouble,l,c)内联到 printTable 中，我们得到：

```
function printTable(l: list, c: cont) =
  let function doListX(l: list) =
       if l=nil then c()
       else let function doRest() = doListX(l.tail)
            in printDouble(l.head, doRest)
            end
  in doListX(l)
  end
```

层叠式内联。 在 printTable 的这个版本中,我们让 printDouble 函数作用于参数(而不只是将 printDouble 传递给 doList),因此可以对 printDouble 的这个调用也进行内联扩展,得到

```
function printTable(l: list, c: cont) =
 let function doListX(l: list) =
      if l=nil then c()
      else let function doRest() = doListX(l.tail)
           in let var i := l.head
               in let function again() = putInt(i+i,doRest)
                   in putInt(i,again)
                  end
              end
          end
  in doListX(l)
 end
```

避免代码爆炸。 内联扩展复制函数体,通常会使程序变大。如果不加选择地进行内联,会发生程序代码爆炸。事实上,很容易构造一个程序,对它的一个函数调用进行内联扩展将创建一个仍可以被继续扩展的新实例,并可无限地扩展下去。

有一些启发式策略可以对内联进行控制。

(1)只扩展那些执行非常频繁的函数调用;可通过静态估计(循环嵌套深度)或者根据执行剖面分析器反馈回来的信息,判断出函数的执行频率。

(2)扩展函数体非常小的函数,使得被复制的函数体不会比直接调用多出很多指令。

(3)扩展只调用一次的函数;然后死函数删除将删除函数体的原始副本。

解开嵌套的 let。 由于 Tiger 表达式

let dec_1 in let dec_2 in exp end end

完全等价于

let dec_1 dec_2 in exp end

所以我们最终得到的 printTable 见程序 15-7。

程序 15-7 自动特例化后的 **printTable**

```
1   function printTable(l: list, c: cont) =
2       let function doListX(l: list) =
3              if l=nil then c()
4              else let function doRest() =
5                                 doListX(l.tail)
6                      var i := l.head
7                      function again() =
8                                 putInt(i+i,doRest)
9                   in putInt(i,again)
10             end
11     in doListX(l)
12     end
```

这种优化方法能将一个抽象的程序(例如通用的 doList)转换为一个更高效的、专用的程序(直接调用 putInt 的专用 doListX)。

15.5 闭包变换

作为参数传递的函数用闭包(closure)来表示:闭包由一个指向机器代码的指针和一种访问非局部变量(也称为自由变量)的方法组成。

第 6 章解释了访问自由变量的静态链方法，静态链直接指向外围函数的栈帧。图 15-2 说明了自由变量可以保存在堆上分配的记录中，它们是独立于栈帧的。现在，为了便于编译器后端的处理，我们希望在程序中显式地表示出这些自由变量记录的创建和访问。

函数式语言编译器的闭包变换（closure conversion）阶段对程序进行转换，使得所有的函数看起来都不访问自由（非局部）变量。这种变换是通过将对每个自由变量的访问转变为对形参的访问来实现的。

给定一个嵌套深度为 d 的函数 $f(a_1, \cdots, a_n) = B$，其逃逸的局部变量（和形参）为 $x_1, x_2, \cdots, x_n$，非逃逸的变量为 $y_1, \cdots, y_n$。f 可以重写为：

$$f(a_0, a_1, \cdots, a_n) = \text{let var } r := \{a_0, x_1, x_2, \cdots, x_n\} \text{ in } B' \text{ end}$$

新参数 a_0 是静态链，静态链现在成为了一个显式的参数。变量 r 是一个记录，它包含了外围函数的静态链和所有的逃逸变量。当调用嵌套深度为 $d+1$ 的函数时，这个 r 就变成了静态链参数。

在 B 中，任何对非局部变量（来自于嵌套深度 $< d$ 的函数的变量）的使用（在重写的函数体 B' 中）都必须转换为对记录 a_0 的某个位移的访问。

函数值。 函数值可以表示为一个包含代码指针和环境的闭包。当一个函数作为参数传递时，编译器并不在堆上分配一个两字记录保存代码指针和环境，而是将它们作为两个相邻的参数来传递。

程序 15-8 是程序 15-7 闭包变换后的结果。我们可以看到每个函数都创建了一个显式的记录来保存逃逸变量。事实上，函数 doListX 创建了两个不同的记录 r2 和 r3，因为在必须创建记录 r2 时，变量 i 和 doRestC 都是不可用的。在闭包变换后的程序中，函数都只访问局部变量，这样，编译器的后续阶段就不需要关心非局部变量的访问和静态链了。

程序 15-8 闭包变换后的 printTable

```
type mainLink = { ··· }
type printTableLink= {SL: mainLink, cFunc: cont, cSL: ?}
type cont = ? -> answer
type doListXLink1 = {SL: printTableLink, l: list}
type doListXLink2 = {SL: doListXLink1, i: int,
                     doRestFunc: cont, doRestSL: doListXLink1}

function printTable(SL: mainLink, l: list, cFunc: cont, cSL: ?) =
    let var r1 := printTableLink{SL=SL,cFunc=cFunc,cSL=cSL}
        function doListX(SL: printTableLink, l: list) =
          let var r2 := doListXLink1{SL: printTableLink, l=l}
           in if r2.l=nil then SL.cFunc(SL.cSL)
              else let function doRest(SL: doListXLink1) =
                            doListX(SL.SL, SL.l.tail)
                       var i := r2.l.head
                       var r3 := doListXLink2{SL=r2, i=i,
                                    doRestFunc=doRest, doRestSL=r2}
                       function again(SL: doListXLink2) =
                            putInt(SL.SL.SL, SL.i+SL.i,
                                   SL.doRest.func, SL.doRestSL)
                    in putInt(SL.SL,i, again,r3)
                   end
      in doListX(r1,l)
    end
```

闭包中静态链的未知类型。 所有逃逸变量记录的类型都是由程序 15-8 顶部的记录声明给出的。

但是 cont 函数的静态链参数的类型是什么呢？它必须是包围 cont 函数的逃逸变量记录的
类型。

但是 printTable 函数中有几个类型为 cont 的不同函数：

- printTable 的参数 c，它来自于主函数 main（仔细查看程序 15-5 可发现函数 c 事实上是
  函数 exit）；
- doRest；
- 以及 again。

其中每一个函数的静态链记录都各不相同。因此，contClosure 的域 SL 的类型会发生变化，并
且调用者不总是能知道 SL 的类型。如程序 15-8 所示，我们用 "?" 来标记 cont 类型的静态链参
数的类型。也就是说，尽管可以用 Tiger 语法写出闭包变换后的 Fun-Tiger 程序或者 PureFun-
Tiger 程序，但是这些程序不能按传统的做法来进行类型检查。

15.6 高效的尾递归

函数式程序用函数调用来表示循环和其他控制流。程序 15-6b 中的 **while** 循环在程序 15-8 中
用函数调用 doListX 来表示。程序 15-6b 中的 putInt 只是简单地返回到它在 printTable 中的两
个调用点的地方，程序 15-7 有两个连续的函数。Fun-Tiger 编译器编译函数 doListX、doRest 和
again 的调用必须和 Tiger 编译器编译循环和函数返回一样高效。

程序 15-7 中的许多函数调用都处在尾位置（tail position）。如果对函数 $f(x)$ 的调用位于另
一个函数 $g(y)$ 的函数体内，并且"调用 f 是 g 返回前做的最后一件事"，那么这个对 $f(x)$ 的
调用就是处于尾位置。更形式化的说法是，在下面的每个表达式中，B_i 处于尾上下文中，但
C_i 不是：

1. let var x := C_1 in B_1 end
2. $C_1(C_2)$
3. if C_1 then B_1 else B_2
4. C_1 + C_2

例如，表达式 4 中 C_2 即使看上去像是"最后一个"，但是由于 C_2 完成之后，仍需要一条 **add** 指
令，所以 C_2 不在尾上下文中。但表达式 3 中的 B_1 在尾上下文中，即使在句法上它不是"最后
一个"。

如果函数调用 $f(x)$ 处在包围它的表达式的尾上下文中，该表达式又处在包围它的表达式的
尾上下文中，等等，直至到达包含函数定义 function $g(y)=B$ 的函数体都是这样，则 $f(x)$ 是一
个尾调用。

尾调用的实现可以比普通调用的实现更高效。对于如下的函数：

```
g(y) = let var x := h(y) in f(x) end
```

h(y) 不是尾调用，但是 f(x) 是。当 f(x) 返回结果 z 时，z 也作为 g 的返回结果。这时，g 可以
不为 f 压入新的返回地址，而只是将 g 自己的返回地址给 f，f 直接从该地址返回。

也就是说，尾调用的实现与其说是调用，不如说更像跳转。尾调用的实现步骤如下。

（1）将实参传送到参数寄存器。

（2）恢复被调用者保护的寄存器。

（3）如果调用函数有栈帧的话，弹出它的栈帧。

335

(4) 跳转到被调用者。

在许多情况下，第 1 项（传递参数）可以通过编译器的复写传播（合并）阶段而删除。第 2 项和第 3 项经常由于调用函数没有栈帧也能被删除——任何函数，只要它的所有计算都能在调用者保护的寄存器中完成，便可以不需要栈帧。这样，一个尾调用就可以用一个代价低的跳转指令来实现。

在程序 15-8 中，每个调用都是一个尾调用！并且，程序中没有一个函数需要栈帧。但这种情况并不总是能成立，例如程序 15-5 中对 double 的调用就不是在尾位置，这个非尾调用只是由于内联扩展才见不到了。

作为跳转实现的尾调用。 程序 15-8 和程序 15-6b 的编译具有指导意义。图 15-2 说明了纯函数式程序和命令式程序执行的几乎是完全相同的指令！图中没有给出函数式程序通过静态链记录进行的读取，也没有给出命令式程序中被调用者保护的寄存器的保护和恢复。

printTable:	allocate record r1	printTable:	allocate stack frame
	jump to doListX		jump to whileL
doListX:	allocate record r2	whileL:	
	if l=nil goto doneL		if l=nil goto doneL
	i := r2.l.head		i := l.head
	allocate record r3		
	jump to putInt		call putInt
again:	add SL.i+SL.i		add i+i
	jump to putInt		call putInt
doRest:	jump to doListX		jump to whileL
doneL :	jump to SL.cFunc	doneL:	return
(a) 函数式程序		(b) 命令式程序	

图 15-2　编译 printTable

函数式程序中剩下的低效之处在于，它创建了 3 个在堆上分配的记录 r1、r2 和 r3，而命令式程序只创建了一个栈帧。但是，更先进的闭包变换算法可以只创建一个记录（在 printTable 的开始）。如此一来，这两个程序之间的差异只在于创建的是堆记录还是栈帧。

336

在有垃圾收集的堆上分配一个记录可能比压栈帧和弹出栈帧的代价高。函数式语言的优化编译器可以用不同的方法来解决这个问题。

- 编译时的逃逸分析能够识别出哪些闭包记录在创建它们的函数中是出口不活跃的。这些记录可以分配在栈帧中。在 printTable 的例子中，这样做可以使"函数式"的代码和"命令式"的代码几乎完全相同。
- 可以将堆分配和垃圾收集的代价降到极低。创建（和垃圾收集）一个在堆上分配的记录只需要 4～5 条指令，从而使函数式的 printTable 几乎和命令式的一样快（见 13.7 节）。

15.7　懒惰计算

等式推理有助于对函数式程序的理解。等式推理的一个重要原理是 β 替换（β-substitution）：如果 $f(x)=B$，函数体为 B，则任何施加于表达式 E 的 $f(E)$ 等价于在 B 中用 E 替换 B 中 x 的每次出现：

$$f(x)=B \text{ 蕴含 } f(E) \equiv B[x \mapsto E]$$

但是，考虑下面这两个 PureFun-Tiger 程序片断：

```
let                              let
  function loop(z:int):int=        function loop(z:int):int=
    if z>0 then z                    if z>0 then z
         else loop(z)                     else loop(z)
  function f(x:int):int=            function f(x:int):int=
    if y>8 then x                    if y>8 then x
         else -y                          else -y
in                               in if y>8 then loop(y)
  f(loop(y))                             else -y
end                              end
```

如果表达式 B 是 if y > 8 then x else - y，表达式 E 是 loop(y)，则很明显，左边的程序包含 f (E)，右边的程序包含 $B[x \mapsto E]$。使用等式推理可得，这两个程序是等价的。

但是，上面的两个程序并不总是具有相同的行为！如果 $y=0$，则右边的程序将返回 0，但是左边的程序会由于先调用了 $loop(0)$ 而阻滞不前，因为 $loop$ (0) 是一个死循环。

显然，如果我们想声称两个程序等价，那么它们就必须具有相同的行为。在 PureFun-Tiger 中，如果我们通过对程序 B 进行替换得到了程序 A，那么当 A 和 B 都会停止时，它们绝对不会给出不同的结果；不过对于相同的输入，A 或者 B 有可能不会停止。

为了解决等式推理的这种（部分）失效，我们在程序设计语言中引入了懒惰计算（lazy evaluation）。Haskell 和 Miranda 是两种使用最广泛的懒惰语言。使用懒惰计算编译的程序不计算任何一个表达式，除非计算的其他部分需要该表达式的值。相反，在严格语言中，例如 Tiger、PureFun-Tiger、ML、C 和 Java，当程序的控制流到达一个表达式时，就会计算该表达式。

为了探究懒惰函数式语言的编译方法，我们将使用 Lazy-Tiger 语言。除了编译时使用了懒惰计算外，它的语法和 PureFun-Tiger 一样，语义也几乎相同。

15.7.1　传名调用计算

大多数程序设计语言（Pascal、C、ML、Java、Tiger、PureFun-Tiger）采用传值方式传递函数参数：计算 $f(g(x))$ 时，首先计算 $g(x)$，然后将计算得到的值传递给 f。但是如果 f 实际上不需要使用它的参数，则计算 $g(x)$ 就是不需要的。

为了避免在需要表达式的结果之前计算表达式，我们使用传名调用计算。每个变量本质上不是简单的一个值，而是一个形实转换函数（thunk），即根据需要计算值的一个函数。编译器将每个 int 类型的表达式替换成类型为 ( )-> int 的函数值，其他类型的表达式也同样处理。

在创建变量的每一个地方，编译器创建一个函数值；在使用变量的每个地方，编译器都放置一个函数调用。

这样一来，Lazy-Tiger 程序

```
let var a := 5+7  in   a + 10  end
```

将被自动地转换为

```
let function a() = 5+7  in   a() + 10  end
```

那么，变量是在哪里创建的呢？它们是在 var 声明中和在函数参数绑定时创建的。因此，每个 var 将转变成一个 function，并且在每个函数调用点，我们需要为每个实参表达式声明一个 function。

程序 15-9 举例说明了对程序 15-2a 中的 look 函数进行的这种传名转换。

程序 15-9　对程序 15-2a 施加的传名调用转换

```
type tree = {key: ()->key,
             binding: ()->binding,
             left: ()->tree,
             right: ()->tree}

function look(t: ()->tree, k: ()->key) : ()->binding =
  if k() < t().key() then look(t().left,k)
  else if k() > t().key() then look(t().right,k)
  else t().binding
```

传名调用的一个问题是，每个形实转换函数可能会执行多次，每次都（冗余地）生成相同的值。例如，假设有一棵由形实转换函数 t1 表示的树，每次调用 look(t1,k)时，都会计算 t1()，而 t1()的每次计算都要重构这棵（相同的）树！

15.7.2　按需调用

懒惰计算也称为按需调用 (call-by-need)，是传名调用的一种修改，但绝不两次计算同一个形实转换函数。每个形实转换函数配备一个用来保存备忘值的备忘槽 (memo slot)。第一次创建一个形实转换函数时，该函数的备忘槽为空。形实转换函数的每次计算都先检查备忘槽：如果是满的，则直接返回所保存的备忘值；如果是空的，则调用形实转换函数。

为了简化这一过程，我们用一个包含两个元素的记录来表示懒惰的形实转换函数，其中一个元素是形实转换函数，另一个是备忘槽。一个没有计算过的形实转换函数可以包含任意的形实转换函数，它的备忘槽是在调用该形实转换函数时要使用的一个静态链。一个已经计算的形实转换函数在它的备忘槽中有以前计算得到的值，它的形实转换函数只是返回备忘槽中的值。

例如，编译 Lazy-Tiger 的声明 var twenty := addFive(15)（在程序 15-1 中）时，其环境指针 EP 指向包含 addFive 函数的记录。addFive(15)的表示不是一个马上计算答案的函数调用，而是一个记录稍后如何按需计算它的形实转换函数。我们可以将这个 Lazy-Tiger 程序片断转换成如下的 Fun-Tiger 程序：

```
/* EP 已经指向包含 addFive 的记录*/
var twenty := intThunk{func=twentyFunc, memo=EP}
```

它有下面一些辅助声明的支持：

```
type intThunk = {func: ?->int, memo: ?}
type intfunc = {func: (?,intThunk)->int, SL: ?}
type intfuncThunk = {func: ?->intfunc, memo: ?}

function evaluatedFunc(th: intThunk) : int =
     th.memo

function twentyFunc(mythunk: intThunk) : int =
 let var EP := mythunk.memo
     var add5thunk : intfuncThunk := EP.addFive
     var add5 : intfunc := add5thunk.func(add5thunk)
     var fifteenThunk:=intThunk{func=evaluatedFunc,memo=15}
     var result : int := add5.func(add5.SL, fifteenThunk)
 in mythunk.memo := result;
     mythunk.func := evaluatedFunc;
     result
 end
```

为了建立一个懒惰的形实转换函数 t，我们只需要计算 t.func(t)。对于 t = twenty，第一次建立 t 时，会执行 twentyFunc(twenty)，使 twenty.memo 指向由 *addFive*(15) 计算得到的一个整数，并使 twenty.func 指向专门的函数 evaluatedFunc。随后每一次涉及 twenty 时，evaluatedFunc 都将简单地返回 twenty.memo 域（该域包含整数 20）。

15.7.3　懒惰程序的计算

下面的程序使用程序 15-2b 中的 enter 函数创建一个树映射 {three $\mapsto$ 3!, minusOne $\mapsto$ (−1)!}：

```
let function fact(i: int) : int =
        if i=0 then 1 else i * fact(i-1)
    var t1 := enter(nil, "minusOne", fact(-1))
    var t2 := enter(t1,  "three",    fact(3))
 in putInt(look(t2,"three"), exit)
end
```

这个程序一个奇怪的地方是，fact(−1) 是没有定义的。因此，如果使用（严格的）PureFun-Tiger 编译器来编译它，它将会陷入死循环（或者会由于对一个负数不断地减 1 而最终导致机器算术溢出）。

但是，如果该程序用 Lazy-Tiger 编译器来编译，则它能成功地返回 3 的阶乘！变量 t1 首先被定值；但是这个定值并不真正地调用 enter——它仅仅创建一个在以后会根据需要计算的形实转换函数。接着，变量 t2 被定值，它也只是创建一个形实转换函数。再接下来，创建 look(t2,"three") 的形实转换函数（但 look 实际上并没有被调用）。

最后，创建表达式 putInt(…,exit) 的形实转换函数，这就是该程序的结果。但是之后运行时系统会"需要"该程序的一个答案 answer，该答案只能通过调用最外层的形实转换函数才能计算出来。这样会执行 putInt 的函数体，从而马上就需要它的第一个参数的整数值；而这又导致要计算 look(t2,"three") 的形实转换函数。

look 的函数体需要比较 k 和 t.key。由于 k 和 t 都是形实转换函数，我们可以通过计算 k() 得到一个整数，通过计算 t() 得到一棵树。我们可以从树上抽取 key 域，但是每个域又是一个形实转换函数，因此为了得到这个整数，我们实际上必须计算的是 (t().key)()。

t.key 的值最终将变成 −1，于是 look(t().right,k) 被调用。这个程序永远不会计算在 minusOne 结点绑定的形实转换函数，因此 fact(−1) 不会有导致死循环的机会。

15.7.4　懒惰函数式程序的优化

许多严格的函数式程序的优化，甚至命令式程序的优化，同样适用于懒惰函数式程序。例如循环的识别（简单的尾递归函数就是循环），归纳变量的识别，公用子表达式删除等。

另外，懒惰编译器可以利用等式推理进行一些严格函数式或命令式编译器不能做的优化。

不变量外提。例如，给定循环

```
type intfun = int->int

function f(i: int) : intfun =
  let function g(j: int) = h(i) * j
   in g
  end
```

优化器很可能会将不变量计算 h(i) 提升到函数 g 之外。毕竟 g 可能会被调用上千次，因此最好

340

341 不要每次都重复计算 h(i)。外提后，循环变成

```
type intfun = int->int

function f(i: int) : intfun =
  let var hi := h(i)
      function g(j: int) = hi * j
   in g
   end
```

这样，g 的每次调用都可以运行得更快。

这种转换在懒惰语言中是合法的，但是在严格语言中是非法的！假设在 var a := f(8)后，函数 a 根本不会被调用；并且假如 h(8)是死循环；在"优化"前程序原本可以成功结束，但是"优化"后，我们得到了一个不可终止的程序。当然，在非纯函数式语言中，这种转换也是非法的，因为 h(8)可能具有副作用，而且我们还改变了 h(8)的执行次数。

死代码删除。严格程序设计语言的另一个敏感的问题是死代码删除。假设我们有

```
function f(i: int) : int =
 let var d := g(x)
  in i+2
  end
```

变量 d 从未被使用过；在其定值点它就是死代码。因此，应当删除对 g(x)的调用。在常规的程序设计语言中，例如 Tiger 或 Fun-Tiger，我们不能删除 g(x)，因为它可能会具有程序运算需要的副作用。

在严格的纯函数式语言中，例如 PureFun-Tiger，删除对 g(x)的计算可能会将一个原本不可终止的计算优化成一个可以终止的计算！尽管看上去优化像是有益的，但是却会使程序员感到迷惑。我们不希望用不同的优化级别编译时，程序的输入/输出行为会有所不同。

在懒惰语言中，完全可以安全地删除诸如 g(x)这样的死计算。

森林砍伐。在任何语言中，一种常见的做法是将一个程序划分为两个模块，一个模块产生数据结构，另一个模块使用该数据结构。程序 15-10 就是这样的一个简单例子；range(i,j)生成从 i
342 到 j 的整数列表，squares(l)返回此列表中每个数的平方；sum(l)求此列表中所有数的和。

程序 15-10   平方求和

```
type intList = {head: int, tail: intList}
type intfun = int->int
type int2fun = (int,int) -> int

function sumSq(inc: intfun, mul: int2fun, add: int2fun) : int =
let
  function range(i: int, j: int) : intList =
    if i>j then nil else intList{head=i, tail=range(inc(i),j)}

  function squares(l: intList) : intList =
    if l=nil then nil
    else intList{head=mul(l.head,l.head), tail=squares(l.tail)}

  function sum(accum: int, l: intList) : int =
    if l=nil then accum else sum(add(accum,l.head), l.tail)

 in sum(0,squares(range(1,100)))
 end
```

首先，range 构建一个由 100 个整数组成的列表；然后 squares 构建另一个由 100 个整数组成的列表；最后 sum 累加此列表。

每次都构建这些列表是一种浪费。一种称为森林砍伐（deforestation）的转换可以删除中间的列表和树（因此，可以删除它们的名字），并且只需要一遍就可完成所有的事情。被砍伐后的 sumSq 程序和下面的程序相似：

```
function sumSq(inc:intfun, mul:int2fun, add:int2fun):int =
 let function f(accum: int, i: int, j: int) : int =
     if i>j then accum else f(add(accum,mul(i,i)),inc(i))
  in f(0,1,100)
 end
```

在非纯函数式语言中（函数具有副作用），森林砍伐通常是不合法的。例如，假如函数 inc、mul 和 add 修改全局变量，或者打印一个输出文件。森林砍伐转换重新安排了这些函数的调用顺序。原来的调用顺序是：

inc(1),　inc(2),　⋯inc(100),
mul(1, 1), mul(2, 2), ⋯mul(100, 100),
add(0, 1), add(1, 4), ⋯add(328350, 10000)

而转换后，函数的调用顺序是：

mul(1, 1),　　add(0, 1),　　　inc(1),
mul(2, 2),　　add(1, 4),　　　inc(2),
　　　　　　　　⋮
mul(100, 100), add(328350, 10000), inc(100)

只有在纯函数式语言中才能总是合法地使用这种转换。

15.7.5 严格性分析

尽管懒惰性允许实施某些新的优化，但是创建和计算形实转换函数的代价仍非常高。如果对这个问题不加关注，不管进行了其他什么优化，懒惰程序都会运行得很慢。

解决的方法是只在需要的地方才放置形实转换函数。如果能够确定函数 $f(x)$ 一定会计算它的参数 x，则没有必要传递 x 的形实转换函数；我们可以简单地传递计算后的 x。这种做法是以现在就进行的计算来换取一个最终肯定会进行的计算。

严格性的定义。 如果函数 $f(x)$ 的形参 x 对应的某个实参 a 不能终止，则 $f(a)$ 也不能终止，我们就说函数 $f(x)$ 在 x 上是严格的（strict）。如果多参数函数 $f(x_1,\cdots,x_n)$ 中参数 x_i 的某个实参 a 不能终止，则不管其他 b_j 是否能够终止，$f(b_1,\cdots,b_{i-1},a,b_{i+1},\cdots,b_n)$ 也不能中止，我们就说函数 $f(x_1,\cdots,x_n)$ 在 x_i 上是严格的。

例如：

```
function f(x: int, y: int) : int = x + x + y

function g(x: int, y: int) : int = if x>0 then y else x

function h(x: string, y: int) : tree =
                tree{key=x,binding=y,left=nil,right=nil}

function j(x: int) : int = j(0)
```

函数 f 在参数 x 上是严格的，因为如果需要 f(x,y) 的结果，f 必然会要调用 x（需要 x 的值）的形实转换函数。同样，f 在参数 y 上也是严格的，g 在参数 x 上也是严格的。但是 g 在它的第二个参数上不是严格的，因为有时不调用 y 的形实转换函数也可以计算 g 的结果。

函数 h 在两个参数上都不是严格的。即使它看上去既"使用"了 x 又"使用"了 y，但是它不需要它们的（字符串或者整数）值；它只是将它们放入一个数据结构中，而且，程序的其他部分也不曾需要那个特定 tree 的 key 或者 binding 域的值。

奇怪的是，根据我们的严格性定义，函数 j 在 x 上是严格的，即使它从未使用 x。但是严格性分析的目的是为了判断在将 x 传递给函数 j 之前，计算 x 是否安全：这样做会不会使一个可以终止的程序变成不可终止的？在这个例子的情况下，只要打算调用 j，无论我们是否预先执行了（可能是不可终止的）x 的计算，它都会死循环。

利用严格性分析的结果。 程序 15-11 展示了利用严格性信息对 look 函数（程序 15-2a）进行转换后的结果。和程序 15-9 一样，这里也使用传名调用转换，但是转换的结果和按需调用相似。函数 look 在参数 t 和 key 上都是严格的。因此，在比较 k<t.key 时，它不需要调用 k 和 t 的形实转换函数。但是，t.key 域仍旧指向一个形实转换函数，因此，它必须调用这个形实转换函数。

由于 look 是严格的，我们希望 look 的调用者传递计算后的值，而不是形实转换函数。递归调用的例子可以说明其道理：递归调用必须显式地建立 t.left 和 t.right 的形实转换函数，才能将它们从形实转换函数转变成值。

程序 15-11 使用严格性分析的结果的部分传名调用，与程序 15-9 对比

```
function look(t: tree, k: key) : ()->binding =
  if k < t.key() then look(t.left(),k)
  else if k > t.key() then look(t.right(),k)
  else t.binding
```

近似的严格性分析。 在某些情况下，例如上面的函数 f、g 和 h，函数的严格性或者非严格性是显而易见的，优化编译器可以很容易判断出它们是否是严格的。但是通常，精确的严格性分析是不可计算的——就像精确的动态活跃分析（见 10.1.5 节）和许多其他数据流问题一样。

因此，编译器必须使用一种保守的估计；如果不能确切地判断出函数参数的严格性，则必须假设其参数为非严格的。我们需要为这种参数建立形实转换函数；虽然这样会降低程序的执行速度，但是至少优化器不会将一个可终止的程序转变为死循环的程序。

算法 15-4 给出了一个计算严格性的算法。该算法维护着一个形如 $(f,(b_1,\cdots,b_n))$ 的元组集合 H，其中 n 是 f 的参数个数，b_i 是布尔量。元组 $(f,(1,1,0))$ 的含义是：使用三个参数（形实转换函数）调用 f，如果前两个参数可以停止，但第 3 个参数不会停止，则 f 可能会停止。

如果 $(f,(1,1,0))$ 属于集合 H，则 f 在它的第三个参数上可能不是严格的。如果决不会将 $(f,(1,1,0))$ 放入 H 中，则 f 在它的第三个参数上一定是严格的。

我们还需要一个辅助函数来计算一个表达式是否可能终止。给定表达式 E 和变量集合 σ，$M(E,\sigma)$ 表示"如果 σ 中的所有变量都可能终止，则 E 也可能终止"。如果 E_1 是 i+j，并且 i 和 j 的形实转换函数都有可能会停止，则 E_1 也有可能会停止：即 $M(i+j,\{i,j\})$ 为真。但是如果 E_2 是 if k then i else j，其中 i 和 j 可能停止，但是 k 不会停止，则 E_2 肯定不会停止，因此 $M(E_2,\{i,j\})$ 为假。

算法 15-4 不能处理作为参数传递或者作为结果返回的函数，因此不能作用于 Lazy-Tiger 语

言的全集。但是对于一等程序（没有高阶函数），该算法可以很好地计算（静态）严格性。功能更强的严格性分析算法能够处理高阶函数。

算法 15-4　一等严格性分析

函数 M：

$$M(7, \sigma) = 1$$

$$M(\mathbf{x}, \sigma) = \mathbf{x} \in \sigma$$

$$M(E_1 + E_2, \sigma) = M(E_1, \sigma) \wedge M(E_2, \sigma)$$

$$M(\text{record}[E_1, \cdots, E_n], \sigma) = 1$$

$$M(\text{if } E_1 \text{ then } E_2 \text{ else } E_3, \sigma) = M(E_1, \sigma) \wedge (M(E_2, \sigma) \vee M(E_3, \sigma))$$

$$M(\mathbf{f}(E_1, \cdots, E_n), \sigma) = (\mathbf{f}, (M(E_1, \sigma), \cdots, M(E_n, \sigma))) \in H$$

H 的计算：

$H \leftarrow \{\}$

repeat

　　$done \leftarrow \text{true}$

　　for 每一个函数 $\mathbf{f}(\mathbf{x}_1, \cdots, \mathbf{x}_n) = B$

　　　　for 布尔量组成的每一个序列 $(b_1, \cdots, b_n)$（它们都是 2^n）

　　　　　　if $(\mathbf{f}, (b_1, \cdots, b_n)) \notin H$

　　　　　　　　$\sigma \leftarrow \{\mathbf{x}_i | \ b_i = 1\}$　　　（σ 是 x 在 b 向量中与 1

　　　　　　　　if $M(B, \sigma)$　　　　　　　对应的集合）

　　　　　　　　　　$done \leftarrow \text{false}$

　　　　　　　　　　$H \leftarrow H \cup \{(\mathbf{f}, (b_1, \cdots, b_n))\}$

until $done$

严格性（H 的计算终止后）：

如果下面的条件成立，$\mathbf{f}$ 在它的第 i 个参数是严格的

$$(\mathbf{f}, (\underbrace{1, 1, \cdots, 1}_{i-1}, 0, \underbrace{1, 1, \cdots, 1}_{n-i})) \notin H$$

推荐阅读

Church[1941]开发了 λ 演算，一种可以将函数作为参数传递和作为结果返回的嵌套函数"程序设计语言"。但是，当时他受困于没有机器进行这种编译。

闭包。 Landin[1964]说明了如何使用堆上分配的闭包在一个抽象机器上解释执行 λ 演算。Steele[1978]使用了一些专门用于不同函数使用模式的闭包表示，使得在许多情况下可将非局部变量作为一个额外的参数传递给内层的函数，从而避免在堆上分配记录。Cousineau 等人[1985]说明了如何将闭包变换表示为一种转换回源语言的转换，从而可以清晰地将闭包分析与代码生成的其他阶段分离开来。

静态链事实上不是闭包变换的最佳基础；基于许多原因，最好是单独考虑每个非局部变量，而不是总将同一嵌套层的所有变量成组地一起考虑。Kranz 等人[1986]通过执行逃逸分析来判断哪些闭包在创建它们的函数中不是出口活跃的，因而可以将其分配在栈上。该文献中还将闭包分析和寄存器分配结合起来，以构造高性能的优化编译器。Shao 和 Appel[1994]将闭包和被调用者保护的寄存器集成在一起，以尽量减少局部和非局部变量引起的对存储器的取/存访问。Appel[1992,第 10 和 12 章]对闭包转换进行了很好的概括。

347

延续。尾调用特别高效且易于分析。Strachey 和 Wadsworth[1974]说明了任何程序（即使是命令式程序）的控制流都可以利用延续的概念表示为函数调用。Steele[1978]在编译的较早阶段将程序转换为延续传递风格（continuation-passing style），将所有函数调用都转变为尾调用，简化了编译器的所有分析阶段和优化阶段。Kranz 等 [1986] 使用延续传递风格为 Scheme 构建了一个优化编译器；Appel[1992]描述了 ML 的基于延续的优化编译器。

内联扩展。Cocke 和 Schwartz[1970]描述了函数体的内联扩展；Scheifler[1977]说明了内联扩展对支持数据抽象的语言特别有用，这种语言的程序中有许多在抽象数据类型上实现的小函数。Appel[1992]描述了若干用于控制代码爆炸的实用启发式策略。

基于延续的输入/输出。Wadler[1995]描述了原子个体（monad）的使用，用以推广基于延续交互的概念。

懒惰计算。Algol-60[Naur et al.1963] 对函数参数使用传名调用计算，传名调用是用形实转换函数来实现的——但 Algol-60 同时也允许副作用，所以程序员需要弄清楚自己的程序到底会怎样执行！大多数 Algol-60 的后续版本都使用传值调用。Henderson 和 Morris[1976] 与 Friedman 和 Wise[1976]各自独立地发明了懒惰计算（按需调用）。Hughes[1989]给出了证据，认为懒惰函数式语言的程序设计比命令式语言的更清晰，模块化程度更高。

20 世纪 80 年代开发了几种懒惰的纯函数式语言；这一领域的研究团体设计和采纳了 Haskell 语言[Hudak et al.1992]作为标准。Peyton Jones[1987；1992]介绍了许多用于懒惰函数式语言的实现技术和优化技术。Peyton Jones 和 Partain[1993]描述了一个实用的高阶严格性分析算法。Wadler[1990]描述了森林砍伐转换。

程序设计：编译函数式语言

348

a. 实现 Fun-Tiger。可以将函数值作为一个在堆上分配的包含两个元素的记录进行分配，其中一个元素是函数的地址，另一个是静态链。

b. 实现 PureFun-Tiger。PureFun-Tiger 和 Fun-Tiger 类似，但删除了几个"不纯的"特征，而且预定义的函数有不同的接口。

c. 实现 PureFun-Tiger 的优化。这需要修改 Tree 中间语言，使它能够以机器无关的方式表示整个程序，包括函数入口和出口。在内联扩展（和其他）优化后，程序可以转换为第 7 章的标准 Tree 中间表示。

d. 实现 Lazy-Tiger。

习题

15.1 画出一个示意图，表示程序 15-1 中即将调用 add24(a)的地方的 add24 和 a 的闭包数据结构。标记出所有的成分。

*15.2 图 15-2 总结了用函数式或者命令式风格实现 printTable 的必要指令。但是它省略了给此调用传递参数的 MOVE 指令。按照图 11-1 的程序风格，用伪汇编语言补充所有被省略的指令，完成函数式和命令式两个版本的程序。说明你希望通过复写传播删除哪些 MOVE 指令。

*15.3　解释为什么在 PureFun-Tiger 程序的闭包和记录图中没有环。评论对这样的程序采用引用计数的垃圾收集的适用性。**提示**：在什么样的环境下，记录或者闭包在它们被初始化后还会被更新？

15.4　a. 对程序 15-2a 中的函数 look 执行算法 15-2（循环前置头转换）。

　　　b. 在 a 的结果上执行算法 15-3（循环不变量外提）。

　　　c. 对下面的 look 的调用执行算法 15-1（内联扩展）（假设前两次的转换已经生效）：

```
look(mytree, a + 1)
```

15.5　对下面的程序执行算法 15-4（严格性分析），给出 repeat 循环的每一遍的集合 H。

```
function f(w: int, x: int, y: int, z: int) =
  if z=0 then w+y else f(x,0,0,z-1) + f(y,y,0,z-1)
```

　　　在哪些参数上，f 是严格的？

349

第16章 多态类型

多态的 (poly-mor-phic)：能够呈现不同形式的。

韦氏字典

有些函数的执行方式和它们所操作的数据类型无关。有些数据结构可以不考虑它们的元素类型而按照相同的方式来组织。

以 Tiger 中联结两个链表的函数为例。我们首先定义一个链表数据类型，接着定义一个 append 函数：

```
type elem = int
type intlist = {head: elem, tail: intlist}

function append(a: intlist, b: intlist) : intlist =
  if a=nil
  then b
  else intlist{head= a.head, tail= append(a.tail,b)}
```

如果将 elem 类型改为 string 或者 tree，intlist 数据类型和 append 函数的代码不会有任何的不同。我们希望 append 函数能够处理所有类型的列表。

一个函数如果能够操作不同类型的参数，这个函数就是多态的（polymorphic，从希腊语 many＋shape 得来）。多态性主要有下面两种。

- **参数多态性**（parametric polymorphism）。如果一个函数不管它的参数是什么类型，都遵循相同的算法，我们就说这个函数是参数多态的（parametrically polymorphic）。Ada 或者 Modula-3 的泛型（generic）机制、C++中的模板（template）或者 ML 的类型配置（type scheme）都是参数多态性的例子。
- **重载**（overloading）。如果一个函数标识符能够根据其参数类型的不同而代表不同的算法，则该函数标识符是重载的。例如，在大多数语言中，＋操作符是重载的，对于整型参数，＋表示整型加法；对于浮点参数，＋表示浮点加法（和整型加法的算法完全不同）。许多语言中，包括 Ada、C++和 Java，程序员可以根据自己的需要构造重载函数。

这两种多态性截然不同——几乎毫无关系，它们需要不同的实现技术。

16.1 参数多态性

多态函数 $f(x:t)$ 的参数 x 的类型为 t，其中 t 可以是不同实际类型的实例。在显式风格的参数多态性中，我们将类型作为参数传递给函数，于是函数定义可写成类似 $f<t>(x:t)$，函数调用看起来类似 $f<int>(3)$ 或者 $f<string>("three")$。在隐式参数多态性语言中，函数定义可以简单地写为 $f(x)$，函数调用可以是 $f(3)$ 或者 $f("three")$——不需要说明类型参数 t。可以采用其中任何一种设计方式设计出合理的程序设计语言。

即使编译的是隐式类型语言，使用显式类型语言作为中间表示也是有意义的，如图 16-1 所

示。显式类型中间语言的一个最大好处是，对中间表示可进行类型检查，不像第 7 章描述的
Tree 语言。这意味着在每个优化阶段后都可以再次运行类型检查器——不是为了调试被编译的
程序，而是为了调试编译器！

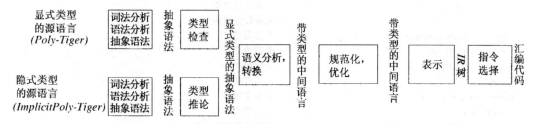

图 16-1 多态语言的各个编译阶段

信任，但是要验证。 采用带类型的中间形式就能够检查一个尚未完全编译（和优化）好的
程序的正确性和安全性。这是 Web 小应用程序（Web applet）的一个重要的原理。例如，Java
程序可以编译成称为 Java 虚拟机字节码的中间形式，这个半编译好的程序传输到用户的机器上
后，用户机器上的字节码验证器（byte-code verifier）仍旧可以对其进行类型检查。然后，字节
码程序或者被解释执行，或者被转换为本地机器代码。对字节码（或者所传输的其他中间表示）
的类型检查意味着 Java 小应用程序的用户不能完全信任这个程序不会因为违反了类型系统而破
坏安全性。但是 Java 没有参数多态性，在这一章，我们将展示一个适用于多态程序设计语言的
具有类型的中间形式。

为了研究多态性，我们构造一个显式多态语言 Poly-Tiger 和一个隐式多态语言 ImplicitPoly-
Tiger，这两种语言都基于第 15 章描述的函数式语言 Fun-Tiger，其显式带类型的抽象语法和
Poly-Tiger 相似。

16.1.1 显式带类型的多态语言

除了具有不同的声明和类型语法以及两种新的表达式外，Poly-Tiger 和附录描述的 Tiger 语
言一致，如文法 16-1 所示。和 Fun-Tiger 一样，Poly-Tiger 有函数类型 $ty \rightarrow ty$（见文法 16-1 中
的函数类型、多参数函数类型和无参数函数类型的规则）和函数调用语法 $exp_f(exp_1, \cdots, exp_n)$，
其中 exp_f 除了可以是一个标识符外，也可以是一个表达式。

在 Poly-Tiger 中，我们增加了几种新的类型 ty。对任何 a，多态类型（polymorphic type）
poly < a > T 都可以有类似于类型 T 的行为。例如，对任何 a，poly < a > a -> a 都是一个函数类
型，该函数类型有一个类型为 a 的参数并且返回类型为 a 的结果。

我们还需要有一种构建多态数据结构的方法。因此，语法中增加了两条关于参数类型构造器
（parametric type constructor）和类型构造（type construction）的新规则：声明 **type** *id tyvars* =
ty 声明了一个参数化的类型 *id*；它右边的 *ty* 中出现的任何类型变量都必须来自显式的类型
参数 *tyvars*。

有了这种方法，我们便可以构建"任何事物的列表"：

```
type list<e> = {head: e, tail: list<e>}
```

值得注意的是，list 不是一个类型——它是程序员声明的一个类型构造器（type constructor，
简写为 tycon）。但是对于任何类型 T，list < T >是一个类型。

文法 16-1   Poly-Tiger 的语法规则

ty	→ *id*	类型标识符
ty	→ *ty* -> *ty*	函数类型
ty	→ (*ty* {, *ty* }) -> *ty*	多参数函数类型
ty	→ ( ) -> *ty*	无参数函数类型
ty	→ **poly** *tyvars ty*	多态类型
ty	→ *ty tyargs*	类型构造
tyvars	→ < *id* {, *id*} >	类型形参
tyvars	→ ϵ	无类型形参
tyargs	→ < *ty* {, *ty*} >	类型实参
tyargs	→ ϵ	无类型实参
vardec	→ **var** *id* : *ty* := *exp*	带类型的变量声明
tydec	→ **type** *id tyvars* = *ty*	参数类型构造器
tydec	→ **type** *id tyvars* = array of *ty*	数组类型表达式
tydec	→ **type** *id tyvars* = { *tyfields* }	（这些花括号代表它们自己）
tyfields	→ ϵ	空记录类型
tyfields	→ *id* : *ty* { , *id* : *ty* }	记录类型域
fundec	→ **function** *id tyvars* (*tyfields*) = *exp*	多态子程序声明
fundec	→ **function** *id tyvars* (*tyfields*) : *id* = *exp*	多态函数声明
	限制：禁止 *tydec* 嵌套在 *fundec* 体内	
exp	→ ⋯	所有的 Tiger 表达式，外加⋯⋯
exp	→ *exp tyargs* (*exp* {, *exp*})	带实例的函数调用
exp	→ *type-id tyargs* {*id*=*exp*{,*id*=*exp*}}	带类型实例的记录创建

为了从一个多态的记录类型构造器构造一个记录，类型实例化的记录创建规则要求在记录域初值符之前放置一个类型实参。例如，我们可以通过 list < int >{head = 4，tail = nil}来创建一个 list < int >记录。

实例化的函数调用允许我们调用一个多态函数。现在，我们准备写一个多态的 append 函数：

```
type list<e> = {head: e, tail: list<e>}

function append<e>(a: list<e>, b: list<e>) : list<e> =
  if a=nil
  then b
  else list<e>{head= a.head, tail= append<e>(a.tail,b)}
```

函数 append 的类型是 poly < e >(list < e >，list < e >)-> list < e >。

接下来，我们构建一个由两个 4 组成的列表：

```
var one4  : list<int> := list<int>{head=4,tail=nil}
var two4s : list<int> := append<int>(one4,one4)
```

我们甚至可以构建整数列表的列表：

```
list<list<int>>{head=two4s, tail=nil}
```

16.1.2   多态类型的检查

多态语言的类型检查没有单态语言的类型检查那么直接。在着手实现类型检查之前，我们必须清楚类型规则是什么。

在 Tiger 中，我们用 Types 模块（见程序 5-5）来描述单态类型。为了描述 Poly-Tiger 的类型，我们要用一个新的 Types 模块。图 16-2 对其进行了总结。

$ty \rightarrow$ **Nil** | **Int** | **String** | **Void**	$ty \rightarrow$ **Nil**
$ty \rightarrow$ **Record**$((sym, ty)list, unique)$	$ty \rightarrow$ **App**$(tycon, ty\ list)$
$ty \rightarrow$ **Array**$(ty, unique)$	$ty \rightarrow$ **Var**$(tyvar)$
$ty \rightarrow$ **Name**(sym, ty)	$ty \rightarrow$ **Poly**$(tyvar\ list, ty)$
	$tycon \rightarrow$ **Int** | **String** | **Void** | **Arrow**
	$tycon \rightarrow$ **Array** | **Record**$(fieldname\ list)$
	$tycon \rightarrow$ **TyFun**$(tyvar\ list, ty)$
	$tycon \rightarrow$ **Unique**$(tycon, unique)$
(a) 单态	(b) 多态

图 16-2 Types 模块。(a)程序 5-5 的总结；**Record** 和 **Array** 类型中的 *unique* 指出我们使用指针相等测试来区别不同的类型。(b)增加了新的类型 **App**、**Var**、**Poly**，以及类型构造器

这两个 Types 模块有一些重要的区别。我们现在要让作用于 *tycon*（例如 list）的 **App** 类型作用于类型实参（例如< int >）。为了简化类型的内部表示，我们将 int 看作一个有 0 个类型实参的类型构造器；即使没有按照 Poly-Tiger 的语法来书写 int，在内部也会将其表示为 **App**(**Int**, [ ])。具有两个参数的 **Arrow** 类型构造器表示函数，因此 $a \rightarrow b$ 将被表示为 **App**(**Arrow**, $[a, b]$)。

[354]

置换。类型构造器 **TyFun**($[\alpha_1, \cdots, \alpha_n], t$)表示一个类型函数（type function）。类型 t 可能涉及 $\alpha_1, \cdots, \alpha_n$，并且任何使用这个类型构造器的 **App** 类型的含义都可以通过扩展 t（即用实际类型参数置换形参 α_i）而获得。算法 16-4 给出了置换的规则。

置换的基本思想是：用 t_1 置换类型表达式 t 中的 β_1 是指将 t 中 β_1 的所有出现都用 t_1 替换。但是置换必须服从作用域规则，以避免变量俘获。如果类型 t 是 **Poly**($[\beta_1, \text{list} < \beta_1 >]$)，则 **Poly** 的形参 $[\beta_1]$ 是一个新的变量，其作用域是 **Poly** 的类型体（例如 list < β_1 >），并且在这个作用域内不能出现对 β_1 的置换。

表达式的变量俘获问题已在 15.4 节做了描述。类型置换需要的 α 变换所采用的方式和项（即表达式）的置换相同。为了避免俘获，我们在算法 16-1 的 **Poly** 规则中引入了新的变量 $[\gamma_1, \cdots, \gamma_n]$。

算法 16-1 类型变量的置换规则。第 3 条规则说明了当我们遇到 **TyFun** 时，需要先扩展它，然后再继续进行置换；假如考虑到了作用域，我们本来有可能像 **Poly** 规则展示的一样将置换代入到 **TyFun** 的体内。在 **Poly** 规则中，通过将两次置换组合成一次，我们可以避免两次应用 *subst*；见习题 16.4

$$subst(\mathbf{Var}(\alpha), \{\beta_1 \mapsto t_1, \cdots, \beta_k \mapsto t_k\}) = \begin{cases} t_i & \text{if } \alpha \equiv \beta_i \\ \mathbf{Var}(\alpha) & \text{其他} \end{cases}$$

$$subst(\mathbf{Nil}, \sigma) = \mathbf{Nil}$$

$$subst(\mathbf{App}(\mathbf{TyFun}([\alpha_1, \cdots, \alpha_n], t), [u_1, \cdots, u_n]), \ \sigma) =$$
$$subst(subst(t, \{\alpha_1 \mapsto u_1, \cdots, \alpha_n \mapsto u_n\}), \sigma)$$

$$subst(\mathbf{App}(tycon, [u_1, \cdots, u_n]), \ \sigma) = \qquad \text{其中，} tycon \text{ 不是一个 } \mathbf{TyFun}$$
$$\mathbf{App}(tycon, [subst(u_1, \sigma), \cdots, subst(u_n, \sigma)])$$

$$subst(\mathbf{Poly}([\alpha_1, \cdots, \alpha_n], u), \sigma) = \mathbf{Poly}([\gamma_1, \cdots, \gamma_n], subst(u', \sigma))$$
$$\text{其中 } \gamma_1, \cdots, \gamma_n \text{ 是未在 } \sigma \text{ 或者 } u \text{ 中出现的新变量，}$$
$$\text{并且 } u' = subst(u, \{\alpha_1 \mapsto \mathbf{Var}(\gamma_1), \cdots, \alpha_n \mapsto \mathbf{Var}(\gamma_n)\})$$

类型的等价。给定声明

```
type number = int
type transformer<e> = e -> e
```

则 number 的含义与 int 一样，transformer < int <的含义和 int -> int 相同；我们可以为了不同的用途自由地置换这些类型的定义。这称为类型的结构等价（structural equivalence of types）。

这些类型构造器的内部表示是：

number $\quad\mapsto$ **Int**

transformer $\mapsto$ **TyFun**([e], **App**(**Arrow**, [**Var**(e), **Var**(e)]))

在 Poly-Tiger 中，我们希望保留 Tiger 语言中的"记录各不相同"规则（见 A.2 节），即每个记录类型声明创建一个"新"类型。这称为类型的出现等价（occurrence equivalence of types）[①]。也就是说，给定声明

```
type pair<a>    = {first: a, second: a}
type twosome<a> = {first: a, second: a}
```

类型 pair < int >和 twosome < int >是不相同的。使用结构等价还是出现等价是语言设计者必须做的选择，例如 ML 中的记录类型使用的是结构等价。

在普通的 Tiger 中，**Record** 类型是通过 Ty_record 结构的指针值来区分的，Ty_record 结构是记录类型的内部表示。但是在多态语言中，当我们将记录类型作用于实参时，则需要复制记录描述。在下面的程序中，

```
let type pair<z> = {first: z, second: z}
    function f(a: pair<int>) : pair<int> = a
 in f
end
```

第一行创建的是一个新的类型构造器 pair，而不是一个新类型。我们希望 pair < int >（参数类型）和 pair < int >（结果类型）是同一类型，但是必须将 pair < string >识别为不同的类型。

为了表示 pair 类型构造器的内部结构，我们可以将它写成

$tycon_p$ = **TyFun**([z], **App**(**Record**([$first$, $second$]), [**Var**(z), **Var**(z)]))

但是这还不能使 pair 有别于 twosome。因此，我们使用一个 **Unique** 类型构造器对其进行包装：

$tycon_{pair}$ = **Unique**($tycon_p$, q_{323})

$tycon_{twosome}$ = **Unique**($tycon_p$, q_{324})

标签 q_{323} 和 q_{324} 区分了 pair 类型和 twosome 类型（实际上，我们可以用 Ty_unique 结构的指针地址来标识这两个出现）。

测试类型等价。在类型检查中，我们常常需要测试一个类型是否和另一个类型等价。为了测试包含 **App**(**TyFun**…，…)的两个类型的等价性，我们可能需要用实参置换形参来扩展 **TyFun**。但是为了比较包含 **App**(**Unique**($tycon$，z)，…)的类型，我们不应该扩展类型构造器，而是应该测试唯一性标记 z。函数 $unify$（算法 16-2）测试类型的等价性。在此算法执行到 $error$ 时，需要向用户输出类型检查报错消息。

---

① 有时也称为名字等价，但是实际上它是"生成"这个新类型的一种定义出现，而不是与它绑定的类型名。

算法 16-2　类型等价性测试。这个函数可能会打印一个报错信息，但是对全局状态没有其他副作用。这个函数之所以叫作 *unify* 是因为当我们对它进行扩展、实现对隐式类型语言的类型推论时，不仅检查两个类型是否相同，如有可能，还会修改全局状态，将这两个类型标记为同一类型

$$
\begin{aligned}
&unify(\mathbf{App}(tycon_1, [t_1, \cdots, t_n]), \mathbf{App}(tycon_1, [u_1, \cdots, u_n])) = \quad \text{if } tycon_1 \text{ is } \mathbf{Int}, \mathbf{String}, \mathbf{Void}, \\
&\qquad unify(t_1, u_1); \;\cdots\; unify(t_n, u_n) \qquad\qquad\qquad\qquad \mathbf{Arrow}, \mathbf{Array}, \text{ or } \mathbf{Record}([id_1, \cdots, id_n]) \\
&unify(\mathbf{App}(\mathbf{TyFun}([\alpha_1, \cdots, \alpha_n], u), [t_1, \cdots, t_n]), t) = \\
&\qquad unify(subst(u, \{\alpha_1 \mapsto t_1, \cdots, \alpha_n \mapsto t_n\}), t) \\
&unify(t, \mathbf{App}(\mathbf{TyFun}([\alpha_1, \cdots, \alpha_n], u), [t_1, \cdots, t_n])) = \\
&\qquad unify(t, subst(u, \{\alpha_1 \mapsto t_1, \cdots, \alpha_n \mapsto t_n\})) \\
&unify(\mathbf{App}(\mathbf{Unique}(u, z), [t_1, \cdots, t_n]), \mathbf{App}(\mathbf{Unique}(u', z'), [t'_1, \cdots, t'_n])) = \\
&\qquad \text{if } z \neq z' \text{ then } error; \\
&\qquad unify(t_1, t'_1); \;\cdots\; unify(t_n, t'_n) \\
&unify(\mathbf{Poly}([\alpha_1, \cdots, \alpha_n], u), \mathbf{Poly}([\alpha'_1, \cdots, \alpha'_n], u')) = \\
&\qquad unify(u, subst(u', \{\alpha'_1 \mapsto \mathbf{Var}(\alpha_1), \cdots, \alpha'_n \mapsto \mathbf{Var}(\alpha_n)\})) \\
&unify(\mathbf{Var}(\beta), \mathbf{Var}(\beta)) = OK \\
&unify(\mathbf{Nil}, \mathbf{App}(\mathbf{Record}(\cdots), \cdots)) = OK \\
&unify(\mathbf{App}(\mathbf{Record}(\cdots), \cdots), \mathbf{Nil}) = OK \\
&unify(t, u) = error \quad \text{其他所有情况}
\end{aligned}
$$

Unique 类型的扩展。当某个操作需要 **Unique** 类型的内部结构时，我们就需要仔细查看 **Unique** 类型定义的内部结构。对于 **Array** 类型，这意味着下标处理；对于 **Record** 类型，这意味着域的选择或者记录的构建。函数 *expand*（算法 16-3）用例子指出了必须在哪儿扩展 **TyFun** 类型和 **Unique** 类型以暴露它们的内部结构。

358

算法 16-3　扩展一个类型，以了解其内部结构

$$
\begin{aligned}
&expand(\mathbf{App}(\mathbf{TyFun}([\alpha_1, \cdots, \alpha_n], u), [t_1, \cdots, t_n])) = \\
&\qquad expand(subst(u, \{\alpha_1 \mapsto t_1, \cdots, \alpha_n \mapsto t_n\})) \\
&expand(\mathbf{App}(\mathbf{Unique}(tycon, z), [t_1, \cdots, t_n])) = expand(\mathbf{App}(tycon, [t_1, \cdots, t_n])) \\
&expand(u) = u \quad \text{其他所有情况}
\end{aligned}
$$

类型的翻译。算法 16-4 说明了如何将 Poly-Tiger 类型声明的语法翻译为新 Types 模块的内部表示。除了类型变量标识符被映射为 *ty* 外，类型环境 σ_t 将标识符映射为 *tycons*；对于多态函数的显式类型参数、poly 类型以及参数化的类型构造器，我们需要将类型变量引入到环境中。

和 5.4.2 节的 C 代码一样，算法 16-4 不能处理递归类型。处理递归类型声明的方法与 5.4.4 节描述的方法一样：首先处理类型头，然后处理类型体。对于普通 Tiger，递归声明处理的第一遍只创建类型的 NAME，此类型的右端要到第二遍才填充。对于 Poly-Tiger，这个在第二遍才填充的"空穴"必须位于 **Unique** 类型构造器中，不能在 **Tyfun** 中。

类型检查。算法 16-5 给出了与声明和表达式的类型检查有关的一些规则。为了检查函数 function f < z > (x : t_1): t_2 = e_1 的类型，我们创建一个新的类型变量 β，并且将绑定 z $\mapsto \beta$ 插入到用于处理函数参数和函数体的类型环境中，这样便能正确地识别 z 的使用。接下来，我们创建一个形参为 β 的 **Poly** 类型。

算法 16-4 非递归的类型声明。这里给出的是转换规则中的几个规则

$transdec(\sigma_v, \sigma_t, \text{type } id = \text{array of } ty) =$
$\quad z \leftarrow \text{newunique}()$
$\quad (\sigma_v, \sigma_t + \{id \mapsto \textbf{Unique}(\textbf{TyFun}([\,], \textbf{App}(\textbf{Array}, [transty(\sigma_t, ty)])), z)\})$

$transdec(\sigma_v, \sigma_t, \text{type } id \text{ <}a\text{> } = \text{array of } ty) =$
$\quad \beta \leftarrow \text{newtyvar}()$
$\quad z \leftarrow \text{newunique}()$
$\quad tyc \leftarrow \textbf{TyFun}([\beta], \textbf{App}(\textbf{Array}, [transty(\sigma_t + \{a \mapsto \textbf{Var}(\beta)\}, ty)]))$
$\quad (\sigma_v, \sigma_t + \{id \mapsto \textbf{Unique}(tyc, z)\})$

$transdec(\sigma_v, \sigma_t, \text{type } id = ty) =$
$\quad (\sigma_v, \sigma_t + \{id \mapsto \textbf{TyFun}([\,], transty(\sigma_t, ty))\})$

$transdec(\sigma_v, \sigma_t, \text{type } id \text{ <}a\text{> } = ty) =$
$\quad \beta \leftarrow \text{newtyvar}()$
$\quad (\sigma_v, \sigma_t + \{id \mapsto \textbf{TyFun}([\beta], transty(\sigma_t + \{a \mapsto \textbf{Var}(\beta)\}, ty))\})$

$transty(\sigma_t, id) = \qquad$ 如果 $\sigma_t(id)$ 是一个无参数的 *tycon*
$\quad \textbf{App}(\sigma_t(id), [\,])$

$transty(\sigma_t, id) = \qquad$ 如果 $\sigma_t(id)$ 是一个 *ty*（即，*id* 是一个类型变量）
$\quad \sigma_t(id)$

$transty(\sigma_t, id\text{<}u_1, \cdots, u_k\text{>}) = \qquad \sigma_t(id)$ 必须是有 k 个参数的 *tycon*
$\quad \textbf{App}(\sigma_t(id), [transty(u_1), \cdots, transty(u_k)])$

$transty(\sigma_t, ty_1 \text{ -> } ty_2) = \qquad \textbf{App}(\textbf{Arrow}, [transty(\sigma_t, ty_1), transty(\sigma_t, ty_2)])$

$transty(\sigma_t, \text{poly<}a\text{> } ty) =$
$\quad \beta \leftarrow \text{newtyvar}()$
$\quad \textbf{Poly}([\beta], transty(\sigma_t + \{a \mapsto \textbf{Var}(\beta)\}, ty))$

算法 16-5 对 Poly-Tiger 表达式进行类型检查。这里只展示了部分类型检查规则；
不包括递归或者多参数函数、多类型参数或者多记录域的情况

$\sigma_{t0} = \{\text{int} \mapsto \textbf{App}(\textbf{Int}, [\,]), \cdots\}$ 　　　　　　初始的类型环境

$transdec(\sigma_v, \sigma_t, \text{function } f\text{<}z\text{>}(x : t_1) : t_2 = e_1) = $ 　　函数声明
$\quad \beta \leftarrow \text{newtyvar}()$
$\quad \sigma_t' \leftarrow \sigma_t + \{z \mapsto \textbf{Var}(\beta)\}$
$\quad t_1' \leftarrow transty(\sigma_t', t_1); \quad t_2' \leftarrow transty(\sigma_t', t_2)$
$\quad \sigma_v' \leftarrow \sigma_v + \{f \mapsto \textbf{Poly}([\beta], \textbf{App}(\textbf{Arrow}, [t_1', t_2']))\}$
$\quad \sigma_v'' \leftarrow \sigma_v' + \{x \mapsto t_1'\}$
$\quad t_3' \leftarrow transexp(\sigma_v'', \sigma_t', e_1)$
$\quad unify(t_2', t_3')$
$\quad (\sigma_t, \sigma_v')$

$transdec(\sigma_v, \sigma_t, \text{var } id : ty = exp) = $ 　　　　　　变量声明
$\quad t \leftarrow transty(\sigma_t, ty)$
$\quad unify(t, transexp(\sigma_t, \sigma_v, exp))$
$\quad (\sigma_t, \sigma_v + \{id \mapsto t\})$

$transexp(\sigma_v, \sigma_t, id) = \sigma_v(id)$ 　　　　　　标识符表达式

$transexp(\sigma_v, \sigma_t, e_1 + e_2) = $ 　　　　　　整型加
$\quad unify(transexp(\sigma_v, \sigma_t, e_1), \textbf{App}(\textbf{Int}, [\,]));$
$\quad unify(transexp(\sigma_v, \sigma_t, e_2), \textbf{App}(\textbf{Int}, [\,]));$
$\quad \textbf{App}(\textbf{Int}, [\,])$

$transexp(\sigma_v, \sigma_t, e_1\text{<}ty\text{>}(e_2)) = $ 　　　　　　带实例的函数调用

（续）

$$t \leftarrow transty(\sigma_t, ty)$$
$$t_f \leftarrow transexp(\sigma_v, \sigma_t, e_1)$$
$$t_e \leftarrow transexp(\sigma_v, \sigma_t, e_2)$$
$$check\ that\ expand(t_f) = \mathbf{Poly}([\beta], \mathbf{App}(\mathbf{Arrow}, [t_1, t_2]))$$
$$unify(t_e, subst(t_1, \{\beta \mapsto t\}))$$
$$subst(t_2, \{\beta \mapsto t\})$$
$$transexp(\sigma_v, \sigma_t, rcrd{<}ty{>}\{fld_1 = e_1\}) = \qquad 记录创建$$
$$t_r \leftarrow \mathbf{App}(\sigma_t(rcrd), [transty(\sigma_t, ty)])$$
$$check\ that\ expand(t_r) = \mathbf{App}(\mathbf{Record}([fld_1]), [t_f])$$
$$unify(t_f, transexp(\sigma_v, \sigma_t, e_1))$$
$$t_r$$

为了对函数调用 f < int >(e_3) 进行类型检查，我们首先在变量环境 σ_v 中查找 f，获得 **Poly**（[β]，**App**（**Arrow**，[t_1, t_2]）），再用 int 替换 t_1 和 t_2 中的 β。然后检查 e_3 是否具有类型 t_1，并且返回类型 t_2 作为整个函数调用的类型。

为了对一个记录创建 list < int >{head = x, tail = y} 进行类型检查，我们首先在类型环境 σ_t 中查找 list，得到一个类型构造器 $tycon$，再转换 σ_t 中的 int 得到 t_1，然后创建新记录的类型 $t_r = \mathbf{App}(tycon, t_1)$。于是，我们可以从 t_r 中得到 head 域的类型，并确认这个类型和 x 的类型一致（tail 的类型也一样）。

16.2 类型推论

为了使多态程序设计更容易，有些多态语言（特别是 ML 和 Haskell）不需要程序员写下所有类型，而是由类型检查器推断类型。例如，16.1.1 节的 append 函数就没有写出所有的 < types >——但多态记录类型声明仍必须完整地写下所有的类型参数：

```
type list<e> = {head: e, tail: list<e>}

function append(a, b) =
  if a=nil
  then b
  else list{head= a.head, tail= append(a.tail,b)}
```

这种风格写起来更简练，可能更具可读性，但是编译器是如何推断出它们的类型的呢？首先，在需要类型的地方，编译器会插入占位符 α、β、γ、δ：

```
function append(a: α, b: β) : γ =
  if a=nil
  then b
  else list<δ>{head= a.head, tail= append(a.tail,b)}
```

现在，从表达式 a.head 和 a.tail，编译器知道 a 一定是一个列表①，因此对某个 η，有 $\alpha =$ list < η >。因为 b 可以作为 append 的结果返回，所以编译器知道 $\beta = \gamma$。else 子句返回 list < δ >，因此 $\gamma = $ list < δ >。最后，因为 head = a.head，所以 $\delta = \eta$。将这些等式作用于 append 的代码，编译器得出：

---

① 仅当没有其他的记录类型具有 head 或者 tail 域时这个推断才成立；本节稍后会讨论这个问题。

```
function append(a: list<δ>, b: list<δ>) : list<δ> =
  if a=nil
  then b
  else list<δ>{head= a.head, tail= append(a.tail,b)}
```

这段代码从头至尾一直没有依赖于 δ 的任何特定属性，因此这个 append 函数适用于任何类型的 δ。我们通过使 δ 通用化（generalizing）——也就是说，使 δ 成为 append 函数的一个显式类型参数，来表示这一点：

```
function append<d>(a: list<d>, b: list<d>) : list<d> =
  if a=nil
  then b
  else list<d>{head= a.head, tail= append<d>(a.tail,b)}
```

现在，我们就得到了和 16.1.1 节所示的函数一样的函数（用 d 重命名了 e）。在接下来的几页中，我们会详细解释这种类型推论和通用化算法。

361

16.2.1　一个隐式类型的多态语言

Hindley-Milner 类型推论算法作用于一个没有显式指明类型的多态程序，并将它转换为一个显式类型的程序。为了解释该算法，我们可以使用 ImplicitPoly-Tiger 语言，该语言和 Poly-Tiger 类似，但是函数的参数没有明显地给出类型（见文法 16-2）。我们打算用这种语言来模仿 ML 程序设计语言中的一些重要概念。

文法 16-2　ImplicitPoly-Tiger 的语法规则

ty, tyvars, tyargs, tydec	和 Poly-Tiger 的完全一样（见文法 16-1），但没有 poly 类型
vardec → **var** *id* := *exp*	不带类型的变量声明
fundec → **function** *id* (*formals*) = *exp*	函数声明
限制：禁止 *tydec* 嵌套在 *fundec* 体内	
formals → *id* {, *id* }	不带类型的形参列表
formals →	空参数列表
exp → ⋯	所有 Tiger 表达式，加……
exp → *exp* (*exp* {, *exp*})	带隐式类型实例的函数调用
exp → *type-id* {*id*=*exp*{, *id*=*exp*}}	带隐式类型实例的记录创建

和 Poly-Tiger 不同，在 ImplicitPoly-Tiger 中，函数声明没有列出参数类型，也不带有 *tyargs* 列表。此外，在 ImplicitPoly-Tiger 中，尽管类型推论算法能够在内部推断出 **poly** 类型，但用户不能显式地写出它们。最后，函数调用和记录创建也不需要给出任何类型参数列表。

但是，类型声明（例如 list < e > 的声明）中必须指明参数的类型和记录域的类型。

ImplicitPoly-Tiger 的转换。 尽管我们不需要最后一条规则（用于 poly 类型的规则），转换 Poly-Tiger 类型和类型声明的算法 16-4 同样可适用于 ImplicitPoly-Tiger。但是函数声明和表达式的类型检查就不大相同了，我们不能使用算法 16-5，而要使用算法 16-6。

算法 16-6　用于 ImplicitPoly-Tiger 语言表达式类型检查的 Hindley-Milner 算法

$\sigma_{t0} = \{\text{int} \mapsto \textbf{App}(\textbf{Int}, [\,]), \cdots\}$	初始的类型环境
$transdec(\sigma_v, \sigma_t, \text{function } f(x) = e_1) =$	函数声明
$\quad t_x \leftarrow \textbf{Meta}(\text{newmetavar}())$	
$\quad t_2 \leftarrow \textbf{Meta}(\text{newmetavar}())$	

（续）

$$t_f \leftarrow \mathbf{App}(\mathbf{Arrow}, [t_x, t_2])$$
$$t_3 \leftarrow transexp(\sigma_v + \{f \mapsto t_f, x \mapsto t_x\}, \sigma_t, e_1)$$
$$unify(t_2, t_3)$$
$$t'_f \leftarrow generalize(\sigma_v, t_f)$$
$$(\sigma_v + \{f \mapsto t'_f\}, \sigma_t)$$

$transdec(\sigma_v, \sigma_t, \mathtt{var}\ id := exp) =$　　　　　　　　隐式类型的变量声明
　　$t \leftarrow transexp(\sigma_t, \sigma_v, exp)$
　　检查 t 不是 **Nit**
　　if id 在它的作用域内曾被赋值
　　　　$t' \leftarrow \mathbf{Poly}([\,], t)$
　　else $t' \leftarrow generalize(t)$
　　$(\sigma_t, \sigma_v + \{id \mapsto t\})$

$transexp(\sigma_v, \sigma_t, id) =$　　　　　　　　　　　　变量的出现
　　$instantiate(\sigma_v(id))$

$transexp(\sigma_v, \sigma_t, e_1 + e_2) =$　　　　　　　　　和 Poly-Tiger 的相同
　　$unify(transexp(\sigma_v, \sigma_t, e_1), \mathbf{App}(\mathbf{Int}, [\,]))$
　　$unify(transexp(\sigma_v, \sigma_t, e_2), \mathbf{App}(\mathbf{Int}, [\,]))$
　　$\mathbf{App}(\mathbf{Int}, [\,])$

$transexp(\sigma_v, \sigma_t, f(e)) =$　　　　　　　　　　　函数调用
　　$t_f \leftarrow transexp(\sigma_v, \sigma_t, f)$
　　$t_e \leftarrow transexp(\sigma_v, \sigma_t, e)$
　　$t_2 \leftarrow \mathbf{Meta}(newmetavar())$
　　$unify(t_f, \mathbf{App}(\mathbf{Arrow}, [t_e, t_2]))$
　　t_2

16. 2. 2　类型推论算法

类型推论使用的类型的内部表示和图 16-3b 所示的相似，但是有两个额外的 ty 类型，其中第一个是类型元变量（type metavariable）：

$$ty \rightarrow \mathbf{Meta}\ (metavar)$$

和普通的 **Var** 类型变量不同，元变量没有与 **Poly** 绑定，它只是需要推断的未知类型的一个占位符。在 16.2 节开头的 append 程序中，希腊字母 α、β、γ 和 δ 就是类型元变量。我们已经解决了 α、β、γ 的值，但是没有确定 δ。这意味着我们可以将 δ 转换为普通的变量 d，它是一个由 append 的类型中的 **Poly** 绑定的普通变量。

正如算法 16-6 所示，检查 function $f(x) = e_1$ 的类型时，我们创建两个新的元变量 t_x（代表 x 的类型）和 t_2（代表 f 的返回类型）。然后，按下面的方式，使用 $unify$ 函数推导出这两个元变量之间的关系。

类型检查器维护着一个全局的环境 σ_m，这个全局环境将元变量映射成它们的实例。在前面，当了解到 $\alpha = list < \eta >$ 时，我们要将绑定 $\alpha \mapsto \mathbf{App}(list, [\mathbf{Meta}(\eta)]$ 加入到 σ_m 中。

大多数实现并不将 σ_m 实现为查询表；而是让每个 $\mathbf{Meta}(\alpha)$ 有一个初始为空的附加域；当一个实例化完成后，我们不将绑定 $\alpha \mapsto t$ 加入到表中，而是将一个指向 t 的指针保存在 **Meta** 记录中。

算法 16-2 中的 $unify$ 函数需要加入一些新的子句来处理 **Meta** 类型；下面这些子句用来访问和更新全局环境 sigma_m：

362

$unify(\mathbf{Meta}(\alpha), t) =$
    if $\alpha \in domain(\sigma_m)$
        then $unify(\sigma_m(\alpha), t)$
    else if $t \equiv \mathbf{App}(\mathbf{TyFun}\ldots)$
        then $unify(\mathbf{Meta}(\alpha),$ expand $\mathbf{TyFun}$ type as usual)
    else if $t \equiv \mathbf{Meta}(\gamma)$ and $\gamma \in domain(\sigma_m)$
        then $unify(\mathbf{Meta}(\alpha), \sigma_m(\gamma))$
    else if $t \equiv \mathbf{Meta}(\alpha)$
        then OK
    else if $\mathbf{Meta}(\alpha)$ occurs in t
        then $error$
    else $\sigma_m \leftarrow \sigma_m + \{\alpha \mapsto t\}$; OK
$unify(t, \mathbf{Meta}(\alpha)) =$ 其中, t 不是一个 **Meta**
    $unify(\mathbf{Meta}(\alpha), t)$

如果元变量 α 已经被实例化为某个类型 u, 则我们只需要将 u 和 t 结合起来。否则, 将 α 实例化为 t, 但是决不会将 α 实例化为 α。

条件 "if **Meta**(α) occurs in t" 叫作*存在性检查* (occurs check), 它的作用是避免创建循环的类型: 我们不想将 α 实例化为 $\alpha = \mathtt{list} < \alpha >$, 因为在 ImplicitPoly-Tiger 类型系统中, 这是不允许的。

处理类型的其他函数 (例如 *subst* 和 *expand*) 需要进入被实例化元变量的内部:

$subst(\mathbf{Meta}(\alpha), \sigma) =$ $expand(\mathbf{Meta}(\alpha)) =$
    if $\alpha \in domain(\sigma_m)$ if $\alpha \in domain(\sigma_m)$
        then $subst(\sigma_m(\alpha), \sigma)$ then $expand(\sigma_m(\alpha))$
        else $\mathbf{Meta}(\alpha)$ else $\mathbf{Meta}(\alpha)$

通用化和实例化 (generalization and instantiation)。在转换 function $f(x) = e_1$ 的过程中, 我们可能在得到一个自由元变量 (free metavariable) 后就结束。换句话说, 类型 t_f 可能是一个像 **App**(**Arrow**, [**Meta**(α), **Meta**(α)]) 这样的类型, 其中 α 没有在 σ_m 中被实例化。在这种情况下, 我们可能会想将这个类型通用化为:

Poly([a], **App**(**Arrow**, [**Var**(a), **Var**(a)]))

使得 f 可作用于任何类型的参数。但是我们也必须小心。例如, 程序:

```
function randomzap(x) =
  let function f(y) = if random() then y else x
   in f
  end
```

在对 randomzap 进行类型检查时, 我们递归地调用 *transexp* 处理 let 表达式, *transexp* 会对 f 的声明进行类型检查。此时, σ_v 中 x 的类型是 **Meta**(α), f 的类型将变成 **App**(**Arrow**, [**Meta**(α), **Meta**(α)])。但是我们却不能实施通用化, 因为 f 的参数不能是任意类型, 而只能是与 x 相同的类型。其原因是在 x 的类型描述中, α 出现在了当前环境 σ_v 中。

因此, 通用化的算法是:

$generalize(\sigma_v, t) =$
    let $\alpha_1, \ldots, \alpha_k$ 是出现 t 中, 但不出现在 σ_v 中的元变量
        (搜索 σ_v 时, 我们必须通过在 σ_m 中查找元变量
          和搜索查询结果来解释这些元变量)
    for $i \leftarrow 1$ to k
        let $a_i \leftarrow$ newtyvar()

$$\sigma_m \leftarrow \sigma_m + \{\alpha_i \mapsto \mathbf{Var}(a_i)\}$$
$$\text{return } \mathbf{Poly}([a_1, \ldots, a_k], t)$$

值得注意的是，所有函数都将具有 **Poly** 类型——但是单态函数的类型将是 **Poly**$([], \cdots)$，这是一种没有实质意义的多态类型。

通用化的反面是实例化。在使用多态变量的地方，我们用元变量来替换绑定的类型变量：

$$\textit{instantiate}(\mathbf{Poly}([a_1, \ldots, a_k], t)) =$$
$$\text{for } i \leftarrow 1 \text{ to } k$$
$$\text{let } \alpha_i \leftarrow \texttt{newmetavar}()$$
$$\text{return } \textit{subst}(t, \{a_1 \mapsto \mathbf{Meta}(\alpha_1), \ldots, a_k \mapsto \mathbf{Meta}(\alpha_k)\})$$

在多态函数的每一个使用点，我们都要执行实例化。在一个调用点，可能用一个和 int 结合的元变量 α 来替换绑定的变量 a_1；在另一个调用点，又可能用和 string 结合的元变量 β 来替换同一个 a_1。但是在某个特定的调用点，α 的所有使用必须相互一致。

例如，randomzap 函数具有类型 poly < a > a ->(a -> a)。可以按下面的方式来使用它：

```
let var i0 := randomzap(0)
    var s0 := randomzap("zero")
 in i0(3)+size(s0("three"))
end
```

这段代码可能返回以下任何值：3+5、0+5、3+4 或 0+4。randomzap 的第一次出现是用类型 $\alpha \rightarrow (\alpha \rightarrow \alpha)$ 实例化的，其中 α 是一个元变量。但是所有的 α 都必须结合：对 randomzap(0) 进行类型检查时，我们将 α 和 int 结合，这导致实例化 α；对 i0(3) 进行类型检查时，将 α 和 int 结合，但是由于 α 已经实例化为 int，这里只需要检查 α 的使用是否一致；接着检查 i0(3) + … 的类型时，再一次将 α 和 int 结合。同样，randomzap 的第二次出现被实例化为 $\beta \rightarrow (\beta \rightarrow \beta)$，并且所有的 β 都和 string 结合（分别是"zero"、"three"以及 size 的参数）。

可更新的变量。 给定一个变量声明 var a := *exp*，在确定 a 的类型时，我们需要将 *exp* 的类型通用化。只要 a 除了这个初始赋值外，不再有其他的赋值，这样做就是合理的。但是对于多态引用（polymorphic reference，即可赋值的多态类型变量）会有问题。例如，下面的程序不应当通过类型检查：

```
let function identity(x) = x
    function increment(i) = i+1
    var a := identity
 in a := increment; a("oops")
end
```

保证不让它通过类型检查的 一种方法是，避免将可更新变量的类型通用化；在算法 16-6 中隐式类型的变量声明子句中实现了对多态引用的这种限制。

16.2.3 递归的数据类型

在 Tiger 和它的变体中，记录类型可以递归；一种语言必须有某种形式的递归类型才能构建列表和树。递归类型由于自身的特点给变量推断带来了挑战，例如，我们可能会问：下面的参数化的类型是否等价？

```
type list<a>     = {head: a, tail: list<a>}
type sequence<a> = {head: a, tail: sequence<a>}
```

我们已通过记录各个不相同规则（record distinction rule）回避了这个问题，记录各个不相同规则假定在不同位置声明的记录类型是不同的——这是一种总体上简单而巧妙的解决方法。如本章较早时所解释的，我们使用 **Unique** 类型构造器来建立这种区别。

全局记录域。 在 Tiger 语言中，不同的记录类型可以使用相同的域名；编译 p.x 时，在查找域 x 之前，p 的记录类型是已知的。

但是在 ImplicitPoly-Tiger 中，诸如 p.x 的表达式必须能够在还不知道 p 的类型时进行类型检查——此时，我们所知道的可能只是代表 p 的类型的元变量。因此，需要使域的名字（例如 x）具有全局作用域。

算法 16-7 给出了记录声明、记录创建表达式和域选择的类型检查规则。我们需要有一种新的 *ty*（和 **Meta** 类型一起加入到图 16-2b 中）：

$$ty \rightarrow \mathbf{Field}(ty, ty)$$

其中，$\mathbf{Field}(t_{id}, t)$ 表示类型为 t_{id} 的记录中一个类型为 t 的域。域名的全局化会使人感到不愉快，因为这意味着不容易在两个不同的记录类型中使用相同的域名（一个域名会隐藏另一个）；但这是使 Tiger 的域选择具有自动类型推论能力而必须付出的代价。ML 语言采用了不同的方法来解决这个问题，它没有在记录类型中使用全局域名，而是在它的数据类型中使用了全局数据构造器。因此，在 ML 中，相同的数据构造器名字不能用于两个不同的类型（否则一个类型会隐藏另一个）。

一个 **Field**（例如 head）是多态的，意味着它的类型是

$$\mathbf{Poly}([\beta], \mathbf{Field}(\mathbf{App}(\texttt{list}, [\beta]), \beta))$$

这个类型表明它从类型为 list < β >的记录中选择一个类型为 β 的值。当在表达式中使用域时，和在多态函数中一样，必须将这个域实例化。

算法 16-7 ImplicitPoly-Tiger 语言的记录和域的类型检查

```
transdec(σᵥ, σₜ, type id <a> = {fld : ty}) =                       参数的记录声明
    z ← newunique()
    β ← newtyvar()
    σₜ' ← σₜ + {a ↦ Var(β)}
    t ← transty(σₜ', ty)
    t_id ← Unique(TyFun([β], App(Record([fld]), [t])), z)
    t_f ← Poly([β], Field(t_id, t))
    (σᵥ, σₜ + {id ↦ t_id, fld ↦ t_f})
transexp(σᵥ, σₜ, rcrd{fld₁ = e₁}) =                               记录创建
    核实 σₜ(rcrd) = Unique(TyFun([α₁, ···, α_k], t_r), z)            (k 多半为 0)
    for i ← 1 to k let xᵢ ← Meta(newmetavar())
    t_r' ← subst(t_r, {α₁ ↦ x₁, ···, α_k ↦ x_k})
    核实 expand(t_r') = App(Record([fld₁]), [t_f])
    unify(t_f', transexp(σᵥ, σₜ, e₁))
    t_r
transexp(σᵥ, σₜ, e.id) =                                          域选择
    t_e ← transexp(σᵥ, σₜ, e)
    t₂ ← Meta(newmetavar())
    t_f ← instantiate(σᵥ(id))
    unify(t_f, Field(t_e, t₂))
    t₂
```

16. 2. 4 Hindley-Milner 类型的能力

多态的 append 函数可以用 ImplicitPoly-Type 语言编写，也可以用 Poly-Tiger 语言编写。ImplicitPoly-Type 语言使用 Hindley-Milner 类型系统，Poly-Tiger 的类型系统和二阶 λ 演算等价。但是事实上，Poly-Tiger 的表达能力确实比 ImplicitPoly-Tiger 更强；下面的 Poly-Tiger 函数就无法用 ImplicitPoly-Tiger 等价地表示：

368

```
function mult(m: poly<a>((a->a)->(a->a)),
              n: poly<b>((b->b)->(b->b)))
                              : poly<c>(c->c)->(c->c) =
          let function g<d>(f: d->d) : d->d =
                  m<d->d>(n<d>(f))
           in g
          end
```

ImplicitPoly-Tiger 不能表示函数 mult 的原因在于该函数的形参 m 和 n 都是显式多态的。但是算法 16-6 引入 poly 类型的唯一地点是在通用化中，而通用化只出现在函数声明中，不会出现在形参中。

另一方面，所有的 ImplicitPoly-Tiger 程序都能直接转化成 Poly-Tiger[①]。我们可以扩展算法 16-6，使它在类型检查的同时执行这种转换。这样，该算法就可以作为图 16-1 中的"类型推论"方框的内容。

对于类 Poly-Tiger 的类型系统（可以处理诸如 mult 函数的类型系统），不存在或者不可能存在 Hindley-Milner 风格的类型推论算法。如果希望使用二阶 λ 演算的全部能力，就必须完整地写出我们的类型。我们还不清楚 Poly-Tiger 的这种额外的表示能力是否有必要，也不清楚它是否比隐式类型语言可用的类型推论所带来的方便更重要。隐式多态类型的语言 ML 和 Haskell 已作为通用函数式程序设计语言在研究团体中获得了相当成功的应用。还没有显式带类型的多态语言有如此的成功。但是显式带类型的语言作为多态语言的中间表示正在成为一种主流。

16. 3 多态变量的表示

类型检查后，程序可以转化为结构上和 Poly-Tiger 相似的显式带类型的中间语言。对这种带类型的中间表示可以执行规范化（转化为 19.7 节描述的函数式中间形式）和优化（例如第 17~19 章描述的优化）。

最后，我们必须为指令选择做准备。多态语言必须解决的基本问题是编译器无法知道保存在多态变量中的数据的类型和大小。

369

我们可以重写 append 函数，用变量 x 和 y 模拟编译器生成的临时变量：

```
function append<e>(a: list<e>, b: list<e>) : list<e> =
  if a=nil
  then b
  else let var x : e := a.head
           var y : list<e> := a.tail
        in list<e>{head=x, tail=append<e>(y,b)}
       end
```

---

① 确切地说，应该是几乎所有的程序，见习题 16.7。

x 的类型是什么呢？如果它是一个指针（即记录或者数组类型），则应当将它用作垃圾收集的一个根；但如果它是一个整数，就不应该用作垃圾收集的根。如果它是一个双精度浮点数（在 Poly-Tiger 中增强了浮点类型），它的字长是 8 字节；如果它是一个指针，则字长（典型情况下）为 4 字节。

　　编译器需要知道一个值的字长，其原因是显而易见的。例如在值为 a.head 的情况下，它必须将记录 a 中的这个数据复制到一个新创建的 list 记录中，并且需要知道复制多少位。除此之外，垃圾收集问题也很重要：如果创建这个新 list 的存储分配调用发现有必要进行一次垃圾收集，那么 append 的所有局部变量和编译器生成的临时变量都是垃圾收集的根（见 13.7节）。但如果 a.head 是整数 i，则试图从堆地址 i 开始跟踪可到达数据就会导致致命的错误。[①]

　　但是在编译时 a.head 的类型还只是一个类型变量 e，在 append 的不同的调用点 e 将被实例化成不同的类型。那么机器代码怎样才能处理这种具有不同类型和字长的 a.head 呢？

　　解决这个问题有以下几种方法。

- **扩展**：不生成通用的 append < e >函数，而是为实例化 e 得到的每一个不同的类型生成一个专门的 append 函数。
- **装箱，贴标签**：确保每个值有相同的字长（典型情况下为 1 个字），并且能够用作垃圾收集的根。
- **强制**：允许不同类型的值的字长不同，但是当将它们传递给多态函数时，强制地将它们转换成字长统一的表示。
- **传递类型**：允许不同类型的值的字长不同，并且将类型信息和值一起传递给多态函数，使得多态函数知道如何处理它们。

370

　　上面每一种方法都是能够处理全部情况的完整的解决方法——有一些编译器只使用扩展，另一些编译器只使用装箱/贴标签，等等。但是一个编译器可以通过如下途径实现程序的最佳优化：对某些类型使用贴标签，对其他类型使用强制，用类型传递来处理其他情况，在方便的地方使用扩展等。

　　下面几节将更详细地描述这些技术。

16.3.1　多态函数的扩展

　　处理多态的一种简单方法是内联扩展所有的多态函数，直到每一个函数都是单态的。Ada的泛型（generic）和 C++ 的模板（template）就是这样工作的。这种方法的优点是编译模式简单高效；缺点是函数复制会导致代码膨胀。

　　15.4 节描述了函数的内联扩展，即复制函数体，并用调用时的实参替换函数定义中的形参。当参数是类型而不是值时，这种技术同样能很好地工作。

　　给定一个函数定义

function $f < z_1, \cdots, z_k > (x_1 : t_1, \cdots, x_n : t_n) : t_r = e$

和一个函数调用 $f < u_1, \cdots, u_k > (a_1, \cdots, a_n)$，我们可以用

let function $f(x_1 : t_1', \cdots, x_n : t_n') : t_r' = e'$ in $f(a_1, \cdots, a_n)$ end

---

[①] 只有保守的收集器（见第 13 章"推荐阅读"）不需要知道哪些域是指针。

替换这个调用；其中，$t'_i = subst(t_i, [z_1 \mapsto u_1, \cdots, z_k \mapsto u_k])$，$e'$ 是用 u_i 替换 e 中 z_i 的所有出现而获得的。

这种方法可以非常直接地用于非递归函数：我们只需要自底向上地进行替换，使得在处理函数 f 时，表达式 e 是已经处理过的，这样它就既不包含多态函数定义也不包含对多态函数的调用。但是如果 e 包含对 f 的递归调用，那么我们还要考虑下面两种情况。

（1）在 e 中调用 f 的形式是 $f < z_1, \cdots, z_k > (\cdots)$，其中的实际类型参数和 f 定义中的形式类型参数是相匹配的。这种情况下，我们只需像上面描述的那样，用 let 引入的单态函数 f 重写 e，从而删除这些参数。实际上，这是非常普遍的情况；由算法 16-6 引入的所有递归函数调用都属于这种模式。

（2）对 f 的递归调用有不同的实在类型参数。

后一种情形称为多态递归（polymorphic recursion）。下面的程序举例说明了多态递归的情形：

```
let function blowup<e>(i:int, x:e) : e =
    if i=0 then x
    else blowup<list<e>>(i-1,list<e>{head=x,tail=nil}).head
in blowup<int>(N, 0)
end
```

blowup 函数会以 N 种不同的类型被调用：int、list < int >、list < list < int >>，等等。对 blowup 进行有限次数的内联扩展不可能覆盖 N 的所有可能值。

因为 ImplicitPoly-Tiger（和类似 ML 和 Haskell 的语言）不允许多态递归，这种函数爆炸的情况不会出现，因此有可能完全将多态函数扩展为单态代码。但是全部内联扩展的做法不适用于 Poly-Tiger；并且在可以全部内联扩展的语言中，在分开编译的情况下，其处理也仍存在着困难：我们常常希望在声明函数的地方编译该函数，而不是在它的每一个调用点重新编译它。

16.3.2 完全的装箱转换

解决多态变量问题的另一种方法是使用完全装箱（fully boxed）的表示。在这种表示中，所有值的字长大小都相同，并且每个值都向垃圾收集器描述自己。通常，我们将每一个值放在一个字中；如果值的自然表示太大不能放在一个字中，我们就为其分配一个记录，并用指向这个记录的指针作为这个字。这种技术称为装箱（boxing），这个指针是装箱的（boxed）值。和13.7 节描述的一样，表示装箱的值的记录通常以一个描述字开始，描述字指明记录的大小以及记录是否包含指针。

第 2～12 章描述的那个基本的 Tiger 编译器表示所有事情都是用一个字长，但是数据对象没有向垃圾收集器描述自己。第 13 章末尾介绍的垃圾收集描述字格式可以更好地做到这一点，但是也不能支持多态。

装箱和贴标签（tagging）。一个整型值可以放在一个字中，但是它没有向垃圾收集器描述自己，因此也必须将它装箱。在这种情况下，我们创建一个一个字长的记录（和通常一样，它的前面也有一个描述字）来存放这个整数，装箱后的值是指向这个记录的指针。

编译一个装箱的值上的算术运算，如 $c \leftarrow a + b$，需要从 a 的箱子中取出 a（称为开箱，unboxed），同样取出 b，然后执行加法，分配一个新的记录保存 c 的装箱的值。这一过程的代价相当高。

对于自然表示小于一个字的值（例如字符），可以使用称为贴标签的技术来代替装箱。例如，假如在一个按字节寻址的机器上所有记录指针都按 4 的倍数边界对齐；则可以认为任何一个最后一位为 1 的字不是指针。因此，我们可以这样来表示字符值：将它们左移 1 位然后加 1：

	c	1

编译一个贴有标签的值上的运算 $c \leftarrow a+b$，需要右移 a（去标签），右移 b，再执行加法，然后左移 c，并加 1（贴标签）。这比分配一个（可以垃圾回收的）新记录的代价小得多。实际上，许多移位操作可以相互抵消（见习题 16.8）。

贴标签的代价比装箱的代价小得多，因此许多多态语言的实现对普通的整型变量使用贴标签的方法。这种方法的缺点是必须为标签保留专门的一位，导致整数不能使用一个机器字的所有位。

16.3.3　基于强制的表示分析

完全装箱的问题是整个程序都使用（代价昂贵的）装箱表示，即使是在程序员没有使用任何多态函数的地方。基于强制的表示分析（coercion-based representation analysis）的思想是：单态变量中保存的值使用没有装箱（也没有贴标签）的表示，多态变量中保存的值使用装箱（或贴标签）的表示。这样，程序的单态部分可以非常高效，仅在调用多态函数时才需要额外的代价。

在 Poly-Tiger 或者一个已经被类型检查器转变为 Poly-Tiger 的 ImplicitPoly-Tiger 程序中，每次调用多态函数时，都一定会发生从未装箱到装箱的值的变换。例如，考虑如下函数 f 的定义

$$\text{function } f\!<\!a\!>\!(x:a):a = \cdots x \cdots x \cdots$$

以及调用 $f\!<\!int\!>\!(y)$ 的某个调用点，其中 y 是一个整型变量。y 的类型是 int，x 的类型是 a，a 是一个多态类型变量。在这种情况下，我们能够通过将 y 装箱使其从 int 变换成"多态的"。

形参的类型总是要比实参的类型更通用化；换句话说，实际的类型可以通过替换从形式的类型中导出。基于这种替换，编译器总是能够构造一种适合于此任务的装箱函数。

表 16-1 展示了如何通过装箱或者贴标签来包装基本类型（int、char、string）的值。

表 16-1　基本类型的包装和解包

类　型	表　示	如何包装和解包	
int	32 位的字	wrap$_{int}$	分配含 1 个字的记录
		unwrap$_{int}$	取一个字
char	8 位	wrap$_{char}$	左移并且加 1
		unwrap$_{char}$	右移
float	64 位	wrap$_{float}$	分配 8 字节的记录
		unwrap$_{float}$	取 8 字节
(t_1, t_2)	t_1（n 个字）和 t_2（m 个字）的联结	wrap$_{tuple}$	分配$(n+m)$字的记录
		unwrap$_{tuple}$	取 $n+m$ 个字
$a \rightarrow b$	2 个字的闭包：一个代码指针和一个环境指针	wrap$_{closure}$	分配含 2 个字的记录
		unwrap$_{closure}$	取 2 个字
$\{a:t_1, b:t_2\}$	指向记录的指针	wrap$_{record}$	保持不变
		unwrap$_{record}$	保持不变
string	指向字符的指针	wrap$_{string}$	保持不变
		unwrap$_{string}$	保持不变

记录是传值还是传地址？和 Java 对象或者 C 中指向结构的指针一样，Tiger 语言的记录允

许有下面几种操作。

(1) 查看记录中是有值还是为空 (nil)。

(2) 查看它和另一个记录是否为相同的记录 (根据指针相等性)。

(3) 查看记录域的值是什么。

(4) 修改其中的某个域。

但是 C 的结构或者 ML 的记录值没有指针，并且不能为 "nil"。因此，只有操作 3 可以使用。本质的不同是引用 (reference) 和纯值 (pure value) 之间的不同。对于表示分析而言，这一区别的重要性在于我们能够利用操作 3，尤其是当 1、2 和 4 不妨碍这样做时：我们可以将记录复制到一个不同的格式中——如果我们愿意的话，可以将一个两字的 C 结构或者 ML 记录放在两个寄存器中，并且将这个记录作为在寄存器中传递的函数参数来传递。也就是说，对纯值的表示分析能够做的事情比对引用的多得多。

为了给出记录风格语言的一个纯值结构的例子，我在表 16-1 中引入了元组 (tuple) 类型。例如，类型 (t_1, t_2) 是一个两个元素的元组，其中第一个元素的类型是 t_1，第二个元素的类型是 t_2。元组类似于没有域名的记录。

但是，我给这些元组赋予了一种纯值的语义：不能测试一个元组是否为空，不能更新一个元组值的某个域，也不能对两个元组测试指针相等性。这只是一种设计上的选择；记录有域名而元组没有域名的事实实际上与引用和纯值之间的区别无关。

递归包装。 对于诸如(int,char)或者(int→char)这样的结构化的类型，基本包装 (如表 16-1 所示) 能够将值转变为单个装箱的字。但是仅做到这一点还不够，例如：

```
let function get(l) = l.head.1
    function dup(x) = list{head=x,tail=list{head=x,tail=nil}}
    var tuple = (3,'a')
 in extract(dup(tuple))
end
```

如果我们通过构造装箱元组来对 tuple 进行基本包装，并且此元组包含一个未装箱的整数和一个未贴标签的字符，那么多态函数 get 就会直接处理这个未装箱的整数——这是不允许的。

为了解决这个问题，我们可以采用递归包装：首先包装元组成员 (自底向上)，然后构造一个由包装后的类型组成的元组。当包装一个函数时，我们必须递归包装它的参数和结果。表 16-2 总结了递归包装。注意，在递归包装一个类型为(int→char)的函数 f 时，我们构造一个带有已装箱参数的新函数 f，然后对这个参数解包，并对它施加 f，最后包装结果。因此，wrap 的递归定义依赖于对函数参数的解包 unwrap，反之亦然。

表 16-2　结构化类型的递归包装和解包

类　　型		如何包装和解包
(t_1, t_2)	$\mathrm{wrap}_{(t_1, t_2)}(x)$	$\mathrm{wrap}_{\mathrm{tuple}}(\mathrm{wrap}_{t_1}(x.1), \mathrm{wrap}_{t_1}(x.2))$
	$\mathrm{unwrap}_{(t_1, t_2)}(x)$	$y = \mathrm{unwrap}_{\mathrm{tuple}}(x);\ (\mathrm{unwrap}_{t_1}(y.1), \mathrm{unwrap}_{t_1}(y.2))$
$t_1 \rightarrow t_2$	$\mathrm{wrap}_{t_1 \rightarrow t_2}(f)$	$\mathrm{wrap}_{\mathrm{closure}}$(let function fw(a)=
		wrap_{t_2}(f(unwrap$_{t_1}$(a))) in fw end)
	$\mathrm{unwrap}_{t_1 \rightarrow t_2}(f)$	let function fu(a) =
		unwrap_{t_2}(unwrap$_{\mathrm{closure}}$(f)(wrap$_{t_1}$(a)))
		in fu end
$\{a : t_1, b : t_2\}$	$\mathrm{wrap}_{\{a:t_1, b:t_2\}}(r)$	$\mathrm{wrap}_{\mathrm{record}}(r)$
	$\mathrm{unwrap}_{\{a:t_1, b:t_2\}}(r)$	$\mathrm{unwrap}_{\mathrm{record}}(r)$

当实参是多态变量时，这种对函数进行原始包装的方法能够满足需要。但是当形参的类型类似 $a \rightarrow int$ 或者 (int, a)（其中 a 是多态类型变量）时，就不能简单地将整个实参装箱。我们必须构造一个未装箱的函数（或者元组），并且此函数的参数（或者元组的成员）是装箱的。

我们用符号·表示一个保存装箱的值的类型变量，之所以可以这样做是因为基于强制的分析不关心使用的究竟是哪一个类型变量：所有类型变量都具有相同的装箱的表示。

为了将变量 y 从类型 $(int, char)$ 转换为 $(int, \cdot)$，我们必须创建一个新的记录，该记录的第一个成员从 y 的第一个成员复制而来，第二个成员是对 y 的第二个成员施加函数 wrap_{char} 后得来的。

为了将函数 $f: t_1 \rightarrow t_2$ 包装成一个装箱的·，我们必须递归地将 f 包装成一个指针，如表 16-2 所示。但是当 f 的形参是 $x: \cdot \rightarrow t_2$ 时，就不能这样做了：被调用的函数需要的是一个函数闭包，而不是一个箱子，并且返回值必须是 t_2，而不能是一个箱子。编译器必须如表 16-3 所示构造一个新的函数。

表 16-3 部分多态形参的包装

实参的类型	形参的类型	转换
$y : \bullet$	$\bullet$	y
$y : \text{int}$	$\bullet$	$\text{wrap}_{int}(y)$
$y : \text{char}$	$\bullet$	$\text{wrap}_{char}(y)$
$y : (t_1, t_2)$	$\bullet$	$\text{wrap}_{(t_1, t_2)}(y)$
$y : (t_1, t_2)$	$(t_1, \bullet)$	$(y.1, \text{wrap}_{t_2}(y.2))$
$y : (t_1, t_2)$	$(\bullet, \bullet)$	$(\text{wrap}_{t_1}(y.1), \text{wrap}_{t_2}(y.2))$
$f : t_1 \rightarrow t_2$	$\bullet$	$\text{wrap}_{t_1 \rightarrow t_2}(f)$
$f : t_1 \rightarrow t_2$	$\bullet \rightarrow t_2$	`let function fw(a)= f(unwrap`$_{t_1}$`(a)) in fw end`
$f : t_1 \rightarrow t_2$	$\bullet \rightarrow \bullet$	`let function fw(a)=wrap`$_{t_2}$`(f(unwrap`$_{t_1}$`(a))) in fw end`

当多态函数将一个结果返回到单态上下文中时，返回的值必须是解包后的值。如果这个结果完全是多态的，那么可以使用表 16-1 或者表 16-2 的解包器。但是如果返回值类似于 $(t_1, t_2 \rightarrow \cdot)$，我们就必须将它挑选出来，对它的某些成员进行解包，然后重建返回值。表 16-3 所示的内容是对这种处理的补充。

性能优点。 基于强制的表示分析依赖于这样一个事实：在典型程序中，多态变量（必须插入强制的变量）的实例化比普通的执行少得多。对于大量使用浮点数（在完全装箱的转换模式下需要大量的装箱/开箱）或者（贴标签/装箱代价昂贵的）其他数据类型的程序来说，表示分析尤其有益。

16.3.4　将类型作为运行时参数传递

实现多态的另一个途径是总按数据的自然表示保存数据。一个具有多态形参 x 的函数 f 可根据实参的类型容许 x 的不同表示。为了做到这一点，必须告知 f 每个实例的实际类型。

Poly-Tiger（或者等价的二阶 λ 演算）用于传递类型参数的地方正好可以用来传递实参的类型描述。以 randomzap 函数为例，在 Poly-Tiger 中，它的表示是

```
function randomzap<a>(x:a) : a =
  let function f(y:a) : a = if random() then y else x
   in f
  end
```

使用它的一个例子是：

```
let var i0 := randomzap<int>(0)
    var s0 := randomzap<string>("zero")
 in i0(3)+size(s0("three"))
end
```

到目前为止，我们已经看到了三种处理参数<a>的方法：替换它（多态函数扩展），忽略它（完全的装箱转换），或者将它作为黑箱处理（基于强制的表示分析）。但是，我们能够做的最明显的事情是，将它作为值来对待：也就是在运行时传递类型 a 的描述。

我们这个编译器能够构建运行时的类型描述，这种描述和图 16-2b 总结的数据结构相似。基本类型可以静态地和特殊标号（例如 L_int_type）绑定。这样函数 randomzap < a >(x:a)实际上可以转换为：

```
function randomzap(a:type,x:a) : a =
  let function f(y:a) : a =
         let var s = sizeof(a)
          in if random()
                then 从 y 中复制 s 个字节到结果
                else 从 x 中复制 s 个字节到结果
         end
   in f
end
```

类型描述 a 是内层函数 f 的一个自由变量，并且必须用 15.2 节描述的闭包来处理。f 中将类型 a 的值从参数 y 复制到返回寄存器的那个 then 从句的代码必须检查 a，以了解需要复制多少个字，以及源寄存器是哪一种寄存器。

类型传递的一个有意思的方面是，垃圾收集器的接口也可使用类型描述。数据不需要使用装箱来描述自己，因为每个函数都知道它的所有变量的类型——并且多态函数知道哪些变量描述了其他变量的类型。类型传递也使 typecase 机制成为可能（见表 14-1）。

类型传递的实现有一定的挑战性。类型描述必须在运行时构建，例如 append 函数（16.1.1节最后），该函数接收一个类型描述 e，并且必须构建描述 list < e >。需要小心的是这些描述的构建代价不能太大。此外，多态函数必须根据类型参数的不同采用不同的方法处理它的变量，这样做的代价可能较大。

16.4 静态重载的解决方法

有一些语言允许重载，即具有不同参数类型的不同函数允许有相同的名字。编译器必须根据实参的类型来选择函数体。有时候也称这种情形为特定多态（ad hoc polymorphism），以便和前几节描述的参数多态（parametric polymorphism）相区别。

静态重载不难实现。处理重载函数 f 的声明时，新的绑定 b_n 一定不能隐藏老的定义 $b_1, \cdots,$ b_{n-1}，而是应将 f 映射为一个由不同实现组成的列表 $f \rightarrow [b_1, \cdots, b_n]$。根据语言的语义，如果 b_n 的参数类型和其中的某个 b_i 相同，编译器可能需要报告一个错误消息。

然后，当在使用实参调用 f 的地方查找 f 时，实参的类型将决定应当使用哪一个绑定 b_i。

某些语言允许重载参数类型相同（但结果类型不同）的函数，一些语言允许动态重载形式，见本章的"推荐阅读"。

推荐阅读

最早的"多态"语言之一是 Lisp [McCarthy 1960]，它根本没有静态（即编译时可检查的）类型系统。因此，它使用的是数据完全装箱的实现，以便数据能向运行时类型检查器和垃圾收集器描述自己。

Hindley[1969]（针对组合逻辑）和 Milner[1978]（针对 ML 程序设计语言）发明了 Hindley-Milner 类型系统。与此类似，Girard[1971]（针对逻辑）和 Reynolds[1974]（针对程序设计）发明了二阶 λ 演算。Harper 和 Mitchell[1993]说明了如何将使用 Hindley-Milner 类型系统的程序转换为二阶 λ 演算（例如，ImplicitPoly-Tiger 如何能够自动地转变为 Poly-Tiger）。Mitchell[1990]解释了多态类型系统理论方面的问题。

第一个使用隐式参数多态的程序设计语言是 ML。ML 最初是 Edinburgh 定理证明器的元语言（MetaLanguage）[Gordon et al.1978]，后来发展成为了通用的程序设计语言 [Milner et al. 1990]。Cardelli[1984]描述了 ML 的一个完全的装箱实现。Leroy[1992]描述了基于强制表示的分析，Shao 和 Appel[1995]描述了仅在必需时才执行递归包装的一种变体，Shao[1997]展示了一个更通用的模式，该模式结合了基于强制的风格和类型传递风格，也能在显式类型语言（例如 Poly-Tiger）上工作。Harper 和 Morrisett[1995]与 Tolmach[1994]描述了类型传递风格。

ML 的类型推论在最坏情况下需要指数时间[Mairson 1990]，但是在实践中，它运行得很快：在真实的程序中，还没看到造成最坏行为的特定 arrow 类型（arrow-type）结构。允许多态递归时，类型推论不再是一个可计算的问题[Henglein 1993；Kfoury et al.1993]。

在 Ada 程序设计语言中[Ada 1980]，泛型机制允许一个函数（事实上，整个包）具有参数化类型；但是在每个调用点，当一个泛型函数作用于实参之后，要进行完全的类型检查，并且必须使用扩展技术来实现。

重载。 Ada 允许重载参数类型相同的不同函数，只要这些函数的结果的类型不同。当这样一个函数的输出是另一个被重载的标识符的实参时，表达式可能有 0 种、1 种或者许多种解释；Ada 语义认为仅当恰好只有一种解释时，表达式才是合法的。Aho 等人[1986，6.5 节]讨论了这个问题，并给出了一种解决算法。但是也许是因为它会使程序员感到迷惑，Ada 风格的重载在最近的语言设计中并没有得到广泛的仿效。

动态重载允许根据实参运行时的类型来选择一个函数的不同实现；它的另一个名字是过载（overriding），过载是面向对象程序设计的一个基本概念（见第 14 章）。Haskell 语言中的类型类（type class）允许重载和参数多态以一种有用且有表现力的方式而互相影响 [Hall et al. 1996]。

习题

16.1   给出使用算法 16-5 对 16.1.1 节的 append 函数声明进行类型检查的每个步骤。

*16.2   算法 16-5 说明了如何对声明、单参数函数调用和单域记录进行类型检查。（用相同风格的记法）完善此算法，使其能够覆盖多类型参数、多值参数和多记录域；也就是完成以下子句：

$transdec(\sigma_v, \sigma_t, \text{function } f <z_1, \ldots, z_k>(x_1 : t_1, \ldots, x_n : t_n) : t_r = e_{\text{body}}) =$

$transexp(\sigma_v, \sigma_t, e_f <t_1, \ldots, t_k>(e_1, \ldots, e_n)) =$

$transexp(\sigma_v, \sigma_t, rcrd<t_1, \ldots, t_k>\{fld_1 = e_1, \ldots, fld_n = e_n\}) =$

16.3 使用下列成对参数调用函数 *unify*，说明：结果是 OK 还是 *error*？σ_m 中加入了什么绑定？符号 $\alpha, \beta, \cdots$ 代表 **Meta** 类型，所有情况下 σ_m 都初始为空。

   a. $(\alpha, \text{int} \to \gamma)$ 和 $(\text{int} \to \gamma, \beta)$。

   b. $\alpha \to \alpha$ 和 α。

   c. $(\text{list} < \beta >, \alpha \to \text{string})$ 和 $(\text{list} < \alpha >, \beta \to \text{string})$。

   d. $\alpha \to \alpha$ 和 $\text{int} \to \text{string}$。

   e. $(\alpha, \alpha, \alpha, \beta, \beta)$ 和 $(\delta, \text{int}, \gamma, \gamma, \delta)$。

*16.4 给出组合两个替换的算法。即，给定 σ_1 和 σ_2 构造 σ_{12}，使得对任何类型 t 有 $subst(t, \sigma_{12}) = subst(subst(t, \sigma_1), \sigma_2)$。然后，说明怎样写算法 16-1 才能更高效。

*16.5 给出使用算法 16-6 对跟有表达式 randomzap(0)的 randomzap 声明（见 16.2.2 节的"通用化和实例化"）进行类型推论的步骤。

16.6 将下面的 ImplicitPoly-Tiger 声明转换为 Poly-Tiger 声明：

```
a. type list<e> = {head: e, tail: list<e>}
   function map(f,l) =
           if l=nil then nil
           else list{head=f(l.head),tail=map(f,l.tail)}
```

```
b. type list<e> = {head: e, tail: list<e>}
   function fold(f,z) =
     let function helper(l) =
             if l=nil then z else f(l.head,helper(l.tail))
      in helper
     end
   function add(i,j) = i+j
   var x := fold(add,0)(list{head=3,tail=
                              list{head=5,tail=nil}})
```

*16.7 将下面的 ImplicitPoly-Tiger 程序转换为 Poly-Tiger 程序时存在着困难：

```
let function f(s) = let function g(y) = y
                      in print(s);  g
                    end
    var f1 := f("beep")
 in size(f1("three"))+f1(3)
end
```

381

   a. 这个表达式返回的是什么整数，在表达式计算过程中会打印出什么？

   b. 对这个程序运用算法 16-6，证明该程序是一个已经很好地类型化了的 ImplicitPoly-Tiger 程序。（注意，print 的参数是一个字符串，它不是多态的。）**提示**：f 的类型是 **Poly**$([z], \textbf{App}(\textbf{String}, []) \to (\textbf{Var}(z) \to \textbf{Var}(z)))$。

   c. 说明如何将函数声明 f(s) = ⋯ 转变为 Poly-Tiger。**提示**：因为 f 的类型是 **Poly**$([z], \cdots)$，所以显式类型的函数应该以 function f < z >(s:string)=⋯ 开始。

   d. 转换 var f1 := f("beep")。**提示**：在转变过程中的某处，你将得到 f < t >("beep")；但是 t 从何而来呢？通常的解决方法是构造一个新函数

```
var f1: ? = let function h<t>(): ? = f<t>("beep") in h end
```

但是需要你填充其中省略的这两个类型。函数 h 有一个类型参数，但是没有值参数！

   e. 转换表达式 size(f1("three")) + f1(3)。

f. 在转换后的这个表达式的计算过程中，会输出什么？**提示**：不同于 a 部分的输出。

避免该问题的一种方法[Wright 1995]是限制隐式多态语言（例如 ML 或者 ImplicitPoly-Tiger），禁止含有顶层作用（例如函数调用 f("beep")）的表达式是多态的。

16.8 在 32 位的机器上，我们用最后两位为 00 表示指针（因为它们指向按字对齐的数据），最后一位为 1 表示整数。31 位的整型值 x 将表示为 $x' = 2x + 1$。说明在普通机器上，对贴有标签的值实现下列表达式的最佳指令序列。在每种情况下，与在 32 位未贴标签的值的情况下实现相同表达式需要的指令长度进行比较。

a. $c' \leftarrow a' + b'$。

b. $c' \leftarrow a' + 3$。

c. $c' \leftarrow a' \times b'$。

d. 以 $a' < b'$ 为条件的转移分支。

e. 基本块 $c' \leftarrow a' \times b'$；$s' \leftarrow s' + c'$。$c'$ 在该基本块之后是死去的。

f. 假设你希望当计算所得的值超出了 31 位有符号整数能够表示的范围时，设置计算机的溢出标志。但是你的计算机只能对 32 位的计算产生溢出。分析上面各个指令序列，看它是否在每一种情况下都恰当地设置了溢出标志。

第17章 数据流分析

分析（anal-y-sis）：对复杂事物、复杂事物的元素和元素之间的关系的详细考查。

韦氏字典

优化编译器能够在不改变程序输出的情况下转换程序，以提高程序的性能。能够提高性能的转换有很多种。

- **寄存器分配**：使两个不重叠的临时变量存放在同一个寄存器中。
- **公共子表达式删除**：如果一个表达式不止被计算了一次，删除多余的计算（只留一个）。
- **死代码删除**：删除其结果从未使用的计算。
- **常数折叠**：在编译时计算操作数为常数的表达式。

这并不是编译优化的完整清单。事实上，也从未有过完整的优化清单。

没有"魔弹"

可计算性理论证明了总是可能发明出新的优化转换。

我们称一个完全优化的编译器是这样一个编译器：它将每一个程序 P 转换为程序 $\mathbf{Opt}(P)$，使得每一个 $\mathbf{Opt}(P)$ 都是和 P 具有相同输入/输出行为的最小的程序。我们也可以假设编译器优化的是程序运行的速度，而不是程序大小。这里选择程序大小只是为了简化讨论。

对于任何一个既不产生输出又决不会停止的程序 Q，一个短且容易识别的 $\mathbf{Opt}(Q)$ 是

L_1: **goto** L_1

因此，假如能有一个完全优化的编译器，我们就应当能用它来解决停机问题。为了了解是否存在一个能使 P 停止的输入，我们只需看一下 $\mathbf{Opt}(P)$ 是否就是这个只有一行代码的无限循环。但是我们知道不存在总是能够告知程序是否能停止的可计算的算法，因此也不可能写出完全优化的编译器。

我们不能构造一个完全优化的编译器，但是必须构造一些优化编译器。优化编译器将程序 P 转换为和 P 有相同输入/输出行为的程序 P'，但是 P' 可能比 P 更小或更快。我们希望 P' 能够比竞争者的编译器优化后的程序运行得更快。

无论如何考虑优化编译器，总是会有另一个更好（通常也更大）的优化编译器存在。例如，假设我们有一个优化编译器 A，则必定存在某个不能停止的程序 P_x，有 $A(P_x) \neq \mathbf{Opt}(P_x)$。假如不是这样，$A$ 就会是一个完全优化的编译器，而这是不可能的。因此，存在着一个更好的编译器 B：

$B(P) = $ **if** $P = P_x$ **then** [L : goto L] **else** $A(P)$

尽管我们不知道 P_x 是什么，但可以肯定的是，它只是一串源代码，并且一旦给定了这串代码，我们就可以轻松地构建出 B。

这个优化编译器 B 不是很有用——像 P_x 这样的特殊情况，并不值得每次都处理。在实践中，我们通过寻找能够提高多数程序性能的合理而通用的程序转换技术来改善 A，例如本章开

始时列举的技术。我们将这种转换加入到优化器的"魔术袋"中，能得到一个能力更强的编译器。当编译器具备了足够的优化能力时，我们就认为它是一个成熟的编译器。

对于任何优化编译器，总是存在一个比它更好的编译器，这一定理称为编译器开发者的充分就业定理（full employment theorem for compiler writers）。

17.1   流分析使用的中间表示

本章将讨论过程内的全局优化。过程内意味着分析局限在（类似于 Tiger 语言中的）单一过程或函数内；全局意味着对过程内的所有语句或基本块进行分析。过程间优化更具有全局性，它能一次针对若干个过程和函数进行优化。

下面的通用做法适用于本章开始列举的各种优化转换。

- **数据流分析**：遍历流图，收集运行时可能发生的有关信息（这必定是一种保守的近似信息）。
- **转换**：用某种方法修改程序，使它运行得更快。数据流分析收集的信息会保证程序的结果不会发生改变。

有许多种数据流分析方法能够为优化转换提供有用的信息。与第 10 章描述的活跃分析一样，大多数方法可以用数据流方程来描述，该方程是从流图结点衍生出来的一组联立方程。

四元式

第 10 章的活跃分析作用于 Assem 指令，该指令清楚地指明了使用（use）和定值（def），但是它们的实际操作是用机器相关的汇编语言字符串来表示的。基于 Assem 指令的活跃分析和寄存器分配不需要知道指令执行的是什么操作，只需要了解它们的使用和定值是什么。但是对于本章的分析和优化，我们还需要了解操作是什么。因此，我们不再使用 Assem 指令，而是使用 Tree 语言的表达式（见 7.2 节），并且对这种表达式作了进一步的简化，以保证每个 Exp 只有一个 MEM 或 BINOP 结点。

我们不难将原有的 Tree 表达式转换为简单的表达式。只要有一个这样的表达式：其中一个 BINOP 或 MEM 嵌套在另一个 BINOP 或 MEM 中，或者一个 BINOP 或 MEN 嵌套在一个 JUMP 或 CJUMP 中，我们就用 ESEQ 引入一个新的临时变量：

然后使用 Canon 模块删除所有的 ESEQ 结点。

我们还引入一些新的临时变量以保证任意一个存储语句（即左边是 MEM 结点的 MOVE 结点）的右边只有一个 TEMP 或 CONST，并且它左边的 MEM 之下也只有一个 TEMP 或 CONST。

剩下的语句都相当简单，它们的形式如表 17-1 所示。

表 17-1 Tree 语言表示的四元式。其中出现的 a、b、c、f、L 只表示 TEMP、CONST 或 LABEL 结点

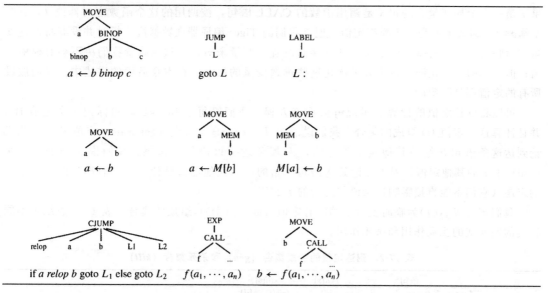

因为"典型"语句是 $a \leftarrow b \oplus c$，它有 4 个成分（a、b、c、$\oplus$），所以这种简单语句通常称为四元式（quadruple）。我们用 $\oplus$ 代表任意一个二元操作（binop）。

效率更高一些的编译器会使用自己的数据类型（而不是使用 Tree 数据结构）来表示四元式，并且可以只用一遍就将树全部转换为四元式。

过程内优化接受编译器的 Canon 阶段产生的四元式，并将它们转换为一组新的四元式。优化器可能会对四元式进行移动、插入、删除和修改。然后，经过优化后的过程体必须输入给编译器的指令选择阶段。但是，在每个表达式只含一个 BINOP 或 MOVE 的"原子化的"树上执行树匹配的效率并不是很高，并且在优化完成后，会有许多定义临时变量的 MOVE 语句，而这些临时变量常常只使用一次。因此编译器必须找出这些 MOVE，并将它们重新变换为嵌套的表达式。

我们构造四元式的一个控制流图，图中每个结点（语句）n 有一些引到它的后继的有向边，也就是说，这些后继是可能直接跟在 n 之后被执行的结点。

17.2　各种数据流分析

以四元式为结点的控制流图的数据流分析收集程序执行的相关信息。一种数据流分析判断定值和使用的相互关系，另一种数据流分析估计一个变量在给定点可能会具有什么值，等等。这些分析的结果可以用来进行程序的优化转换。

17.2.1　到达定值

许多优化需要了解，对一个临时变量 t 进行的特定赋值是否会直接影响程序中另一点处的 t 的值。我们说 t 有一个明确的定值（unambiguous definition）是指程序中有一个形如 $t \leftarrow a \oplus b$ 或 $t \leftarrow M[a]$ 的特定语句（四元式）。给定这样的一个定值 d，如果存在一条从 d 到语句 u 的控制流边组成的路径，并且该路径上不包含对 t 的任何明确定值，我们就说 d 到达（reach）语句 u。

模糊定值（ambiguous definition）是指可能给 t 赋值、也可能不给 t 赋值的语句。例如，如果 t 是一个全局变量，语句 s 是调用函数的 CALL 语句，被调用的这个函数有时修改 t，有时不修改 t，那么 s 就是一个模糊定值。但是我们的 Tiger 编译器在数据流分析时并没有将逃逸变量作为临时变量来对待，而是作为具有存储位置的变量来对待。这意味着我们决不会有模糊定值；但不幸的是，这同时也失去了优化这些逃逸变量的机会。在本章后面的讲述中，我们假设所有的定值都是明确的。

可以将到达定值的计算表示成解数据流方程。我们给每个 MOVE 语句标记一个定值 ID，
并且计算这些定值 ID 组成的集合。我们说语句 $d_1: t \leftarrow x \oplus y$ 生成（generate）定值 d_1，因为无论到达这条语句开始的其他定值是什么，d_1 都到达了该语句的末尾。我们说这条语句杀死（kill）了 t 的其他定值，因为无论到达语句开始的 t 的其他定值是什么，它们都不能到达语句的末尾（它们不能直接影响这条语句之后的 t 的值）。

我们定义 $defs(t)$ 为临时变量 t 的所有定值（或定值 ID）组成的集合。表 17-2 总结了不同种类的四元式的生成作用和杀死作用。

表 17-2　到达定值的生成集合（gen）和杀死集合（kill）

语句	gen[s]	kill[s]
$d: t \leftarrow b \oplus c$	$\{d\}$	$defs(t) - \{d\}$
$d: t \leftarrow M[b]$	$\{d\}$	$defs(t) - \{d\}$
$M[a] \leftarrow b$	$\{\}$	$\{\}$
if a relop b goto L_1 else goto L_2	$\{\}$	$\{\}$
goto L	$\{\}$	$\{\}$
$L:$	$\{\}$	$\{\}$
$f(a_1, \cdots, a_n)$	$\{\}$	$\{\}$
$d: t \leftarrow f(a_1, \cdots, a_n)$	$\{d\}$	$defs(t) - \{d\}$

利用生成集合 gen 和杀死集合 kill，可以计算出到达每个结点 n 的开始（和末尾）的定值集合 $in[n]$（和 $out[n]$）：

$$in[n] = \sum_{p \in pred[n]} out[p]$$
$$out[n] = gen[n] \cup (in[n] - kill[n])$$

我们可以通过迭代来解这两个方程：首先，对所有的 n，将 $in[n]$ 和 $out[n]$ 初始化为空集合；然后将每个方程看作一个赋值语句，反复执行直到 $in[n]$ 和 $out[n]$ 不再有改变。

以程序 17-1 为例。此程序注释有语句编号，这些语句编号也可以作为定值 ID。我们重复每个迭代，依次计算每条语句的 in 和 out：

			迭代 1		迭代 2		迭代 3	
n	gen[n]	kill[n]	in[n]	out[n]	in[n]	out[n]	in[n]	out[n]
1	1	6		1		1		1
2	2	4,7	1	1,2	1	1,2	1	1,2
3			1,2	1,2	1,2,4	1,2,4	1,2,4	1,2,4
4	4	2,7	1,2	1,4	1,2,4	1,4	1,2,4	1,4
5			1,4	1,4	1,4	1,4	1,4	1,4
6	6	1	1,2	2,6	1,2,4	2,4,6	1,2,4	2,4,6
7	7	2,4	2,6	6,7	2,4,6	6,7	2,4,6	6,7

迭代 3 只是用来确认自迭代 2 以后，$in[n]$ 和 $out[n]$ 就不再改变。

程序 17-1

```
1:       a ← 5
2:       c ← 1
3: L₁: if c > a goto L₂
4:       c ← c + c
5:       goto L₁
6: L₂: a ← c − a
7:       c ← 0
```

计算出了到达定值信息后，该如何利用它们呢？到达定值分析对若干种优化都有用。例如，一个简单的应用是我们可以做常数传播（constant propagation）：在程序 17-1 中，a 只有一个定值到达语句 3，因此可以将测试 $c > a$ 替换为 $c > 5$。

17.2.2 可用表达式

假设我们想做公共子表达式删除（common-subexpression elimination）：给定一个多次计算 $x \oplus y$ 的程序，能否删除它的重复计算呢？可用表达式（available expression）的概念能够帮助我们找出有可能进行这种优化的地方。

如果从流图的入口结点到结点 n 的每条路径上，$x \oplus y$ 都至少被计算一次，并且在每条路径上 $x \oplus y$ 的最近一次出现之后，再没有对 x 或 y 的定值，那么表达式 $x \oplus y$ 在结点 n 是可用的（available）。

我们可以利用集合 *gen* 和 *kill*，用数据流方程组来表示这种可用性，这里 *gen* 和 *kill* 是表达式的集合。

每一个计算 $x \oplus y$ 的结点都生成 $\{x \oplus y\}$，而每一个对 x 或 y 的定值则杀死 $\{x \oplus y\}$，如表 17-3 所示。

389

表 17-3 可用表达式的集合 gen 和 kill

语句 s	gen[s]	kill[s]
$t \leftarrow b \oplus c$	$\{b \oplus c\} - kill[s]$	包含 t 的表达式
$t \leftarrow M[b]$	$\{M[b]\} - kill[s]$	包含 t 的表达式
$M[a] \leftarrow b$	$\{\}$	形如 $M[x]$ 的表达式
if $a > b$ goto L_1 else goto L_2	$\{\}$	$\{\}$
goto L	$\{\}$	$\{\}$
$L:$	$\{\}$	$\{\}$
$f(a_1, \cdots, a_n)$	$\{\}$	形如 $M[x]$ 的表达式
$t \leftarrow f(a_1, \cdots, a_n)$	$\{\}$	包含 t 的表达式 和形如 $M[x]$ 的表达式

一般地，$t \leftarrow b + c$ 生成表达式 $b + c$。但是对于 $b \leftarrow b + c$，由于在 $b + c$ 之后有对 b 的定值，因此不会生成 $b + c$。语句 $gen[s] = \{b \oplus c\} - kill[s]$ 考虑到了这种细节。

存储操作指令（$M[a] \leftarrow b$）可能修改任意存储位置，因此它杀死所有的取操作数表达式（$M[x]$）。如果我们可以肯定 $a \neq x$，则可以不那么保守，而是认为 $M[a] \leftarrow b$ 不会杀死 $M[x]$。这称为别名分析，见 17.5 节。

给定 *gen* 和 *kill*，可以计算出 *in* 和 *out*。*in* 和 *out* 的计算几乎和到达定值的计算一样，只是在计算 *in*[n] 时，我们计算的是结点 n 的所有前驱的 *out* 集合的交集，而不是并集。这反映了这样一个事实：仅当每条到该结点的路径上都计算了某个表达式时，这个表达式才是可用的。

$$in[n] = \bigcap_{p \in pred[n]} out[p] \qquad \text{如果 } n \text{ 不是起始结点}$$

$$out[n] = gen[n] \cup (in[n] - kill[n])$$

为了通过迭代计算 *in* 和 *out*，我们首先定义起始结点的集合 *in* 为空集，将其他所有结点的集合初始化为全集（即所有表达式组成的集合），而不是空集。这是因为交集运算会使集合变小，而不像到达定值计算中的并集那样使集合变大。然后，算法寻找此方程组的最大不动点。

17. 2. 3　到达表达式

如果流图中有一条从结点 *s* 到结点 *n* 的路径，且该路径不存在任何对 *x* 和 *y* 的赋值，或者任何对 $x \oplus y$ 的计算，我们就说结点 *s* 中的表达式 $t \leftarrow x \oplus y$ 到达结点 *n*。和往常一样，我们能够用 *gen* 和 *kill* 来表示到达表达式，见习题 17.1。

在实际中，公共子表达式删除优化需要用到的到达表达式分析只针对程序中所有表达式的一个小子集。因此，通常这样来专门计算到达表达式：从结点 *n* 开始向后搜索，一旦发现计算 $x \oplus y$ 便停止搜索。我们也可以在计算可用表达式的过程中计算到达表达式，见习题 17.4。

17. 2. 4　活跃分析

第 10 章已经讨论了活跃分析，但是活跃性也可以用 *gen* 和 *kill* 来表示，注意到这一点对活跃分析会有好处。对变量的任何使用都会使该变量成为活跃的，对变量的任何定值都会杀死该变量的活跃性：

语句 *s*	*gen*[*s*]	*kill*[*s*]
$t \leftarrow b \oplus c$	$\{b, c\}$	$\{t\}$
$t \leftarrow M[b]$	$\{b\}$	$\{t\}$
$M[a] \leftarrow b$	$\{b\}$	$\{\}$
if $a > b$ goto L_1 else goto L_2	$\{a, b\}$	$\{\}$
goto L	$\{\}$	$\{\}$
L :	$\{\}$	$\{\}$
$f(a_1, \cdots, a_n)$	$\{a_1, \cdots, a_n\}$	$\{\}$
$t \leftarrow f(a_1, \cdots, a_n)$	$\{a_1, \cdots, a_n\}$	$\{t\}$

in 和 *out* 的方程组与到达定值和可用表达式的方程组类似，但是活跃分析是向后的（backward）数据流分析，因此 *in* 和 *out* 的计算也是向后的：

$$in[n] = gen[n] \cup (out[n] - kill[n])$$

$$out[n] = \bigcup_{s \in succ[n]} in[s]$$

17. 3　使用数据流分析结果的几种转换

利用数据流分析的结果，优化编译器能够用几种方法来改善程序。

17. 3. 1　公共子表达式删除

给定流图中的一条语句 $s : t \leftarrow x \oplus y$，如果表达式 $x \oplus y$ 在 *s* 处是可用的，那么可以删除 *s* 中对 $x \oplus y$ 的计算。

算法。计算到达表达式（reaching expression），即寻找形如 $n:v \leftarrow x \oplus y$ 且满足后面条件的语句：在从 n 到 s 的路径上，既没有计算 $x \oplus y$，也没有对 x 或 y 定值。

选择一个新的临时变量 w，将上述语句 n 重写为：

$$n:w \leftarrow x \oplus y$$
$$n':v \leftarrow w$$

最后，将语句 s 改为：

$$s:t \leftarrow w$$

我们将依靠复写传播来删除部分或全部的多余赋值四元式。

17.3.2 常数传播

假设有一条语句 $d:t \leftarrow c$（其中 c 是常数）和另一条使用 t 的语句 n，例如 $n:y \leftarrow t \oplus x$。

如果 d 到达 n，并且没有 t 的其他定值到达 n，那么在 n 中，t 是常数。

在这种情况下，我们可以将语句 n 重写为 $y \leftarrow c \oplus x$。

17.3.3 复写传播

复写传播与常数传播类似，但传播的不是常数 c，而是一个变量 z。

假设有一条语句 $d:t \leftarrow z$，以及另一条使用 t 的语句 n，例如 $n:y \leftarrow t \oplus x$。

如果 d 到达 n，并且没有 t 的其他定值到达 n，同时任何从 d 到 n 的路径（包括多次经过 n 的路径）都没有对 z 定值，那么我们可以将 n 重写为 $n:y \leftarrow z \oplus x$。

392

一个好的图着色寄存器分配器必须合并结点（见第 11 章），合并是复写传播的一种形式。分配器在构建冲突图时，检测 z 的所有相冲突的定值——如果对 z 赋值的同时，d 是活跃的，则形成一条冲突边 (z,d)，这意味着 d 和 z 不可合并。

如果在寄存器分配之前进行复写传播，则有可能会增加寄存器溢出的数目。因此，如果我们只是为了删除冗余的 MOVE 指令而做复写传播的话，则应该等到寄存器分配之后再进行。但是，在四元式阶段进行复写传播有可能能够识别出其他优化，如公共子表达式删除。例如，在下面的程序中：

$$a \leftarrow y + z$$
$$u \leftarrow y$$
$$c \leftarrow u + z$$

只有当对 $u \leftarrow y$ 执行复写传播后，这两个＋表达式才能被识别为公共子表达式。

17.3.4 死代码删除

如果有一条四元式 $s:a \leftarrow b \oplus c$ 或 $s:a \leftarrow M[x]$，且 a 不在 s 的出口活跃集合中，则这条四元式 s 可以被删除。

有些指令有隐含的副作用。例如，如果根据计算机配置，算术溢出或除以零会引发异常，则删除一条导致异常的指令将会改变计算的结果。

优化器绝对不能做任何改变程序行为的变化，即使这种变化似乎是有利的（例如删除了一个运行时的"错误"）。这种优化的问题在于程序员不能预测程序的行为——并且在使用优化时已调试通过的程序在没有优化时却有可能会失败。

17.4　加快数据流分析

许多数据流分析（包括本章描述的这些分析）能够用有限集合上的联立方程组来表示。用于构建有限自动机（第 2 章）和语法分析器（第 3 章）的许多算法也可以这样表示。之所以建立这些方程组是因为它们通常能以迭代的方式来求解：将方程看作赋值语句，重复执行所有的赋值，直到所有集合都不再发生改变。

有几种方法可以加快数据流方程的求解。

17.4.1　位向量

有限作用域上的集合 S（即，此作用域中的元素是 $1 \sim N$ 之间的整数，或者可以放在以 $1 \sim N$ 的整数作为索引的数组中）可以用位向量来表示。如果元素 i 在集合 S 中，则向量的第 i 位为 1。

在位向量表示中，两个集合 S 和 T 的并集可以用位向量的按位或操作获得。如果计算机的字长为 W 位，向量长度为 N 位，那么用 N/W 条按位或运算指令组成的序列就可以计算出两个集合的并。当然，还必须有 $2N/W$ 条取指令和 N/W 条存指令，以及索引和循环的开销。

交集可以通过按位与操作获得，集合的补集可以通过按位补操作获得，等等。

数据流分析普遍使用位向量表示。但是，如果预计集合是非常稀疏的（这样一来，位向量中几乎全部是零），我们建议不要使用位向量表示。在这种情况下，用不同的方法实现集合有可能更快。

17.4.2　基本块

假设流图中有一个结点 n，它只有一个前驱 p，并且 p 只有一个后继 n。则可以合并 p 和 n 的 *gen* 和 *kill* 的作用，并用单个结点来代替 n 和 p。下面以到达定值为例，但是几乎所有数据流分析都允许类似的结点合并。

考虑有什么样的定值到达了结点 n 的出口，即结点 n 的 *out* 集合：

$$out[n] = gen[n] \cup (in[n] - kill[n])$$

我们知道 $in[n]$ 恰好等于 $out[p]$；因此：

$$out[n] = gen[n] \cup ((gen[p] \cup (in[p] - kill[p])) - kill[n])$$

根据等式 $(A \cup B) - C = (A - C) \cup (B - C)$ 和 $(A - B) - C = A - (B \cup C)$，有：

$$out[n] = gen[n] \cup (gen[p] - kill[n]) \cup (in[p] - (kill[p] \cup kill[n]))$$

如果我们希望结点 pn 合并 p 和 n 的作用，那么从最后一个方程可以看出 pn 的正确的 *gen* 和 *kill* 集合分别为：

$$gen[pn] = gen[n] \cup (gen[p] - kill[n])$$
$$kill[pn] = kill[p] \cup kill[n]$$

我们可以用这种方法合并一个基本块中的所有语句，并凝聚整个基本块的 *gen* 和 *kill* 的作用。基本块控制流图比单个语句的流图小得多，所以基于基本块的多遍迭代数据流分析的速度也要快得多。

上述迭代数据流分析算法一旦完成，我们就可以从整个基本块的 *in* 集合开始，计算一遍基本块中语句 *n* 的前驱语句的 *gen* 和 *kill* 集合，从而重新获得基本块（例如在我们的例子中是 *pn*）中各个语句（例如 *n*）的数据流信息。

17.4.3 结点排序

在向前数据流问题中（例如到达定值或可用表达式），一个结点的 *out* 信息将传递给它的后继的 *in* 集合。如果我们能够安排每个结点的计算都先于它的后继，就有可能只通过对所有结点的一次遍历就能完成数据流分析。

如果控制流图没有环，就有可能做到这一点。我们可以对流图进行拓扑排序（这将给出一种顺序，每一个结点都在它的后继之前），然后按照排好的顺序计算数据流方程。但是图中经常会含有环，因此这种简单的方法行不通。但即使这样，按照深度优先搜索顺序对有环图进行类似的拓扑排序仍有助于减少有环图的迭代次数；在这种类拓扑的排序中，大多数的结点都先于它们的后继，因此每次迭代中流经方程的数据流信息可以向前流动得相当远。

深度优先搜索（算法 17-1）能够高效地对无环图拓扑排序，或者高效地对有环图类拓扑排序。利用 *sorted* 数组（它给出深度优先搜索计算出的顺序），数据流方程可以按下面的方式迭代求解：

```
repeat
    for i ← 1 to N
        n ← sorted[i]
        in ← ⋃ₚ∈pred[n] out[p]
        out[n] ← gen[n] ∪ (in − kill[n])
until 在这轮迭代中 out 集合没有变化
```

$$in \leftarrow \bigcup_{p \in pred[n]} out[p]$$

$$out[n] \leftarrow gen[n] \cup (in - kill[n])$$

算法 17-1 按照深度优先搜索拓扑排序

Topological-sort:	function DFS(*i*)
N ← 结点的个数	**if** *mark*[*i*] = *false*
for 所有结点 *i*	*mark*[*i*] ← *true*
mark[*i*] ← *false*	**for** 结点 *i* 的每个后继
DFS(起始结点)	DFS(*s*)
	sorted[*N*] ← *i*
	N ← *N* − 1

因为 *in* 只是为了计算 *out* 局部使用，不需要将 *in* 设置成全局数组。

395

对于向后数据流问题，如活跃分析，我们使用算法 17-1 的另一个版本，此版本从出口结点开始遍历前驱，而不是从入口结点开始遍历后继。

17.4.4 使用-定值链和定值-使用链

到达定值的相关信息可以作为使用-定值链（use-def chain）来保存，即对变量 *x* 的每一个使用，它的使用-定值链是一张列表，此表记录着能够到达该使用的 *x* 的所有定值。从本质上讲，使用-定值链并不能加快数据流分析，但是能够更高效地实现那些需要分析结果的优化算法。

使用-定值链的一种拓广是静态单赋值形式（static single-assignment form，SSA form），我们会在第 19 章详细描述它。SSA 形式所提供的信息不仅比使用-定值链更多，而且在它上面进行数据流分析的效率也非常高。

表示活跃分析结果的一种方法是利用定值-使用链（def-use chain），即每一个定值有一张表，此表记录着该定值的所有可能的使用。SSA 形式也包含了定值-使用信息。

17.4.5 工作表算法

在迭代求解的算法中，只要 **repeat-until** 循环的一次迭代中有任意一个 *out* 集合发生改变，则所有的方程都需要重新计算。这似乎有点可惜，因为大多数方程也许并没有受到这个改变的影响。

工作表（work-list）算法只记住必须重新计算哪些 *out* 集合。只要结点 *n* 必须重新计算，并且它的 *out* 集合发生了改变，那么 *n* 的所有后继都将放入到工作表中（如果后继不在表中的话）。算法 17-2 说明了具体方法。

算法 17-2   到达定值的工作表算法

$W \leftarrow$ 所有结点的集合
while W 非空
  从 W 删除结点 n
  $old \leftarrow out[n]$
  $in \leftarrow \bigcup_{p \in pred[n]} out[p]$
  $out[n] \leftarrow gen[n] \cup (in - kill[n])$
  if $old \neq out[n]$
    for n 的每个后继
      if $s \notin W$
        put s into W

|396|

每当从工作表 W 中取出一个结点进行处理时，如果所选择的结点是算法 17-1 产生的 *sorted* 数组中最早出现的结点，则工作表算法将收敛得更快。

第 11 章描述的有合并的图着色寄存器分配器就是一个有着多个不同工作表的工作表算法的例子。19.3 节描述了一个用于常数传播的工作表算法。

17.4.6 增量式数据流分析

利用数据流分析的结果，优化器能够执行各种程序转换：移动、修改或删除指令。但是这些优化可以具有叠加作用。

- 删除死代码 $a \leftarrow b \oplus c$ 可能导致以前的指令 $b \leftarrow x \oplus y$ 变成死代码。
- 删除一个公共子表达式可能导致产生另一个可以被删除的公共子表达式。例如，程序：

$x \leftarrow b+c$
$y \leftarrow a+x$
$u \leftarrow b+c$
$v \leftarrow a+u$

当 $u \leftarrow b+c$ 被替换成 $u \leftarrow x$ 后，复写传播将 $a+u$ 改变成 $a+x$，这样就又出现了一个能够被删除的公共子表达式。

基于数据流的优化器的一种简单的组织方法是，先执行全局的流分析，然后做所有可能的基于数据流的优化，接下来重复进行全局流分析，再执行优化，如此迭代反复，直到不能发现更多的优化为止。迭代过程最多执行两三次，因此在第三轮时可能就没有更多的转换可执行了。

|397|

但是毫无疑问，最坏的情况会非常糟糕。考虑包含语句 $z \leftarrow a_1 + a_2 + a_3 + \cdots + a_n$ 的程序，其中 z 是死代码。该语句被翻译成四元式：

$$
\begin{aligned}
x_1 &\leftarrow a_1 + a_2 \\
x_2 &\leftarrow x_1 + a_3 \\
&\vdots \\
x_{n-2} &\leftarrow x_{n-3} + a_{n-1} \\
z &\leftarrow x_{n-2} + a_n
\end{aligned}
$$

活跃分析判断出 z 是死去的；死代码删除则删除 z 的定值。下一轮活跃分析判断出 x_{n-2} 是死的，然后死代码删除再移去 x_{n-2}，等等。需要 n 轮分析和优化才能删除 x_1，然后才能断定再没有更多的优化可做了。

当程序中两次出现形如 $a_1 + a_2 + a_3 + \cdots + a_n$ 的表达式时，同样的情况也会发生在公共子表达式删除上。

为了避免反复地计算全局数据流信息，可以采取以下几种策略。

- **设定截止期**：使分析和优化的执行次数不超过 k 次，k 大约等于 3。因为不论做多少轮，后几轮优化通常都没有多少转换可做。这是一种单纯的做法，但是至少可以在合理的时间内结束编译。
- **层叠分析**：设计一种新的数据流分析，它能够预测将要执行的优化的叠加效果。
- **增量数据流分析**：当优化器对程序进行某种转换时（这种转换可能会使数据流信息无效），优化器并不抛弃原来的数据流信息，而是对它进行"修订"。

值编号（value numbering）。值编号分析是叠加分析的一个实例，它只需要一遍就能找到一个基本块内所有的（叠加的）公共子表达式。

该算法维护一张表 T，此表将变量映射为值编号，也将形如（值编号，操作符，值编号）的三元组映射为值编号。为了提高效率，应该用散列表表示 T。此外，算法还需要一个全局编号 N，用于统计迄今已见到了多少个不同的值。

利用 T 和 N，值编号算法（算法 17-3）从头到尾扫描基本块的四元式。当看到表达式 $b + c$ 时，它会查找 b 的值编号和 c 的值编号。然后在 T 中查找 $hash(n_b, n_c, +)$；如果找到了，则意味着 $b + c$ 重复了较早时候的计算；我们将 $b + c$ 标记为可删除的，并且使用以前计算的结果。如果没有找到，则 $b + c$ 继续保留在程序中，同时也将它加入到散列表中。

图 17-1 举例说明了在一个基本块上进行的值编号：(a)是四元式列表；(b)是（算法结束后的）表。如果将表项 $(m, \oplus, n) \mapsto q$ 看作一个具有两条分别到结点 m 和 n 的边的结点 q，则可以将表看成一个有向无环图（directed acyclic graph，DAG），如图 17-1c 所示。

值编号是用一遍数据流分析计算叠加优化作用的一个例子：这里的叠加优化即叠加的公共子表达式删除。但是这种优化器还可以执行范围更广的转换——尤其是下一章将要描述的循环优化。要设计出这样一种数据流分析是非常困难的：它只需执行一遍就能够预测组合在一起的许多不同优化的结果。

取而代之，我们还是使用通用的数据流分析器和通用的优化器，但是当优化器改变了程序时，它必须告诉分析器哪些信息不再有效。

增量式活跃分析。例如，活跃分析的增量式算法必须保存足够的信息，以便当插入或删除一条语句时，能够高效地更新活跃信息。

算法 17-3　值编号算法

$T \leftarrow empty$
$N \leftarrow 0$
for 块中的每个四元式 $a \leftarrow b \oplus c$
 if $(b \mapsto k) \in T$ 对于某个 k
  $n_b \leftarrow k$
 else
  $N \leftarrow N + 1$
  $n_b \leftarrow N$
  将 $b \mapsto n_b$ 放入 T 中
 if 对于某个 k, 有 $(c \mapsto k) \in T$
  $n_c \leftarrow k$
 else
  $N \leftarrow N + 1$
  $n_c \leftarrow N$
  将 $c \mapsto n_c$ 放入 T 中
 if 对于某个 m, 有 $((n_b, \oplus, n_c) \mapsto m) \in T$
  将 $a \mapsto m$ 放入 T 中
  将这个四元式 $a \leftarrow b \oplus c$ 标记为公共子表达式
 else
  $N \leftarrow N + 1$
  将 $(n_b, \oplus, n_c) \mapsto N$ 放入 T 中
  将 $a \mapsto N$ 放入 T 中

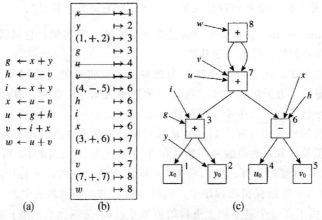

图 17-1　值编号的示例。(a)基本块；(b)值编号算法创建的表，划掉的四元式
表示可以删除的表达式；(c)将表看成一个 DAG

  假设流图中的每个结点都有入口活跃信息和出口活跃信息，当我们从此流图中删除了语句 $s: a \leftarrow b \oplus c$ 时，数据流信息的变化如下。

  (1) a 在此结点不再被定值。因此，如果 a 属于这个结点的出口活跃集合，那么现在 a 将属于该结点的入口活跃集合（删除之前不属于）。

  (2) b 在此结点不再被使用。因此，如果 b 不属于这个结点的出口活跃集合，它也将不会属于它的入口活跃集合。我们必须向后传播这一改变；c 的处理和 b 一样。

  工作表算法在这里相当有用，因为我们恰好可以将 s 的前驱加入到工作表中，并运行算法直到工作表为空；通常这一过程很快就会结束。

  传播变化 1 所起的作用和最初针对活跃分析的（非增量）工作表算法相同：它会使活跃集

合变大。因此，习题 10.2 中关于工作表算法找到的是活跃方程的一个最小不动点的证明，也适用于删除 a 的定值导致的额外的活跃传播。那个关于活跃分析终止的证明是基于这样的考虑：任何改变都会使集合变大，并且对集合能增长的大小有一个预先的限制。

但是变化 2 所起的作用是使活跃集合变小，而不是变大，因此简单地运行最初的算法，并在每次迭代中从以往计算得到的 in 和 out 集合开始，由此找到的不动点可能不是最小的不动点。例如，假如我们有下面的程序：

```
0          d ← 4
1          a ← 0
2    L₁: b ← a + 1
3          c ← c + b
3a         a ← d
4          a ← b · 2
5          if a < N goto L₁
6          return c
```

活跃分析表明 d 属于语句 1、2、3、3a、4 和 5 的入口活跃集合。但是 a 不属于语句 3a 的出口活跃集合，因此语句 3a 是死代码，我们可以删除它。如果使用算法 10-1，并且每次迭代从以前计算出的数据流信息开始，那么到达一个不动点时，我们得到的结果将是表 10-3 的第 Y 列，而不是实际活跃信息的最可能的近似值。

一种更精确的活跃分析。 从上面的分析可以得知，我们必须使用更好的算法。解决的方法是，我们必须在变量 d 的每一个定值点准确地记录它可能有哪些使用。我们的活跃计算和算法 10-1 非常类似，但是它操作的是使用集合，而不是变量集合。事实上，这个算法就像是反过来的到达定值算法。令 $uses(v)$ 是程序中变量 v 的所有使用点的集合。给定一个语句 $s : a \leftarrow b \oplus c$，集合

$$\textit{live-out}[s] \cap uses(a)$$

包含了该定值可能到达的 a 的所有使用点。

现在，删除使用了某个变量 b 的一个四元式时，我们可以从所有入口活跃和出口活跃集合中删除 b 的这个使用。这样，就可以如我们所希望的一样，获得最小的不动点。

死代码的叠加。 从上面的程序中删除语句 3a 后，增量式活跃分析将发现语句 0 是可以删除的死代码。因此增量式活跃分析可以很好地和死代码删除协同工作。类似地，其他类型的数据流分析也可以是增量式的。有时，与活跃分析的情况一样，我们必须首先改进分析方法。

17.5 别名分析

本章描述的别名分析只考虑 Tree 语言中临时变量的值。逃逸变量被（编译器的前端）表示为需要显式取存的存储单元，我们不打算分析这些变量的定值、使用和活跃性。变量或存储空间可能有几个不同的名字或别名（alias），这一问题使得我们很难得知哪些语句影响了哪些变量。

有可能会有别名的变量包括：
- 作为传地址参数传递的变量（Pascal、C++、Fortran）；
- 取了其地址的变量（C、C++）；

- 析取指针的左值表达式，例如 Tiger 语言中的 p. x 或 C 中的 * p；
- 显式带下标的数组左值表达式，例如 a[i]；
- 以及内层嵌套过程中使用的变量（Pascal、Tiger、ML）。

一个好的优化器应该优化这些变量。例如在下面的程序片断中：

```
p.x := 5; q.x := 7; a := p.x
```

我们可能希望到达定值分析指出只有 p. x 的一个定值（即 5）到达了 a 的定值点。但是问题在于我们不能得知一个名字是否是另一个的别名。q 和 p 是否能指向同一个记录？如果是，就有两个定值（5 和 7）能够到达 a。

同样，如果下面的程序采用传地址方式传递参数：

```
function f(ref i: int, ref j: int) =
    (i := 5; j := 7; return i)
```

那么当用 f(x,x)来调用 f 时，简单的到达定值计算会看不到 i 可能和 j 是同一个变量这一事实。

可能别名关系。我们使用别名分析（它也是一种数据流分析）来识别可能指向相同存储空间的不同名字。别名分析的结果是一种可能别名（may-alias）关系：如果程序的某次运行中，p 和 q 可能指向相同的数据，则 p 和 q 可能别名。在大多数数据流分析中，静态（编译时）信息不可能完全精确，因此可能别名关系是保守的：如果不能证明 p 绝对不是 q 的一个别名，我们就说 p 和 q 可能别名。

17.5.1　基于类型的别名分析

对于强类型语言（例如 Pascal、Java、ML、Tiger），如果两个变量具有不一致的类型，那么它们不可能是同一存储空间的不同名字，因此，我们可以利用类型信息来提供有用的可能别名关系。另外，在这些语言中，程序员不能显式地使指针指向一个局部变量，我们也可以利用这一点进行别名分析。

我们将程序使用的所有存储空间划分为一些不相交的集合，这些集合称为**别名类**（alias class）。对于 Tiger，可以使用的别名类包括：

- 对于用 F_allocLocal(true)创建的每一个栈帧单元，有一个新的类；
- 对于每个记录类型的每个记录域，有一个新的类；
- 对于每个数组类型 a，有一个新的类。

别名类的计算涉及类型，而编译器语义分析阶段之后的阶段对类型一无所知，因此我们必须在语义分析阶段计算这些类。每一个类可以用不同的整数来表示。

Translate 函数必须使用别名类标记每个取操作和存操作（即 Tree 语言中的每个 MEM 结点）。为此我们需要修改 Tree 数据结构，为 MEM 结点中增加一个 aliasClass 域。

给定两个 MEM 结点 $M_i[x]$ 和 $M_j[y]$，其中 i 和 j 是 MEM 结点的别名类。如果 $i=j$，我们就说 $M_i[x]$ 可能与 $M_j[x]$ 别名。

这样的别名分析适用于 Tiger 和 Java。但是如果语言支持传地址的调用或类型转换，这种方法就失效了。

17.5.2 基于流的别名分析

除了基于类型的别名类外，还可以基于创建点构造别名类。

在程序 17-2a 中，即使 p 和 q 的类型相同，我们也知道它们指向的是不同的记录。因此，我们知道赋给 a 的一定是 0；定值 q.head := 5 不会影响 a。同样，在程序 17-2b 中，p 也不会与 q 别名，因此 a 一定是 0。

程序 17-2 p 和 q 不是别名

```
type list = {head: int,                {int *p, *q;
             tail: list}                 int h,i;
var p : list := nil                      p = &h;
var q : list := nil                      q = &i;
q := list{head=0, tail=nil};             *p = 0;
p := list{head=0, tail=q};               *q = 5;
q.head := 5;                             a = *p;
a := p.head                            }
        (a)Tiger 程序                     (b)C 程序
```

为了能自动识别出这些区别，我们为每个创建点构造一个别名类。也就是说，对每个分配记录的不同语句（即在 C 中每一次调用 malloc，Pascal 或 Java 中每次调用 new），都构造一个新的别名类。此外，每个不同的被取了地址的局部或全局变量都属于同一个别名类。

指针（或传地址的参数）可以指向多个变量，这些变量可以属于不同的别名类。在程序

```
1  p := list {head=0, tail=nil};
2  q := list {head=6, tail=p};
3  if a=0
4      then p:=q;
5  p.head := 4;
```

的第 5 行，q 只能指向别名类 2，但是 p 指向的别名类既有可能是 1，也有可能是 2，具体取决于 a 的值。 404

因此，必须给每个 MEM 结点关联一组别名类，而不是只关联某一个别名类。第 2 行后，我们得到了信息 $p \mapsto \{1\}$，$q \mapsto \{2\}$；第 4 行后，有 $p \mapsto \{2\}$，$q \mapsto \{2\}$。但是当控制流的两条分支汇合时（在这个例子中，我们有控制边 3→5 和 4→5），必须合并别名类信息；于是在第 5 行，我们有 $p \mapsto \{1,2\}$，$q \mapsto \{2\}$。

算法。 数据流算法处理形如 (t,d,k) 的元组集合，其中 t 为变量，d 和 k 是在位置 d 分配的记录的第 k 个域的所有实例的别名类。如果 $t-k$ 在语句 s 的开始可能指向别名类为 d 的一个记录，集合 $in[s]$ 就包含了 (t,d,k)。这个数据流问题恰好可以作为证明位向量不能像树或散列表表示一样适合稀疏问题的一个例子。

这里不使用 *gen* 和 *kill* 集合，而是使用一个传递函数（transfer function）：如果 A 是语句 s 的入口处的别名信息（元组集合），则 $trans_s(A)$ 是语句 s 的出口处的别名信息。不同类型的四元式的传递函数的定义如表 17-4 所示。

初始集合 A_0 包括 (FP, *frame*, 0)，*frame* 是当前函数的所有分配在栈帧上的变量的特殊别名类。

我们使用缩写 Σ_t 表示所有元组 (t,d,k) 的集合，其中 d、k 是其类型和变量 t 一致的任意记录域的别名类。让编译器前端配合，由它为每个变量 t 提供一个"小的" Σ_t 集合，可以使得这种分析更为精确。当然，在无类型的语言或具有类型强制转换的语言中，Σ_t 可能必须是所有别名类的集合。 405

表 17-4　别名流分析的传递函数

语句 s	$trans_s(A)$
$t \leftarrow b$	$(A - \Sigma_t) \cup \{(t, d, k) \mid (b, d, k) \in A\}$
$t \leftarrow b + k$　(k is a constant)	$(A - \Sigma_t) \cup \{(t, d, i) \mid (b, d, i - k) \in A\}$
$t \leftarrow b \oplus c$	$(A - \Sigma_t) \cup \{(t, d, i) \mid (b, d, j) \in A \lor (c, d, k) \in A\}$
$t \leftarrow M[b]$	$A \cup \Sigma_t$
$M[a] \leftarrow b$	A
if $a > b$ goto L_1 else L_2	A
goto L	A
$L:$	A
$f(a_1, \cdots, a_n)$	A
$d : t \leftarrow \text{allocRecord}(a)$	$(A - \Sigma_t) \cup \{(t, d, 0)\}$
$t \leftarrow f(a_1, \cdots, a_n)$	$A \cup \Sigma_t$

别名流分析的集合方程组是：

$in[s_0] = A_0$　　其中, s_0 是起始结点
$in[n] = \bigcup_{p \in pred[n]} out[p]$
$out[n] = trans_n(in[n])$

我们可以像通常一样用迭代方法求解此方程组。

产生可能别名信息。 最后，如果存在 d、k 使 $(p, d, k) \in in[s]$ 并且 $(q, d, k) \in in[s]$，我们就说 p 在语句 s 可能与 q 别名。

17.5.3　使用可能别名信息

给定可能别名关系，我们可以将每个别名类作为数据流分析中的一个"变量"来对待，就像到达定值和可用表达式中的变量一样。

为了以可用表达式为例，我们修改表 17-4 中的一行，设置 *gen* 和 *kill* 集合为

语句 s	$gen[s]$	$kill[s]$
$M[a] \leftarrow b$	$\{\}$	$\{M[x] \mid a$ 在语句 s 可能与 x 别名$\}$

现在，我们能够分析下面的程序片断：

```
1:   u    ← M[t]
2:   M[x] ← r
3:   w    ← M[t]
4:   b    ← u + w
```

没有别名分析时，由于我们不知道 t 和 x 是否相关，因此会假定第 2 行的存储指令可能会杀死 $M[t]$ 的可用性。但是假设别名分析已判断出在语句 2，t 不可能和 x 别名，则在第 3 行 $M[t]$ 仍是可用的，于是，可以将它作为公共子表达式删除；经复写传播后，得到：

```
1:   z    ← M[t]
2:   M[x] ← r
4:   b    ← z + z
```

上面介绍的是过程内的别名分析。过程间的别名分析有助于分析 CALL 指令的作用。例如在下面的程序中：

```
1:  t  ← fp + 12
2:  u  ← M[t]
3:  f(t)
4:  w  ← M[t]
5:  b  ← u + w
```

函数 f 会修改 $M[t]$ 吗? 如果修改了, $M[t]$ 在第 4 行就不是可用的了。

过程间别名分析超出了本书的范围, 这里不予讨论。

17.5.4　严格的纯函数式语言中的别名分析

有些语言具有不变的变量, 这些变量在初始化之后就不能再改变。例如 C 语言的 const 变量, ML 语言中的大部分变量, 以及 PureFun-Tiger (见第 15 章) 中的所有变量都是不变的。

不需要对这些变量进行别名分析。别名分析的目的是判断程序中的不同语句是否互相影响, 或者一个定值是否杀死另一个定值。尽管这些语言中可以有许多指向相同值的指针, 但是不会有任何指针能够导致这种不变的变量的值发生改变, 即不变的变量不会被杀死。

对优化器来说这是一件好事, 对程序员也同样。优化器在进行常数传播和循环不变量检测 (见第 18 章) 时可以不受别名的烦扰; 没有别名指针存储操作带来的混乱和复杂性, 程序员也更容易理解一段程序的行为。

推荐阅读

Gödel[1931]证明了数学家的充分就业定理。Turing[1937]证明了停机问题是不可判定的, Rice[1953]证明了编译器开发者的充分就业定理, 虽然那时还没有编译器开发者。

Ershov[1958]开发了值编号算法。Allen[1969]整理了许多程序优化方法; Allen[1970]和 Cocke[1970]设计了第一个全局数据流分析算法。Kildall[1973]第一个提出了数据流分析的不动点迭代方法。

Landi 和 Ryder[1992]给出了一个过程间别名分析的算法。

407

习题

17.1　给出到达表达式 (17.2.3 节) 的数据流方程。要特别注意被定值的临时变量同时也出现在四元式右边时的情况, 例如四元式 $t \leftarrow t \oplus b$ 或 $t \leftarrow M[t]$。和到达定值一样, gen 和 kill 集合的元素可以是定值 ID。

　　提示: 如果到达表达式的定义不够清晰, 无法用公式表示精确的定义, 可以参考到达表达式在公共子表达式删除 (17.3.1 节) 中所扮演的角色。

17.2　画出程序 17-1 的基本块 (基本块可能包含多条语句) 的控制流图, 给出每个基本块 (关于到达定值) 的 gen 和 kill 集合。

*17.3　分别针对

　　a. 可用表达式

　　b. 活跃分析

　　说明如何合并同一个基本块中两个相邻语句的 gen 和 kill 作用。

17.4　修改计算可用表达式的算法, 使之可同时计算到达表达式。为了使该算法更加高效,可以利用这一事实：如果一个表达式在语句 s 是不可用的，那么（为了公共子表达式删除）我们就不需要了解它是否到达 s。提示**：对每个通过语句 s 传播的可用表达式 $a+b$，同时也传播表示所有定值 $a+b$ 并且到达 s 的语句的集合。

17.5   考虑下面程序的到达定值计算：

```
x := 1;
y := 1;
if z <> 0
  then x := 2
  else y := 2;
w := x+y
```

a. 画出该程序的控制流图。

b. 给出对该程序运行算法 17-1 得到的 *sorted* 数组。

c. 计算到达定值，按照程序 17-1 上方的表格格式给出每次迭代的结果。总共需要多少次迭代？

*d. 证明在无环图上通过迭代计算到达定值时，如果计算按照算法 17-1 给出的结点顺序进行，只需要一次迭代（第 2 次迭代仅仅验证结果不会再改变）。

   提示：证明和利用引理：每个结点都在它的所有前驱之后被访问。

e. 假如我们通过深度优先搜索按照第一次被访问的顺序对结点进行排序。利用该顺序计算到达定值，并按照表格格式给出每次迭代的结果。总共需要多少次迭代？

*17.6   采用和算法 17-2 类似的形式，写出用于活跃分析的工作表算法。

第18章 循环优化

循环（loop）：重复执行直到满足终止条件的一个指令序列。

韦氏字典

循环在计算机程序之中无处不在，程序的大部分执行时间一般都用于执行一个或另一个循环。因此设计出能使循环执行得更快的优化是值得的。直观上讲，循环是这样的一个指令序列：它在序列的结尾又跳回到序列的开始。但是为了高效地优化循环，我们将使用更准确的定义。

控制流图中的循环是一个包含满足以下性质的头结点（header node）h 的结点集合 S。

- S 中的每个结点都有一条通向 h 的有向边路径。
- 从 h 到 S 中的任意结点，都有一条有向边路径。
- 除 h 之外，不存在任何从 S 外的结点到 S 内其他结点的边。

可见，（韦氏）字典的定义和技术定义不同。

图 18-1 给出了几个循环。循环的入口（loop entry）结点是有一个前驱位于循环外的结点，循环的出口结点是有一个后继位于循环外的结点。图 18-1c、18-1d 和 18-1e 说明了循环可以有多个出口结点，但是只可以有一个入口结点。图 18-1e 和 18-1f 包含嵌套循环。

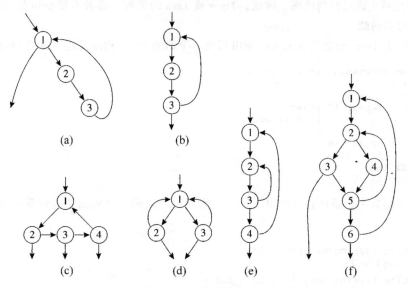

图 18-1 循环。在每个子图中，1 是头结点

可归约流图

可归约流图（reducible flow graph）是这样一种流图，在其中循环的字典定义更符合技术定义。不过我们将给出一种更准确的可归约流图的定义。

图 18-2a 不包含循环，在强连通部分中的那两个结点(2,3)都可以不经过对方而到达。

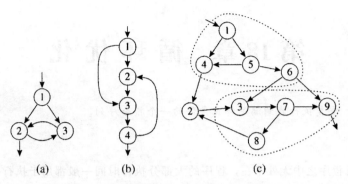

图 18-2 所有流图都不包含循环。虚线指出了通过
删除边和折叠结点对图(c)的归约

图 18-2c 中分别包含结点 1、2 和 3 的图形和图 18-2a 相同；如果我们重复地删除所有 x 是 y 的唯一前驱的边 $x{\to}y$，并且合并这一对结点(x,y)，则可以看得更清楚。也就是删除 6→9、5→4，合并$(7,9)$、$(3,7)$、$(7,8)$、$(5,6)$、$(1,5)$、$(1,4)$，我们就可以得到图 18-2a。

不可归约流图（irreducible flow graph）是指这样的图：合并结点和删除边后，在图中可以找到与图 18-2a 相同的子图。可归约流图是合并后不包含这种子图的流图。在没有这样的子图时，结点的任何环路都只有唯一的头结点。

常见的控制流结构，如 **if-then**、**if-then-else**、**while-do**、**repeat-until**、**for** 和 **break**（甚至多级 **break**）都只能够生成可归约流图。因此，Tiger 或 Java 的函数，或者不带 **goto** 的 C 函数的控制流图，总是可归约的。

假设扩展了 Tiger 使之具有 **repeat-until** 循环，下面的 Tiger 程序对应于流图 18-1e：

```
function isPrime(n: int) : int =
  (i := 2;
   repeat j := 2;
          repeat if i*j=n
                   then return 0
                   else j := j+1
          until j=n;
          i := i+1
   until i=n;
   return 1)
```

在函数式语言中，循环通常使用尾递归函数调用来表示。使用函数式语言的 isPrime 函数可以写成：

```
   function isPrime(n: int) : int =
0      tryI(n,2)
   function tryI(n: int, i: int) : int =
1      tryJ(n,i,2)
   function tryJ(n: int, i: int, j: int) : int =
2      if i*j=n
3         then 0
4         else nextJ(n,i,j+1)
   function nextJ(n: int, i: int, j: int) : int =
5      if j=n
          then nextI(n,i+1)
          else tryJ(n,i,j)
   function nextI(n: int, i: int) : int =
```

411

```
6        if i=n
         then 1
         else tryI(n,i)
```

412

其中，数字 1~6 对应图 18-1f 中的相应结点。

由于程序员可以按任意顺序安排这些函数，由函数式程序的尾调用结构产生的流图有时是不可归约的。

可归约流图的优点。 许多数据流分析（在第 17 章中讨论的）都能够在可归约流图上高效地进行。此时，不需要使用不动点迭代（即迭代地执行赋值，直到结果不再发生改变），我们就可以确定计算这些赋值的顺序，并且提前计算出需要多少次赋值，即我们不再需要检查是否发生了任何改变。

但是，本章的剩余部分将假设控制流图既可能是可归约的，也可能是不可归约的。

18.1　必经结点

在优化循环之前，我们必须先找出流图中的循环。必经结点（dominator）的概念对找出循环非常有用。

每个控制流图都一定有一个没有前驱的起始结点 s_0，这个结点是程序（或子程序）执行的假设开始点。

如果从 s_0 到结点 n 的所有有向边路径都经过结点 d，那么结点 d 是结点 n 的必经结点。每一个结点都是自己的必经结点。

18.1.1　寻找必经结点的算法

考虑一个具有前驱 $p_1, \cdots, p_k$ 的结点 n 和另一个结点 $d(d \neq n)$。如果 d 是每个 p_i 的必经结点，那么它一定是 n 的必经结点。因为从 s_0 到 n 的路径一定要经过某个 p_i，而每条从 s_0 到 p_i 的路径又都必须经过 d。反过来说，如果 d 是 n 的必经结点，d 也必须是所有 p_i 的必经结点，否则，就会有一条从 s_0 到 n 的路径经过了某个前驱 p_i，而 d 不是 p_i 的必经结点。

令 $D[n]$ 是 n 的所有必经结点的集合，则：

$$D[s_0] = \{s_0\} \qquad D[n] = \{n\} \cup \left(\bigcap_{p \in \mathrm{pred}[n]} D[p] \right) \qquad \text{for } n \neq s_0$$

和通常一样，可以将每个方程看作一个赋值语句，通过迭代求解此联立方程组。但是在这种情况下，由于赋值 $D[n] \leftarrow \{n\} \cup \cdots$ 使 $D[n]$ 变小（或不发生改变）而不是变大，所以每个集合 $D[n](n \neq s_0)$ 在初始化时必须包括图中的所有结点。

413

以类拓扑序对赋值语句进行排序，即按照图的深度优先搜索（算法 17-1）顺序，可以使算法更为高效。19.2 节描述了一个更快的计算必经结点的算法。

技术上讲，不可到达结点的必经结点是图中的每个结点；我们可以在计算必经结点和循环优化之前，删除不可到达结点，以避免出现这一情况。另见习题 18.4。

18.1.2　直接必经结点

定理： 在连通图中，假设 d 是 n 的必经结点，e 也是 n 的必经结点，则一定有 d 是 e 的必经结点，或者 e 是 d 的必经结点。

证明：（反证法）假设定理不成立，即 d 和 e 都不为对方的必经结点，则有一条从 s_0 到 e 的路径不经过 d，因此，任何从 e 到 n 的路径都必须经过 d，否则 d 就不是 n 的必经结点。

反过来，如果同时任何从 d 到 n 的路径都必须经过 e。这就意味着，为了从 e 到 n，其路径一定包含了无限循环 $d{\to}e{\to}d{\to}\cdots$，从而永远不可能到 n。

这个定理告诉我们，每个结点 n 都不会有超过一个的直接必经结点（immediate dominator）。结点 n 的直接必经结点，记为 $idom(n)$，具有下列性质：

（1） $idom(n)$ 和 n 不是同一个结点，

（2） $idom(n)$ 是 n 的必经结点，并且

（3） $idom(n)$ 不是 n 的其他必经结点的必经结点。

除 s_0 外，所有其他结点至少有一个除自己本身之外的必经结点（因为 s_0 是每个结点的必经结点）。因此，除 s_0 外，所有其他结点都恰好有一个直接必经结点。

必经结点树。让我们来画这样一个图，图中包含流图的每个结点，并且对每个结点 n，有一条从 $idom(n)$ 到 n 的边。因为每个结点都恰好有一个直接必经结点，所以画出的图是一棵树。这棵树称为必经结点树（dominator tree）。

图 18-3 展示了一个流图和它的必经结点树。必经结点树的某些边对应于流图中的边（例如 $4{\to}6$），但是其他的边（例如 $4{\to}7$）在流图中没有相对应的边。也就是说，一个结点的直接必经结点不一定是它在流图中的前驱。

414

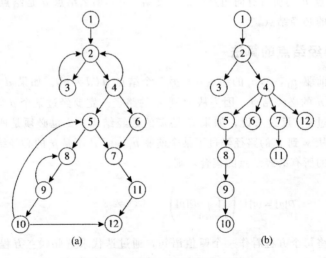

图 18-3 （a）流图；（b）它的必经结点树

流图中从一个结点 n 到它的必经结点 h 的边称为回边（back edge）。对每条回边，对应地存在着一个构成循环的子图。图 18-3a 中的回边有 $3{\to}2$、$4{\to}2$、$10{\to}5$ 和 $9{\to}8$。

18.1.3 循环

回边 $n{\to}h$，其中 h 是 n 的必经结点，对应的自然循环（natural loop）是满足下列条件的所有结点 x 组成的集合：x 的必经结点是 h，并且有一条从 x 到 n 的路径不包含 h。这个循环的头（header）是 h。

图 18-3a 的回边 10→5 的自然循环包括结点 5、8、9、10，并且内部有一个由结点 8、9 构成的嵌套循环。

如果有多条回边到达结点 h，那么 h 就是多个自然循环的头。在图 18-3a 中，3→2 对应的自然循环由结点 3、2 组成，4→2 对应的自然循环由结点 4、2 组成。

本章描述的这些循环优化适合任何循环，不管循环是否是自然循环，或者是否和其他循环共享一个循环头。但是，因为内层循环占用了大多数程序执行时间，所以我们通常希望首先优化内层循环。如果两个循环共享一个循环头，就很难判断应将哪一个循环看作内层循环。解决这一问题的通用方法是合并共享同一个头的所有的循环。但合并后的循环不一定是一个自然循环。

如果我们合并图 18-3a 中循环头为 2 的两个循环，得到的这个循环将包括结点 2、3、4——该循环不是一个自然循环。

嵌套循环。 如果 A 和 B 是头分别为 a 和 b 的两个循环，其中 $a \neq b$，并且 b 在 A 中，则 B 的结点是 A 的结点的真子集。我们说 B 嵌套在 A 的内部，或者说 B 是内层循环。

我们可以构建程序中循环的循环嵌套树（loop-nest tree）。流图 G 的循环嵌套树的构建过程如下。

（1）计算 G 的必经结点。

（2）构建必经结点树。

（3）找出所有的自然循环，以及所有的循环头结点。

（4）对每个循环头结点 h，将所有头为 h 的自然循环合并成一个循环 $loop[h]$。

（5）构建循环头结点（以及隐含的循环）的树，如果 h_2 在循环 $loop[h_1]$ 中，则在树中，h_2 在 h_1 之下。

这种循环嵌套树的叶子结点是最内层循环。

为了在循环嵌套树中有一个位置放置不属于任何循环的结点，我们可以将整个过程体看成一个位于循环嵌套树的根的伪循环。图 18-3 的循环嵌套树如图 18-4 所示。

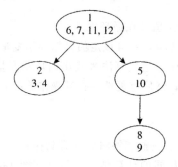

图 18-4　图 18-3a 的循环嵌套树。循环头（结点 1、2、5、8）位于每个椭圆的上半部；一个循环包括一个循环头（例如结点 5）、同一个椭圆中的所有其他结点（例如结点 10），以及以该椭圆为根的循环嵌套子树中的所有结点（例如结点 8、9）

18.1.4　循环前置结点

许多循环优化需要在紧挨着循环执行之前插入一些语句。例如，循环不变量外提会将一条语句从循环内移动到紧挨循环之前。这些语句应该放在哪里呢？图 18-5a 举例说明了这个问题：如果我们想要将语句 s 插入到循环之前紧挨着循环的一个基本块中，则需要将 s 同时放到基本块 2 和 3 的末尾。为了有一个统一的位置放置这些语句，我们在循环外插入了一个新的、初始为空的前置结点（preheader）p 和一条边 $p{\to}h$。所有从循环内的结点 x 到 h 的边 $x{\to}h$ 都不会发生改变，但是所有从循环外结点 y 到 h 的边 $y{\to}h$ 都将重定向到 p。

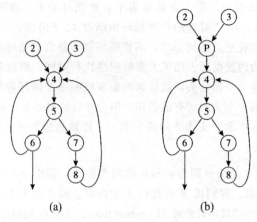

图 18-5　(a)循环；(b)具有一个前置结点的同一个循环

18.2　循环不变量计算

如果循环中包含语句 $t{\leftarrow}a{\oplus}b$，并且在循环的每一轮执行中，a 的值都相同，b 的值也相同，那么 t 每次也会具有相同的值。我们可以将这个计算提升到循环之外，这样，该计算就只需要执行一次，而不是每次迭代都执行。

我们不能总是知道 a 是否每次都具有相同的值，因此同通常优化时的处理一样，我们做保守的估计。如果每个操作数 a_i 都满足下列条件之一，则循环 L 中的定值 $d{:}t{\leftarrow}a_1{\oplus}a_2$ 是循环不变量：

（1）a_i 是常数，

（2）或者所有到达 d 的 a_i 的定值都在循环之外，

（3）或者 a_i 只有一个定值到达 d，并且该定值是循环不变量。

根据上面的条件，可以很自然地使用迭代算法来找出循环不变量的定值：首先找出所有操作数是常数或者来自循环之外的定值；然后重复地寻找其操作数都为循环不变量的定值。

外提

假设 $t{\leftarrow}a{\oplus}b$ 是循环不变量。我们能够将它提升到循环之外吗？在图 18-6a 中，将它外提可以使程序运行较快，并仍得到相同的计算结果。但是在图 18-6b 中，外提它虽然可使程序运行得更快，但是结果却不正确——原来的程序并不一定会执行 $t{\leftarrow}a{\oplus}b$，但是转换后的程序却总是执行它，如果一开始就有 $i \geqslant N$，转换后的程序会产生错误的 x 值。图 18-6c 中，外提 $t{\leftarrow}a{\oplus}b$ 也是不正确的，因为原循环中有多个对 t 的定值，转换后的程序会以不同的交替方式对 t 赋值。在图 18-6d 中进行外提同样是错误的，因为在此循环不变量定值之前有一个对 t 的使用。因此，将此定值外提后，循环的第一次迭代会使用错误的值。

考虑到上述隐患，我们可以建立将 $d{:}t{\leftarrow}a{\oplus}b$ 外提到循环前置结点末尾的准则。

（1）d 是所有这样的循环出口结点的必经结点：在这些循环出口结点，t 是出口活跃的。

（2）并且在循环中 t 只有一个定值。

（3）并且 t 不属于循环前置结点的出口活跃集合。

L_0		L_0		L_0		L_0	
t	$\leftarrow 0$	t	$\leftarrow 0$	t	$\leftarrow 0$	t	$\leftarrow 0$
L_1		L_1		L_1		L_1	
i	$\leftarrow i+1$	if $i \geqslant N$ goto L_2		i	$\leftarrow i+1$	$M[j] \leftarrow t$	
t	$\leftarrow a \oplus b$	i	$\leftarrow i+1$	t	$\leftarrow a \oplus b$	i	$\leftarrow i+1$
$M[i] \leftarrow t$		t	$\leftarrow a \oplus b$	$M[i] \leftarrow t$		t	$\leftarrow a \oplus b$
if $i < N$ goto L_1		$M[i] \leftarrow t$		t	$\leftarrow 0$	$M[i] \leftarrow t$	
L_2		goto L_1		$M[j] \leftarrow t$		if $i < N$ goto L_1	
x	$\leftarrow t$	L_2		if $i < N$ goto L_1		L_2	
		x	$\leftarrow t$	L_2		x	$\leftarrow t$
				x	$\leftarrow t$		
(a) 外提		(b) 不能外提		(c) 不能外提		(d) 不能外提	

图 18-6 外提 $t \leftarrow a \oplus b$ 的正确候选和不正确候选

隐含的副作用。如果 $t \leftarrow a \oplus b$ 可能引发某类算术异常或者有其他副作用,上述规则就需要做一些修改;见习题 18.7。

将 while 循环转换为 repeat-until 循环。条件 1 会阻碍从 while 循环中外提许多计算;从图 18-7a 可以清楚地看到,循环体中没有一条语句是循环出口结点(它同时也是循环头结点)的必经结点。为了解决这个问题,我们可以将 while 循环转换为其前有一条 if 语句的 repeat 循环。这种转换需要复制头结点中的语句,如图 18-7b 所示。当然,**repeat** 循环体中的所有语句都是循环出口结点的必经结点(如果没有 **break** 或显式的循环退出语句),这样条件 1 便能得到满足。

418

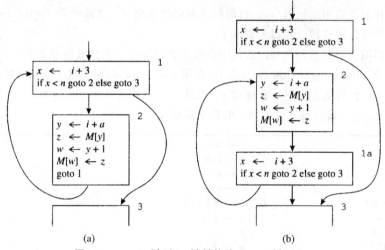

图 18-7 while 循环(a)被转换为 repeat 循环(b)

18.3 归纳变量

某些循环中,存在一个递增或递减的变量 i,以及一个(在循环中)被置为 $i \cdot c + d$ 的变量 j,其中 c 和 d 是循环不变量。于是我们可以在不引用 i 的情况下计算 j 的值;只要 i 以 a 递增,我们就可以用 $c \cdot a$ 递增 j。

例如,程序 18-1a 计算一个数组的所有元素之和。利用归纳变量分析(induction-variable analysis),可以发现 i 和 j 是相关的归纳变量,通过强度削弱(strength reduction)可以用加法替代乘以 4 的乘法,然后通过归纳变量删除(induction-variable elimination)可以将 $i \geqslant n$ 替

换为 $k \geqslant 4n + a$，最后通过各种复写传播，我们可以得到程序 18-1b。转换后的这个循环包含的四元式更少，运行也会更快。下面我们分步介绍这一系列的转换。

程序 18-1 归纳变量优化之前的循环和之后的循环

$s \leftarrow 0$	$s \leftarrow 0$
$i \leftarrow 0$	$k' \leftarrow a$
L_1 : if $i \geqslant n$ goto L_2	$b \leftarrow n \cdot 4$
$j \leftarrow i \cdot 4$	$c \leftarrow a + b$
$k \leftarrow j + a$	L_1 : if $k' \geqslant c$ goto L_2
$x \leftarrow M[k]$	$x \leftarrow M[k']$
$s \leftarrow s + x$	$s \leftarrow s + x$
$i \leftarrow i + 1$	$k' \leftarrow k' + 4$
goto L_1	goto L_1
L_2	L_2
(a) 之前	(b) 之后

我们说像程序 18-1a 中 i 这样的变量是基本归纳变量（basic induction variable），j 和 k 是和 i 同族的导出归纳变量（derived induction variable）。（在原始循环中）j 被定值后，有 $j = a_j + i \cdot b_j$，其中 $a_j = 0$，$b_j = 4$。我们完全可以用 (i, a, b) 来刻画 j 在它的定值点的值，其中 i 是基本归纳变量，a 和 b 是循环不变表达式。

如果有另一个导出归纳变量 k，具有定值 $k \leftarrow j + c_k$（其中 c_k 是循环不变量），则 k 也和 i 同族。我们可以用三元组 (i, c_k, b_j) 来刻画 k，即 $k = c_k + i \cdot b_j$。

也能以同样的方式用三元组 $(i, 0, 1)$ 刻画基本归纳变量 i，这意味着 $i = 0 + i \cdot 1$。这样，每个归纳变量就都可以用这种三元组来刻画了。

如果一个归纳变量在循环的每次迭代中都改变相同的量（常数或循环不变量），我们就说它是线性归纳变量（linear induction variable）。在图 18-8a 中，归纳变量 i 不是线性的：在某些迭代中，它递增 b；在其他迭代中，它递增 1。此外，在一些迭代中 $j = i \cdot 4$，而在另外一些迭代中，导出归纳变量 j（暂时地）并不随 i 的递增而增加。

	$s \leftarrow 0$
	$j' \leftarrow i \cdot 4$
	$b' \leftarrow b \cdot 4$
$s \leftarrow 0$	$n' \leftarrow n \cdot 4$
L_1 : if $s > 0$ goto L_2	L_1 : if $s > 0$ goto L_2
$i \leftarrow i + b$	$j' \leftarrow j' + b'$
$j \leftarrow i \cdot 4$	$j \leftarrow j'$
$x \leftarrow M[j]$	$x \leftarrow M[j]$
$s \leftarrow s - x$	$s \leftarrow s - x$
goto L_1	goto L_1
L_2 : $i \leftarrow i + 1$	L_2 : $j' \leftarrow j' + 4$
$s \leftarrow s + j$	$s \leftarrow s + j$
if $i < n$ goto L_1	if $j' < n'$ goto L_1
(a) 之前	(b) 之后

图 18-8 基本归纳变量 i 在不同的迭代按不同的量递增；导出归纳变量 j 不是每次迭代都改变

18.3.1 发现归纳变量

基本归纳变量。如果在以 h 为头结点的循环 L 中，变量 i 只有一个形如 $i \leftarrow i + c$ 或者

$i \leftarrow i - c$ 的定值，其中 c 是循环不变量，那么 i 就是循环 L 的一个基本归纳变量。

导出归纳变量。 如果变量 k 同时满足下列条件，那么 k 是循环 L 中的导出归纳变量。

（1）L 中 k 只有一个形如 $k \leftarrow j \cdot c$ 或者 $k \leftarrow j + d$ 的定值，其中 j 是一个归纳变量，c 和 d 是循环不变量。

（2）当 j 是和 i 同族的导出归纳变量时，有

    （a）到达 k 的 j 的唯一定值是 j 在循环中的那个定值；

    （b）并且在 j 的定值到 k 的定值之间的任何路径上都没有 i 的定值。

假设 j 是用 (i, a, b) 来刻画的，则根据 k 的定值是 $j \cdot c$ 还是 $j + d$，可以用 $(i, a \cdot c, b \cdot c)$ 或者 $(i, a + d, b)$ 来描述 k。

为了进行归纳变量分析，形如 $k \leftarrow j - c$ 的语句可以作为 $k \leftarrow j + (-c)$ 来对待（除非 $-c$ 是不可表示的，在 2 的补码算术中有时可能会发生这种情况）。

除法。 形如 $k \leftarrow j/c$ 的语句可以重写为 $k \leftarrow j \cdot (\frac{1}{c})$，因此，$k$ 可以看成一个归纳变量。这样的重写只适合于浮点计算——尽管我们必须注意当不能精确表示 $1/c$ 时所出现的微小数值误差。但如果这是一个整数除法，我们就根本不能表示 $1/c$。

18.3.2 强度削弱

在许多机器上，乘法比加法的代价高得多。因此我们希望找出定值形式为 $j \leftarrow i \cdot c$ 的导出归纳变量，并用一个加法来替代它。

对三元组为 (i, a, b) 的每一个导出归纳变量 j，构造一个新的变量 j'（尽管具有相同三元组的不同导出归纳变量可以共享同一个 j'）。在每个赋值 $i \leftarrow i + c$ 之后，构造一个赋值 $j' \leftarrow j' + c \cdot b$，其中 $c \cdot b$ 是可以在循环前置结点计算的循环不变量表达式。如果 c 和 b 都是常数，则乘法 $c \cdot b$ 可以在编译时完成计算。用 $j \leftarrow j'$ 替换循环中这个对 j 的（唯一）赋值。最后，需要在循环前置结点的末尾用 $j' \leftarrow a + i \cdot b$ 初始化 j'。

对于 i 族的两个归纳变量 x 和 y，在循环的执行期间，除了在语句序列 $z_i \leftarrow z_i + c_i$ 中（c_i 是循环不变量）之外，如果每次都有 $(x - a_x)/b_x = (y - a_y)/b_y$，我们就说 x 和 y 是协调的（coordinated）。显然，i 族中由强度削弱引入的所有新变量都是相互协调的，也都和 i 协调。

当一个归纳变量 j 的定值 $j \leftarrow \cdots$ 被替换为 $j \leftarrow j'$ 时，我们知道 j' 是协调的，但是 j 可能不是协调的。不过，只要其间没有插入对 j' 的定值，标准的复写传播算法就可以用 j' 的使用替换 j 的使用。

因此，可以不使用流分析去了解 j 是否是协调的，只要复写传播认为使用 j' 是合法的，我们就使用 j'。

在强度削弱后，程序中仍然有乘法，但乘法已经在循环之外了。如果循环执行多个迭代，则在许多机器上，使用加法的循环应该比使用乘法的运行得更快。但是，在能够通过指令调度而隐藏乘法延迟的处理器上，强度削弱的效果有可能会令人失望。

例 对程序 18-1a 执行强度削弱。我们发现 j 是三元组为 $(i, 0, 4)$ 的一个导出归纳变量，k 的三元组为 $(i, a, 4)$。对 j 和 k 执行强度削弱后，有：

```
s  ← 0
i  ← 0
j' ← 0
k' ← a
```

422

```
L₁ : if i ⩾ n goto L₂
      j  ← j'
      k  ← k'
      x  ← M[k]
      s  ← s + x
      i  ← i + 1
      j' ← j' + 4
      k' ← k' + 4
      goto L₁
L₂
```

可以执行死代码删除来删除语句 $j \leftarrow j'$。我们还希望删除无用变量 j' 的所有定值，但是从技术上讲 j' 并不是死的，循环的每个迭代中都使用它。

18.3.3   删除

强度削弱后，一些归纳变量在循环中根本不被使用，另一些也只是用于和循环不变量变量作比较。这些归纳变量都可以删除。

如果一个变量在循环 L 的所有出口都是死去的，并且它只用于对自身的定值，那么在循环 L 中这个变量是无用的（useless）。无用变量的所有定值都可以被删除。

在上述例子中，删除 j 后，变量 j' 就成了无用变量。我们可以删除 $j' \leftarrow j' + 4$。如此一来，在前置结点中，j' 的定值也能够通过死代码删除来除去。

18.3.4   重写比较

如果变量 k 只是用于与循环不变量进行比较，或者只是用于自身的定值，并且在同一族归纳变量中，还存在着另外某个不是无用的归纳变量，那么 k 就是一个几乎无用的变量。通过修改循环不变量与这个几乎无用的变量的比较，使之与相关的归纳变量进行比较，可以使一个几乎无用的变量变成一个无用变量。

如果有 $k < n$，并且 j 和 k 是 i 族中的协调归纳变量，n 是循环不变量；则我们知道有 $(j - a_j) / b_j = (k - a_k) / b_k$，因此，比较 $k < n$ 可以写成：

$$a_k + \frac{b_k}{b_j}(j - a_j) < n$$

现在，可以将两边都减去 a_k，然后都乘以 b_j / b_k。如果 b_j / b_k 是正的，则这个比较变为：

$$j - a_j < \frac{b_j}{b_k}(n - a_k)$$

如果 b_j / b_k 是负的，这个比较则变为：

$$j - a_j > \frac{b_j}{b_k}(n - a_k)$$

最后，在两边都加上 a_j（这里只给出 b_j / b_k 为正的情况）：

$$j < \frac{b_j}{b_k}(n - a_k) + a_j$$

这个比较的整个右部是一个循环不变量，可以外提到循环前置结点中并只计算一次。

限制：

（1）如果 $b_j(n-a_k)$ 不能被 b_k 整除，则不能使用上面的转换，因为不能在整数变量中保存一个小数值；

（2）如果 b_j 或者 b_k 不是常数，而是一个不能确定其正负值的循环不变量，则也不能使用上述转换，因为不知道应该使用哪种比较（小于还是大于）。

例 在我们的例子中，比较 $i < n$ 可以用 $k' < a + 4 \cdot n$ 来替换。当然，$a + 4 \cdot n$ 是一个循环不变量，应该外提。于是 i 将成为一个无用变量，并可以被删除。转换后的程序变为：

$$
\begin{aligned}
&s \leftarrow 0 \\
&k' \leftarrow a \\
&b \leftarrow n \cdot 4 \\
&c \leftarrow a + b \\
L_1 : &\text{if } k' < c \text{ goto } L_2 \\
&k \leftarrow k' \\
&x \leftarrow M[k] \\
&s \leftarrow s + x \\
&k' \leftarrow k' + 4 \\
&\text{goto } L_1 \\
L_2
\end{aligned}
$$

最后，复写传播可以删除 $k \leftarrow k'$，我们最终得到了程序 18-1b。

18.4 数组边界检查

安全的程序设计语言会自动地对每个下标操作插入数组边界检查（见 7.2.7 节的劝告）。当然，对于写得好的程序，所有的这种检查都是冗余的，因为写得好的程序不会越界访问数组。我们希望安全的语言能够获得与不安全语言一样的高性能。为此，不要关掉所有的边界检查（关掉所有的检查是不安全的），而是让编译器删除它能够证明是冗余的所有检查。

我们不可能奢望能删除所有的冗余边界检查，因为这个问题是不可计算的（和停机问题一样困难）。但是许多数组下标都具有 $a[i]$ 的形式，其中 i 是归纳变量。编译器通常能够很好地理解这种形式的下标，并进行优化。

数组的边界通常具有形式 $0 \leqslant i \wedge i < N$。当 N 非负时（N 总是非负的，因为它是数组的大小），可以将它实现为 $i \leqslant_u N$，其中，$\leqslant_u$ 是一个无符号比较操作符。

删除数组边界检查的条件。 尽管自然和直观地来看，一个归纳变量似乎一定会位于某个范围内，并且我们应该能够知道这个范围是否超出了数组的边界，但是从循环 L 中删除一个边界检查的如下判别标准实际上是相当复杂的。

（1）有一个语句 s_1，它含有一个归纳变量 j 和一个循环不变量 u，且该语句具有下列形式之一：

```
if j < u goto L₁ else goto L₂
if j ⩾ u goto L₂ else goto L₁
if u > j goto L₁ else goto L₂
if u ⩽ j goto L₂ else goto L₁
```

其中，L_2 在循环之外。

（2）有一个具有如下形式的语句 s_2：

```
if k <ᵤ n goto L₃ else goto L₄
```

其中，k 是和 j 协调的归纳变量，n 是循环不变量，s_1 是 s_2 的必经结点。

　　（3）L 中不存在包含 k 的定值的嵌套循环。

　　（4）当 j 增加时，k 也增加，即 $b_j / b_k > 0$。

　　n 常常是数组长度。在有静态数组的语言中，数组长度 n 是常数。在许多具有动态数组的语言中，数组长度是循环不变量。在 Tiger、Java 和 ML 中，数组一旦被分配，就不能动态地修改其长度了。典型情况下，数组长度 n 可以通过读取某个数组指针 v 的 $length$ 域来获得。为了便于阐述，假设 $length$ 域位于数组对象中偏移为 0 的位置。为了避免进行复杂的别名分析，编译器的语义分析阶段需要将表达式 $M[v]$ 标记为不变的，这意味着不会有其他存储指令能够修改数组 v 的 $length$ 域的内容。如果 v 是循环不变量，则 n 也是循环不变量。即使 n 不是数组长度，而是其他某个循环不变量，我们也仍然能够优化比较 $k <_u n$。

　　我们想在循环前置结点中放一个测试，该测试要表达的意思是：每次迭代都有 $k \geqslant 0 \wedge k < n$。令 k_0 是前置结点末尾处 k 的值，令 $\Delta k_1, \Delta k_2, \cdots, \Delta k_m$ 是在循环内给 k 增加的所有的循环不变量值。于是，我们通过在前置结点的末尾进行如下测试来确保 $k \geqslant 0$：

$$k \geqslant 0 \wedge \Delta k_1 \geqslant 0 \wedge \cdots \wedge \Delta k_m \geqslant 0$$

　　令 $\Delta k_1, \Delta k_2, \cdots, \Delta k_p$ 是在 s_1 和 s_2 之间不（再）经过 s_1 的任意路径上给 k 增加的所有的循环不变量值的集合。于是，只要保证在 s_1 处有 $k < n - (\Delta k_1 + \cdots + \Delta k_p)$，就足以确保在 s_2 处有 $k < n$。由于我们知道 $(k - a_k)/b_k = (j - a_j)/b_j$，所以这个测试变为：

$$j < \frac{b_j}{b_k}(n - (\Delta k_1 + \cdots + \Delta k_p) - a_k) + a_j$$

因为测试 $j < u$ 是测试 $k < n$ 的必经结点，所以当下面的测试成立时，上面这个测试将总是为真：

$$u < \frac{b_j}{b_k}(n - (\Delta k_1 + \cdots + \Delta k_p) - a_k) + a_j$$

　　由于比较的两边都是循环不变量，我们可以按下面的方法将它移到前置结点中。首先，要确保所有循环不变量的定值都已提升到了循环之外。然后，按如下方法重写循环 L：复制 L 中的所有语句，由此创建一个头为 L'_h 的新循环 L'。在 L' 中，将语句

　　　　if $k < n$ goto L'_3 else goto L'_4

替换为 **goto** $L_3{}'$。在 L 的前置结点的末尾，加入与下列语句等价的语句：

　　　　if $k \geqslant 0 \wedge k_1 \geqslant 0 \wedge \cdots \wedge k_m \geqslant 0$
　　　　　$\wedge \ u < \frac{b_j}{b_k}(n - (\Delta k_1 + \cdots + \Delta k_p) - a_k) + a_j$
　　　　　　goto L'_h
　　　　else goto L_h

这个条件 **goto** 语句测试 k 是否总在 0 和 n 之间。

　　有时我们具有的信息足以在编译时便计算出这一复杂的条件。至少在下面两种情况下可以做到这一点：

　　（1）测试中出现的所有循环不变量都是常数，或者

　　（2）n 和 u 是同一个临时变量，$a_k = a_j$，$b_k = b_j$，并且在 s_1 和 s_2 之间没有给 k 增加 Δk。在类似 Tiger、Java 或者 ML 的语言中，如果程序员编写的是如下程序，则可能会出现

这种情况：

```
let var u := length(A)
    var i := 0
 in while i<u
    do (sum := sum + A[i];
        i := i+1)
end
```

假设数组 A 的长度是从相对此数组指针偏移为 0 的域中读取的，length(A)对应的四元式就将包括 $u \leftarrow M[A]$；同时，A[i]的四元式为了用 n 进行边界检查，也会包括 $n \leftarrow M[A]$。假设已标记表达式 $M[A]$ 为不变的，那么就不会有其他的 STORE 指令会修改存储单元 $M[A]$ 的内容，因此，现在对 u 和 n 定值的这两个表达式都是公共子表达式。

如果能够在编译时计算出前面那个复杂的比较，我们就能够无条件地使用循环 L 或循环 L'，并且删除没有使用的另一个循环。

清理。 优化后，程序中可能会遗留一些没有解决的小问题。标号 L'_4 后面的语句可能是不可到达的；在循环 L' 中可能有 n 和 k 的若干无用计算。前者可以通过不可到达代码删除来清理，后者可以通过死代码删除来清理。

拓广。 为了使这个算法在实际中有用，还需要从几个方面进行拓广。

(1) 循环出口比较可以是下列形式之一：

if $j \leqslant u'$ goto L_1 else goto L_2
if $j > u'$ goto L_2 else goto L_1
if $u' \geqslant j$ goto L_1 else goto L_2
if $u' < j$ goto L_2 else goto L_1

其中，比较 $j \leqslant u'$ 替换了 $j < u$。

(2) 循环出口可以发生在循环体的底部，而不是数组边界检查之前。我们可以将这种情况描述如下：存在着一个测试

s_2: if $j < u$ goto L_1 else goto L_2

其中，L_2 在循环之外，并且 s_2 是所有循环回边的必经结点。则感兴趣的 Δk_i 位于 s_2 和任意回边之间，以及循环头和 s_1 之间。

(3) 应该处理 $b_j/b_k < 0$ 的情况。

(4) 应该处理 j 的计数向下减少而不是向上增加的情况，此时循环出口测试类似 $j \geqslant l$，l 是循环不变量的下界。

(5) 归纳变量的递增可能是"不规则的"；例如：

```
while i<n-1
 do (if sum<0
     then (i:=i+1; sum:= sum+i; i:=i+1)
     else i := i+2;
     sum := sum + a[i])
```

这里，有 3 个 Δi（分别是 1、1 和 2）。在分析时需要假设这三个增加可能全都起作用，可能只有某一个起作用，也可能全都不起作用。但显然这里的效果是，在两条路径上都有 $i \leftarrow i+2$。在这种情况下，那种将 i 的递增提到 **if** 之前（并合并它们）的分析对此会有益处。

18.5 循环展开

有些循环的循环体较小，大部分的执行时间都用在了递增循环计数变量和测试循环退出条件。展开这些循环，将循环体连续地复制两次或多次，可以使这些循环更加高效。

给定一个头结点为 h，回边为 $s_i \rightarrow h$ 的循环 L，我们可以按以下方式展开 L。

（1）复制结点，构建一个头结点为 h'，回边为 $s_i' \rightarrow h'$ 的循环 L'。

（2）将循环 L 中所有从 $s_i \rightarrow h$ 的回边改为 $s_i \rightarrow h'$。

（3）将循环 L' 中所有从 $s_i' \rightarrow h'$ 的回边改为 $s_i' \rightarrow h$。

例如，程序 18-2a 展开后得到程序 18-2b。但是这并没有完成什么有用的优化；每个"原始"迭代仍然有一个递增分支和一个条件分支。

程序 18-2 无用的循环展开

(a) 展开前	(b) 展开后
$L_1 : x \leftarrow M[i]$	$L_1 : x \leftarrow M[i]$
$\quad s \leftarrow s + x$	$\quad s \leftarrow s + x$
$\quad i \leftarrow i + 4$	$\quad i \leftarrow i + 4$
$\quad$ if $i < n$ goto L_1 else L_2	$\quad$ if $i < n$ goto L_1' else L_2
L_2	$L_1' : x \leftarrow M[i]$
	$\quad s \leftarrow s + x$
	$\quad i \leftarrow i + 4$
	$\quad$ if $i < n$ goto L_1 else L_2
	L_2

利用归纳变量的有关信息，我们可以做得更好。我们需要一个归纳变量 i，它的每次递增 $i \leftarrow i + \Delta$ 是循环的每条回边的必经结点。于是，我们知道每次迭代对 i 的递增恰好是所有 Δ 的和，因此我们可以将所有的递增和循环出口测试积累到一起，得到程序 18-3a。但是这样的循环展开仅在原始循环迭代次数为偶数时才正确。为解决这个问题，我们可以在展开的循环之后再增加一个结尾（epilogue）来执行"奇数"迭代，如程序 18-3b 所示。

程序 18-3 有用的循环展开。(a)仅当原始循环的迭代次数为偶数时才能
正确工作；(b)可以在原始循环迭代次数任意的情况下工作

(a) 脆弱的	(b) 健壮的
$L_1 : x \leftarrow M[i]$	$\quad$ if $i < n - 8$ goto L_1 else L_2
$\quad s \leftarrow s + x$	$L_1 : x \leftarrow M[i]$
$\quad x \leftarrow M[i + 4]$	$\quad s \leftarrow s + x$
$\quad s \leftarrow s + x$	$\quad x \leftarrow M[i + 4]$
$\quad i \leftarrow i + 8$	$\quad s \leftarrow s + x$
$\quad$ if $i < n$ goto L_1 else L_2	$\quad i \leftarrow i + 8$
L_2	$\quad$ if $i < n - 8$ goto L_1 else L_2
	$L_2 \quad x \leftarrow M[i]$
	$\quad s \leftarrow s + x$
	$\quad i \leftarrow i + 4$
	$\quad$ if $i < n$ goto L_2 else L_3
	L_3

这里我们仅给出了展开因子为 2 的展开情况。当使用展开因子 K 进行展开时,循环的结尾是一个 $K-1$ 次迭代的循环(和原始循环相当类似)。

推荐阅读

Lowry 和 Medlock[1969] 使用必经结点描绘了循环并实现了归纳变量优化。Allen[1970] 引入了可归约流图的概念。Aho 等人[1986] 描述了针对循环的多种优化、分析和转换。

控制流的结点分割或边分割可以为语句的移动提供放置点。18.1.4 节描述的循环前置结点转换就是这种分割的一个例子。其他的例子还有着陆垫(landing pad)[Cytron et al. 1986],即在循环的每个出口边插入的结点;循环体后置结点(postbody node)[Wolfe 1996],即在循环体的末尾插入的结点(见习题 18.6);以及保证后继或前驱唯一性特性[Rosen et al. 1988](见 19.1 节)的边分割。

第 19 章描述了其他循环优化和一个更快的计算必经结点的算法。

习题

18.1 a. 计算流图中每个结点的必经结点:

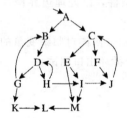

  b. 画出直接必经结点树。

  c. 确定每个自然循环的结点集合。

18.2 计算下面每个流图的直接必经结点树。

  a. 图 2-8。

  b. 习题 2.3a 的流图。

  c. 习题 2.5a 的流图。

  d. 图 3-11。

*18.3 G 是一个控制流图,h 是 G 中的一个结点,A 是以 h 为头结点的一个循环的结点集合,B 是以 h 为头结点的另一个循环的结点集合。证明其结点属于 $A \cup B$ 的子图也是一个循环。

*18.4 当流图中包含不可到达的结点时,直接必经结点定理(18.1.2 节)将不再正确。

  a. 画出一个包含结点 d、e 和 n 的图,使得 d 是 n 的必经结点,e 是 n 的必经结点,但是 d 不是 e 的必经结点,e 也不是 d 的必经结点。

  b. 指出这个定理的证明中哪一步对包含不可到达结点的流图是无效的?

  c. 用 3 个左右的词,命名一个有助于寻找不可到达结点的算法。

*18.5 说明在一个连通的流图(不包含不可到达结点)中,一个按照 18.1.3 节定义的自然循环满足本章开头给出的循环定义。

18.6　为了达到某些目的，需要每个循环头结点恰好只有两个前驱，一个在循环外，一个在循环内。我们可以通过插入一个循环前置结点确保循环头只有一个循环外的前驱结点，如 18.1 节所述。解释如何插入一个循环体后置结点，以确保循环头只有一个循环内的前驱结点。

*18.7　假设任何算术溢出或除以零都会引发运行时的异常。如果我们将 $t \leftarrow a \oplus b$ 提升到循环外，而这个循环原来根本不会执行这条语句，那么在原始程序不会产生异常的情况下，转换后的程序则有可能会引发异常。修改循环不变量外提的标准，加入对上述问题的考虑。不要用诸如"可能不执行该语句"之类的非形式化的描述，要用数据流分析和必经结点的术语。

18.8　18.2 节最后描述了将 **while** 循环转换为 **repeat** 循环的方法。说明如何（使用必经结点）刻画基本块控制流图中的 **while** 循环，以便优化器能够识别它。这种循环的循环体可能包含显式退出循环的 **break** 语句。

*18.9　对于边界检查删除，我们要求（18.4 节）循环出口测试是边界检查比较的必经结点。如果不是这样，而是边界检查比较是循环出口测试的必经结点，则我们在循环的末尾就会有一次额外的数组下标引用。这样，判别条件

$$a_k + i \cdot b_k \geqslant 0 \wedge (n - a_k) \cdot b_j < (u - a_j) \cdot b_k$$

就会比允许的边界偏移了一个位置。重写这个判别条件，以处理边界检查比较位于循环出口测试之前的情况。

*18.10　写出关于循环展开的规则，形式大致如程序 18-2 所示，使得对归纳变量的所有递增都积累在一起，并且展开后的循环的每次迭代只有一个循环出口测试。

432

第19章 静态单赋值形式

支配（dom-i-nate）：对……施加最具决定性的或引导性的影响。

韦氏字典

许多数据流分析需要寻找表达式中每个定值变量的使用点，或者每个使用变量的定值点。定值–使用链（def-use chain）是一种能够高效获得这些信息的数据结构：对流图中的每条语句，编译器能够保存两个由指针组成的列表，其中一个列表中的指针指向在该语句中定值的变量的所有使用点，另一个列表中的指针指向该语句中所使用变量的所有定值点。通过这个方法，编译器能够快速地从使用跳到定值，从定值跳到使用。

对定值–使用链思想的一种改进是静态单赋值形式（static single-assignment form），或 SSA形式。SSA形式是这样一种中间表示：在程序正文中，每个变量只有一个定值。这个（静态的）定值可能位于一个可（动态）执行多次的循环中，因此我们把它称为静态单赋值形式，而不是简单地称为单赋值形式（在单赋值形式中，变量根本不会被重新定值）。

基于以下一些原因，SSA形式是有用的。

（1）当每个变量只有一个定值时，数据流分析和优化算法可以变得更简单。

（2）如果一个变量有 N 个使用和 M 个定值（占了程序中大约 $N + M$ 条指令），表示定值–使用链所需要的空间（和时间）和 $N \cdot M$ 成正比——即成平方增大（见习题 19.8）。对于几乎所有的实际程序，SSA形式的大小和原始程序的成线性关系（习题 19.9 给出了一个例外）。

（3）SSA形式中，变量的使用和定值可以与控制流图的必经结点结构以一种有用的方式联系起来，从而简化诸如冲突图构建这样的算法。

（4）源程序中同一个变量的不相关的使用在 SSA形式中变成了不同的变量，从而删除了它们之间不必要的关系。例如，程序：

for $i \leftarrow 1$ **to** N **do** $A[i] \leftarrow 0$
for $i \leftarrow 1$ **to** M **do** $s \leftarrow s + B[i]$

即使这两个循环计数器的名字都是 i，也没有理由需要使用同一个机器寄存器或中间代码临时变量来保存它们。

在直线式代码中，例如在一个基本块中，容易看出每条指令可以定值一个全新的变量，而不是重新定值一个老的变量，如图 19-1 所示。一个变量（例如 a）的每个新定值都被修改为定值一个全新的变量（$a_1, a_2, \cdots$），该变量的每个使用修改为使用上一次定值的那个版本。这也是值编号（17.4.6 节）的一种形式。

但是当两条控制流边汇合到一起时，如何使每个变量只有一次赋值就没有那么显而易见了。在图 19-2a 中，如果我们在基本块 1 和基本块 3 中各定值了 a 的一个新版本，那么在基本块 4 中该使用哪个版本呢？当一条语句有一个以上的前驱时，就没有"上一次"的概念了。

$a \leftarrow x + y$	$a_1 \leftarrow x + y$
$b \leftarrow a - 1$	$b_1 \leftarrow a_1 - 1$
$a \leftarrow y + b$	$a_2 \leftarrow y + b_1$
$b \leftarrow x \cdot 4$	$b_2 \leftarrow x \cdot 4$
$a \leftarrow a + b$	$a_3 \leftarrow a_2 + b_2$
(a)	(b)

图 19-1 (a)直线式程序；(b)单赋值形式的程序

为了解决这个问题，我们引入了一个虚构符号，称为 ϕ 函数。图 19-2b 说明，可以用函数 $a_3 \leftarrow \phi(a_1, a_2)$ 来合并（在基本块 1 中定值的） a_1 和（在基本块 3 中定值的） a_2。但是，和普通的数学函数不同，如果控制流沿边 2→4 到达基本块 4，$\phi(a_1, a_2)$ 产生 a_1，如果控制流沿边 3→4 到达基本块 4，$\phi(a_1, a_2)$ 产生 a_2。

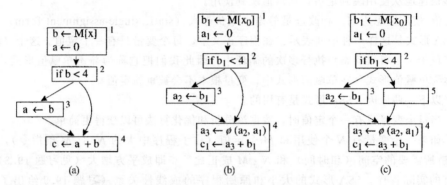

图 19-2 (a)含控制流汇合的程序；(b)程序被转换为
单赋值形式；(c)边分割的 SSA 形式

那么 ϕ 函数如何知道控制流走的是哪一条边呢？这个问题有两个答案。

- 如果必须执行该程序，或者必须将该程序翻译成可执行形式，则可以如 19.6 节所示，在每条进入边利用 MOVE 指令来"实现" ϕ 函数。
- 在优化期间，许多情况下只需要知道使用和定值之间的联系，而不需要"执行" ϕ 函数。在这些情况下，可以忽略到底产生哪一个值的问题。

考虑图 19-3a，此图包含一个循环。可以将它转换为图 19-3b 所示的静态单赋值形式。注意变量 a 和 c 都需要有一个 ϕ 函数来合并它们从边 1→2 和 2→2 到达的值。由于 b_1 是一个死变量，b_1 的 ϕ 函数在稍后可以通过死代码删除而消去。变量 c 在入口时是活跃的（转换为 SSA 形式后，隐含的定值 c_0 是活跃的）；它可能是一个未初始化的变量，也可能是所在函数的形参。

赋值 $c_1 \leftarrow c_2 + b_2$ 将会执行许多次；因此变量 c_1 也会更新许多次。这也说明了为什么不可能有动态单赋值（像纯函数程序一样）的程序，而只能有其中每个变量只有一个静态定值点的程序。

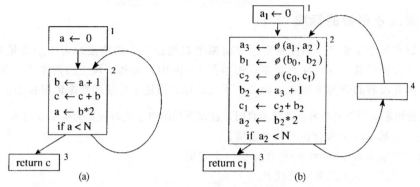

图 19-3　(a)含有一个循环的程序；(b)该程序被转换为边分割的单赋值
形式。a_0、b_0、c_0是这些变量在基本块 1 之前的初始值

19.1　转化为 SSA 形式

将一个程序转化为 SSA 形式的算法首先为变量加入 ϕ 函数，然后用下标重新命名变量的所有定值和使用。图 19-4 举例说明了每一个步骤。

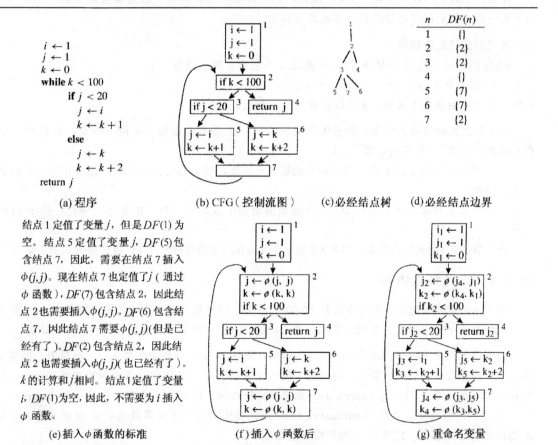

图 19-4　将程序转化为静态单赋值形式。结点 7 是一个循环体后置结点，插入结点 7 是为了确保只有一条循环边（见习题 18.6）；这类结点不是严格必需的，但有时会有所帮助

19.1.1 插入 ϕ 函数的标准

我们可以在每个汇合点（即控制流图中前驱个数超过 1 个的结点）为每个变量插入一个 ϕ 函数。但是这种做法既浪费又没有必要。例如图 19-2b 中，沿基本块 4 的两条入边到达的 b 的定值相同，因此没有必要为 b 插入 ϕ 函数。下面的标准描述了变量的数据流路径的汇合结点：

路径汇合标准。 当下列所有条件都为真时，在流图的结点 z 正好应该为变量 a 插入一个 ϕ 函数。

（1）有一个基本块 x 包含 a 的一个定值。

（2）有一个基本块 $y(y \neq x)$ 包含 a 的一个定值。

（3）有一条从 x 到 z 的非空路径 P_{xz}。

（4）有一条从 y 到 z 的非空路径 P_{yz}。

（5）除结点 z 外，路径 P_{xz} 和 P_{yz} 没有其他任何共同结点。

（6）在路径 P_{xz} 和 P_{yz} 的汇合点以前，结点 z 没有同时出现在这两条路径中，但它可以出现在其中某条路径中。

我们认为流图的起始结点含有每个变量的一个隐含定值，因为变量可能是一个形参，或者在非特殊情况下可以认为有 $a \leftarrow$ 未初始化的值。

注意，a 的 ϕ 函数本身也定值 a，因此，必须将路径汇合标准看成是需要满足的一组方程。和平常一样，我们可以通过迭代来求解此方程组。

迭代的路径汇合标准：

while 结点 x、y、z 满足条件 1~5 **并且** z 不包含 a 的 ϕ 函数

    do 在结点 z 插入 $a \leftarrow \phi(a, a, \cdots, a)$

其中，结点 z 有多少个前驱，ϕ 函数就有多少个参数 a。

SSA 形式的必经结点性质。 静态单赋值形式的一个基本性质是"定值（结点）是使用（结点）的必经结点"。更明确地说：

（1）如果 x 是基本块 n 中一个 ϕ 函数的第 i 个参数，则 x 的定值（结点）是 n 的第 i 个前驱的必经结点；

（2）如果 x 在基本块 n 的一个不是 ϕ 函数的语句中被使用，则 x 的定值（结点）是 n 的必经结点。

18.1 节定义了必经结点关系：如果从起始结点到 n 的每条路径都经过 d，则 d 是 n 的必经结点。

19.1.2 必经结点边界

放置 ϕ 函数的迭代路径汇合算法并不实用，因为它需要花大量的时间来检查结点 x、y、z 的每个三元组和从 x 到 y 的每条路径。利用流图的必经结点树，我们可以获得一个更高效的算法。

定义。 如果 x 是 w 的必经结点，并且 $x \neq w$，则 x 是 w 的严格必经结点。在本章中，提到图的边时，使用后继和前驱，提到树的边时，使用父亲和儿子。如果有一条由树边组成的 $x \twoheadrightarrow y$ 的路径，则结点 x 是 y 的祖先（ancestor）；如果该路径非空，则结点 x 是 y 的真祖先（proper ancestor）。

结点 x 的必经结点边界（dominance frontier）是所有符合下面条件的结点 w 的集合：x 是 w 的前驱的必经结点，但不是 w 的严格必经结点。

图 19-5a 举例说明了一个结点的必经结点边界；本质上，它是必经结点和非必经结点之间的"分界线"。

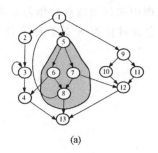
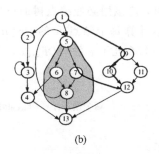
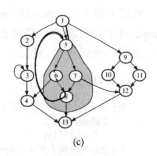

　　(a)　　　　　　　　　　(b)　　　　　　　　　　(c)

图 19-5　结点 5 是灰色区域中所有结点的必经结点。(a)结点 5 的必经结点边界包括结点 4、5、12、13，这些结点都是从以结点 5 为必经结点的区域（包括结点 5 的灰色范围）到不以结点 5 为严格必经结点的区域（包括结点 5 的白色范围）的边的目标结点。(b) n 的必经结点边界中的任何一个结点也是两条非相交路径的汇合点，即从 n 来的路径和从根结点来的路径的汇合点。(c)汇合路径的另一个例子是路径 $P_{1,5}$ 和路径 $P_{5,5}$ 汇合

　　必经结点边界标准。 只要结点 x 包含某个变量 a 的一个定值，则 x 的必经结点边界中的任何结点 z 都需要有一个 a 的 ϕ 函数。

　　迭代的必经结点边界。 由于 ϕ 函数本身也是一种定值，我们必须迭代地应用必经结点边界标准，直到再没有结点需要 ϕ 函数为止。

　　定理。 迭代的必经结点边界标准和迭代的路径汇合标准指定的需要放置 ϕ 函数的结点集合正好相同。

　　本章末尾"推荐阅读"中所列的参考书目中有关于该定理的证明。这里，我只概述这个证明的前一半，说明如果 w 是一个定值的必经结点边界，则它一定是一个汇合点。假设在某个结点 n（如图 19-5b 中的结点 5）中有一个变量 a 的定值，并且结点 w（如图 19-5b 中的结点 12）属于 n 的必经结点边界。根结点隐含地包含每一个变量的一个定值，也包括 a 在内。于是，有一条从根结点（图 19-5 中的结点 1）到 w 的路径 P_{rw}，P_{rw} 不经过 n 或者不经过以 n 为必经结点的任何结点；并且有一条从 n 到 w 的路径 P_{nw}，P_{nw} 只经过以 n 为必经结点的结点。w 是这两条路径的第一个汇合点。

　　计算必经结点边界。 为了插入所有必需的 ϕ 函数，对于流图中的每个结点 n，我们需要计算 n 的必经结点边界 $DF[n]$。给定必经结点树，我们可以用一遍遍历就高效地计算出流图中所有结点的必经结点边界。为此，定义两个辅助集合。

- $DF_{\text{local}}\,[n]$：不以 n 为严格必经结点的 n 的后继。
- $DF_{\text{up}}\,[n]$：属于 n 的必经结点边界、但是不以 n 的直接必经结点作为严格必经结点的结点。

n 的必经结点边界能够根据 DF_{local} 和 DF_{up} 计算得来：

$$DF[n] = DF_{\text{local}}[n] \ \cup \ \bigcup_{c \in children[n]} DF_{\text{up}}[c]$$

其中，$children[n]$ 是其直接必经结点（$idom$）为 n 的所有结点。

　　为了更容易地计算 $DF_{\text{local}}[n]$（使用直接必经结点而不是必经结点），我们使用了下面的定理：$DF_{\text{local}}[n] = \{n$ 的一些后继组成的集合，这些后继的直接必经结点不是 $n\}$。

438

439

调用下面的 computeDF 函数时,应该用必经结点树的根(流图中的起始结点)作为参数。computeDF 函数遍历必经结点树,计算每个结点 n 的 $DF[n]$:它通过检查 n 的后继来计算 $DF_{local}[n]$,然后合并 $DF_{local}[n]$ 和(每个儿子 c 的)$DF_{up}[c]$。

```
computeDF[n] =
    S ← {}
    for succ [n] 中的每一个结点 y          这个循环计算 DF_local[n]
        if idom(y) ≠ n
            S ← S ∪ {y}
    for 必经结点树中的 n 的每个儿子 c
        computeDF[c]
        for DF[c] 中的每个元素 w            这个循环计算 DF_up[c]
            if n 不是 w 的必经结点,或者 if n = w
                S ← S ∪ {w}
    DF[n] ← S
```

上述算法是相当高效的。它的工作时间与原始图的大小(边的数目)和它所计算的必经结点边界的大小之和成正比。尽管存在一些不合理的图,其中多数结点有非常大的必经结点边界,但是在大多数情况下,所有 DF 的总大小与图的大小近似地成线性关系,因此该算法的运行时间在实际中几乎总是线性的。

19.1.3 插入 ϕ 函数

440

从一个不是 SSA 形式的程序开始,我们需要插入正好足够的 ϕ 函数以满足迭代必经结点边界标准。为了避免检查那些不插入 ϕ 函数的结点,我们使用工作表算法。

算法 19-1 的开始,有一个变量集合 V,一个控制流结点图 G,其中的每个结点都是一个由若干语句组成的基本块;并且,对于每个结点 n,有一个在 n 定值的所有变量的集合 $A_{orig}[n]$。该算法计算在结点 n 必须有 ϕ 函数的变量集合 $A_\phi[n]$。注意,一个变量既可以属于 $A_{orig}[n]$,又可以属于 $A_\phi[n]$。例如图 19-3b 中,a 同时属于 $A_{orig}[2]$ 和 $A_\phi[2]$。

算法 19-1 插入 ϕ 函数

```
Place-φ-Functions =
    for 每个结点 n
        for A_orig[n] 中的每个变量 a
            defsites[a] ← defsites[a] ∪ {n}
    for 每个变量 a
        W ← defsites[a]
        while W 非空
            从 W 中删除某个结点 n
            for DF[n] 中的每个 Y
                if a ∉ A_φ[Y]
                    在块 Y 的顶端插入语句 a ← φ(a, a, …, a),其中 φ 函数的参数个数
                    与 Y 具有的前驱结点的个数一样多
                    A_φ[Y] ← A_φ[Y] ∪ {a}
                    if a ∉ A_orig[n]
                        W ← W ∪ {Y}
```

对每个变量 a,算法 19-1 的外层循环只执行一次。工作表 W 记录所有可能违反必经结点边界标准的结点。

W 的表示必须要能够快速地测试一个元素是否属于 W，还要能够从 W 中快速地抽取一个元素。工作表算法（通常）不关心删除的是表中的哪一个元素，因此结点数组或者结点链表就足以满足这两个要求。为了快速地测试某个结点是否在 W 中，我们可以在每个结点 n 的表示中使用一个标记位，当将 n 放入工作表时，置该标记位为 **true**；当 n 被删除时，置该标记位为 **false**。如果不希望修改结点的表示，则一个工作表加上一个散列表也能够高效地工作。

对于(a)控制流图中的每个结点和每条边，(b)程序中的每条语句，(c)每个必经结点边界中的每个元素，以及(d)每个被插入的 ϕ 函数，这个算法的工作量都为常数。对于大小为 N 的程序，(a)和(b)的工作量与 N 成正比，(c)通常和 N 近似地成线性。插入的 ϕ 函数的数目(d)在最坏的情况下是 N^2，但是经验表明它通常和 N 成正比。因此，在实际中，算法 19-1 以近似线性的时间运行。

19.1.4　变量重命名

放置好 ϕ 函数后，我们可以遍历必经结点树，将变量 a 的不同定值（包括 ϕ 函数）重命名为 a_1、a_2、a_3 等。

在直线式程序中，我们可以重命名 a 的所有定值，然后将 a 的每次使用用 a 的上一个定值重新命名。对于含有控制流分支和汇合点，并且其流图满足必经结点边界标准的程序，我们用必经结点树中位于 a 上面的最靠近 a 的定值 d 来重命名 a 的每个使用。

在算法 19-1 插入 ϕ 函数后，算法 19-2 重命名了各个变量的所有使用和定值。在遍历必经结点树的过程中，算法为每个变量使用一个单独的栈，以"记住"每个变量的最近定值版本。

算法 19-2　重命名变量

```
初始化：
    for 每一个变量 a
        Count[a] ← 0
        Stack[a] ← empty
        将 0 压入 Stack[a]
Rename(n) =
    for 基本块 n 中的每一个语句 S
        if S 不是 φ 函数
            for S 中某个变量 x 的每一个使用
                i ← top(Stack[x])
                在 S 中用 xᵢ 替换 x 每一个使用
        for S 中某个变量 a 的每个定值
            Count[a] ← Count[a] + 1
            i ← Count[a]
            将 i 压入 Stack[a]
            在 S 中用 aᵢ 替换 a 的定值
    for 基本块 n 的每一个后继 Y，
        设 n 是 Y 的第 j 个前驱
        for Y 中的每一个 φ 函数
            设该 φ 函数的第 j 个操作数是 a
            i ← top(Stack[a])
            用 aᵢ 替换第 j 个操作数
    for n 的每一个儿子 X
        Rename(X)
    for 原来的 S 中的某个变量 a 的每一个定值
        从 Stack[a] 中弹出栈顶元素
```

尽管算法沿着必经结点树的结构（而不是流图的结构）前进，但是在树中的每个结点处，算法都要检查结点在流图中的所有出边，看是否有任何 ϕ 函数的操作数需要给予适当的编号。

算法需要的时间和（插入 ϕ 函数后的）程序的大小成正比，因此在实际中，它的时间应该和原始程序的大小有近似线性的关系。

19.1.5   边分割

如果控制流图中不存在从一个具有多个后继的结点进入一个具有多个前驱的结点的边，那么有些分析和转换就会简单得多。为了使流图具有后继或前驱唯一的性质，我们执行下列转换：对每条控制流边 $a \rightarrow b$，其中 a 有多个后继，b 有多个前驱，我们创建一个新的为空的控制流结点 z，并用一条 $a \rightarrow z$ 的边和一条 $z \rightarrow b$ 的边替换 $a \rightarrow b$。

具有这种属性的 SSA 图属于边分割（edge-split）SSA 形式。图 19-2 举例说明了边的分割。边的分割可以在插入 ϕ 函数之前或之后进行。

19.2   必经结点树的高效计算

使用 SSA 形式的一个主要原因是它能使优化编译器运行得更快。编译器不需再使用代价高昂的位向量迭代算法来关联变量的使用和定值（例如，为了计算到达定值），而只需查看每个变量的（唯一）定值或者使用列表。

为了能够用 SSA 帮助编译器运行得更快，我们必须能够快速地计算 SSA 形式。从必经结点树计算 SSA 的算法相当高效。但是 18.1 节给出的那个基于集合的计算必经结点的迭代算法在最坏的情况下可能会很慢。一个使用必经结点的产品级的编译器应当使用更高效的算法来计算必经结点树。

Lengauer 和 Tarjan 的算法是一种近似线性时间的算法，此算法依赖于控制流图的深度优先生成树（depth-first spanning tree）的属性。深度优先生成树正好是隐含地通过深度优先搜索（depth-first search，DFS）算法遍历得到的递归树，这种搜索算法在第一次遇到流图中的某个结点时，会给它一个深度优先顺序号（depth-first number，dfnum）。

Lengauer 和 Tarjan 的算法相当抽象，只是想知道必经结点树可以被高效计算出来的读者可以跳过下面的内容，直接阅读 19.3 节。

19.2.1   深度优先生成树

我们可以利用深度优先搜索计算控制流图的深度优先生成树。图 19-6 展示了一个 CFG 和它的深度优先生成树，树上每个结点都带有深度优先顺序号 dfnum。

一个给定的 CFG 可以有多个不同的深度优先生成树。从现在开始，假设我们已经（通过深度优先搜索）从这些生成树中任意地选择了一个。当说到 "a 是 b 的祖先" 时，意味着有一条从 a 到 b 的只通过生成树边的路径，或者有 $a = b$；当说到 "a 是 b 的真祖先" 时，意味着 a 是 b 的祖先并且 $a \neq b$。

深度优先生成树的性质。 CFG 的起始结点 r 是深度优先生成树的根。

如果 a 是 b 的真祖先，则 $dfnum(a) < dfnum(b)$。

假设 CFG 中有一条从 a 到 b 的路径，但是 a 不是 b 的祖先。找到 b 的深度优先递归（沿生成树路径）过程在下降找到 b 之前，从其他路径往上返回的沿途一定已经经过了 a 和 b 的所有公共祖先。这就意味着 $dfnum(a)>dfnum(b)$，并且从 a 到 b 的这条路径一定包含了某些非生成树的边。

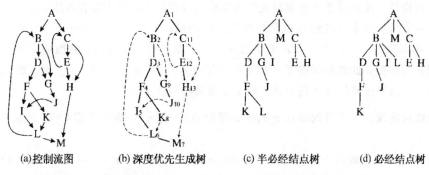

（a）控制流图　　（b）深度优先生成树　　（c）半必经结点树　　（d）必经结点树

图 19-6　控制流图和从它导出的树。（b）中的数字标记是结点的 $dfnum$

因此，如果我们知道有一条从 a 到 b 的路径，就可以只通过比较 a 和 b 的 $dfnum$ 便可以知道 a 是否是 b 的祖先。

在画深度优先生成树时，我们按照深度优先搜索时子结点被访问的顺序对一个结点的儿子排序，以便右边的结点有较高的 $dfnum$。这意味着，如果 a 是 b 的祖先，并且在 CFG 上有一条从 a 到 b 的路径使得生成树出现分枝，则此分枝一定是在生成树的右边，绝不会在左边。

必经结点和生成树路径。考虑 CFG 中的一个非根结点 n，以及它的直接必经结点 d。因为从根 r 到 n 的任意路径（包括生成树路径）都必须经过 d，所以在生成树上，结点 d 一定是 n 的一个祖先，即有 $dfnum(d)<dfnum(n)$。

我们知道 n 的直接必经结点一定位于 r 和 n 之间的生成树路径上；剩下的只是需要了解它到底在 n 之上的什么位置。

如果 n 的某个祖先 x 不是 n 的必经结点，则在 x 之上一定有一条从该生成树分叉的路径。在 CFG 中，此路径在 x 之下又重新与这条生成树路径汇合①。在这条旁路路径上的结点不是 n 的祖先，因此他们的 $dfnum$ 都大于 n 的 $dfnum$。该旁路路径可以在 n 或者 n 之上重新与这条生成树路径汇合（如右侧的图所示）。

19.2.2　半必经结点

旁路 n 的某些祖先的路径有助于证明这些祖先不是 n 的必经结点。现在，我们只考虑那些在结点 n（不是 n 之上）重新加入生成树的旁路路径。我们要寻找这样一条路径，它从生成树位于 n 之上的最高可能祖先 s 分叉，然后在 n 重新加入生成树。我们称结点 s 为 n 的半必经结点（semidominator）。

n 的半必经结点 s 的另一种说法是，s 是满足下列条件的结点 s 中具有最小 $dfnum$ 的结点：s 有一条到 n 的路径，并且此路径上的结点（不包括 s 和 n）都不是 n 的祖先。半必经结点的这种描述没有明显地说 s 必须是 n 的祖先；但是显然，对于任何有一条路径到 n 但又不是 n 的祖

---

① 生成树实际上不会有这种"在 x 之下又重新与这条生成树路径汇合"的边。因为生成树是树，而不是图。作者这里指的是 CFG 上的边，即在 CFG 上有一条从生成树上面某个分叉路径上的结点进入这条生成树路径上某个结点的边。这个图中进入 x 之下个结点的边不是树边，而是 CFG 边；如果将它画成虚线以示区别就会更清楚。后面谈及这种生成树上的汇合边时也类似。实际上，作者已通过术语"前驱/后继"与"祖先/父亲/儿子"进行了区别。请读者注意。——译者注

先的结点，其 *dfnum* 都要大于 *n* 在生成树上自己的父结点的 *dfnum*；生成树上 *n* 的父结点本身有一条到 *n* 的路径，此路径上没有非祖先的内部结点（实际上，根本没有内部结点）。

通常，一个结点的半必经结点也是它的直接必经结点。但是如右图所示，为了找到结点 *n* 的必经结点，只考虑在 *n* 重新加入树的旁路路径是不够的。右图中，有一条从 *r* 到 *n* 的路径，此路径旁路了 *n* 的半必经结点 *s*，并在 *n* 之上的结点 *y* 重新加入树。但是，寻找半必经结点 *s* 仍旧是有助于寻找必经结点 *d* 的一个步骤。

半必经结点定理。 为了寻找结点 *n* 的半必经结点 *semi(n)*，需要考虑 CFG 中 *n* 的所有前驱 *v*。

- 如果 *v* 是 *n* 在生成树中的真祖先（有 $dfnum(v) < dfnum(n)$），则 *v* 是 *semi(n)* 的候选。
- 如果 *v* 不是 *n* 的祖先（有 $dfnum(v) > dfnum(n)$），则对 *v* 的每个祖先 *u*（或者 *u* = *v*），令 *semi(u)* 成为 *semi(n)* 的候选。

在所有这些候选中，具有最低 *dfnum* 的结点就是 *n* 的半必经结点。

证明。 见"推荐阅读"。

从半必经结点计算必经结点。 设 *s* 是 *n* 的半必经结点。如果有一条在 *s* 之上从生成树分叉的路径旁路 *s*，并且在 *s* 和 *n* 之间的某个结点重新加入生成树，则 *s* 不是 *n* 的必经结点。

但是，如果我们找到的这个位于 *s* 和 *n* 之间的结点 *y* 是具有最小编号的半必经结点，并且 *semi(y)* 是 *s* 的真祖先，则 *y* 的直接必经结点也是 *n* 的直接必经结点。

必经结点定理。 在 *semi(n)* 之下和 *n* 之上（或者包括 *n*）的生成树路径上，设 *y* 是具有最小编号的半必经结点（*dfnum(semi(y))* 最小）的结点，则 *n* 的直接必经结点 *idom(n)* 为

$$idom(n) = \begin{cases} semi(n) & \text{if } semi(y) = semi(n) \\ idom(y) & \text{if } semi(y) \neq semi(n) \end{cases}$$

证明。 见"推荐阅读"。

19. 2. 3 Lengauer-Tarjan 算法

利用上述两个定理（半必经结点定理和必经结点定理），算法 19-3 使用深度优先搜索（DFS）计算每个结点的 *dfnum*。

然后，算法按照从最高的 *dfnum* 到最低的 *dfnum* 的顺序，依次访问各个结点，计算结点的半必经结点和必经结点。在访问每个结点时，算法 19-3 都将结点放入到图的一个生成树森林中。称其为"森林"是因为此时的图可能有多个不相连的部分。只有当完成对所有 CFG 结点的访问后，才会形成一棵完整的生成树。

给定某条边 $v \rightarrow n$，计算 *n* 的半必经结点需要查看 *v* 在生成树中的所有 *dfnum* 大于 *dfnum*(n) 的祖先。算法 19-3 在处理结点 *n* 时，只有 *dfnum* 大于 *dfnum*(n) 的结点在森林中。因此，算法可以只简单地检查已经在森林中的 *v* 的所有祖先。

我们使用必经结点定理，通过在从 *semi*[n] 到 *n* 的路径上寻找具有最低 *dfnum* 的半必经结点的结点 *y* 来计算 *n* 的直接必经结点。在计算结点 *s* = *semi*[n] 时还不能确定出 *y*；但可以在稍后将 *s* 加入到生成树森林时再确定 *y*。因此，我们需要将所有以 *s* 为半必经结点的结点保存在 *bucket* 数组中；当将 *s* 链入到生成树森林时，我们就可以计算 *bucket*[s] 中每个结点的直接

必经结点 *idom* 。

生成树森林用一个祖先数组 *ancestor* 来表示：对于森林中的每个结点 v，*ancestor*[v]指向 v 的父结点。这样，便可容易地实现从 v 向上的搜索。

算法 19-3　计算必经结点的 Lengauer-Tarjan 算法

```
DFS(node p, node n) =
   if dfnum[n] = 0
      dfnum[n] ← N; vertex[N] ← n; parent[n] ← p
      N ← N + 1
      for n 的每一个后继 w
         DFS(n, w)

Link(node p, node n) = 将边 P ← n 加入到祖先数组 ancestor 隐含的生成树森林中
AncestorWithLowestSemi(node n) = 在森林中寻找 n 的非根祖先，该祖先在 n 的所有
                                  祖先中拥有最低 dfnum 的半必经结点。
Dominators() =
   N ← 0;  ∀n. bucket[n] ← {}
   ∀n. dfnum[n] ← 0, semi[n] ← ancestor[n] ← idom[n] ← samedom[n] ← none
   DFS(none, r)
   for i ← N − 1 downto 1              跳过根结点 0
      n ← vertex[i];   p ← parent[n];  s ← p
      for n 的每一个前驱 v
         if dfnum[v] ≤ dfnum[n]                        这几行基于半必
            s′ ← v                                     经结点定理计算
         else s′ ← semi[AncestorWithLowestSemi(v)]     n 的半必经结点。
         if dfnum[s′] < dfnum[s]
            s ← s′
      semi[n] ← s                          n 的必经结点计算推迟到
      bucket[s] ← bucket[s] ∪ {n}          从 s 到 n 的路径已被链入
      Link(p, n)                           到森林时。
      for bucket[p] 中的每一个 v
         y ← AncestorWithLowestSemi(v)     现在，从 P 到 v 的路径已经被链
         if semi[y] = semi[v]              入到生成树森林中，这几行基于
            idom[v] ← p                    必经结点定理的第一部分计算 v
         else samedom[v] ← y               的必经结点，或者将计算延迟，
      bucket[p] ← {}                       直到 y 的必经结点被算出时。
   for i ← 1 to N − 1
      n ← vertex[i]                        现在，基于必经结点定理
      if samedom[n] ≠ none                 的第二部分执行所有被延
         idom[n] ← idom[samedom[n]]        迟的必经结点计算。
```

算法 19-4a 给出了管理生成树森林的函数 AncestorWithLowestSemi 和 Link 的一个非常低效的版本。函数 Link 设置祖先关系，函数 AncestorWithLowestSemi 向上搜索其半必经结点具有最小 *dfnum* 的祖先。

但是，如果生成树非常高的话，每次调用 AncestorWithLowestSemi 都可能需要线性的时间（N 的线性时间，N 是 CFG 中结点的数目）；并且每个结点和每条边都要调用一次 AncestorWithLowestSemi。因此，算法 19-3 加上算法 19-4a 最坏情况下的时间复杂度为 N 的二次方。

算法 19-4 操作生成树森林的函数 AncestorWithLowestSemi 和 Link 的两个版本。简单版本
(a)每次操作需要花费的时间复杂度为 $O(N)$（因此，算法的复杂度为 $O(N^2)$）；
高效的版本(b)每次操作需要 $O(\log N)$，算法的复杂度为 $O(N \log N)$

AncestorWithLowestSemi(node v) =
  $u \leftarrow v$
  while $ancestor[v] \neq$ none
    if $dfnum[semi[v]] < dfnum[semi[u]]$
      $u \leftarrow v$
    $v \leftarrow ancestor[v]$
  return u

Link(node p, node n) =
  $ancestor[n] \leftarrow p$

(a) 简单版本，每次操作的
   复杂度为 $O(N)$

AncestorWithLowestSemi(node v) =
  $a \leftarrow ancestor[v]$
  if $ancestor[a] \neq$ none
    $b \leftarrow$ AncestorWithLowestSemi(a)
    $ancestor[v] \leftarrow ancestor[a]$
    if $dfnum[semi[b]] <$
      $dfnum[semi[best[v]]]$
      $best[v] \leftarrow b$
  return $best[v]$

Link(node p, node n) =
  $ancestor[n] \leftarrow p;$ $best[n] \leftarrow n$

(b) 利用路径压缩，每次操作
   的复杂度为 $O(\log N)$

路径压缩（path compression）。算法 19-3 对同一个结点 v 可能会多次调用 AncestorWith-
LowestSemi 函数。在第一次调用，AncestorWithLowestSemi 遍历从 v 到 v 的某个祖先 a_1 的路径
上的所有结点，如图 19-7a 所示。然后，也许会有新的链接 $a_3 \rightarrow a_2 \rightarrow a_1$ 加入到 a_1 之上的森林
中，这样，第二次调用 AncestorWithLowestSemi 则要遍历到 a_3。但是我们希望避免重复遍历从
v 到 a_1 的路径。此外，我们还可能会在稍后对 v 的子结点 w 再次调用 AncestorWithLowestSemi
(w)。而在这次搜索中，我们也希望能够跳过从 v 到 a_1 的路径。

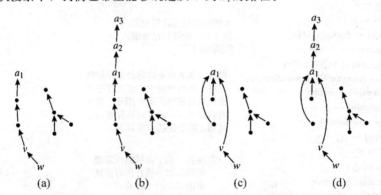

(a)   (b)   (c)   (d)

图 19-7 路径压缩。(a)在生成树中祖先的链接；AncestorWithLowestSemi(v)遍历 3 个
链接。(b)新结点 a_2、a_3 被链入到树中，现在 AncestorWithLowestSemi(w)需要
遍历 6 个链接。(c)带有路径压缩的 AncestorWithLowestSemi(v)重定向祖
先的链接。但是 $best[v]$ 记录在 v 和 a_1 之间的压缩路径上最新插入的结点。
(d)a_2 和 a_3 被链入后，AncestorWithLowestSemi(w)只遍历 4 个链接

路径压缩技术可使 AncestorWithLowestSemi 运行得更快。对生成树森林中的每个结点 v，
我们让 $ancestor[v]$ 指向远在 v 的父结点之上的某个祖先。但是我们必须记住 $best[v]$——即在
$ancestor[v]$ 和 v 之间被跳过的路径中的最佳结点。

- *ancestor*[*v*]＝生成树森林中在 *v* 之上的任意结点。
- *best*[*v*]＝从结点 *ancestor*[*v*]向下至结点 *v*（包括 *v*，但是不包括 *ancestor*[*v*]）之间被跳过的路径上，其半必经结点具有最低 *dfnum* 的结点。

现在，当 AncestorWithLowestSemi 向上搜索时，只要它同步更新了 *best*[*v*]，它就可以通过设置 *ancestor*[*v*]←*ancestor*[*ancestor*[*v*]]来压缩每条路径，具体如算法 19-4b 所示。

一个具有 *K* 个结点和 *E* 条边的控制流图需要调用 *K*−1 次 Link 函数，调用 *E*+*K*−1 次 AncestorWithLowestSemi 函数。采用路径压缩，它们所需要的时间复杂度为 *O*(*E* log *K*)。如果控制流图的"大小"为 *N*=*E*+*K*，则算法 19-3 加上算法19-4b 总共需要的时间复杂度为 *O*(*N* log *N*)。

平衡的路径压缩。Lengauer-Tarjan 算法最先进的版本是一个与算法 19-3 类似的算法，但其中的 Link 和 AncestorWithLowestSemi 函数使用了可重新平衡的生成树，这样，路径压缩只在它确实有益时才进行。那个算法的时间复杂度为 *O*(*N* · α(*N*))，其中 α(*N*)是一个缓慢增加的逆阿克曼（inverse-Ackermann）函数。对于所有实际的应用，α(*N*)几乎总是常数。在实际中，这种先进的算法比 *N* log *N* 的算法大约快 35%（对超过 1000 个结点的图进行测量时得到的数据）。另见本章"推荐阅读"。

19.3　使用 SSA 的优化算法

我们感兴趣的主要是 SSA 形式，因为它提供了对重要数据流信息的快速访问，因此我们应当关注 SSA 图的数据结构表示。

我们关心的对象是语句、基本块和变量。

- **语句。**我们感兴趣的范围包括包含这条语句的基本块，该语句在基本块中的前一条语句和后一条语句，以及该语句定值的变量和使用的变量。每一条语句可以是普通的赋值、φ 函数、取数、存数或者分支。
- **变量。**变量有定值点（语句）和使用点列表。
- **基本块。**基本块包含语句列表、一张前驱的有序列表和一个后继（以条件分支结尾的基本块的后继不只一个）。前驱的顺序对判定该基本块中的 φ(*v*₁, *v*₂, *v*₃)的含义非常重要。

19.3.1　死代码删除

SSA 数据结构使得死代码的分析特别快和特别容易。一个变量在它的定值点是活跃的，当且仅当该变量的使用列表不为空。由于同一个变量不可能再有其他定值（它是单赋值形式！），并且变量的定值是它的每个使用的必经结点——因此一定有一条从定值到使用的路径[①]。

由此得出了下面的删除死代码的迭代算法：

while 存在着某个没有使用点的变量 *v*
并且定值 *v* 的语句没有其他副作用
do 删除定值 *v* 的这条语句

删除语句 *v*←*x*⊕*y* 或者语句 *v* ←φ(*x*, *y*)时，我们注意要将该语句从 *x* 和 *y* 的使用列表中删除。这样当该语句是 *x* 或 *y* 的最后一个使用时，*x* 或 *y* 也变成死去的。为了高效地跟踪这一过程，算法 19-5 使用了一个工作表 *W* 来保存需要重新考虑的变量。算法的时间复杂度与程序

---

① 同通常一样，我们只考虑连通图。

的大小和删除的变量数目（这个数目不可能超过程序的大小）之和成正比——大体上是线性时间。唯一待确定的问题是从 x_i 的使用列表（可能很长）中删除 S 需要花费多长的时间。如果我们采用双向链表保存 x_i 的使用列表，并且使 x_i 的每个使用都回指自己在该列表中的表项，删除就可以在常数时间内完成。

如果对图 19-3b 中的程序运行该算法，它将删除语句 $b_1 \leftarrow \phi(b_0, b_2)$。

一种更激进的死代码删除算法对"死代码"有着不同的定义，见 19.5 节。

算法 19-5　SSA 形式的死代码删除

```
W←SSA 程序中所有变量组成的列表
while  W 不为空
        从 W 中删除某个变量 v
      if v 的使用列表为空
          令 S 是对 v 定值的语句
          if S 除了赋值给 v 之外没有其他副作用
            从程序中删除 S
            for S 使用的每个变量 xᵢ
                从 xᵢ 的使用列表中删除 S
                W←W∪{xᵢ}
```

19.3.2　简单的常数传播

只要有形如 $v \leftarrow c$ 的语句，其中 c 是常数，就可以用 c 的使用代替 v 的任何使用。

任意形如 $v \leftarrow \phi(c_1, c_2, \cdots, c_n)$ 的 ϕ 函数，若其中 c_i 全部相等，则可以用 $v \leftarrow c$ 代替该 ϕ 函数。

利用 SSA 数据结构，可以容易地检测和实现上面的每个条件，并且我们可以使用简单的工作表算法来传播常数：

```
W ←SSA 程序中所有语句的列表
while   W 非空
    从 W 中删除某条语句 S
    if S 是形如 v←φ(c,c,⋯,c) 的语句，其中 c 是常数
     用 v←c 替换 S
    if S 是形如 v←c 的语句，c 是常数
      从程序中删除 S
      for 使用了 v 的每条语句 T
          用 c 替换 T 中的 v
          W←W∪{T}
```

如果对图 19-4g 的 SSA 程序运行这个算法，则赋值 $j_3 \leftarrow i_1$ 可以用 $j_3 \leftarrow 1$ 替换，并且赋值 $i_1 \leftarrow 1$ 可以被删除。变量 j_1 和 k_1 的使用也都可以用常数替换。

下面的转换都可以与工作表算法结合，这样，所有这些优化就都可以在线性时间内一次完成。

- **复写传播**　只有一个参数的 ϕ 函数 $x \leftarrow \phi(y)$ 或者复写赋值 $x \leftarrow y$ 可以被删除，并且 x 的每个使用都可以用 y 替代。

- **常数折叠**　如果有语句 $x \leftarrow a \oplus b$，其中 a 和 b 都是常数，则我们可以在编译时计算 $c \leftarrow a \oplus b$，并用语句 $x \leftarrow c$ 替换该语句。

- **常数条件**　在基本块 L 中，如果条件分支 **if** $a < b$ **goto** L_1 **else** L_2 中，a 和 b 为常数，则可以根据（编译时）计算出的 $a < b$ 的值，用 **goto** L_1 或者 **goto** L_2 替换这个条件分支。同时还必须删除从 L 到 L_2（或者 L 到 L_1）的控制流边；这会减少 L_2（或 L_1）的前驱个数，并且那个前驱基本块中的 ϕ 函数也必须随之作出调整（删除一个参数）。

- **不可到达的代码**　删除 L_2 的一个前驱可能会使基本块 L_2 变成不可到达的。在这种情况下，可以删除 L_2 中的所有语句；这些语句中使用的所有变量的使用列表也必须随之调整。接着，应该删除这个基本块本身，它的后继基本块的前驱个数也随之减少。

19.3.3　条件常数传播

在图 19-4b 的程序中，j 总是等于 1 吗？

- 如果 j 总是等于 1，基本块 6 就从来不会被执行，因此对 j 的唯一赋值是 $j \leftarrow i$，所以总是有 $j = 1$。

- 如果有时 $j > 20$，则基本块 6 会被执行，并执行赋值 $j \leftarrow k$，最终使得 $j > 20$。

这两个语句都是不矛盾的；但是实际中哪一个语句是真的呢？事实上，这个程序执行时，j 决不会被设置成大于 1 的任何值。这是一种最小不动点（和 10.1 节描述的类似）。

"简单的"常数传播算法面临假设基本块 6 可能被执行的问题，因此 j 可能不是一个常数，也许就有 $j \geqslant 20$，因此基本块 6 可能被执行。简单的常数传播找到的不动点不是最小不动点。

453

为什么程序员会将一些从来都不会执行的语句放在程序中呢？许多程序都有形如 if debug then… 的语句，其中 debug 的值是常数 *false*；我们不希望这种在调试从句中的语句妨碍有用的优化。

SSA 条件常数传播（conditional constant propagation）寻找的是最小不动点：它一直要到有证据表明一个基本块会被执行时才假设这个基本块将被执行；它也一直要到有证据表明一个变量不是常数时才假设这个变量不是常数，等等。

算法按如下方式跟踪每个变量运行时的值。

$\mathcal{V}[v] = \bot$　我们还没有证据表明曾经执行了对 v 的任何赋值。

$\mathcal{V}[v] = 4$　我们已看到了赋值 $v \leftarrow 4$ 被执行的证据，但没有其他证据表明 v 曾经被赋予了其他任何值。

$\mathcal{V}[v] = \top$　我们已经有证据表明，在不同的时候，v 至少有两个不同的值，或者有某个编译时不可预知的值（也许是从输入文件或存储器中读取的值）。

这样，我们就有了一个值组成的格，$\bot$ 表示从未被定值；4 表示定值为 4；$\top$ 表示重复定值：

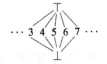

新的信息只能使一个变量在这个格中向上移动①。

我们还可以用如下方法跟踪每个基本块的可执行性。

$\varepsilon[B] = false$ 还没有看到基本块 B 曾经被执行的证据。

$\varepsilon[B] = true$ 已经看到基本块 B 会被执行的证据。

一开始，所有变量的 $\mathcal{V}[\ ] = \bot$，并且所有基本块的 $\varepsilon[\ ] = false$。我们可以观察到以下事实。

(1) 任何一个没有定值的变量 v，它要么是程序的输入，要么是过程的形参，要么是一个无初值的变量（这是一个糟糕的错误!），这种变量 v 一定有 $\mathcal{V}[v] \leftarrow \top$。

(2) 起始基本块 B_1 是可执行的 $\varepsilon[B_1] \leftarrow true$。

(3) 对任意只有一个后继 C 的可执行的基本块 B，有 $\varepsilon[C] \leftarrow true$。

(4) 对任意可执行的赋值 $v \leftarrow x \oplus y$，如果 $\mathcal{V}[x] = c_1$ 并且 $\mathcal{V}[y] = c_2$，则置 $\mathcal{V}[v] \leftarrow c_1 \oplus c_2$。

(5) 对任意可执行的赋值 $v \leftarrow x \oplus y$，如果 $\mathcal{V}[x] = \top$，或者 $\mathcal{V}[y] = \top$，则置 $\mathcal{V}[v] \leftarrow \top$。

(6) 对任意可执行的赋值 $v \leftarrow \phi(x_1, \cdots, x_n)$，如果 $\mathcal{V}[x_i] = c_1$，$\mathcal{V}[x_j] = c_2$，$c_1 \neq c_2$，并且第 i 个和第 j 个前驱是可执行的，则置 $\mathcal{V}[v] \leftarrow \top$。

(7) 对任意可执行的赋值 $v \leftarrow \text{MEM}()$ 或者 $v \leftarrow \text{CALL}()$，置 $\mathcal{V}[v] \leftarrow \top$。

(8) 对任意可执行的赋值 $v \leftarrow \phi(x_1, \cdots, x_n)$，如果 $\mathcal{V}[x_i] = \top$，并且第 i 个前驱是可执行的，则置 $\mathcal{V}[v] \leftarrow \top$。

(9) 对任意赋值 $v \leftarrow \phi(x_1, \cdots, x_n)$，如果它的第 i 个前驱是可执行的且 $\mathcal{V}[x_i] = c_1$；并且其他每个前驱 j，或者是不可执行的，或者 $\mathcal{V}[x_j] = \bot$，或者 $\mathcal{V}[x_j] = c_1$，则置 $\mathcal{V}[v] \leftarrow c_1$。

(10) 对任意可执行的分支 **if** $x < y$ **goto** L_1 **else** L_2，如果 $\mathcal{V}[x] = \top$ 或者 $\mathcal{V}[y] = \top$，则置 $\varepsilon[L_1] \leftarrow true$，$\varepsilon[L_2] \leftarrow true$。

(11) 对任意可执行的分支 **if** $x < y$ **goto** L_1 **else** L_2，如果 $\mathcal{V}[x] = c_1$，并且 $\mathcal{V}[y] = c_2$，则根据 $c_1 < c_2$ 的值，设置 $\varepsilon[L_1] \leftarrow true$ 或者 $\varepsilon[L_2] \leftarrow true$。

可执行的赋值（executable assignment）指的是在 $\varepsilon[B] = true$ 的基本块 B 中的赋值语句。上面这些条件"忽略了"在不可执行的基本块中的所有表达式或者语句，并且其中的 ϕ 函数"忽略了"来自一个不可执行的前驱的所有操作数。

利用工作表可以使算法相当高效：算法可以使用两个工作表，变量工作表 W_v 和基本块工作表 W_b。运行时，算法从 W_v 中选择一个变量 x，考虑 x 的使用列表中满足条件 $4 \sim 9$ 的语句；或者从 W_b 选择一个基本块 B，考虑 B 中满足条件 3 和条件 $4 \sim 9$ 的任意语句。只要一个基本块是新被标记为可执行的，这个基本块和它的可执行的后继就将加入到 W_b 中。每当 $\mathcal{V}[x]$ 从 $\bot$ "上升"到 c 或者从 c "上升"到 $\top$ 时，x 就被加入到 W_v 中。当 W_v 和 W_b 都为空时，算法便结束。因为对于任意 x，$\mathcal{V}[x]$ 最多上升两次，并且对于任意 B，算法最多改变一次 $\varepsilon[B]$，所以算法运行得很快。

我们可以这样利用这个信息来优化程序：分析结束后，只要 $\varepsilon[B] = false$，就删除基本块 B；只要 $\mathcal{V}[x] = c$，就用 c 代替 x，并删除这个对 x 的赋值。

---

① 在数据流分析的子领域中，使用 $\bot$ 表示重复定值，$\top$ 表示从未定值；在语义和抽象解释领域，使用 $\bot$ 表示没有定义，$\top$ 表示重复定义；本书遵从后者的惯例。

图 19-8 展示了对图 19-4 的程序运行这个条件常数传播算法的步骤。算法发现所有的 j 变量都是（值为 1 的）常数，k_1 是（值为 0 的）常数，并且不会执行基本块 6。在删除不可到达的块，用常数值替换常数变量的使用（删除这些常数变量的定值）之后，程序中出现了几个空基本块和一个只有一个参数的 ϕ 函数；我们可以进一步简化空基本块和 ϕ 函数，得到如图 19-8d 所示的程序。 |455|

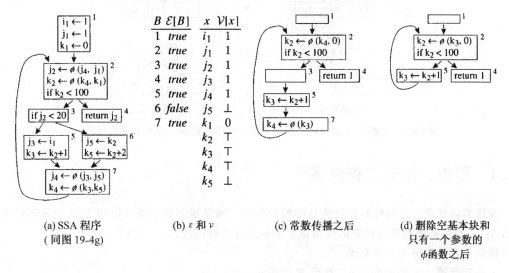

(a) SSA 程序
（同图 19-4g）

(b) $\mathcal{E}$ 和 ν

(c) 常数传播之后

(d) 删除空基本块和只有一个参数的 ϕ 函数之后

图 19-8 条件常数传播

唯一后继或前驱的性质对这个算法的正确操作非常重要。假设在已知 $M[x]=1$ 的情况下对图 19-2b 中的流图做条件常数传播，则基本块 1、2、3 和 4 都会标记为可执行的，但是不清楚边 $2 \rightarrow 4$ 是否会发生。在图 19-2c 中，因为基本块 5 是不会被执行的，从而可以清楚地看出边 $2 \rightarrow 4$ 不会发生。通过使用边分割的 SSA 形式，我们可以不需要将边（不只是基本块）标记为可执行的。

19.3.4 保持必经结点性质

几乎每一种合理的优化转换——包括以上介绍的转换，都保持了 SSA 程序的必经结点性质：即一个变量的定值是它的每个使用的必经结点（或者当这个使用位于 ϕ 函数中时，是这个使用的前驱的必经结点）。

很多优化算法（例如算法 19-6）都依赖于这个性质，因此保持这个性质很重要。另外，甚至 SSA 形式定义本身（即在任意两条数据流路径的汇合点存在着一个 ϕ 函数）也隐含地需要该性质。

但是也存在着一种不会保持必经结点性质的优化。图 19-9a 的程序中，我们能够证明，基本块 5 中 x_2 的使用将总是得到值 x_1，决不会是 x_0——因为基本块 1 和基本块 4 计算条件 $z<0$ 的 |456| 方式是相同的。因此，编译优化会尝试用 x_1 替换基本块 5 中的 x_2。转换后得到的图 19-9b 不再具有必经结点性质：基本块 2 中 x_1 的定值不是基本块 5 的必经结点。

这种转换（它根据已知两个条件分支测试的是相同条件来进行转换）不能合法地应用于 SSA 形式。

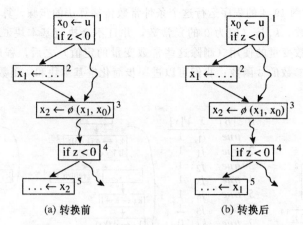

(a) 转换前   (b) 转换后

图 19-9   不能保持 SSA 形式的必经结点性质的转换，应当避免这种转换

19.4   数组、指针和存储器

在许多以优化、并行化和调度为目的的转换中，编译器需要了解"语句 B 是如何依赖于语句 A 的"。常数转播和死代码删除转换也要依靠这种依赖信息。

依赖关系可以分为以下几类。

- **先写后读** A 定值变量 v，然后 B 使用 v。
- **先写再写** A 定值变量 v，然后 B 定值 v。
- **先读后写** A 使用变量 v，然后 B 定值 v。
- **控制依赖** A 控制 B 是否执行。

先写后读依赖关系在 SSA 图中非常明显：A 定值 v，v 的使用列表指向 B；或者 B 的使用列表包含 v，并且 v 的定值点是 A。

控制依赖将在 19.5 节讨论。

在 SSA 形式中，没有先写再写或者先读后写依赖。语句 A 和 B 绝对不会写同一个变量，任何变量的使用都必须在该变量的定值"之后"（即以定值为必经结点）。

存储依赖

迄今为止关于赋值和 ϕ 函数的讨论都只涉及了非逃逸的标量变量。真实的程序一定还包含对存储单元的读取和存储。

使存储器获得单赋值性质的一种途径是确保每个存储单元只被写一次。尽管这看上去是苛刻的要求，但是却正是纯函数式程序设计语言所做的（见第 15 章）——纯函数式程序设计语言有幕后的垃圾收集器的辅助，使得物理存储空间的实际重用成为可能。

但是，在命令式语言中，我们必须做另外的工作。考虑下面的存取序列：

```
1    M[i] ← 4
2    x  ← M[j]
3    M[k] ← j
```

我们不知道 i、j 和 k 是不是同一地址，因此不能将每一个单独的存储单元看成独立的不同变量以达到静态单赋值的目的。

我们也许可以将整个存储器看成一个"变量",其中 *store* 指令创建（整个存储器的）一个新值：

1 $M_1 \leftarrow store(M_0, i, 4)$
2 $x \leftarrow load(M_1, j)$
3 $M_2 \leftarrow store(M_1, k, j)$

这创建了定值–使用边 $1 \xrightarrow{M_1} 2$ 和 $1 \xrightarrow{M_1} 3$。这些定值–使用边和 SSA 的定值–使用关系类似，并且我们按同样方式在它们的汇合点构造 ϕ 函数。

但是没有从 2→3 的边，那么如何防止编译器将这几条语句按如下方式重排呢？

1 $M_1 \leftarrow store(M_0, i, 4)$
3 $M_2 \leftarrow store(M_1, k, j)$
4 $x \leftarrow load(M_1, j)$

从函数式程序设计的角度来看，上述语句序列的依赖关系仍旧是正确的——如果将 M_1 看成语句 1 之后的整个存储器的一个瞬间快照，则只对从这个快照的地址 j 读取数据而言，语句 4 仍旧是正确的。但却是极其低效的（这只是退一步的说法！），因为这种计算机要保存整个机器存储器的多个副本。

我们本可以指出有一个 2→3 的先读后写依赖能阻止编译器在所有使用 M_1 的语句完成计算之前创建 M_2。但是关于存储位置的精确依赖信息计算超出了本章的介绍范围。

一种简单而实用的解决方法。 在缺少先读后写和先写再写依赖信息时，我们可以假定存指令总是活跃的，即不对存指令进行死代码删除，并且也不对程序进行这样的转换：交换取指令和存指令的顺序，或者交换两条存指令的顺序。但是，存指令可以是不可到达的，不可到达的存指令可以被删除。

本章介绍的这些优化算法都没有包括指令的重排，也没有试图传播经过存储器的数据流信息，所以它们都隐含地使用了这种简单的存取模式。

19.5 控制依赖图

结点 x 是否能够直接控制结点 y 的执行？这个问题的答案有助于我们进行程序的转换和优化。

任何流图都必须有一个出口（exit）结点。如果一个控制流图表示的是一个函数，则函数的 **return** 语句就是 *exit* 结点；如果有几个 **return** 语句，那么我们假设每个 **return** 实际上都有一条到 CFG 中某个唯一规范的 *exit* 结点的控制流边。

如果我们可以从结点 x 转移到 u 或者 v，从 u 有一条路径可以不经过 y 而到达 *exit* 结点，并且从 v 到 *exit* 的每条路径都经过 y，我们就说 y 控制依赖（control-dependent）于 x：

控制依赖图（control-dependence graph，CDG）中，如果 y 控制依赖于 x，则有一条从 x 到 y 的边。

如果从 v 到 exit 结点的每条路径都经过 y，就说 y 是 v 的后必经结点（postdominator），换句话说，在逆控制流图中，y 是 v 的必经结点。

构建控制依赖图。 为了构建控制流图 G 的 CDG，我们需要做以下几点。

（1）在 G 中加入一个新的入口结点 r，一条从 r 到 G 的起始结点 s 的边 $r \rightarrow s$（表示包围它的程序可能进入 G），以及一条从 r 到 G 的 exit 结点的边 $r \rightarrow exit$（表示包围它的程序可能根本不执行 G）。

（2）令 G' 是 G 的逆控制流图（reverse control-flow graph）：即只要 G 中有边 $x \rightarrow y$，G' 中就有边 $y \rightarrow x$，并且 G' 中的起始结点对应于 G 的 exit 结点。

（3）构建 G' 的必经结点树（它的根结点对应于 G 的 exit 结点）。

（4）计算 G' 中的结点的必经结点边界 $DF_{G'}$。

（5）只要 $x \in DF_{G'}[y]$，CDG 就有边 $x \rightarrow y$。

也就是说，当且仅当在逆控制流图中，x 在 y 的必经结点边界中，x 才直接控制 y 是否执行。

图 19-10 展示了图 19-4 中程序的 CDG。

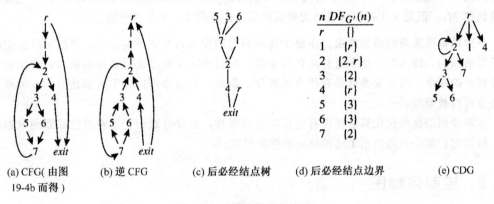

n	$DF_{G'}(n)$
r	$\{\}$
1	$\{r\}$
2	$\{2, r\}$
3	$\{2\}$
4	$\{r\}$
5	$\{3\}$
6	$\{3\}$
7	$\{2\}$

(a) CFG(由图 19-4b 而得)　(b) 逆 CFG　(c) 后必经结点树　(d) 后必经结点边界　(e) CDG

图 19-10　构建控制依赖图

有了 SSA 图和控制依赖图，现在我们可以回答 "A 必须在 B 之前执行吗?" 这个问题了。如果存在任何由 SSA 使用-定值边和 CDG 边组成的路径 $A \rightarrow B$，则表示有数据依赖和控制依赖要求 A 必须在 B 之前执行。

激进的死代码删除

控制依赖图的一个有趣的作用是删除死代码。假如我们面临图 19-8d 的情况，常规的死代码分析（见 17.3 节的描述或者算法 19-5）会断定：

- k_2 是活跃的，因为它在 k_3 的定值中被使用；
- k_3 是活跃的，因为它在 k_2 的定值中被使用。

但是实际上变量 k_2 和 k_3 对于计算的最终结果都没有影响。

传统的常数传播假设一个基本块是不可到达的，除非有证据表明执行能够到达该基本块。和传统的常数传播一样，激进的死代码删除也假设一条语句是死的，除非有证据表明它对最终的程序结果有影响。

算法。 将下列语句标记为活跃的：

（1）执行输入/输出、存储至存储器、从函数返回或者调用另一个可能有副作用的函数的语句；

（2）对被其他活跃语句使用的变量 v 定值的语句；

（3）一个条件分支语句，且其他活跃的语句控制依赖于该语句。

然后，删除所有未标记的语句。

算法可以通过迭代（或者工作表算法）来求解。图 19-11 展示了对图 19-8d 中的程序运行该算法得到的令人高兴的结果：整个循环被删除了，只留下一个非常高效的程序！

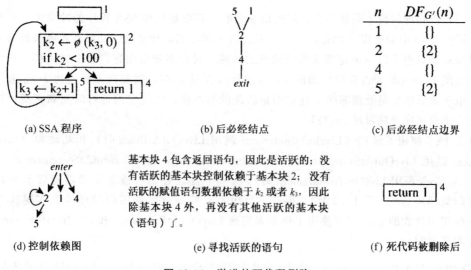

n	$DF_{G'}(n)$
1	{}
2	{2}
4	{}
5	{2}

(a) SSA 程序　　　　　(b) 后必经结点　　　　(c) 后必经结点边界

基本块 4 包含返回语句，因此是活跃的；没有活跃的基本块控制依赖于基本块 2；没有活跃的赋值语句数据依赖于 k_2 或者 k_3，因此除基本块 4 外，再没有其他活跃的基本块（语句）了。

(d) 控制依赖图　　　(e) 寻找活跃的语句　　　(f) 死代码被删除后

图 19-11　激进的死代码删除

警告。 激进的死代码删除算法会删除没有输出的无限循环，从而会改变程序的含义。因为在原来的程序不产生任何输出的情况下，删除这种无限循环后，程序会执行该循环之后的语句，而这些语句有可能会产生输出。在许多环境下，这被认为是不可接受的。

但是另一方面，控制依赖图经常用于并行化编译器：任何没有控制依赖或者数据依赖的两条语句都可以并行执行。即使这种编译器不删除这种无用的无限循环，它也可以选择并行执行该循环和循环的后继语句（它和该循环没有控制依赖关系）；这和删除这个无限循环有着差不多相同的作用。

19.6　从 SSA 形式转变回来

程序转换和优化后，静态单赋值形式的程序必须重新转换成某种不带 ϕ 函数的可执行的表示。定值 $y \leftarrow \phi(x_1, x_2, x_3)$ 可以转换成"如果沿着前驱 1 的边到达，则 $y \leftarrow x_1$；如果沿着前驱 2 的边到达，则 $y \leftarrow x_2$；如果沿着前驱 3 的边到达，则 $y \leftarrow x_3$"。为了"实现"边分割 SSA 形式中的这种定值，对每个 i，我们可以在包含 ϕ 函数的这个基本块的第 i 个前驱插入 $y \leftarrow x_i$。

后继或前驱唯一的性质可以防止插入大量冗余的传送指令；图 19-2b 因为不具备这个性质，

因此会需要在基本块 2 中插入传送指令 $a_3 \leftarrow a_1$，但在 *then* 分支会发生的情况下，这条传送指令是多余的；但是在图 19-2c 中，传送指令 $a_3 \leftarrow a_1$ 会被插入到基本块 5 中，它绝不会冗余地被执行。

现在我们可以对该程序进行寄存器分配（见第 11 章的描述）。如果 x_1 和 x_2 是由原始程序中同一个变量 x 导出，则简单地为 x_1 和 x_2 指派同一个寄存器是一种诱人的做法；但是对 SSA 形式进行的程序转换有可能会使他们的活跃范围相互冲突（见习题 19.11）。因此，我们忽略不同的 SSA 变量的原始出处，并且依靠寄存器分配器的合并步骤（复写传播）来删除几乎所有这些插入的传送指令。

SSA 的活跃分析

我们可以在即将将 ϕ 函数转变为传送指令之前，高效地构建 SSA 程序的冲突图。对每个结点 v，算法 19-6 向后查看 v 的每次使用，当到达 v 的定值时便停止。SSA 形式的必经结点性质保证算法总是只查看以 v 的定值为必经结点的区域。对许多变量而言，这个区域很小；而与此相反的是图 19-9（非 SSA 程序）的情况，算法计算变量 x_1 时，需要向上经过边 $1 \rightarrow 3$ 遍历整个程序。由于该算法只是处理那些 v 在其中是活跃的基本块，因此它的运行时间和它所构建的冲突图的大小成正比（见习题 19.12）。

算法 19-6 使用了递归（LiveInAtStatement 调用 LiveOutAtBlock 时）和尾递归（LiveInAtStatement 调用 LiveOutAtStatement 时，LiveOutAtStatement 调用 LiveInAtStatement 时，以及 LiveOutAtBlock 调用 LiveOutAtStatement 时）。一些程序设计语言或者编译器能够非常高效地将尾递归编译成 goto（见 15.6 节）。但是，当用不支持高效尾调用的编译器来实现这个算法时，最好使用显式的 goto 或者使用工作表来实现 LiveOutAtStatement 和 LiveInAtStatement，而不是使用尾递归。

算法 19-6 SSA 形式中的活跃范围计算，以及冲突图的构建。将图遍历（graph-walking）算法表示为 LiveOutAtBlock、LiveInAtStatement 和 LiveOutAtStatement 之间的相互递归。只要 LiveOutAtBlock 找到一个已经查看过的基本块，或者 LiveOutAtStatement 到达了 v 的定值，这种递归就结束

```
LivenessAnalysis() =
  for 每一个变量 v
    M ← { }
    for v 的每一个使用点 s
      if s 是一个以 v 作为它的第 i 个参数的
        φ 函数
        令 p 是包含 s 的基本块的第 i 个前驱
        LiveOutAtBlock(p, v)
      else LiveInAtStatement(s, v)


LiveOutAtBlock(n, v) =
  v 在 n 是出口活跃的
  if n ∉ M
    M ← M ∪ {n}
    令 s 是 n 中最后一条语句
    LiveOutAtStatement(s, v)
```

```
LiveInAtStatement(s, v) =
  v 在 s 是入口活跃的
  if s 是某个基本块 n 的第一条语句
    v 在 n 的入口是活跃的
    for n 的每一个前驱 p
      LiveOutAtBlock(p, v)
  else
    令 s′ 是 s 前面的那条语句
    LiveOutAtStatement(s′, v)


LiveOutAtStatement(s, v) =
  v 在 s 是出口活跃的
  令 W 是 s 定值的变量集合
  for 每一个变量 w ∈ (W − {v})
    将 (v, w) 添加至冲突图
  if v ∉ W
    LiveInAtStatement(s, v)
```

19.7　函数式中间形式

函数式程序设计语言是一种通过为变量绑定值来执行的语言，并且变量一旦初始化后，就不再被修改（见第 15 章）。这类语言准许等式推理，这一点对程序员很有用。

除了对程序员有用外，等式推理对编译器甚至更有用——许多编译优化都是将一个慢的程序重写为等价的更快的程序。当编译器不必考虑 x 现在的值和以后的值时，这些转换也就更容易表示。

这种单赋值性质是函数式程序设计和 SSA 形式的核心。函数式语言编译器使用的函数式中间表示和命令式语言编译器使用的 SSA 形式之间有着密切的关系。

图 19-12 给出了现代函数式语言编译器使用的一种中间表示的抽象语法。它追求的是同时具有四元式、SSA 形式以及 λ 演算的最好的性质。同四元式的表示方法一样，它的表达式也被分解成若干按指定顺序进行计算的基本操作，每个中间结果都是显式命名的临时变量，并且操作符或者函数的每个参数都是一个原子（atom，变量或常数）。同在 SSA 形式和 λ 演算中一样，每个变量只有一次赋值（或绑定），并且变量的每个使用都在这个绑定的作用域内。同 λ 演算中一样，作用域是一个简单的句法概念，不需要计算必经结点。

464

atom	$\rightarrow c$	常数整数
atom	$\rightarrow s$	常数字符串指针
atom	$\rightarrow v$	变量
exp	$\rightarrow$ **let** *fundefs* **in** *exp*	函数声明
exp	$\rightarrow$ **let** $\underline{v}$ = *atom* **in** *exp*	复制
exp	$\rightarrow$ **let** $\underline{v}$ = *binop*(*atom*, *atom*) **in** *exp*	算术操作符
exp	$\rightarrow$ **let** $\underline{v}$ = M[*atom*] **in** *exp*	从存储器中读取
exp	$\rightarrow$ M[*atom*]:=*atom*; *exp*	向存储中存入
exp	$\rightarrow$ **if** *atom relop atom* **then** *exp* **else** *exp*	条件分支
exp	$\rightarrow$ *atom*(*args*)	尾调用
exp	$\rightarrow$ **let** $\underline{v}$ = *atom*(*args*) **in** *exp*	非尾调用
exp	$\rightarrow$ **return** *atom*	返回
args	$\rightarrow$	
args	$\rightarrow$ *atom args*	
fundefs	$\rightarrow$	
fundefs	$\rightarrow$ *fundefs* **function** $\underline{v}$(*formals*) = *exp*	
formals	$\rightarrow$	
formals	$\rightarrow$ $\underline{v}$ *formals*	
binop	$\rightarrow$ **plus** | **minus** | **mul** | ...	
relop	$\rightarrow$ **eq** | **ne** | **lt** | ...	

图 19-12　函数式中间表示。下划线指出变量的绑定

作用域。 没有变量名可以在多个绑定中使用。每个变量的绑定都有一个作用域，该变量的所有使用都必须发生在这个作用域中。对于由 let $v=$ ⋯ in *exp* 绑定的变量 v，v 的作用域只是 *exp*。由

    let function $f_1(...) = exp_1$
    ⋮
    function $f_k(...) = exp_k$
  in *exp*

绑定的函数变量 f_i 的作用域包括所有的 exp_j（允许函数相互之间递归）和 *exp*。被绑定为函数

形参的变量，其作用域为函数体。

这些作用域规则使许多优化的判断更容易；我们用函数内联扩展作为例子来说明这一点。如 15.4 节讨论的，当我们有一个定值 $f(x) = E$ 和一个使用 $f(z)$ 时，可以用 E 的副本替换 $f(z)$，但是要将这个副本中 x 的所有使用都替换成 z 的使用。在第 7 章介绍的 Tree 语言中，由于 Tree 语言没有函数，这一点很难表示；在第 15 章的函数表示中，如果 z 是一个非原子的表达式，这种替换就会变得复杂（如算法 15-1b 所示）。但是用图 19-12 的函数式中间表示形式（所有的实参都是原子的），内联扩展就会变得非常简单，如算法 15-1a 所示。

将 SSA 转换成函数式形式。任何 SSA 程序都能转换为这种函数式形式，转换算法如算法 19-7 所示。每个有多于 1 个前驱的控制流结点都将成为一个函数。这个函数的参数恰好是那些在该结点有 ϕ 函数的变量。如果结点 f 是结点 g 的必经结点，则 g 的函数会嵌套在 f 的函数体中。进入包含 ϕ 函数的结点的控制流边表示的是调用一个函数，而不是跳转到到一个结点。程序 19-1 展示了转换后的程序应该是什么样子。

算法 19-7　将 SSA 转换成函数式中间表示

```
Translate(node) =
    let C 是必经结点树上 node 的儿子
    let p₁,···,pₙ是 C 中有多于 1 个前驱的结点
    for i←1 to n
        let a₁,···,aₖ是 pᵢ 中的 φ 函数的目标(k 可能为 0)
        let Sᵢ = Translate(pᵢ)
        let Fᵢ = "function f_{pᵢ}(a₁,···,aₖ) = Sᵢ"
    let F = F₁F₂···Fₙ
    return Statements(node,1,F)

Statements(node,j,F) =
if 结点 node 中的语句数<j
    then let s 是 node 的后继
        if s 只有一个前驱
        then return Statements(s,1,F)
        else s 有 m 个前驱
            设 node 是 s 的第 i 个前驱
            设 s 中的 φ 函数是a₁←φ(a₁₁,···,a₁ₘ),···,aₖ←φ(aₖ₁,···,aₖₘ)
            return "let F in f_s(a₁ᵢ,···,aₖᵢ)"
else if node 的第 j 条语句是 φ 函数
    then return Statements(node,j+1,F)
else if node 的第 j 条语句是"return a"
    then return "let F in return a"
else if node 的第 j 条语句是a←b⊕c            对于 a←b,a←M[b] 和
    then let S=Statements(node,j+1,F)        M[a]←b 的情况也类似。
        return "let a = b⊕c in S"
else if node 的第 j 条语句是 "if a < b goto s₁ else s₂"
    then(在边分割 SSA 形式中)s₁和 s₂ 都只有一个前驱
        let S₁ = Translate(s₁)
        let S₂ = Translate(s₂)
        return "let F in if a < b then S₁ else S₂"
```

将函数式程序转换成函数式中间形式。用 PureFun-Tiger 这样的语言编写的函数式程序，其形式从一开始就服从所有的作用域规则，但是函数的参数不是原子的，并且变量不是唯一的。不过，通过递归遍历表达式树来引入符合作用域规则的中间临时变量是一件简单的事情；必经结点和 SSA 的计算都不是必需的。

466

程序 19-1 将图 19-4g 中的 SSA 程序转换成函数式中间表示

```
let i₁ = 1 in
 let j₁ = 1 in
  let k₁ = 0 in
   let function f₂(j₂, k₂)=
       if k₂ < 100 then
        let function f₇(j₄, k₄) =
              f₂(j₄, k₄)
        in if j₂ < 20 then
           let j₃ = i₁ in
           let k₃ = k₂ + 1 in
               f₇(j₃, k₃)
           else
           let j₅ = k₂ in
           let k₅ = k₂ + 2 in
               f₇(j₅, k₅)
       else return j₂
   in f₂(j₁, k₁)
```

所有基于 SSA 的优化算法在函数式中间形式上同样也能够工作得很好；第 15 章描述的有关函数式程序的优化和转换也是一样。函数式中间形式也可以是显式类型的、类型可检查的和多态的（见第 16 章）。总而言之，这种类型的中间表示很值得推荐。

推荐阅读

IBM Fortran H 编译器使用必经结点识别机器指令基本块控制流图中的循环 [Lowry and Medlock 1969]。Lengauer 和 Tarjan[1979] 开发了近似线性时间的算法来寻找有向图的必经结点，并且证明了本章提及的相关定理。尽管这一算法被普遍使用，但需提及的是还存在另一种更复杂的线性时间的算法 [Harel 1985]。在给定的生成树森林结点之上寻找"最佳"结点是一种联合搜索（*union-find*）问题的例子；针对联合搜索的平衡路径压缩算法的分析（例如 Lengauer-Tarjan 算法的先进版本）在许多教科书中都能找到（例如，[Cormen et al. 1990] 的 22.3～22.4 节）。

静态单赋值形式是由 Wegman、Zadeck、Alpern 和 Rosen [Alpern et al. 1988；Rosen et al. 1988] 提出的，其目的是为了高效地计算数据流问题，例如全局值编号、变量的结合、激进的死代码删除，以及带条件分支的常数传播 [Wegman and Zadeck 1991]。控制依赖由 Ferrante 等 [1987] 形式化，并用于向量并行机的一个优化编译器中。Cytron 等 [1991] 描述了使用必经结点边界高效计算 SSA 和控制依赖图的方法，并且证明了本章提到的几个定理。

Wolfe[1996] 描述了 SSA（Wolfe 把 SSA 称为因式化的使用-定值链，factored use-def chain）上的几个优化算法，包括归纳变量分析。

468

在将控制流图转换成 SSA 形式之前，先对流图执行几种转换是有益的。这些转换包括将

while 循环转换为 repeat 循环（见 18.2 节）；插入循环前置结点（见 18.1.4 节）、循环体后置结点 [Wolfe 1996]（见习题 18.6），以及为循环出口边插入着陆垫（landing pad）[Rosen et al. 1988]（边分割能高效地实现着陆垫的插入）。这些转换为插入循环不变量计算、公共子表达式计算等语句提供了放置的位置。

　　函数式中间表示的多样性。 各种函数式中间形式全都或多或少基于 λ 演算，但是它们在 3 个重要方面有所不同。

　　（1）一些形式是严格的，一些形式是懒惰的（见第 15 章）。

　　（2）一些形式允许子表达式的任意嵌套；一些具有原子实参（atomic argument）；一些形式具有原子实参加上 λ 含义（这意味着除了匿名函数外，所有实参都是原子的）。

　　（3）一些形式允许非尾调用（直接风格），一些只支持尾调用（延续传递风格）。
第 1 方面的不同会丧失延续传递风格。

　　人们已经充分探究了这些选择的设计空间，如下所示。

	直接风格		延续传递风格
	严格的	懒惰的	
任意嵌套的子表达式	Cardelli[1984]， Cousineau 等[1985]	Augustsson[1984]	
原子实参＋λ	Flanagan 等[1993]		Steele[1978]， Kranz 等[1986]
原子实参	Tarditi[1997]	Peyton Jones[1992]	Appel[1992]

　　图 19-12 所示的函数式中间形式和 Tarditi[1997] 都归于表左下角一类。Kelsey[1995] 说明了如何在 SSA 和延续传递风格的中间形式之间进行转换。

469

习题

19.1　使用深度优先搜索编写一个算法，将树上的结点按深度优先顺序编号，并且每一个结点用它的最高编号后代的编号来标注。说明当你用这个预处理算法处理完一个必经结点树时，如何利用这些标注在常数时间内回答诸如"结点 i 是结点 j 的必经结点吗？"的问题。

19.2　使用算法 19-3 计算习题 18.1 的流图的必经结点，给出不同阶段的半必经结点和生成树森林。

19.3　计算图 18-1 和 18-2 中每个图的直接必经结点树（使用算法 19-3 或者 18.1 节中的算法），并且计算每个结点 n 的 $DF_{local}[n]$、$DF_{up}[n]$ 和 DF。

*19.4　证明对任意结点 v，算法 19-3 加上算法 19-4b 在调用 AncestorWithLowestSemi(v) 之前，总是将 $best[v]$ 初始化为 v（在 Link 函数中），即总是有 $best[v] \leftarrow v$。

19.5　计算下列图中每个结点的必经结点边界。

a. 图 2-8。

b. 习题 2.3a 中的图。

c. 习题 2.5a 中的图。

d. 图 3-11。

**19.6　按下列步骤证明

$$DF[n] = DF_{\text{local}}[n] \cup \bigcup_{Z \in children[n]} DF_{\text{up}}[Z]$$

a. 证明 $DF_{\text{local}}[n] \subseteq DF[n]$。

b. 证明对于 n 的每个儿子 Z，有 $DF_{\text{up}}[Z] \subseteq DF[n]$。

c. 如果 $DF[n]$ 中包括结点 Y，则会有一条边 $U \rightarrow Y$，其中 n 是 U 的必经结点，但不是 Y 的严格必经结点。证明如果 $Y = n$，则 $Y \in DF_{\text{local}}[n]$，并且如果 $Y \neq n$，则对 n 的某个儿子 Z，有 $Y \in DF_{\text{up}}[Z]$。

d. 将上述引理结合起来证明题目中的定理。

19.7　将下面的程序转换为 SSA 形式：

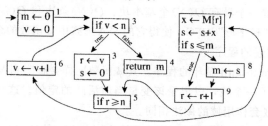

说明你的每个步骤。

a. 加入一个起始结点，它包含所有变量的初始值。

b. 画出必经结点树。

c. 计算必经结点边界。

d. 插入 ϕ 函数。

e. 为变量增加下标。

f. 使用算法 19-6 构建冲突图。

g. 通过插入 move 指令代替 ϕ 函数，从 SSA 形式转换回来。

19.8　下面的 C（或者 Java）程序说明了定值-使用链和 SSA 形式之间的一个重要的不同：

```
int f(int i, int j) {
  int x,y;
  switch(i) {
    case 0:  x=3;
    case 1:  x=1;
    case 2:  x=4;
    case 3:  x=1;
    case 4:  x=5;
    default: x=9;
  }
  switch(j) {
    case 0:  y=x+2;
    case 1:  y=x+7;
    case 2:  y=x+1;
    case 3:  y=x+8;
    case 4:  y=x+2;
    default: y=x+8;
  }
  return y;
}
```

a. 画出这个程序的控制流图。

b. 画出程序的使用-定值和定值-使用数据结构：对于每个定值点，画一个指向每个使用点的链表数据结构；反之，对于每个使用点，画一个指向每个定值点的链表数据结构。

c. 从 a 画出的 CFG 开始，将程序转换为 SSA 形式。画出表示使用、定值和 ϕ 函数的数据结构，见 19.3 节一开始的描述。

d. 统计使用-定值数据中的数据结构结点总数目和 SSA 数据结构中总的结点数目，并进行比较。

e. 假若每个 switch 语句有 N 个 case 语句，而不是 6 个，估计使用-定值数据结构的总大小和 SSA 数据结构的总大小。

*19.9 假如习题 2.3a 中的图是程序的控制流图，并且基本块 1 中有对变量 v 的赋值。

a. 将这个图转换为 SSA 形式（插入 v 的 ϕ 函数）。

b. 说明对任意的 N，存在着一个具有 $O(N)$ 个基本块、$O(N)$ 条边和 $O(N)$ 条赋值语句（都在第一个块中！）的"梯子形"CFG，使得它的 SSA 形式中 ϕ 函数的个数为 N^2。

c. 写一个其 CFG 像 b 所描述的程序。

d. 说明包含嵌套很深的 **repeat-until** 循环的程序，其 ϕ 函数同样会膨胀到 N^2 个。

*19.10 算法 19-2 对每个变量使用了一个栈，以记录该变量当前活跃的定值。这和第 5 章解释类型检查时利用环境处理嵌套作用域的做法相同。

a. 重写算法 19-2，使其调用 Table 模块（程序 5-2 给出了 Table 的接口）的命令环境，而不是使用显式的栈。

b. 利用函数式风格的符号表重写算法 19-2，这种符号表的 TAB_table 接口的描述见 5.1.5 节。

19.11 说明 SSA 程序的优化可以使原始程序中由同一个变量 a 导出的两个 SSA 变量 a_1 和 a_2 具有重叠的活跃范围（如 19.6 节所描述的一样）。**提示**：将下面的程序转换为 SSA 形式，然后只做一次常数传播优化。

```
while  c<0   do (b := a;  a := M[x];  c := a+b);
return a;
```

*19.12 V_c 和 E_c 分别是 CFG 中的结点和边，V_i 和 E_i 分别是算法 19-6 产生的冲突图中的结点和边。令 $N=|V_c|+|E_c|+|V_i|+|E_i|$。

a. 说明对下面的程序运行算法 19-6 的时间大致和 $N^{1.5}$ 成正比：

$$v_1 \leftarrow 0$$
$$v_2 \leftarrow 0$$
$$\vdots$$
$$v_m \leftarrow 0$$
goto L_1
$L_1:$ goto L_2
$L_2:$ goto L_3
$\vdots$
$L_{m^2}:$
$$w_1 \leftarrow v_1$$
$$w_2 \leftarrow v_2$$
$$\vdots$$
$$w_m \leftarrow v_m$$

*b. 说明如果每个基本块至少定值一个变量，并且基本块中的语句数不超过 c，基本块的出边数也不超过 c（c 是某个常数）。则算法 19-6 的复杂度是 $O(N)$。**提示**：只要调用了 LiveOutAtBlock，就至多调用 c 次 LiveOutAtStatement 函数，并且其中至少有一次调用会将一条边加入到冲突图中。

第 20 章　流水和调度

> 调度（sched-ule）：指明每个操作的时间和顺序的一种程序安排。
>
> 韦氏字典

简单的计算机每次能执行一条指令。它首先取一条指令，将指令解码为操作码和操作数，然后从寄存器集合（或存储器）中读操作数，执行操作码指定的算术运算，并将结果写回到寄存器（或存储器）中；然后再取下一条指令。

现代计算机在同一时刻可以执行多条不同指令的不同步骤。在处理器正等待将 2 条指令的结果写回寄存器的同时，它可以执行另外 3 条指令的算术运算，读 2 条或更多条指令的操作数，为 4 条指令解码，并且读取另外 4 条指令。而与此同时，可能还有 5 条指令正等待着从存储器取数的结果。

这样的处理器通常从单控制流中读取指令；它并行执行的不是几个程序，而是单个程序。单个程序的相邻指令同时被解码并执行。这称为指令级并行（instruction-level parallelism, ILP）。它是 20 世纪 80 年代处理器速度获得令人惊讶的提高的基础。

流水线（pipelined）机器可在执行一条指令的回写操作的同一时钟周期，执行下一条算术指令和读上一条指令的操作数。超长指令字（very-long-instruction-word，VLIW）机器的每个时钟周期可以流出多条指令；编译器必须保证这些指令之间没有数据依赖。超标量（superscalar）机器在指令之间没有数据依赖（指令解码硬件能够快速地检测出这种依赖关系）的情况下，可以并行流出 2 条或多条指令；否则，它将顺序流出这些指令——这样，如果相邻指令之间存在数据依赖，程序仍旧能够正确运行。但是只要编译器没有将有数据依赖的指令调度到一起，程序就能够运行得更快。动态调度的机器在指令正在执行的过程中重排指令的顺序，使得它能够同时流出若干条没有数据依赖的指令，并且只需要编译器很少的帮助。这些技术中任何一种都能够产生指令级并行。

能够同时执行的指令越多，程序运行得就越快。但是为什么不能让程序的所有指令都并行执行呢？毕竟，这样做有可能达到最快的执行速度。

之所以不能这样做，是因为指令的执行有若干约束（constraint）；不过，通过找出服从下面这些约束的最好调度，我们能够优化程序做到指令级并行。

- **数据依赖约束**：如果指令 A 计算的结果将作为指令 B 的一个操作数，那么在 A 完成之前不能执行 B。
- **功能部件约束**：如果芯片有 k_{fu} 个乘法器（加法器等），那么一次最多只能执行 k_{fu} 条乘法（加法）指令。
- **指令流出约束**：指令流出部件一次至多流出 k_{ii} 条指令。
- **寄存器约束**：在某一时刻最多只能使用 k_r 个寄存器，更具体而言，每个调度都必须有某种合法的寄存器分配。

功能部件、指令流出和寄存器约束常常统称为资源约束（resource constraint）或者资源危机（resource hazard）。

在流水线机器上，即使 "B 不能在 A 之前执行"，B 的执行中的某些部分（例如取指令）也

可以和 A 并行执行。图 20-2 和图 20-3 给出了更多的细节。

除了上述约束外，还有一些常常可以通过变量重命名消除的伪约束。

- **先写再写**：如果指令 A 写一个寄存器或存储位置，B 也写同一位置，则不能改变 A 和 B 的执行顺序。但是通常我们可以修改程序，使 A 和 B 写不同的位置。
- **先读后写**：如果 A 必须在 B 写某个位置之前读该位置，那么不能交换 A 和 B 的执行顺序，除非能够通过重命名使它们使用不同的位置。

指令资源的使用。我们可以根据指令执行时所需的时钟周期数和它在不同的执行阶段所使用的资源来描述指令。图 20-1 按照这种方法描述了基于 MIPS R4000 改编的 3 条指令。

	Cycle 0	Cycle 1	Cycle 2	Cycle 3	Cycle 4	Cycle 5	Cycle 6	Cycle 7	Cycle 8	Cycle 9
ADD	I-Fetch	Read	Unpack	Shift Add	Round Add	Round Shift	Write			
MULT	I-Fetch	Read	Unpack	MultA	MultA	MultA	MultB	MultB Add	Round	Write
CONV	I-Fetch	Read	Unpack	Add	Round	Shift	Shift	Add	Round	Write

图 20-1 （在 MIPS R4000 处理器上）指令的功能部件需求。这个机器的浮点加（ADD）指令需要一个周期使用取指部件；一个周期读寄存器；一个周期解包以获得指数和尾数；然后下一个周期使用移位器和加法器；同时使用加法器和舍入部件；再下来是舍入部件和移位器；最后将结果写回寄存器文件。MULT 和 CONV 指令按不同的顺序使用功能部件

如果指令 A 的第 i 个周期使用了一个特定的资源，并且指令 B 的第 j 个周期也要使用同一资源，如图 20-2 所示，那么不能将 B 正好调度在 A 开始后第 $i-j$ 个周期执行。

但是，有些机器的每种功能部件都有若干个（例如，多个加法部件）；在这样的机器上，只成对考虑指令是不够的，我们必须考虑在给定时间适合于调度的所有指令。

指令的数据依赖。同样的考虑也适合于数据依赖约束。例如，指令 A 在它执行的 **Write** 阶段将结果写回寄存器文件（见图 20-1）；如果指令 B 使用这个寄存器，则 B 的 **Read** 阶段必须在 A 的 **Write** 阶段之后。有的计算机有旁路电路，可以允许 B 的算术阶段紧跟在 A 的算术阶段之后。例如，ADD 指令的 **Shift/Add** 阶段能够紧跟在 MULT 指令的 **Round** 阶段之后。图 20-3 展示了这样的情况。

20.1　没有资源约束时的循环调度

选择一种同时服从数据依赖约束和资源危机的最优调度并不容易——这是一个 NP 完全问题。尽管 NP 完全问题并不能使编译器设计者感到害怕（图着色是 NP 完全的，但是第 11 章描述的图着色的近似算法非常成功），但是资源受限的循环调度在实际中依然很难处理。

本节首先描述一个忽略资源约束的算法，它是仅服从数据依赖约束的最优调度算法。这种算法在实际中并没有用，但是它说明了指令级并行的各种机会。

Aiken-Nicolau 循环流水算法分为以下几个步骤。

（1）展开循环。

（2）调度来自每个迭代的每条指令，使每条指令尽可能早地执行。

（3）将这些指令安置在一张以迭代编号和执行时间为索引的表（tableau）中。

（4）找出以不同斜率（slope）分开的各个指令组。

（5）接合（coalesce）这些斜率。

（6）回卷循环。

ADD	**I-Fetch**	**Read**	**Unpack**	Shift Add	Round Add	Round Shift	Write				
MULT	**I-Fetch**	**Read**	**Unpack**	MultA	MultA	MultA	MultB	MultB Add	Round	Write	X

ADD		I-Fetch	Read	Unpack	Shift Add	Round Add	Round Shift	Write			
MULT	I-Fetch	Read	Unpack	MultA	MultA	MultA	MultB	MultB Add	Round	Write	OK

ADD			I-Fetch	Read	Unpack	Shift Add	Round Add	Round Shift	Write		
MULT	I-Fetch	Read	Unpack	MultA	MultA	MultA	MultB	MultB Add	Round	Write	OK

ADD				I-Fetch	Read	Unpack	Shift Add	Round **Add**	**Round Shift**	**Write**	
MULT	I-Fetch	Read	Unpack	MultA	MultA	MultA	MultB	MultB **Add**	**Round**	**Write**	X

ADD				I-Fetch	Read	Unpack	Shift Add	**Round Add**	Round Shift	Write	
MULT	Read	Unpack	MultA	MultA	MultA	MultB	MultB Add	**Round**	Write		X

ADD				I-Fetch	Read	Unpack	Shift Add	Round Add	Round Shift	Write	
MULT	Unpack	MultA	MultA	MultA	MultB	MultB Add	Round	Write			OK

图 20-2 如果每种功能部件只有一个，则 ADD 指令不能和 MULT 指令在同一时间开始执行（因为有太多的资源危机，黑体字表示）；也不能在 MULT 之后第 3 个周期（因为 Add、Round 和 Write 部件危机）或者第 4 个周期（Round 危机）执行。但是，如果有两个舍入（Round）部件，则 ADD 可以在 MULT 开始之后的第 4 个周期开始执行。如果再有两个取数部件、多访问的寄存器文件和两个解包器，MULT 和 ADD 就可以同时执行

MultA	MultA	MultA	MultB	MultB Add	Round	Write↓					
						I-Fetch	↑Read	Unpack	Shift Add	Round Add	Round Shift	Write

MultA	MultA	MultA	MultB	MultB Add	Round↓	Write					
					I-Fetch	Read	Unpack	Shift↑ Add	Round Add	Round Shift	Write

图 20-3 数据依赖。（上图）如果 MULT 产生的结果是 ADD 的一个操作数，那么 ADD 必须在 MULT 将结果写到该寄存器文件之后才能读该寄存器。（下图）特殊的旁路电路能够将 MULT 的结果直接发送到 Shift 和 Add 部件，跳过 Write、Read 和 Unpack 阶段

为了解释表、斜率和接合的含义，我们用程序 20-1a 作为例子，并假设每条指令都能够在一个时钟周期内完成，同一个时钟周期可以流出任意多条只服从数据依赖约束的指令。

程序 20-1 （a）一个要进行软流水的 **for** 循环。（b）该循环经过标量替代优化后
（在 a 的定值中）；其中的标量变量标记有它们的迭代编号

for $i \leftarrow 1$ to N
  $a \quad\leftarrow j \oplus V[i-1]$
  $b \quad\leftarrow a \oplus f$
  $c \quad\leftarrow e \oplus j$
  $d \quad\leftarrow f \oplus c$
  $e \quad\leftarrow b \oplus d$
  $f \quad\leftarrow U[i]$
$g : V[i] \leftarrow b$
$h : W[i] \leftarrow d$
  $j \quad\leftarrow X[i]$
    (a)

for $i \leftarrow 1$ to N
  $a_i \quad\leftarrow j_{i-1} \oplus b_{i-1}$
  $b_i \quad\leftarrow a_i \oplus f_{i-1}$
  $c_i \quad\leftarrow e_{i-1} \oplus j_{i-1}$
  $d_i \quad\leftarrow f_{i-1} \oplus c_i$
  $e_i \quad\leftarrow b_i \oplus d_i$
  $f_i \quad\leftarrow U[i]$
$g : V[i] \leftarrow b_i$
$h : W[i] \leftarrow d_i$
  $j_i \quad\leftarrow X[i]$
    (b)

存储器相关的数据依赖。 为了对存指令和取指令进行最优调度，我们需要跟踪诸如将一个值存入到存储器中、然后又将它取出的数据依赖。正如 19.4 节讨论的，分析存储器访问引起的依赖关系不是一件简单的事！为了说明在没有完整的依赖分析的情况下如何调度程序 20-1a 的循环，我们可以使用标量替代将对 $V[i-1]$ 的引用替换为（等价的）b；现在我们看到在替换后的程序 20-1b 中，所有的存储引用都互不依赖，这里我们假设数组 U、V、W、X 是互不重叠的。

接下来我们标记循环体中的每个变量，以指出它使用的是本次迭代的结果，还是前一次迭代的结果，如程序 20-1b 所示。我们可以构建一个数据依赖图（data-dependence graph，DAG）来辅助调度；如图 20-4a 所示，实线边表示迭代内的数据依赖，虚线边表示循环携带的（迭代之间的）依赖。

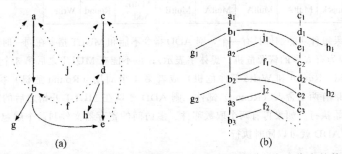

图 20-4 程序 20-1b 的数据依赖图：（a）原始图，实线边表示同一个迭代内的数据依赖，
虚线边表示循环携带的（迭代之间的）依赖；（b）展开后的循环的无环依赖图

假设我们现在展开这个循环；展开后它的 DAG 如图 20-4b 所示。如果没有资源约束，调度这个 DAG 不难；从没有前驱的操作开始，只要某个操作的所有前驱都已执行，该操作就可以开始执行：

周期	指令
1	$a_1 c_1 f_1 j_1 f_2 j_2 f_3 j_3 \cdots$
2	$b_1 d_1$
3	$e_1 g_1 h_1 a_2$
4	$b_2 c_2$
5	$d_2 g_2 a_3$
⋮	⋮

用表（tableau）来表示这种调度非常方便：表中的行表示连续的周期，列表示原始循环的连续迭代，如表 20-1a 所示。

表 20-1　(a)软流水循环调度的表；有一组指令 *fj* 的斜率为 0，另一组指令 *abg* 的斜率为 2，第三组指令 *cdeh* 的斜率为 3；(b)将斜率较小的指令组下拉使其斜率变为 3，并且找到了组成流水循环的模式（方框所示）

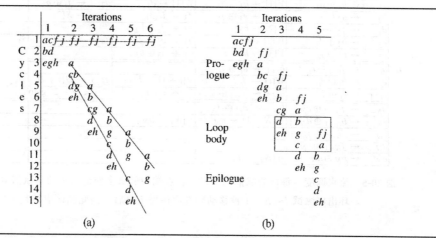

调度了几个迭代后，我们注意到在表中出现了这样一种模式：一组指令 *cdeh* 以每个迭代间隔 3 个时钟周期的斜率向右下角延伸，另一组指令 *abg* 的斜率则较平缓（每个迭代间隔 2 个时钟周期），第三组指令 *fj* 的斜率为 0。关键的一点是在调度中存在着一些不同的间隔，它们分隔相同的指令组，并且以常数比率增长。在这个例子中，在迭代 $i \geqslant 4$ 之后，迭代 i 的指令组和迭代 $i+1$ 的指令组相同。一般地，迭代 i 的指令组和迭代 $i+c$（有时 $c>1$）的指令组相同；见习题 20.1。

定理：

- 如果循环中有 K 条指令，则在 K^2 个迭代内（通常不需要这么多个迭代）总是会出现由不同间隔所分隔的相同指令组的模式；
- 我们可以在不违反数据依赖约束的情况下，增加倾斜度较小的指令组的斜率，使这些指令组的斜率靠近，或至少使它们之间的间隔变小并且不再增加；
- 结果得到的表中有一组占 m 个相同时钟周期重复出现的指令，这一组指令构成了流水循环的循环体；
- 由此得到的循环是最优调度的循环（它以尽可能少的时间运行）。

相关证明见"推荐阅读"。但是我们可以这样来理解为什么这个循环是最优的：考虑展开后的循环的数据依赖 DAG，其中有一条长度为 P 的路径通向最后一条要执行的指令，而调度后的循环正好在时钟周期 P 执行这条指令。

对于我们这个例子，最后结果如表 20-1b 所示。现在我们能发现有一个 3 个时钟周期的重复模式（因为 3 是倾斜度最陡的指令组的斜率）。在这个例子中，这个重复的模式一直要到第 8 个周期才开始出现，如表 20-1b 的方框所示，它构成了被调度循环的循环体。在循环体之前的不规则调度指令构成了循环的填充部分（prologue），循环体之后的指令构成了循环的排空部分（epilogue）。

480

现在我们可以生成这个循环的多指令流出的程序，如图 20-5 所示。但是，在这个"程序"中，变量仍然带有下标：变量 j_i 活跃的同时，j_{i+1} 也是活跃的。为了能够将这个程序编码成指令，我们需要在不同的变量之间放入 MOVE 指令，如图 20-6 所示。

$a_1 \leftarrow j_0 \oplus b_0$	$c_1 \leftarrow e_0 \oplus j_0$	$f_1 \leftarrow U[1]$	$j_1 \leftarrow X[1]$	
$b_1 \leftarrow a_1 \oplus f_0$	$d_1 \leftarrow f_0 \oplus c_1$	$f_2 \leftarrow U[2]$	$j_2 \leftarrow X[2]$	
$e_1 \leftarrow b_1 \oplus d_1$	$V[1] \leftarrow b_1$	$W[1] \leftarrow d_1$	$a_2 \leftarrow j_1 \oplus b_1$	
$b_2 \leftarrow a_2 \oplus f_1$	$c_2 \leftarrow e_1 \oplus j_1$	$f_3 \leftarrow U[3]$	$j_3 \leftarrow X[3]$	
$d_2 \leftarrow f_1 \oplus c_2$	$V[2] \leftarrow b_2$	$a_3 \leftarrow j_2 \oplus b_2$		
$e_2 \leftarrow b_2 \oplus d_2$	$W[2] \leftarrow d_2$	$b_3 \leftarrow a_3 \oplus f_2$	$f_4 \leftarrow U[4]$	$j_4 \leftarrow X[4]$
$c_3 \leftarrow e_2 \oplus j_2$	$V[3] \leftarrow b_3$	$a_4 \leftarrow j_3 \oplus b_3$		$i \leftarrow 3$
$L:\ d_i \leftarrow f_{i-1} \oplus c_i$	$b_{i+1} \leftarrow a_i \oplus f_i$			
$e_i \leftarrow b_i \oplus d_i$	$W[i] \leftarrow d_i$	$V[i+1] \leftarrow b_{i+1}$	$f_{i+2} \leftarrow U[i+2]$	$j_{i+2} \leftarrow X[i+2]$
$c_{i+1} \leftarrow e_i \oplus j_i$	$a_{i+2} \leftarrow j_{i+1} \oplus b_{i+1}$	$i \leftarrow i+1$	if $i < N-2$ goto L	
$d_{N-1} \leftarrow f_{N-2} \oplus c_{N-1}$	$b_N \leftarrow a_N \oplus f_{N-1}$			
$e_{N-1} \leftarrow b_{N-1} \oplus d_{N-1}$	$W[N-1] \leftarrow d_{N-1}$	$V[N] \leftarrow b_N$		
$c_N \leftarrow e_{N-1} \oplus j_{N-1}$				
$d_N \leftarrow f_{N-1} \oplus c_N$				
$e_N \leftarrow b_N \oplus d_N$	$W[N] \leftarrow d_N$			

图 20-5 流水调度。每行的赋值同时发生；右端中的每个变量引用的是赋值前的值。循环出口测试 $i < N+1$ 被移动到 3 次递增 i 之后，因此测试应该是 $i < N-2$

$a_1 \leftarrow j_0 \oplus b_0$	$c_1 \leftarrow e_0 \oplus j_0$	$f_1 \leftarrow U[1]$	$j_1 \leftarrow X[1]$	
$b_1 \leftarrow a_1 \oplus f_0$	$d_1 \leftarrow f_0 \oplus c_1$	$f'' \leftarrow U[2]$	$j_2 \leftarrow X[2]$	
$e_1 \leftarrow b_1 \oplus d_1$	$V[1] \leftarrow b_1$	$W[1] \leftarrow d_1$	$a_2 \leftarrow j_1 \oplus b_1$	
$b_2 \leftarrow a_2 \oplus f_1$	$c_2 \leftarrow e_1 \oplus j_1$	$f' \leftarrow U[3]$	$j' \leftarrow X[3]$	
$d \leftarrow f_1 \oplus c_2$	$V[2] \leftarrow b_2$	$a \leftarrow j_2 \oplus b_2$		
$e_2 \leftarrow b_2 \oplus d_2$	$W[2] \leftarrow d_2$	$b \leftarrow a \oplus f''$	$f \leftarrow U[4]$	$j \leftarrow X[4]$
$c \leftarrow e_2 \oplus j_2$	$V[3] \leftarrow b_3$	$a \leftarrow j' \oplus b$		$i \leftarrow 3$
$L:\ d \leftarrow f'' \oplus c$	$b \leftarrow a' \oplus f$	$b' \leftarrow b;\ a' \leftarrow a;\ f'' \leftarrow f';\ f' \leftarrow f;\ j'' \leftarrow j';\ j' \leftarrow j$		
$e \leftarrow b' \oplus d$	$W[i] \leftarrow d$	$V[i+1] \leftarrow b$	$f \leftarrow U[i+2]$	$j \leftarrow X[i+2]$
$c \leftarrow e \oplus j''$	$a \leftarrow j' \oplus b$	$i \leftarrow i+1$	if $i < N-2$ goto L	
$d \leftarrow f'' \oplus c$	$b \leftarrow a \oplus f'$	$b' \leftarrow b$		
$e \leftarrow b' \oplus d$	$W[N-1] \leftarrow d$	$V[N] \leftarrow b$		
$c \leftarrow e \oplus j'$				
$d \leftarrow f' \oplus c$				
$e \leftarrow b \oplus d$	$W[N] \leftarrow d$			

图 20-6 插入有传送指令的流水调度

假如机器能够同时执行 8 条指令，包括 4 条同时执行的取指令和存指令，这个循环就是最优调度的。

多时钟周期指令。 尽管我们描述的例子中每条指令恰好需要 1 个周期完成，但是很容易将算法扩展到某些指令需要多个时钟周期完成的情况。

20.2 有资源约束的循环流水

真实的机器每次只能流出有限条数的指令，并且只有有限个数的取/存部件、加法部件和乘法部件。为了有实际应用价值，调度算法必须考虑资源的约束。

考虑资源约束的调度算法的输入应该包含下面三个部分。

（1）要被调度的程序。

（2）每条指令在它的各个流水阶段使用的资源描述（和图 20-1 类似）。

（3）机器可用资源的描述（如每一种功能部件的个数，一次能够流出的指令条数，对可同时流出的各种指令的限制，等等）。

有资源约束的调度是 NP 完全的，这意味着不可能有高效的最优算法。在这种情况下，我们通常使用在"典型"情况下能够获得相当好的效果的近似算法。

20.2.1 模调度

迭代模调度（iterative modulo scheduling）是资源约束的循环调度算法。尽管它不是最优的，但却是实用的。算法的思想是通过回溯迭代来寻找好的服从功能部件和数据依赖性约束的调度，然后执行寄存器分配。 [482]

算法在假设也有 Aiken-Nicolau 算法使用的循环填充和排空部分的情况下，试图将循环体的所有指令放入一个周期数为 Δ 的调度中。算法试着增加 Δ，直到 Δ 的值能够形成一个调度。

模调度的关键思想是：如果一条指令在时间 t 违背了功能部件的约束，则它也将不能放在时间 $t+\Delta$ 或者任意时间 t'，其中 $t \equiv t'$ modulo Δ。

例如，假设在每次只能执行一条取指令的机器上，我们使用 Δ＝3 来尝试调度程序 20-1b。下面的循环体调度是非法的，因为在周期 1 有两条不同的取指令：

0		
1	$f_i \leftarrow U[i]$	$j_i \leftarrow X[i]$
2		

我们可以将 f_i 从周期 1 移动到周期 0 或周期 2：

0	$f_i \leftarrow U[i]$	
1		$j_i \leftarrow X[i]$
2		

0		
1		$j_i \leftarrow X[i]$
3	$f_i \leftarrow U[i]$	

这两种调度都能够避免资源冲突。我们甚至可以将 f_i 移到更早，到周期－1，在那里（实际上）我们正在计算 f_{i+1}；或者将 f_i 移到更晚，到周期 3，在那里我们将要计算 f_{i-1}：

0		
1		$j_i \leftarrow X[i]$
2	$f_{i+1} \leftarrow U[i+1]$	

0	$f_{i-1} \leftarrow U[i-1]$	
1		$j_i \leftarrow X[i]$
3		

但是，在 Δ＝3 的情况下，我们不可能将 f_i 从周期 1 移动到周期 4（或周期－2）来解决资源冲突；因为 1≡4 module 3，f 的计算仍旧和 j 的计算冲突：

0		
1	$f_{i-1} \leftarrow U[i-1]$	$j_i \leftarrow X[i]$
2		

寄存器分配的影响。 考虑计算 $d \leftarrow f \oplus c$，其中计算发生在图 20-5 所示调度的周期 0。如果我们将 d 的计算推后一个周期，则从 f 和 c 的定值到该指令的数据依赖边会变长，而从该指令到 d 在 $W[i] \leftarrow d$ 中的使用的数据依赖边则会缩短。如果数据依赖边缩短到小于 0 个周期，则违背了数据依赖约束；这可以通过将使用 d 的指令延后一个周期来解决。 [484]

与之不同，如果数据依赖边延长了许多个周期，我们则必须在循环中保留一个值的若干个"版本"（例如图 20-6 的循环，我们保留了 f、f'、f''），这意味着我们会使用较多的临时变量，从而导致寄存器分配失败。事实上，一个最优的循环调度算法应当在调度的同时考虑到寄存器分配；但是并不清楚这种最优算法是否实际可行，因此本节描述的迭代的模调度算法先进行调度，然后再进行寄存器分配，我们希望这样能够做到最好。

20.2.2 寻找最小的启动间距

模调度从寻找流水循环体的周期数的下限开始。

- **资源估计量**：对任何功能部件，例如乘法部件或取数部件，我们都能够知道循环体中与之对应的指令（例如乘法或取指令）需要占用该部件多少个周期。这个周期数除以硬件提供的该种功能部件数，就给出了 Δ 的下限。例如，如果有 6 条乘法指令，每条指令需要使用乘法器 3 个周期，硬件提供两个乘法器，则 $\Delta \geqslant 6 \times 3/2$。

- **数据依赖估计量**：对数据依赖图中的任何数据依赖环，其中某个 x_i 依赖于一条其他计算组成的链，在此链上的计算又依赖于 x_{i-1}，则这条链的总延迟给出了 Δ 的下限。

令 $\Delta_{\min}$ 是这两个估计量中的最大值。

下面我们计算程序 20-1b 的 $\Delta_{\min}$。为简单起见，我们假设一条 ⊕ 算术指令和一条取/存指令能够同时流出，并且每条指令需要 1 个周期完成；我们不考虑 $i \leftarrow i+1$ 或条件分支的调度。

算术资源估计量等于循环体中的 5 条 ⊕ 算术指令除以每个周期可流出的 1 条算术指令，即 $\Delta \geqslant 5$。取/存资源估计量等于循环体中的 4 条取/存指令除以每个周期可流出的 1 条取/存指令，即 $\Delta \geqslant 4$。数据依赖估计量根据图 20-4a 中的环：$c_i \rightarrow d_i \rightarrow e_i \rightarrow c_{i+1}$ 得出，其长度决定出 $\Delta \geqslant 3$。

485

接下来，我们根据某个启发式来排列循环体中指令的优先顺序，这个启发式决定哪些指令需要先考虑。例如，对于在关键数据依赖环上的指令或者大量使用了稀少资源的指令，应该在调度中优先安排它们的位置，然后再在它们的周围填充其他指令。令 $H_1, \cdots, H_n$ 是按照（启发式）优先顺序排列的循环体中的指令。

程序 24-1b 中，我们可以使用的优先顺序为 $H = [c, d, e, a, b, f, j, g, h]$，即尽早地放置那些处于关键重复周期中的指令，或者使用算术功能部件的指令（因为该循环的资源估计量告诉我们，和取/存相比，该循环对算术功能部件的需求更大）。

调度算法维护着一个已经调度了的指令集合 S，其中的每条指令在特定的时间 t 被调度。如果 $h \notin S$，则 $SchedTime[h] = none$，否则 $SchedTime[h]$ 的值等于调度 h 时的当前时间。S 的成员服从所有的资源和数据依赖约束。

算法 20-1 在每次迭代中，将具有最高优先级的未调度的指令 h 按如下方式放入到 S 中。

(1) 放入到服从所有依赖约束（考虑 h 的已经放置的前驱）和所有资源约束的最早时间槽（如果有一个的话）中。

(2) 如果在 Δ 个连续的周期中都没有满足资源约束的槽，则决不会有这种槽，因为在时间 t 可用的功能部件和在时间 $t + c \cdot \Delta$ 可用的功能部件是一样的。因此，在这种情况下，先不考虑资源约束，将 h 放置在满足依赖约束（考虑已经放置的前驱）的最早的时间槽中，并且该时间槽要比前面尝试的对 h 的放置晚。

算法 20-1 迭代模调度

```
for Δ ← Δ_min to ∞
    Budget ← n · 3
    for i ← 1 to n
        LastTime[i] ← 0
        SchedTime[i] ← none
    while Budget > 0 且还有未调度的指令
        Budget ← Budget − 1
        令 h 是具有最高优先级的未调度指令
        t_min ← 0
        for h 的每一个前驱 p
            if SchedTime[p] ≠ none
                t_min ← max(t_min, SchedTime[p] + Delay(p, h))
        for t ← t_min to t_min + Δ − 1
            if SchedTime[h] = none
                if 可以在没有资源冲突的情况下调度 h
                    SchedTime[h] ← t
        if SchedTime[h] = none
            SchedTime[h] ← max(t_min, 1 + LastTime[h])
        LastTime[h] ← SchedTime[h]
        for h 的每一个后继 s
            if SchedTime[s] ≠ none
                if SchedTime[h] + Delay(h, s) > SchedTime[s]
                    SchedTime[s] ← none
        while 当前调度有资源冲突
            令 s 是(除 h 外)涉及资源冲突的某条指令
            SchedTime[s] ← none
    if 所有指令都已经被调度
        RegisterAllocate()
        if 寄存器分配在没有溢出的情况下成功
            return 并且报告一个成功调度的循环

Delay(h, s) =
    已知一条依赖边 h_i → s_{i+k}，此边满足条件：h 使用 s 的来自于前 k 个迭代的值（其中，k = 0 表示 h 使用
        s 的当前迭代值）；
    已知计算 s 的指令的延迟是 l 个周期
    return l − kΔ
```

一旦将 h 放置好后，便可能要从 S 中删除一些指令以使 S 再次合法，这些被删除的指令是 h 的后继中不满足数据依赖约束的指令，或者是和 h 有资源冲突的指令。

这一放置-删除的过程可能永远迭代下去，但是多数时候，对于给定的 Δ，它或者能够很快地找到一个解，或者没有解。为了在不能很快找到解的情况下使算法中止，算法只允许 c·n 次调度放置（c = 3 或者等于某个类似的数），超过这个限制后，算法放弃当前的 Δ 值，用下一个值进行试验。

当与变量 j 相连的定值-使用边变得长于 Δ 周期数时，j 会需要有多个副本，并用传送指令 MOVE 以接力传递的方式来复制不同迭代的版本。图 20-6 的变量 a、b、f、j 说明了这一点，但是我不打算给出一个明确的插入这些传送指令的算法。

我们可以使用资源预约表（resource reservation table）来检查资源冲突。资源预约表是一个长度为 Δ 的数组。一条指令在时间 t 使用的资源放到数组的第 t mod Δ 个元素中；向表中加入和删除资源使用，以及检查冲突，都能够在常数时间内完成。

迭代模调度算法不保证在任何情况下都能找到最优调度。算法可能可以找到一个最优的、

486

启动间距为 Δ、可分配寄存器的调度；也可能找不到任何满足 Δ 的调度；或者虽然能找到满足 Δ 的调度，但却不能成功地进行寄存器分配。唯一令人感到安慰的是，在实践中模调度工作得很好。

该算法对程序 20-1b 的调度过程如图 20-7 所示。

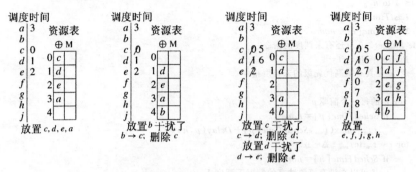

图 20-7　作用于程序 20-1b 的迭代模调度。图 20-4a 是数据依赖图；
$\Delta_{min} = 5$（见 20.2.2 节）；$H = [c, d, e, a, b, f, j, g, h]$

20.2.3　其他控制流

我们已经展示了用于简单直线循环体的调度算法。如果循环包含内部的控制流（例如 if-then-else 语句组成的树时）又会怎么样呢？一种方法是计算循环的 2 个分支，然后使用一个（许多高性能机器都提供的）条件传送指令产生正确的结果。

例如，可以使用条件传送指令将下面左侧的循环重写成右侧的循环：

```
for i ← 1 to N          for i ← 1 to N
    x ← M[i]                x ← M[i]
    if x > 0                u' ← z * x
        u ← z * x           u ← A[i]
    else u ← A[i]           if x > 0 move u ← u'
    s ← s + u               s ← s + u
```

现在，得到的循环体是容易调度的直线代码。

但是如果 **if** 的两个分支的代码大小差异很大，并且频繁执行的又是较小的那个分支，那么每个迭代都执行两个分支的代码会比最优情况要慢。另外，如果 **if** 的某个分支有副作用，那么除非条件为真，否则就不能执行该分支。

我们可以使用轨迹调度（trace scheduling）来解决这个问题：选择一条经过这个控制流分支的频繁执行的直线路径，高效调度这条路径，同时忍受在进入或者转出此轨迹时由于需要某些修正指令而带来的一定程度的低效。见第 8.2 节和本章的"推荐阅读"。

20.2.4　编译器应该调度指令吗

许多机器有运行时对指令进行动态调度的硬件。这些机器采用乱序执行（out-of-order execution），这意味着在缓冲区中有若干条已经解码的指令，并且无论哪条指令，只要其操作数已准备好，那条指令就能够执行，即使在程序中较早出现的其他指令还在等待操作数或资源。

这样的机器首次出现在 1967 年（IBM 360/91），但是直到 20 世纪 90 年代中期才开始普及。现在大多数高性能处理器都带动态（运行时）调度。这些机器既有优点，也有不足。到目前为止，还不清楚将来会是静态（编译时）调度成为标准，还是乱序执行成为标准。

静态调度的优点。乱序执行使用昂贵的硬件资源，往往增加芯片每个周期的时间和功率。静态调度器能够尽早地调度未来数据依赖路径最长的指令；而实时调度器则无法知道一条指令导致的数据依赖路径的长度（见习题 20.3）。调度问题是 NP 完全的，编译器在调度算法上没有实时限制，因此从原理上看，编译器找到的调度应当比实时动态调度更好。

489

动态调度的优点。调度中有一些方面的信息在编译时是不可预测的，例如 cache 缺失；如果知道了 cache 缺失导致的实际延迟，调度可以做得更好（见图 21-5）。高度流水的调度往往会使用许多寄存器；而典型的机器在指令域中只使用 5 位命名 32 个寄存器，但是具有运行时寄存器重命名能力的乱序执行可以只用少数静态名而使用上百个实际寄存器（见"推荐阅读"）。最优静态调度需要知道受硬件影响的精确流水状态，但是在实践中，这些状态有时是很难判断的。最后，针对相同指令集的每个不同实现，动态调度不需要重编译（即重调度）程序。

20.3　分支预测

在许多浮点程序中，例如程序 20-1a，基本块较长，指令是具有较长延迟的浮点操作，分支是可预测性良好的 **for** 循环退出条件。这种程序中的调度问题和前几节描述的一样，是要调度那种延迟较长的指令。

但是其他许多程序，例如编译器、操作系统、窗口系统和字处理器，它们的基本块都较短，指令是快速的整型操作，分支也难以预测。这里的主要问题是要足够快地获得指令，以便指令能够及时得以解码和执行。

图 20-8 说明了 COMPARE、BRANCH 和 ADD 指令的流水阶段。因为要取的指令地址还是未知的，所以一直要到 BRANCH 执行之后，才能执行取后续指令的动作。

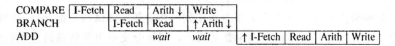

图 20-8　ADD 指令的读取依赖于 BRANCH 的结果

假设有一个超标量机器能够同时流出 4 条指令。那么，按读取 BRANCH 指令之后，需要等待 3 个周期才能读取 ADD 指令来计算，则有 11 条指令的流出槽（$3 \times 4 -$ BRANCH 占用的指令槽 $=11$）被浪费。

490

有些机器通过读取紧随分支之后的指令来解决上述问题；如果分支不发生，这些已经读取并已解码的指令就可以立即被使用。只有当分支发生时，才会存在停顿的指令槽。其他一些机器则假设分支会发生，并且开始启动取分支目标地址的指令；如果分支没有发生，则会发生停顿。有的机器甚至同时取两处地址的指令，但是这需要非常复杂的处理器和指令 cache 之间的接口。

现代处理器依赖于分支预测来对取什么指令做出正确的猜测。分支预测可以是静态的——编译器预测分支有可能发生的方向，将它的预测放入到分支指令中；也可以是动态的——硬件记住每个最近执行的分支的最后一次的发生方向，并预测该分支将按同样的方向发生。

20.3.1　静态分支预测

编译器可以通过分支指令中一个仅占 1 位的用于指明分支预测方向的域来和硬件通信。

为了节省这 1 位，或者为了和老的指令集兼容，一些机器使用诸如"假定向后的分支会发生转移，向前的分支不会发生转移"这样的规则。规则的第一部分源于向后的分支（常常）是循环分支，并且一个循环很可能继续执行，而不是退出。规则的第二部分源于将异常条件预测为不发生转移的分支是有益的；在这种情况下，当预测两个分支方向都有可能发生时，我们可以颠倒分支条件，使异常情况走下降分支，正常情况走转移分支，但是这样会导致指令 cache 性能较差，见 21.2 节的讨论。在为使用向前/向后分支方向作为预测机制的机器生成代码时，编译器可以对程序中的基本块进行排序，使预测发生的分支向较低的地址转移。

有几个简单的启发式能够帮助编译器预测分支转移的方向，其中一些是根据直觉获得的，但是所有的启发式都经过了实践的验证。

- **指针**：如果循环执行指针相等比较（p＝null 或 p＝q），则预测条件为假。
- **调用**：如果分支的后继之一是一个过程调用的必经结点，则分支不太可能会转移到该后继（许多有条件的调用是为了处理异常情况）。
- **返回**：如果分支的后继之一是一个过程返回点的必经结点，则分支不太可能会转移到该后继。
- **循环**：如果分支的后继之一（如果有的话）是一个包含此分支的循环的头结点，则分支很可能会转移到该后继。
- **循环**：如果分支的后继之一（如果有的话）是一个循环的前置结点，并且它不是此分支的后必经结点，则分支很可能会转移到该后继。这可以获得图 18-7 描述的优化的结果，其中的迭代计数很可能会大于 0，而不是等于 0。（如果从 A 到程序结束的任何路径都必须经过 B，则 B 是 A 的后必经结点；见 19.5 节。）
- **看守**：如果分支使用了某个值 r 作为操作数（作为条件测试的一部分），并且 r 在该分支的一个不是其后必经结点的后继中是活跃的，则该分支很可能转移到这个后继。

某些分支可能符合多个启发式。在这种情况下，一种简单的方法是给启发式排一个优先顺序，按这个顺序使用第一个起作用的启发式（上面列出的启发式顺序就是一种根据经验测量出的合理的优先顺序）。

另一种方法是，用每一种可能起作用的条件的子集作为索引指向一张表，并由此（基于经验测量）决定对每个子集应采取的行动。

20.3.2　编译器应该预测分支吗

完美的静态预测的动态误测率大约在 9%（针对 C 程序）或 6%（针对 Fortran 程序）。这种"完美的"预测的误测率不会为 0，因为任何给定的分支转移到同一方向的机会平均不会超过 91%。假如一个分支 100% 的时间都转移到同一方向，则完全可以不需要该分支！与 C 相比，Fortran 程序中多数分支是循环分支，并且循环的迭代次数都很大，因此 Fortran 程序有更多的可预测的分支。

在基于 profile 的预测方法中，程序被编译成插有额外测量桩的可执行程序，当使用采样数据运行该程序时，这些测量桩将统计出每个分支发生的次数，然后编译器在重新编译该程序时根据这些计数来预测分支。基于 profile 的预测的准确度接近完美的静态预测。

上面描述的基于启发式的预测的动态误测率大约是 20%（针对 C 程序），或者说其预测的准确度相当于完美的（或基于 profile 的）静态预测的一半。

典型的基于硬件的分支预测模式对每一条分支指令使用指令 cache 中的 2 位来记录此分支最后两次执行的转移方向。这样的误预测率大约在 11%（C 程序），几乎和基于 profile 的预测一样好。

10% 的分支误测率会导致非常多的指令停顿——按照 20.3 节开头描述的例子，如果每个误测停顿 11 个指令槽，每 10 次分支有一次误测，并且程序的所有指令中有六分之一的指令是分支，那么，18% 的处理器时间将用在等待取误测的指令。因此，很有必要利用一些硬件和软件技术的结合来进一步优化分支。尽管启发式预测有 20% 的误测，不过毕竟好于没有任何预测，但它当然还不能最终满足人们的愿望。

推荐阅读

Hennessy 和 Patterson[1996] 解释了高性能机器、指令级并行、流水线结构、功能部件、cache（高速缓存）、乱序执行、寄存器重命名、分支预测，以及其他计算机体系结构问题的设计和实现，对编译器的优化和运行时的硬件优化技术进行了比较。Kane 和 Heinrich[1992] 描述了 MIPS R4000 计算机的流水约束，图 20-1 和图 20-2 便改编自它们。

20 世纪 70 年代的 CISC 计算机利用内部微代码顺序地实现了复杂的指令，这种内部微代码可以同时执行几个操作。但是编译器无法使几条宏指令的不同部分交错执行来提高指令间的并行性。Fisher[1981] 开发了一种微代码的自动调度算法，这种算法使用轨迹调度优化频繁执行的路径；接着 Fisher[1983] 提出了超长指令字（VLIW）体系结构，VLIW 体系结构可以将微操作直接暴露给用户程序，以便编译器进行调度。

Aiken 和 Nicolau[1988] 是最早指出不需要孤立调度单个循环迭代的其中两人，他们提出了最优（忽略资源约束）的循环并行化算法。

多处理器调度问题的许多变种都是 NP 完全的 [Garey and Johnson 1979；Ullman 1975]。迭代模调度算法 [Rau 1994] 在实际中获得了较好的结果。在没有资源约束的情况下，它等价于 Bellman-Ford 最短路径算法 [Ford and Fulkerson 1962]。（在原理上）通过将约束表示为整数线性规划，能够获得最优调度 [Govindarajan et al. 1996]，但是解整数线性规划问题需要花费指数时间（问题是 NP 完全的），并且寄存器分配约束仍旧很难用线性不等式来表示。

Ball 和 Larus[1993] 描述和测量了 20.3 节中给出的静态分支预测启发式；Young 和 Smith[1994] 给出了一种基于 profile 的静态分支预测算法，这个算法比最优静态预测还要好。对后面这句话明显矛盾之处的解释是，他们的算法复制了一些基本块，使 80% 会发生的分支（20% 的误测率）可以变成两条不同的分支，其中一条几乎总是发生，另一条几乎总是不发生；因此，该算法好于最优静态预测。

习题

20.1 使用 Aiken-Nicolau 算法调度下面的循环：

```
for i ← 1 to N
    a    ← X[i − 2]
    b    ← Y[i − 1]
    c    ← a × b
    d    ← U[i]
    e    ← X[i − 1]
    f    ← d + e
    g    ← d × c
  h : X[i] ← g
  j : Y[i] ← f
```

a. 用下标 i 和 $i-1$ 标记所有的标量变量。**提示**：这个循环中，没有循环携带的标量变量的依赖关系，因此没有标量的下标是 $i-1$。

b. 针对 $X[\ ]$ 和 $Y[\ ]$ 执行标量替换。**提示**：现在你会需要下标 $i-1$ 和 $i-2$。

c. 执行复写传播以删除变量 a、b、e。

d. 画出语句 c、d、f、g、h、j 的数据依赖图；用 0 标记迭代内的依赖边；根据下标中指明的迭代相差数，用 1 或 2 标记循环携带的依赖边。

e. 给出 Aiken-Nicolau 表（见表 20-1a）。

f. 找出由增长的间隙所分开的相同指令组。**提示**：这些相同的指令组相隔 c 个时钟周期，这里，c 大于 1！

g. 指出斜率最陡的一组指令。**提示**：其斜率不是一个整数。

h. 将循环展开 k 次，其中 k 是斜率的分母。

i. 画出这个展开后的循环的数据依赖图。

j. 画出这个展开后的循环的调度表。

k. 求出斜率最陡的一组指令的斜率。**提示**：这个斜率应该是一个整数。

l. 将斜率较小的指令组下移使之弥合间隔。

m. 标识出循环体、循环填充部分和排空部分。

n. 写出一种调度，即像图 20-5 一样，给出在规定的时钟周期内对循环填充部分、循环体和排空部分的一种放置。

o. 删除循环体中变量的下标，在必要的地方如图 20-6 一样插入传送指令。

20.2 重复习题 20.1 的 a～d。然后使用迭代的模调度调度该循环；调度针对具有这种特征的机器：同一时间可流出 3 条指令，但其中至多只能有 1 条访问存储器的指令和 1 条乘法指令。每条指令用一个时钟周期完成。

e. 在数据依赖图中，用 i 到自身的边（标记为 1）、从 i 到 k 的边（标记为 0）和从 k 到循环体的每个结点的边（标记为 1）显式地表示递增指令 $i_{i+1} \leftarrow i_i + 1$ 和循环分支：$k : if\ i_{i+1} \leqslant N\ goto\ loop$。

f. 基于下面的数据依赖周期限制，计算 Δ_{min}：每个周期 2 条指令，每个周期 1 条取/存指令，以及每个周期 1 条乘法指令。注意：一个数据依赖周期需要的 Δ 是周期的长度除以边上的标记之和（边的标记给出了迭代距离，见习题 20.1d）。

g. 运行算法 20-1，给出将每个变量从调度中删除时的 SchedTime 和资源表，见图 20-8。使用优先级顺序 $H = [i, k, c, d, g, f, h, j]$。

h. 删除循环体中的变量的下标，需要时插入传送指令，如图 20-6 所示。如果传送指令不能满足每个周期流出 3 条指令的限制，则增大 Δ 后再试。

20.3 考虑下面的程序：

```
        L:                          L:
        a : a ← U[i]                a : a ← U[i]
        b : b ← a × a              d : d ← d × a
        c : V[i] ← b               b : b ← a × a
        i : i ← i + 1              c : V[i] ← b
        d : d ← d × a             i : i ← i + 1
        e : if d < 1.0 goto L      e : if d < 1.0 goto L
            (i) 调度前                  (ii) 调度后
```

假设这两个循环都在一个乱序执行的机器上运行，该机器具有以下特征：每条指令需要 1 个处理器周期执行，只要它的操作数已就绪，并且前面的所有条件分支都已被执行，该指令就可以执行。几条指令可以同时执行，但是只有一个乘法部件。如果有两条就绪的乘法指令，则先执行来自较早迭代的指令或者同一迭代中先出现的指令。

这个程序最初编写的循环如循环(i)所示；编译器将它重新调度为循环(ii)。对这两个循环中的每一个循环。

a. 画出其数据依赖图，并用虚线表示循环携带的依赖关系。

b. 增加从 e 到其他两个结点的边作为循环携带的控制依赖。

c. 模拟机器如何执行循环，给出 Aiken-Nicolau 表，此表需满足 b 和 d 决不能放在同一个时钟周期的限制。在 b 和 d 的前驱都就绪的情况下，选择来自较早迭代的指令或者同一迭代中较早的指令。

d. 计算表中最陡的斜率；这个循环的每个迭代需要多少个时钟周期？

e. 编译器的调度对动态调度（乱序执行）的机器有用吗？

20.4 在许多机器上，位于条件分支之后的一些指令能够在已知分支条件之前执行（这些指令要到分支条件已验证之后才被提交）。

假设我们有一台乱序执行的机器，它具有这些特征：加法或分支需要 1 个周期；乘法需要 4 个周期；每条指令只要操作数准备好就可以执行。几条指令可以同时执行，但是机器只有一个乘法部件。如果有两条乘法指令都已就绪，则先执行来自较早迭代的指令或者同一迭代中先出现的指令。

在一台具有这样行为的机器上，对下列程序重复习题 20.3 的 a~e：

```
        L:                          L:
        a : a ← e × u              b : b ← e × v
        b : b ← e × v              a : a ← e × u
        c : c ← a + w              c : c ← a + w
        d : d ← c + x              d : d ← c + x
        e : e ← d + y              e : e ← d + y
        f : if e > 0.0 goto L      f : if e > 0.0 goto L
            (i) 调度前                  (ii) 调度后
```

20.5 写一个包括 20.3.1 节描述的所有分支预测启发式情况（指针、调用、返回、循环头、循环前置结点、看守）的短程序。标记每种情况。

20.6 使用分支预测启发式预测习题 8.6 和图 18-7b 中的程序中每个条件分支的方向；解释每个分支适用哪个启发式。

第 21 章 存储层次

存储器（mem-o-ry）：能够写入和存放信息的设备，当需要时可以从中提取信息。

层次（hi-er-ar-chy）：一个分层或分级的系列。

韦氏字典

理想的随机存取存储器（random access memory，RAM）有 N 个以整数作为索引的字，这样，它的每一个字都可以通过整数地址以同样快的速度来存取。硬件设计者既能够构建容量大但速度慢的存储器，也能够构建容量小但速度快的存储器，但是要构建既满足容量大又满足速度快的存储器，价格却高得惊人。另外，提高存储器访问速度的一个办法是使其靠近处理器。但是，在这个问题上无论花费多少钱，大的存储器中总会有一些部分远离处理器。

将一个容量小速度快的高速缓冲存储器（cache）与一个容量大速度慢的主存储器组合在一起，就几乎能够和一个容量大速度快的存储器相媲美；程序将它频繁使用的数据放在 cache 中，很少使用的数据放在主存储器中，当程序进入需要频繁使用数据 x 的某个阶段时，就将 x 从慢的主存储器中移至快的 cache 存储器中。

由程序员管理多个存储器相当不方便，因此硬件会自动地进行管理。当处理器需要访问在地址 x 处的数据时，处理器首先在 cache 中查找，并且我们希望通常能够在 cache 中找到该数据。如果发生 cache 缺失（cache miss），即 x 不在 cache 中，则处理器会将 x 从主存储器中取出，并将 x 的一个副本放入 cache 中，这样，下一次对 x 的引用就会 cache 命中（cache hit）。将 x 放入 cache 中意味着需要将另一个数据 y 从 cache 中移出，以便为 x 腾出空间，当然这样便导致了以后访问 y 时发生 cache 缺失。

498

21.1 cache 的组织结构

直接映射的（direct-mapped）cache 按如下方式来组织，以实现快速的存储器管理。cache 被分成 2^m 个块，每个块包含 2^l 个字，每个字 2^w 字节；因此，这个 cache 总共包含 2^{w+l+m} 字节，并且排列成一个数组 $Data[block][word][byte]$。每个块都是主存储器中某个数据的一个副本，并且还存在着一个 tag 数组，用以指明当前内容来自主存储器的什么位置。一般地，字大小 2^w 是 4 字节，块大小 2^{w+l} 是 32 字节，cache 大小可以小到 8KB，也可以大到 2MB。

tag	key	$word$	$byte$
$(n-(m+l+w))$ 位	m 位	l	w

给定地址 x，cache 部件必须能够查找出 x 是否在 cache 中。地址 x 由 n 位组成：$x_{n-1}x_{n-2}\cdots x_2x_1x_0$（见图 21-1）。在直接映射的 cache 组织中，我们用中间的 m 位作为键值，即 $key = x_{w+l+m-1}x_{w+l+m-2}\cdots x_{w+l}$，并将 x 中的数据保存在 $Data[key]$ 中。

499

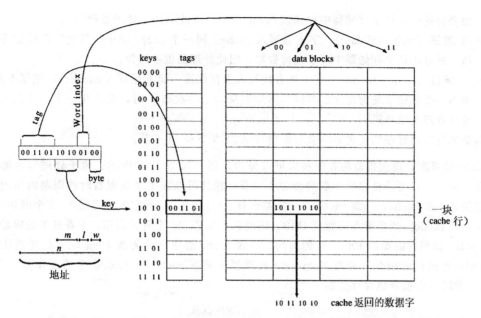

图 21-1 直接映射的 cache 的组织。地址的 *key* 域用作 *tags* 数组和 *data blocks* 的索引;如果 *tags*[*key*] 与地址的 *tag* 域匹配,则其数据是有效的 (cache 命中)。Word index 用于从 cache 块中选择一个字

x 的高位 $x_{n-1}x_{n-2}\cdots x_{w+l+m}$ 形成 tag,并且如果 $tags[key] \neq tag$,则发生了 cache 缺失,即我们需要的字不在 cache 中。在这种情况下,$data[key]$ 的内容被送回给主存储器,主存储器中地址为 $x_{n-1}\cdots x_{w+l}$ 的内容被取出放入到第 key 个 cache 块中(同时也送给 CPU)。访问主存储器的时间远远大于访问 cache 的时间,因此我们不希望发生频繁的 cache 缺失。

下一次取地址 x 时,如果其间没有指令访问了 key 相同但是 tag 不同的另一个地址,则发生 cache 命中:$tags[key] = tag$,并且位 $x_{w+l-1}\cdots x_w$ 将定位于第 key 块中的一个字;于是,$data[key][x_{w+l-1}\cdots x_w]$ 的内容被送给处理器。这比从主存储器中取数据快很多。如果这条取数指令是取一个字节(而不是取一个字),则(典型地)由处理器负责从这个字中选择字节 $x_{l-1}\cdots x_0$。

另一种常见的 cache 组织方式是组相联(set-associative)cache。组相联 cache 和直接映射 cache 类似,但是用同一个 key 值能够容纳多个块。本章介绍的编译器优化策略对于直接映射 cache 和组相联 cache 都适用,但是针对直接映射 cache 的分析稍微简单直观一些。

写命中策略(write-hit policy)。上面的段落解释了当 CPU 需要地址 x 中的数据时,读操作发生的情况。当 CPU 往地址 x 写数据时,会发生什么情况呢?如果 x 在 cache 中,则这是一个写命中,这种情况的处理是简单高效的。当写命中时,主存储器可以立刻更新(write-through),或者仅当 cache 块要从 cache 中写回时再更新(write-back)。但是写命中策略的选择不会对顺序程序的编译和优化产生太多影响。

写缺失策略(write-miss policy)。如果 CPU 所写的地址中的数据不在 cache 中,则发生写缺失。不同的机器有着不同的写缺失策略。

- **写时取**(fetch-on-write)。字 x 被写入 cache。但是目前同一个 cache 块中的其他一些数据字是属于不同地址(和 x 有着相同的 key)的,因此,为了产生一个有效的 cache 块,

也要将这些字从主存储器中取到该 cache 块中。在此期间，处理器将停顿。

- **写-验证**（write-validate）。字 x 被写入 cache。同一个 cache 块中的其他字被标记为无效的，并且不从主存储器中读取任何数据，因此处理器也不停顿。
- **写-绕过**（write-around）。字 x 被直接写入主存储器，而不是写入 cache。处理器不停顿，也不需要存储系统为此作出响应。不幸的是，下一次取 x 时，会产生一次读缺失，这将导致处理器的延迟。

写缺失策略对程序的优化方法会有影响（见 21.3 节和 21.6 节）。

cache 的层次。现代机器的存储层次可以分为几层，如图 21-2 所示。位于处理器内部的是寄存器，所有寄存器的总容量一般约为 200 字节，并且可以在 1 个处理器时钟周期内访问；稍远一点的是一级 cache，一级 cache 一般能够保存 8～64KB，访问它大约需要 2～3 个时钟周期；然后是二级 cache，其容量大约能到 1MB，访问它需要 7～10 个时钟周期；主存储器的容量可以达 100MB，访问它需要约 100 个时钟周期。一级 cache 通常划分为指令 cache（处理器从指令 cache 中取要执行的指令）和数据 cache（处理器从数据 cache 中存/取指令的操作数）。二级 cache 通常既保存指令也保存数据。

图 21-2 存储层次

许多处理器每个时钟周期能够流出多条指令；一个周期内可用的指令的数目根据数据依赖关系和资源约束而变化（见第 20 章开头）。但是我们这里假设平均每个周期能够完成两条可用的指令。于是，一级 cache 缺失将产生 15 条指令的延迟（7～10 个周期×2），二级 cache 缺失将产生 200 条指令的延迟。

对于这种 cache 组织结构，程序员（通常也包括编译器开发者）有以下一些需注意的重要结论。

- **字节取**：取单独的一个字节通常比取整个字的代价要大，因为存储器接口每次发送一个完整的字，取单独的一个字节时，处理器需要做额外的移位操作。
- **字节存**：存储单个字节一般比存储整个字的代价要大，因为这个字中的其他字节也必须从 cache 中取出，并再存回到 cache 中。
- **时间局部性**（temporal locality）：访问（取或存）一个最近曾访问过的字，通常会是 cache 命中的。
- **空间局部性**（spatial locality）：访问一个与最近已访问过的字属于相同 cache 块的字，通常会是 cache 命中的。
- **cache 冲突**（cache conflict）：如果地址 a 和地址 $a+i \cdot 2^{w+b+m}$ 都被频繁访问，那么因为访问其中的一个必须将另一个清理出 cache，所以会产生许多 cache 缺失。

编译器能够做若干优化转换，这些优化不会减少要执行的指令条数，但却能够降低程序遇到的 cache 缺失（或其他的存储器停顿）的次数。

21.2　cache 块对齐

典型的 cache 块大小（B＝大约 8 个字左右）和典型的数据对象大小相近。我们可以预期一个算法在读取某个对象的一个域的同时，也会取到其他的域。

如果 x 跨越了 B 的一个倍数边界，则它会占用两个不同 cache 块的一部分。这两个 cache 块很可能在同一时间都是活跃的。另一方面，如果 x 没有跨越 B 的倍数边界，访问 x 的所有域则只需要用到一个 cache 块。

为了通过有效地使用 cache 来提高程序性能，编译器应该合理安排数据对象，避免不必要地将它们跨越在多个 cache 块中。

有几种简单的方法可以实现上述目的。

（1）顺序分配对象；如果下一个对象不能放入当前 cache 块的剩余部分，则跳过这些剩余部分，从下一个 cache 块的开始分配对象。

（2）将大小为 2 的对象分配在一个存储区，所有对象都对齐在 2 的倍数边界上；将大小为 4 的对象分配到另一个存储区，按 4 的倍数边界对齐；依此类推。这消除了许多常见大小的对象的跨块现象，并且在对象之间没有浪费空间。

块对齐在一些块的末尾会留下若干未使用的字，因此会浪费一些存储空间，如图 21-3 所示。但是，执行速度可能会因此得到改善。对于一个给定的程序段，存在着一个被频繁访问的对象的集合 S，对齐可以减少 S 占用的 cache 块的数目，使该数目从大于 cache 大小减少到 cache 可以容纳的大小。

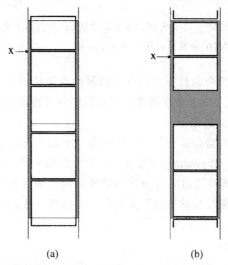

(a)　　　　　　(b)

图 21-3　尽管数据对象之间会浪费空间，为避免跨 cache 块边界
而实施数据对象（或基本块）对齐常常是值得的

对齐既能够作用于全局静态数据，也能作用于在堆上分配的数据。对于全局数据，编译器能够利用汇编语言的对齐指导命令来通知链接器。对于在堆上分配的记录和对象，将对象放置在 cache 块的边界或者最小化对象跨 cache 块的次数的任务不是由编译器完成的，而是由运行时系统中的存储分配器来完成的。

指令 cache 的对齐

指令"对象"（即基本块）占据 cache 块的情形和数据记录占据 cache 块的情形一样，并且同样需要考虑指令跨 cache 块的问题和对齐问题。将频繁执行的基本块的开始对齐在 B 的倍数边界上能增加在指令 cache 中同时容纳的基本块的数目。

不频繁执行的指令不应该和频繁执行的指令放在相同的 cache 块中。考虑下面的程序：

```
P;
if x then Q;
R;
```

其中，x 很少为真。我们可以按照图 21-4 所示的两种方式之一为上面的程序生成代码；但是，将 Q 放置到 P 和 R 之外（如图 21-4b 所示）意味着这个语句序列（通常）会占用两个 cache 块；而如果将 Q 放置在跨 P 和 R 之间的 cache 块上（如图 21-4a 所示），则意味着即使在 Q 不被执行的通常情况下，程序的这部分代码也会占用 3 个 cache 块。

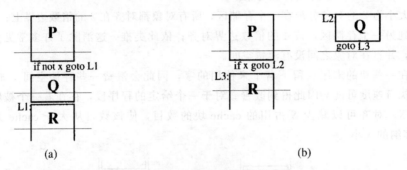

图 21-4　如果 x 很少为真，基本块放置(a)会占用 3 个 cache 块；
而(b)通常只占用 2 个 cache 块

在某些机器上，将分支指令的目标对齐在 2 的幂的边界上特别重要。现代处理器每次取一个已对齐的包含 k（2 或 4，或更多）个字的块。如果程序分支转移到的某个地址不在 k 的倍数边界上，则不能够取到 k 条有效的指令。

优化编译器在指令选择和寄存器分配后，应该有一个基本块排序（basic-block-ordering）的优化阶段。轨迹调度（trace scheduling）（见 8.2 节）可以用来将一条频繁执行的路径放置在连续的 cache 块集合中。编译器在通过条件分支构建轨迹时，重要的一点是要沿着最可能发生的出边进行构建，其中"最可能发生的出边"是根据分支预测（见 20.3 节）来确定的。

21.3　预取

如果一条取指令发生了一级（或者二级）cache 缺失，则需要从下一级存储层次中获取数据，这将导致 7～10 个时钟周期的延迟（或者 70～100 个时钟的延迟）。在有些情况下，编译器可以在许多个时钟周期之前便知道有对某个数据的需求，从而能够提前插入预取（prefetch）指令开始取该数据。

预取指令是一种提示，它提示硬件开始将地址 x 中的数据从主存储器中取到 cache 中。预取绝不会使处理器停顿，但是另一方面，如果硬件发现会产生某种异常（例如，页错），则会忽略这个预取。如果 $prefetch(x)$ 成功,则意味着下一次取 x 将命中 cache;不成功的预取可能导致下一次取时仍旧会发生 cache 缺失,但是不影响程序的正确执行。目前许多机器都有某种形式的预取指令。

当然,还有一种合理的选择:不是在早些时候开始取数据,而是使用第 20 章描述的软流水技术来延迟那些需要使用取指令结果的指令。事实上,能对指令动态重排序(解决操作数没有准备好的问题)的处理器在没有编译器特殊支持的情况下也能达到这一效果。

使用软流水或动态调度可以隐藏二级 cache 缺失引起的延迟,但它们却带来一个问题:会增加活跃的临时变量的个数。以下面计算点积的循环为例:

$$L_1 : x \leftarrow M[i]$$
$$y \leftarrow M[j]$$
$$z \leftarrow x \times y$$
$$s \leftarrow s + z$$
$$i \leftarrow i + 4$$
$$j \leftarrow j + 4$$
$$\textbf{if } i < N \textbf{ goto } L_1$$

如果 i 和 j 关联的数组所对应的数据不在一级 cache 中,或者 N 相当大(约 >8KB)以至于这两个数组不可能全部容纳在 cache 中,则每一次 i 或 j 跨越一个新的 B 的倍数边界(进入一个新的 cache 块)时,就会有一次 cache 缺失。实际上,准确的缺失率是 W/B,其中 W 是字大小,B 是 cache 块大小。W/B 的典型值是 1/4 或 1/8,这是相当高的缺失率。

发生一级 cache 缺失的代价大约是 7 个时钟周期或者 14 条指令(在每个周期流出两条指令的机器上)。在 20 世纪 90 年代早期的机器上,这会导致 14 条指令的停顿。但是 90 年代后期,一个不错的采用乱序执行的处理器可以找出不依赖于这条取指令的其他指令来执行。

在能对指令进行动态重排的机器上,上面那个循环的指令的实际执行顺序如图 21-5a 所示。当取 $x_1 \leftarrow M[i_0]$ 时,若发生 cache 缺失,数据依赖于 x_1 的指令就会需要等待 11 个时钟周期之后才能流出。而在此期间,硬件能够计算 i_1 和 j_1,甚至 i_2 和 j_2,并且可以流出 $x_2 \leftarrow M[i_1]$ 的取指令。

随着未完成的循环迭代的增加,活跃的或预约了的寄存器个数也会成比例地增加了。因为 x_2、x_3、x_4 都和 x_1 在同一个 cache 块中,所以他们导致的 cache 缺失也和 x_1 一样,因此 x_1、x_2、x_3 和 x_4 几乎都在同一时间成为可用的。迭代 $5 \sim 8$(它使用下一个 cache 块)的动态调度会和迭代 $1 \sim 4$ 的一样,依此类推。

这里列举的一级 cache 延迟通常都比较小,没有预取技术也可以处理。但是二级 cache 缺失的延迟可以达到 200 条指令(即 29 个循环迭代),会有大约 116 条未完成的指令(x、y、z、s 的计算都处于等待 cache 缺失的延迟中),它可能超出了机器的指令流出硬件的能力。

预取指令。假设编译器在取 a 之前插入了一条预取地址 a 的指令,它提示计算机应当开始将地址 a 中的数据从主存储器传送到 cache 中。于是,在几个周期过后,当原有的取指令取 a 时便会命中 cache 而不会有延迟。

许多机器没有这样的预取指令,但是他们有一种非阻塞的取数指令。也就是说,当执行 $r_3 \leftarrow M[r_7]$ 时,即使发生了 cache 缺失,处理器也不会立即停顿,而是要等到其他某条使用 r_3 作为操作数的指令被执行时才可能停顿(如果取指令还未完成)。如果我们想要预取地址 a,我们只需要做 $r_t \leftarrow M[a]$,并且从不使用 r_t 的值。这将开始取地址 a 中的数据,并在必要时将值放入 cache 中,但是不会延迟其他指令。稍后,当我们再次取 $M[a]$ 时,它将命中 cache。当然,如果计算已经达到了存储部件的限制(即已满负载地利用了取/存部件,但算术部件仍经常空闲),

504
505

那么用普通的取数指令（非阻塞的取数指令）恐怕无法实现预取。

(a) 没有预取

流出的指令	活跃或已预约的寄存器
$x_1 \leftarrow M[i_0]$	$s_0 i_0 j_0 x_1$
$y_1 \leftarrow M[j_0]$	$s_0 i_0 j_0 x_1 y_1$
$i_1 \leftarrow i_0 + 4$	$s_0 i_1 j_0 x_1 y_1$
$j_1 \leftarrow j_0 + 4$	$s_0 i_1 j_1 x_1 y_1$
$\mathbf{if}\ i_1 < N\ \cdots$	$s_0 i_1 j_1 x_1 y_1$
$x_2 \leftarrow M[i_1]$	$s_0 i_1 j_1 x_1 y_1$
$y_2 \leftarrow M[j_1]$	$s_0 i_1 j_1 x_1 y_1 x_2$
$i_2 \leftarrow i_1 + 4$	$s_0 i_1 j_1 x_1 y_1 x_2 y_2$
$j_2 \leftarrow j_1 + 4$	$s_0 i_2 j_1 x_1 y_1 x_2 y_2$
$\mathbf{if}\ i_2 < N\ \cdots$	$s_0 i_2 j_2 x_1 y_1 x_2 y_2$
$x_3 \leftarrow M[i_2]$	$s_0 i_2 j_2 x_1 y_1 x_2 y_2$
$y_3 \leftarrow M[j_2]$	$s_0 i_2 j_2 x_1 y_1 x_2 y_2 x_3$
$i_3 \leftarrow i_2 + 4$	$s_0 i_2 j_2 x_1 y_1 x_2 y_2 x_3 y_3$
$z_1 \leftarrow x_1 + y_1$	$s_0 i_3 j_2 x_1 y_1 x_2 y_2 x_3 y_3$
$s_1 \leftarrow s_0 + z_1$	$s_0 i_3 j_2 z_1 x_2 y_2 x_3 y_3$
$z_2 \leftarrow x_2 + y_2$	$s_1 i_3 j_2 z_2 x_2 y_2 x_3 y_3$
$s_2 \leftarrow s_1 + z_2$	$s_1 i_3 j_2 z_2 x_3 y_3$
$z_3 \leftarrow x_3 + y_3$	$s_2 i_3 j_2 x_3 y_3$
$s_3 \leftarrow s_2 + z_3$	$s_2 i_3 j_2 z_3$
$j_3 \leftarrow j_2 + 4$	$s_3 i_3 j_2$
$\mathbf{if}\ i_3 < N\ \cdots$	$s_3 i_3 j_3$
$x_4 \leftarrow M[i_3]$	$s_3 i_3 j_3$
$y_4 \leftarrow M[j_3]$	$s_3 i_3 j_3 x_4$
$z_4 \leftarrow x_4 + y_4$	$s_3 i_3 j_3 x_4 y_4$
$s_4 \leftarrow s_2 + z_3$	$s_3 i_3 j_3 z_4$
$i_4 \leftarrow i_3 + 4$	$s_4 i_3 j_3$
$j_4 \leftarrow j_3 + 4$	$s_4 i_4 j_3$
$\mathbf{if}\ i_4 < N\ \cdots$	$s_4 i_4 j_4$
$x_5 \leftarrow M[i_4]$	$s_4 i_4 j_4$
$y_5 \leftarrow M[j_4]$	$s_4 i_4 j_4 x_5$
$i_4 \leftarrow i_3 + 4$	$s_4 i_4 j_4 x_5 y_5$
	$s_4 i_5 j_4 x_5 y_5$

(b) 有预取

流出的指令	活跃或已预约的寄存器
$\mathbf{fetch}\ M[i_0 + 16]$	$s_0 i_0 j_0$
$x_1 \leftarrow M[i_0]$	$s_0 i_0 j_0 x_1$
$y_1 \leftarrow M[j_0]$	$s_0 i_0 j_0 x_1 y_1$
$z_1 \leftarrow x_1 + y_1$	$s_0 i_0 j_0 z_1$
$s_1 \leftarrow s_0 + z_1$	$s_1 i_0 j_0$
$i_1 \leftarrow i_0 + 4$	$s_1 i_1 j_0$
$j_1 \leftarrow j_0 + 4$	$s_1 i_1 j_1$
$\mathbf{if}\ i_1 < N\ \cdots$	$s_1 i_1 j_1$
$x_2 \leftarrow M[i_1]$	$s_1 i_1 j_1 x_2$
$y_2 \leftarrow M[j_1]$	$s_1 i_1 j_1 x_2 y_2$
$z_2 \leftarrow x_2 + y_2$	$s_1 i_1 j_1 z_2$
$s_2 \leftarrow s_1 + z_2$	$s_2 i_1 j_1$
$i_2 \leftarrow i_1 + 4$	$s_2 i_2 j_1$
$j_2 \leftarrow j_1 + 4$	$s_2 i_2 j_2$
$\mathbf{if}\ i_2 < N\ \cdots$	$s_2 i_2 j_2$
$\mathbf{fetch}\ M[j_2 + 16]$	$s_2 i_2 j_2$
$x_3 \leftarrow M[i_1]$	$s_2 i_2 j_2 x_3$
$y_3 \leftarrow M[j_1]$	$s_2 i_2 j_2 x_3 y_3$
$z_3 \leftarrow x_2 + y_2$	$s_2 i_2 j_2 z_3$
$s_3 \leftarrow s_2 + z_2$	$s_3 i_2 j_2$
$i_3 \leftarrow i_2 + 4$	$s_3 i_3 j_2$
$j_3 \leftarrow j_2 + 4$	$s_3 i_3 j_3$
$\mathbf{if}\ i_3 < N\ \cdots$	$s_3 i_3 j_3$
$x_4 \leftarrow M[i_3]$	$s_3 i_3 j_3 x_4$
$y_4 \leftarrow M[j_3]$	$s_3 i_3 j_3 x_4 y_4$
$z_4 \leftarrow x_4 + y_4$	$s_3 i_3 j_3 z_4$
$s_4 \leftarrow s_3 + z_4$	$s_4 i_3 j_3$
$i_4 \leftarrow i_3 + 4$	$s_4 i_4 j_3$
$j_4 \leftarrow j_3 + 4$	$s_4 i_4 j_4$
$\mathbf{if}\ i_4 < N\ \cdots$	$s_4 i_4 j_4$
$\mathbf{fetch}\ M[i_4 + 16]$	$s_4 i_4 j_4$

图 21-5　cache 块的大小为 4 个字时，点积循环的执行。(a) 没有预取时，在动态指令重排的机器上，未完结的指令数（预约了的寄存器数）随 cache 缺失延迟成比例增长。(b) 有预取时，硬件预约表绝不会增大。（这里展示的是稳定状态的行为，不是初始的短暂现象。）

　　如果计算按顺序访问数组的每一个字，则它会使用每个 cache 块中的几个字。这样，我们就不需要预取每一个字，即每个 cache 块只需预取一个字就足够了。假如字大小为 4 字节，cache 块大小为 16 字节，那个求点积的循环插入预取后看上去类似于下面的代码：

L_1: **if** $i\ \mathrm{mod}\ 16 = 0$ **then** 预取 $M[i + K]$
　　　if $j\ \mathrm{mod}\ 16 = 0$ **then** 预取 $M[j + K]$
　　　$x \leftarrow M[i]$
　　　$y \leftarrow M[j]$
　　　$z \leftarrow x \times y$
　　　$s \leftarrow s + z$
　　　$i \leftarrow i + 4$
　　　$j \leftarrow j + 4$
　　　if $i < N$ **goto** L_1

K 值的选择要匹配预期的 cache 缺失延迟。对于有 200 条指令延迟的二级 cache 缺失，当每个循环迭代执行 7 条指令且 i 每次迭代递增 4 时，我们应该使 $K = 200 \times 4/7$，并向上取块大小的最近整倍数，即 128。图 21-5b 使用预取指令"隐藏"的 cache 失效延迟为 11 条指令，因此 $K = 16$，即 cache 块大小。当 K 较小时，在某些机器上可能会有所帮助的另一种改进是：避免重叠的预取延迟，这样存储硬件就不必同时处理两个缺失。

实际中，我们并不想每次迭代都测试 $i \bmod 16 = 0$，因此可以展开循环或者在循环中再嵌套一个循环，如程序 21-1 所示。左边这个循环展开的版本可以进一步得到改进，其方法与预取无关，而是通过 18.5 节描述的方法删除一些中间的 **if** 语句。

508

程序 21-1　使用循环展开或嵌套循环插入预取

```
L₁: prefetch M[i + K]          L₁: n ← i + 16
    prefetch M[j + K]              if n + K ≥ N goto L₃
    x ← M[i]                       prefetch M[i + K]
    y ← M[j]                       prefetch M[j + K]
    z ← x × y                  L₂: x ← M[i]
    s ← s + z                      y ← M[j]
    i ← i + 4                      z ← x × y
    j ← j + 4                      s ← s + z
    if i ≥ N goto L₂               i ← i + 4
    x ← M[i]                       j ← j + 4
    y ← M[j]                       if i < n goto L₂
    z ← x × y                      goto L₁
    s ← s + z                  L₃: x ← M[i]
    i ← i + 4                      y ← M[j]
    j ← j + 4                      z ← x × y
    if i ≥ N goto L₂               s ← s + z
    x ← M[i]                       i ← i + 4
    y ← M[j]                       j ← j + 4
    z ← x × y                      if i < N goto L₃
    s ← s + z
    i ← i + 4
    j ← j + 4
    if i ≥ N goto L₂
    x ← M[i]
    y ← M[j]
    z ← x × y
    s ← s + z
    i ← i + 4
    j ← j + 4
    if i < N goto L₁
L₂:
```

存储指令的预取。 有时我们在编译时可以预测一条存储（store）指令会产生 cache 缺失。例如下面的循环：

```
for i ← 0 to N − 1
    A[i] ← i
```

如果数组 A 比 cache 大，或者 A 最近没有被访问过，则每次 i 跨过一个新的 cache 块时都会有一次写缺失。如果写缺失的策略是写-验证，那么就不会有问题，因为处理器不会停顿，并且所有标记为失效的字可以很快地用有效数据重写。如果策略是写取，访问每个新 cache 块时的停顿会大大降低程序的性能。但是在这个例子中可以使用预取：

```
for i ← 0 to N − 1
    if i mod blocksize = 0 then prefetch A[i + K]
    A[i] ← i
```

和平常一样，循环展开可以删除 if 测试。预取来的 $A[i+K]$ 的值将包含垃圾——它是死数据，我们知道它会被重写。我们执行这个预取的目的只是为了避免写缺失引起的停顿。

如果写缺失的策略是写-绕过，则只有我们预期 $A[i]$ 的值在写后会马上取的时候，才应该预取。

总结。在下列情况下，预取是适用的：

- 机器有预取指令，或者有能够用作预取的非阻塞的取指令；
- 机器不能动态重排指令，或者动态重排缓冲区小于我们希望隐藏的具体的 cache 延迟；并且
- 所考虑的数据大于 cache，或是不能够预期数据是否已在 cache 中。

在这里，我不讨论在循环中插入预取指令的算法，但是读者可以参见本章的"推荐阅读"。

509

21.4 循环交换

高效使用 cache 的最基本的途径是重用 cache 中的数据。当嵌套的循环访问存储时，一个循环的若干个连续迭代通常会重用同一个字，或者使用同一 cache 块中相邻的字。如果这个重用相同值的迭代是最内层循环，则会有许多存储访问命中 cache。但是如果是外层循环重用某个 cache 块，则可能由于内层循环的数据访问对 cache 的作用，下一个外层循环的迭代执行时，该 cache 块已经被刷新了。

例如，下面的多层嵌套循环：

```
for i ← 0 to N − 1
    for j ← 0 to M − 1
        for k ← 0 to P − 1
            A[i, j, k] ← (B[i, j − 1, k] + B[i, j, k] + B[i, j + 1, k])/3
```

$B[i,j+1,k]$ 的值在 j 循环的下一个迭代被重用（此时，它的"名字"是 $B[i,j,k]$），并且在再下一个迭代又被重用（此时为 $B[i,j-1,k]$）。但是同时，k 循环需要将 B 数组的 $3P$ 个元素和 A 数组的 P 个元素取到 cache。这些字中有一些很可能和 $B[i,j+1,k]$ 冲突，导致下一次取 $B[i,j+1,k]$ 时出现 cache 缺失。

在这种情形下，解决的方法是交换 j 和 k 循环，将 j 循环放至最内层：

```
for i ← 0 to N − 1
    for k ← 0 to P − 1
        for j ← 0 to M − 1
            A[i, j, k] ← (B[i, j − 1, k] + B[i, j, k] + B[i, j + 1, k])/3
```

现在，$B[i,j,k]$ 将总是命中 cache，$B[i,j-1,k]$ 也一样。

为了判断给定的两个循环是否能够合法地交换，我们必须考察相应计算的数据依赖关系图。如果迭代 (j',k') 计算的值将被迭代 (j,k) 使用（先写后读），或者它存储的值将被 (j,k) 重写（先写再写），或者它读的值将被 (j,k) 重写（先读后写），则称迭代 (j,k) 依赖于迭代 (j',k')。如果交换后的循环在 (j,k) 之前执行 (j',k')，并且它们之间存在依赖关系，则计算会产生不同

的结果，交换是非法的。

510

上面的例子中，这几个嵌套循环的任何迭代之间都没有依赖关系，因此交换是合法的。读者可以参见"推荐阅读"中关于嵌套循环的数组访问依赖关系分析的讨论。

21.5　分块

分块（blocking）技术对计算进行重排，使得计算先对一部分数据进行，当这些计算完成之后，再对下一部分数据进行计算。下面计算矩阵乘 $C = AB$ 的嵌套循环说明了为什么需要分块：

```
for i ← 0 to N − 1
    for j ← 0 to N − 1
        for k ← 0 to N − 1
            C[i, j] ← C[i, j] + A[i, k] · B[k, j]
```

如果 A 和 B 能同时放入到 cache 中，则 k 循环的执行就不会有 cache 缺失，并且在 j 循环的每次迭代，只有 $C[i, j]$ 带来的一次 cache 缺失。

但是假设这个 cache 的大小只能够保存 $2 \cdot c \cdot N$ 个矩阵元素（浮点数），这里 $1 < c < N$。例如，在一个 cache 大小为 8KB 的机器上，两个 50×50 的 8 字节的浮点矩阵相乘，并且 $c = 10$。则内层循环每次引用 $B[k, j]$ 都会有一次 cache 缺失。这是因为自从最后一次访问了 B 的一个特定元素之后，整个 B 矩阵便都经过了 cache：每次访问 B 的一列中的一个特定元素会带入一行元素，这行元素然后会被同一列的下一个元素访问带入的一行元素排挤出 cache。因此，内层循环的每次迭代都会有一次 cache 缺失。

这里，循环交换也无能为力，因为如果 j 循环是最外层循环，那么数组 A 会有 cache 缺失；如果 k 循环是最外层循环，则 C 会遭遇 cache 缺失。

解决的方法是在 A 矩阵的行和 B 矩阵的列仍在 cache 中时，重用它们。C 矩阵的一个 $c \times c$ 的块可以分别由 A 的 c 行和 B 的 c 列计算出来，具体如下所示（另见图 21-6）：

```
for i ← i₀ to i₀ + c − 1
    for j ← j₀ to j₀ + c − 1
        for k ← 0 to N − 1
            C[i, j] ← C[i, j] + A[i, k] · B[k, j]
```

511

这个三层循环只用到了 A 的 $c \cdot N$ 个元素和 B 的 $c \cdot N$ 个元素，每个元素使用了 c 次。这样，以 $2 \cdot c \cdot N$ 次 cache 缺失为代价，就可以将 A 和 B 的这部分数据放入 cache 中，并且它可以计算内层循环的 $c \cdot c \cdot N$ 个迭代，而每次迭代的 cache 缺失率只有 $2/c$。

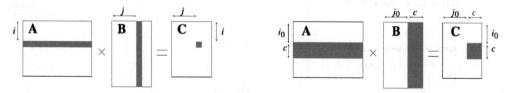

图 21-6　矩阵乘。C 的每个元素的计算都需要 A 的一行和 B 的一列。利用分块技术，C 矩阵的一个 $c \times c$ 块可以通过计算 A 的一个 $c \times N$ 块和 B 的一个 $N \times c$ 块来获得

剩下还需要做的是将上述三层循环嵌套在一个外层循环内，这个外层循环计算 C 的每个 $c\times c$ 块：

```
for i₀ ← 0 to N - 1 by c
    for j₀ ← 0 to N - 1 by c
        for i ← i₀ to min(i₀ + c - 1, N - 1)
            for j ← j₀ to min(j₀ + c - 1, N - 1)
                for k ← 0 to N - 1
                    C[i, j] ← C[i, j] + A[i, k] · B[k, j]
```

这种优化每次计算迭代空间的一小块，因此称为分块（blocking）。程序中存在着许多优化编译器能够针对它们自动进行分块转换的嵌套循环。执行这种优化的关键是循环的迭代之间数据不能相互依赖，例如在矩阵乘的例子中，$C[i, j]$ 的计算不依赖于 $C[i', j']$。

标量替换。在矩阵乘程序中，即使访问 $C[i, j]$ 几乎总是命中 cache（由于 k 循环中反复使用同一个字），仍旧可以通过标量替换（scalar replacement）优化把它再提升一个存储层次——从一级 cache 提升到寄存器！也就是说，当数组的特定元素在重复的计算中当作标量使用时，我们可以将它放入到寄存器中：

```
for i ← i₀ to i₀ + c - 1
    for j ← j₀ to j₀ + c - 1
        s ← C[i, j]
        for k ← 0 to N - 1
            s ← s + A[i, k] · B[k, j]
        C[i, j] ← s
```

这样，最内层循环的取和存的次数可以减少一半。

在存储层次的每一级上进行分块。做分块优化时，编译器必须知道 cache 的大小，以决定最佳分块的块大小 c 的值。如果有多级存储层次，则在每一级都可以进行分块。甚至机器的寄存器也可以看成是存储层次的一级。

还是用矩阵乘作为例子，假设有 32 个浮点寄存器，我们想将其中的 d 个寄存器作为一种 cache 来使用。可以将那个分块矩阵乘的 $c\times c$ 循环重写如下：

```
for i ← i₀ to i₀ + c - 1
    for k₀ ← 0 to N - 1 by d
        for k ← k₀ to k₀ + d - 1
            T[k - k₀] ← A[i, k]
        for j ← j₀ to j₀ + c - 1
            s ← C[i, j]
            for k ← k₀ to k₀ + d - 1
                s ← s + T[k - k₀] · B[k, j]
            C[i, j] ← s
```

展开和压紧（unroll and jam）。由于寄存器不能使用下标索引，所以寄存器级的分块必须使用循环展开。我们将 k 循环展开 d 次，将每个 $T[k]$ 存放在独立的标量临时变量中（为了便于举例说明，我这里使用 $d = 3$，尽管较现实的是 $d = 25$）：

```
for i  ←  i₀ to i₀ + c − 1
  for k₀  ←  0 to N − 1 by 3
    t₀ ← A[i, k₀];   t₁ ← A[i, k₀ + 1];   t₂ ← A[i, k₀ + 2]
    for j  ←  j₀ to j₀ + c − 1
      C[i, j] ← C[i, j] + t₀ · B[k₀, j] + t₁ · B[k₀ + 1, j] + t₂ · B[k₀ + 2, j]
```

513

当然，寄存器分配器将保证 t_k 保留在寄存器中。从 cache 中取的 $A[i, k]$ 的每一个值将被使用 c 次；B 的值则仍旧需要每次取，这样，内层循环的存储访问次数几乎下降了一半。

先进的编译器能够在同一个循环上执行针对一级 cache 和二级 cache 的分块转换，也能够针对存储层次的寄存器级执行标量替换以及循环展开和压紧。

21.6　垃圾收集和存储层次

垃圾收集系统一直背负着导致 cache 局部性差的"cache 折腾者"的恶名：毕竟，看起来垃圾收集是按随机访问方式来访问所有存储器单元的。

但是，垃圾收集器实际上是一种存储管理器，我们可以通过适当组织它的存储器管理方式来达到改善引用局部性的目的。

- **分代**：当使用的是分代复制式垃圾收集时，应该使最年轻的一代（分配的空间）能够放入二级 cache。这样，每一次存储分配的空间都会命中在二级 cache 中，并且对每个最年轻的一代的垃圾收集也几乎都会在二级 cache 中进行——只有那些被提升到另一代的对象才可能会发生二级 cache 写缺失。（由于一级 cache 通常较小，将最年轻的一代放在一级 cache 中会需要过于频繁的垃圾收集，因此是不现实的。）

- **顺序分配**：复制式收集时，从一片大的连续空闲空间按地址顺序依次分配新的对象。对这些对象进行初始化的顺序存储模式便于大多数现代缓冲写的处理。

- **很少的冲突**：访问最频繁的对象往往是较新的对象。采用在最年轻的一代中顺序分配对象的方式时，这些新对象的键值 key（在直接映射的 cache 中）全都不同。因此，使用垃圾收集的程序和使用显式释放的程序相比，冲突引起的 cache 缺失率明显要低。

- **用于分配的预取**：进行顺序初始化的存储操作有可能会导致 cache 写缺失（在一级 cache 中，一级 cache 通常比分配空间小得多），其缺失率为每 B/W 次存储操作有一次缺失，其中 B 是 cache 块大小，W 是字大小。在大多数现代机器上（它们采用写验证 cache 策略），由于写缺失不会导致处理器等待任何数据，这些缺失的代价并不大。但是在其他一些机器上（它们采用写时取或写-绕过策略），写缺失的代价昂贵。一种解决方法是在向块中存储数据之前先预取该块。这种方法不需要分析程序中的任何循环（诸如 21.3 节介绍的技术），而是如果分配器在地址 a 创建了新的对象，它就预取字 $a + K$。K 的值和 cache 缺失延迟相关，也与分配相对于其他计算的频繁度相关，但是取 $K = 100$ 几乎在所有情况下都能很好地工作。

514

- **将相关的对象组成组**：如果对象 x 指向对象 y，访问 x 的算法很可能马上会访问 y，将这两个对象放在同一块中是合适的。使用深度优先搜索遍历活跃数据的复制式收集器往往会自动地把相关数据放在一起，而使用宽度优先搜索的收集器则做不到这一点。按深度优先顺序复制改善了 cache 性能——但是只有在 cache 块的大小超过这些对象的大小时才能显现出来。

这些 cache 局部性改进技术全部适用于复制式收集。标记-清扫收集器因为不能移动活跃的对象,故它对 cache 管理的责任要少些,参见"推荐阅读"。

推荐阅读

Sites[1992]讨论了几种指令 cache 和数据 cache 的对齐优化。可以使用推销员旅行问题(traveling salesman problem,TSP)的高效近似算法进行基本块排序,以最小化分支造成的取指令延迟[Young et al. 1997]。

Mowry 等人[1992]描述了一种在 **for** 循环中插入预取指令的算法,此算法注意到了在所考虑的数据有可能已经在 cache 中时,不插入预取指令(毕竟,插入预取指令会有一条指令的流出代价)。

Lisp 机器的垃圾收集器使用深度优先搜索将相关的对象组合在同一页中,以便使页缺失最小化[Moon 1984]。Koopman 等人[1992]描述了针对垃圾收集系统的预取。Diwan 等人[1994]、Reinhold[1994]以及 Goncalves 和 Appel[1995]分析了使用复制式垃圾收集的程序的 cache 局部性。对于标记-清扫收集器,Boehm 等人[1991]建议(为了改善页一级的局部性)新的对象不应当分配到包含老对象的且几乎快满了的页中;并且清扫阶段应该增量式地进行,使得被分配的页恰好在程序分配它们之前通过清扫而被读入 cache 块中。

用于嵌套循环程序的存储局部性优化技术与用于循环的并行化技术有许多相同之处。例如,矩阵乘的并行实现中,如果让每个处理器计算 C 矩阵的一行,则每个处理器需要 A 的 N^2 个元素和 B 的 N 个元素,即处理器之间会有 $O(N^2)$ 个字的通信。取而代之,如果让每个处理器计算 C 的一块(块大小为 $\sqrt{N} \times \sqrt{N}$),则每个处理器只需要 A 和 B 的各 $N \times \sqrt{N}$ 个字,处理器之间的通信也只有 $O(N^{1.5})$ 个字。许多使用分块和循环嵌套优化为单处理器生成最高效的存储代码的编译器就是并行编译器——只是将并行化功能关闭了而已!

为了生成好的并行代码(或者执行本章所描述的多种循环优化,如分块和交换),编译器必须分析数组访问之间的数据依赖关系。数据依赖关系分析超出了本书的讨论范围,Wolfe [1996]对此做了很好的介绍。

Callahan 等人[1990]说明了如何进行标量替换,Carr 和 Kennedy[1994]说明了如何基于目标机特征计算正确的循环展开和压紧的次数。

Wolf 和 Lam[1990]描述了一种编译优化算法,这个算法使用了分块、分片(tiling,和分块类似,但是分片可以是倾斜的,而不是成直角的)和循环交换来改善多种嵌套循环的局部性。

Wolfe[1996]编写的教科书几乎涵盖了本章描述的所有技术,它关注的主要是自动并行化,但是也涉及了改善存储局部性的方法。

习题

*21.1 用 C 语言写一个 1000×1000 的双精度浮点矩阵乘程序。在你的机器上运行这个程序,并测量其运行时间。

a. 查明你机器上的浮点寄存器个数、一级 cache 和二级 cache 的大小。

b. 写一个矩阵乘程序,它只针对二级 cache 层次使用分块转换。测量它的运行时间。

c. 修改你的程序,优化一级 cache 和二级 cache。测量其运行时间。

d. 再次修改你的程序，除了优化一级 cache 和二级 cache 外，通过循环展开和压紧，优化寄存器的使用。检查 C 编译器的输出，验证寄存器分配器确实将你的临时变量都放入到了浮点寄存器中。测量其运行时间。

*21.2 用 C 语言写一个 1000×1000 的双精度浮点矩阵乘程序。使用 C 编译器输出程序中循环的汇编代码。如果你的机器有预取指令，或是有能够用作预取的非阻塞的取指令，插入预取指令隐藏二级 cache 缺失。说明你利用 cache 缺失延迟进行了哪些计算？使用预取后，你的程序性能提高了多少？

517

附录 Tiger 语言参考手册

Tiger 语言是一个小规模的语言，它有嵌套函数、采用隐含指针的记录值、数组、整型和字符串变量，以及几种简单的结构化的控制结构。

A.1 词法名词

标识符：标识符是以字母开头，由字母、数字和下划线组成的序列（区分大小写字母）。在本附录中，符号 *id* 代表一个标识符。

注释：注释可以出现在任意两个单词之间。注释以/* 开始，以*/结束，并且可以嵌套。

A.2 声明

声明序列是由一系列的类型、值和函数声明组成的序列；各个声明之间没有用来分隔或终止一个声明的标点符号。

$$decs \quad \rightarrow \quad \{dec\}$$

$$dec \rightarrow tydec$$
$$\rightarrow vardec$$
$$\rightarrow fundec$$

本节所用的语法记号中，ϵ 代表空字符串，$\{x\}$ 代表可能为空的序列 x。

数据类型

Tiger 中类型和类型声明的语法是

$$tydec \quad \rightarrow \quad \textbf{type } type\text{-}id = ty$$

$$ty \quad \rightarrow \quad type\text{-}id$$
$$\rightarrow \quad \{ tyfields \} \qquad （这里的花括号代表花括号自身）$$
$$\rightarrow \quad \textbf{array of } type\text{-}id$$

$$tyfields \quad \rightarrow \quad \epsilon$$
$$\rightarrow \quad id : type\text{-}id \{, id : type\text{-}id\}$$

- **内建类型**：有两个预先定义的命名类型 int 和 string。可以通过类型声明定义或重新定义（包括那些预定义的）其他的命名类型。
- **记录**：记录类型是由花括号中列出的它们的各个域来定义的，每一个域用 *fieldname*：*type-id* 来描述，其中 *type-id* 是一个由类型声明定义的标识符。
- **数组**：任何命名类型构成的数组可以通过 **array of** *type-id* 来创建。数组的长度不作为这个类型的一部分被指定；这个类型的每一个数组都可有不同的长度，并且长度是在程序运行中创建数组时确定的。

- **记录各不相同**：每一个记录或数组类型的声明创建一个新的类型，并且这个新类型与其他记录或数组类型不兼容（即使所有的域都相同）。
- **相互递归的类型**：一组类型可以递归或相互递归。相互递归的类型是通过一系列连续的、其间没有介入值或函数声明的类型声明来指明的。每一个递归环必须经过一个记录或数组类型。

    因此，整数表的类型是：

    ```
    type intlist = {hd: int, tl: intlist}

    type tree = {key: int, children: treelist}
    type treelist = {hd: tree, tl: treelist}
    ```

但是，下面的声明序列是非法的：

```
type b = c
type c = b
```

- **域名的可重用性**：不同的记录类型可以使用相同的域名（如上例中 intlist 和 treelist 的域 hd）。

[519]

A.2.1 变量

vardec → **var** *id* := *exp*
    → **var** *id* : *type-id* := *exp*

在上面的变量声明中，短形式的声明给出了变量名，其后跟随一个表示该变量初值的表达式。在这种形式中，变量的类型取决于这个表达式的类型。

在长形式的变量声明中，同时还给出了变量的类型。初值表达式必须具有相同的类型。

如果初值表达式是 **nil**，则必须使用长形式的声明。

每一个变量声明创建一个新的变量，它的生命期同其声明的作用域一样长。

A.2.2 函数

fundec → **function** *id* (*tyfields*) = *exp*
    → **function** *id* (*tyfields*) : *type-id* = *exp*

上面的第一行是一个过程声明；第二行是一个函数声明。过程没有返回值；但函数返回结果值，并且结果值的类型在冒号之后指明。*exp* 是过程体或函数体，*tyfields* 指明了参数的类型和名字。所有参数都是传值参数。

函数可以递归。相互递归的函数和过程通过一系列连续的函数声明来指明（之间没有插入类型或变量声明）：

```
function treeLeaves(t : tree) : int =
        if t=nil then 1
        else treelistLeaves(t.children)
function treelistLeaves(L : treelist) : int =
        if L=nil then 0
        else treeLeaves(L.hd) + treelistLeaves(L.tl)
```

A.2.3 作用域规则

- **局部变量**: 在表达式 **let** ⋯ *vardec* ⋯ **in** *exp* **end** 中声明的变量的作用域从 *vardec* 之后开始直到 **end** 结束。
- **参数**: 在 **function** *id* (⋯ id_1 : id_2 ⋯) = *exp* 中，参数 id_1 的作用域是整个函数体 *exp*。
- **嵌套作用域**: 变量或参数的作用域也包括那个作用域中每一个函数定义的函数体。也就是说，Tiger 同 Pascal 和 Algol 一样，允许访问外层作用域中的变量。
- **类型**: 在表达式 **let** ⋯ *tydecs* ⋯ **in** *exps* **end** 中，类型标识符的作用域从定义它的类型声明的连续序列开始，一直延续到 **end**。这包括此作用域内所有函数的函数头和函数体。
- **函数**: 在表达式 **let** ⋯ *fundecs* ⋯ **in** *exps* **end** 中，函数标识符的作用域从定义它的函数声明的连续序列开始，一直延续到 **end**。这包括此作用域内所有函数的函数头和函数体。
- **名字空间**: 有两类不同的名字空间: 一种是类型的名字空间，另一种是函数和变量的名字空间。类型 *a* 可以与变量 *a* 或函数 *a* 同时处在一个作用域中，但是，同名的变量和函数不能同时处于一个作用域中（其中一个将隐藏另一个）。
- **局部重声明**: 变量或函数的声明可以被较小作用域中同名的（变量或函数的）重复声明所隐藏。例如，以参数 5 调用下面这个函数将输出 "6 7 6 8 6":

```
function f(v: int) =
let var v := 6
 in print(v);
    let var v := 7 in print (v) end;
    print(v);
    let var v := 8 in print (v) end;
    print(v)
end
```

函数可隐藏同名变量，反之亦然。类似地，类型声明可以被其作用域内具有较小作用域的同名的重复声明所隐藏。但是，在相互递归的函数序列中，不能有同名的函数；并且在相互递归的类型序列中，不能有同名的类型。

A.3 变量和表达式

A.3.1 左值

左值是可以从其中取出值或对其赋值的一个位置。变量、过程参数、记录域和数组元素都是左值。

> *lvalue* → *id*
> → *lvalue* . *id*
> → *lvalue* [*exp*]

- **变量**: 形如 *id* 的标识符引用一个根据作用域规则可访问的变量或参数。
- **记录域**: 点号表示法允许选择一个记录值相应的命名域。
- **数组下标**: 方括号表示法允许选择与编号对应的数组元素。数组以从 0 开始的连续整数（最大值为数组大小减 1）作为索引。

A.3.2　表达式

- **左值**：当用于表达式时，其值是它对应的位置中的内容。

- **无值表达式**：有一些表达式不产生结果，包括过程调用、赋值、*if-then*、*while*、*break*，有时还有 *if-then-else*。因此，尽管表达式(a:=b)+c 在词法上是正确的，但它却通不过类型检查。

- **nil**：表达式 **nil**（保留字）表示一个属于所有记录类型的值 **nil**。如果记录变量 *v* 的值为 **nil**，则从 *v* 选择一个域会检测出一个运行时错误。**nil** 必须用在可以确定其类型的上下文中，也就是：

```
var a : my_record := nil              OK
a := nil                              OK
if a <> nil then ...                  OK
if nil <> a then ...                  OK
if a = nil then ...                   OK
function f(p: my_record) = ... f(nil) OK
var a := nil                          非法
if nil = nil then ...                 非法
```

- **序列**：括在括号内用分号隔开的两个或两个以上表达式组成的序列($exp;exp;...exp$)，按排列顺序计算它的所有表达式。此序列的结果是最后一个表达式产生的结果（如果有结果的话）。

- **无值**：一个开括号其后跟随一个闭括号（这两个括号是两个独立的单词）是一个不产生值的表达式。类似地，在 **in** 和 **end** 之间没有内容的 **let** 表达式也不产生值。

- **整型字面量**：由十进制数字组成的一个序列是一个代表对应整数值的整型常数。

- **字符串字面量**：字符串是一个序列，它由括在双引号之间的 0 或更多个可打印字符、空白符或转义序列组成。每一个转义序列由转义字符 \ 引入，代表一个字符序列。Tiger 允许有如下的转义序列（\ 的所有其他用法都是非法的）。

\n	系统中表示换行的字符。
\t	制表符 Tab。
\^c	控制字符 c，适用于任何适当的字符 c。
\ddd	具有 ASCII 码 ddd（3 个十进制数字）的单个字符。
\"	双引号字符（"）。
\\	反斜线字符（\）。
\f＿＿f\	此序列将被忽略。其中 f＿＿f 代表一个或多个以上的格式化字符（非可打印字符的子集，至少应包含空白符、制表符、换行符、换页符）组成的序列。这使我们可以在一行的末尾和下一行的开始各写一个 \，从而写出长度超过一行的长字符串。

- **负值**：整型值表达式之前可以带有一个负号。

- **函数调用**：函数调用 $id()$ 或 $id(exp\{,exp\})$ 表示从左至右计算实参表，并用计算出的实参值来调用函数 *id*。这些实参与该函数定义的对应形参相结合，函数体按照传统的静态作用域规则计算出一个结果。如果 *id* 实际表示的是一个过程（即无返回值的函数），则其函数体不能产生结果值，并且调用此函数也不会有返回结果。

- **算术操作**：形如 *exp op exp* 的表达式，其中 *op* 是+、-、*、/，要求整型操作数，并且产生一个整型结果。

- **比较**：形如 exp op exp 的表达式，其中 op 是=、<>、>、<、>=、<=，比较它的两个操作数的相等或不等性，并在比较结果为真的情况下产生整数 1，在为假的情况下产生整数 0。所有这些操作符都可以应用于整型操作数。相等或不等操作符也可应用于相同类型的两个记录或数组操作数，但比较的是其"引用"或"指针"的相等性（它们测试的是两个记录是否是相同的实例，而不是这两个记录是否具有相同的内容）。

- **字符串比较**：比较操作符也可应用于字符串。如果两个字符串的内容相同，则这两个字符串相等；没有办法识别部分字符相同的两个字符串。不等性是按照词典序来比较的。

- **布尔操作**：形如 exp op exp 的表达式，其中 op 是 & 或 |，表示按捷径方式计算布尔交和并：当它们可以由左操作数确定出其结果时，将不再计算其右操作数。任何非 0 的整数值都看成真值，整数 0 是假值。

- **操作符的优先级**：一元负（取负）具有最高的优先级，操作符*、/具有次高优先级，其次是+、-，之后是=、<>、>、<、>=、<=，再之后是 &，最后是 |。

- **操作符的结合性**：操作符*、/、+、-都是左结合的。比较操作符不能结合，因此，尽管 a=(b=c)是合法的，a=b=c 不是合法的表达式。

- **记录创建**：表达式 type-id{id=exp{,id=exp}}或（对于一个空记录类型）type-id{}创建一个类型为 type-id 的新的记录实例。该记录表达式的域名和类型必须按给定的顺序与命名类型的域名和类型相匹配。这里的花括号{}就是花括号自身。

- **数组创建**：表达式 type-id[exp_1] of exp_2 按顺序计算 exp_1 和 exp_2，分别计算出其元素的个数 *n* 和初始值v。类型 *type-id* 必须声明为数组类型。该表达式的结果是一个类型为 *type-id*，索引范围从 0 到 $n-1$ 的新数组，此数组的每一个元素的初值都为 v。

- **数组和记录赋值**：当一个数组或记录变量 *a* 被赋予了一个值 *b* 时，*a* 引用的是与 *b* 相同的数组或记录。之后对 *a* 的元素的更新将影响 *b*，反之亦然，直到 *a* 被重新赋值。数组和记录参数传递的是地址，而不是值。

- **生存期**：记录和数组具有无限的生存期：每一个记录或数组值是永久存在的，即使控制已退出了声明它们的作用域也如此。

- **赋值**：赋值语句 *lvalue* :=*exp* 先计算 *lvalue*，接着计算 *exp*，然后设置 *lvalue* 的内容为表达式 *exp* 的结果。在句法上，:=的优先级低于布尔操作符 & 和 |。赋值表达式不产生值，所以(a:=b)+c 是非法的。

- **if-then-else**：*if* 表达式 if exp_1 then exp_2 else exp_3 计算整型表达式 exp_1。如果结果不为 0，则产生计算表达式 exp_2 的结果；否则产生 exp_3 的结果。表达式 exp_2 和 exp_3 必须具有相同的类型，此类型也是整个 *if* 表达式的类型（或者，两个表达式都必须是无值的）。

- **if-then**：*if* 表达式 if exp_1 then exp_2 计算整型表达式 exp_1。如果结果不为 0，则计算 exp_2（它必须不产生值）。整个 *if* 表达式是无值的。

- **while**：表达式 while exp_1 do exp_2 计算整型表达式 exp_1。如果结果不为 0，则计算 exp_2（它必须是无值的），然后重新计算整个 while 表达式。

- **for**：表达式 for *id* := exp_1 to exp_2 do exp_3 对取值范围在 exp_1 和 exp_2 之间的 *id* 的每一个整数值重复计算 exp_3。变量 *id* 是一个由该 **for** 语句隐含声明的新变量，它的作用域仅在 exp_3 中，并且在 exp_3 内不可以对它赋值。循环体 exp_3 必须是无值的。循环的上界 exp_1 和

下界 exp_2 只在进入循环体之前计算一次。如果上界小于下界，则不会执行循环体。 $\boxed{524}$

- **break**：**break** 表达式终止直接包含它的那个 while 表达式或 for 表达式的计算。即使 p 嵌套在 q 之内，过程 p 之内的 **break** 也不能终止过程 q 中的循环。**break** 位于 **while** 或 **for** 之外是非法的。
- **let**：表达式 **let** *decs* **in** *expseq* **end** 计算声明 *decs*，绑定类型、变量和过程使它们的作用域为整个 *expseq*。*expseq* 是 0 个或更多个用分号分隔的表达式所形成的序列，此序列中最后一个表达式的结果（若有的话）将作为整个 let 表达式的结果。
- **圆括号**：和大多数程序设计语言一样，括住任何表达式的圆括号都强制它们在句法上组成一组。

A.3.3　程序

Tiger 程序没有参数：程序就是一个表达式 *exp*。

A.4　标准库

Tiger 有下面几个预先定义的函数。

```
function print(s : string)
```

输出 s 至标准输出。

```
function flush()
```

排空标准输出缓冲区。

```
function getchar() : string
```

从标准输入读一个字符；遇到文件尾则返回空字符串。

```
function ord(s: string) : int
```

给出 s 中第一个字符的 ASCII 值；如果 s 是空字符串，则返回 -1。

```
function chr(i: int) : string
```

ASCII 值为 i 的单字符字符串；若 i 超出了 ASCII 字符集的范围，程序将停止。

```
function size(s: string) : int
```

s 中字符的个数。

```
function substring(s:string, first:int, n:int) : string
```

字符串 s 中从第 first 个字符开始、长度为 n 的子字符串，字符从 0 开始编号。

```
function concat (s1: string, s2: string) : string
```

s1 和 s2 的串联得到的字符串。

```
function not(i : int) : int
```

返回(i = 0)。

```
function exit(i: int)
```

以状态码 i 终止程序的执行。

A. 5   Tiger 程序示例

本节给出了两个已完成的 Tiger 程序；程序 6-2 只是一个 Tiger 程序的一部分（一个函数）。

A. 5. 1   QUEENS. TIG

```
/* A program to solve the 8-queens problem */
let
  var N := 8

  type intArray = array of int

  var row := intArray [ N ] of 0
  var col := intArray [ N ] of 0
  var diag1 := intArray [N+N-1] of 0
  var diag2 := intArray [N+N-1] of 0

  function printboard() =
      (for i := 0 to N-1
       do (for j := 0 to N-1
             do print(if col[i]=j then " O" else " .");
            print("\n"));
         print("\n"))

  function try(c:int) =
   if c=N
   then printboard()
   else for r := 0 to N-1
          do if row[r]=0 & diag1[r+c]=0 & diag2[r+7-c]=0
             then (row[r]:=1; diag1[r+c]:=1; diag2[r+7-c]:=1;
                   col[c]:=r;
                   try(c+1);
                   row[r]:=0; diag1[r+c]:=0; diag2[r+7-c]:=0)

 in try(0)
end
```

这个程序输出了所有满足如下要求的棋盘布局：在国际象棋棋盘上放置 8 个皇后，使之满足同一行、同一列和同一对角线上不会有两个皇后。它说明了数组和递归的用法。假设我们已成功地在第 $0 \sim c-1$ 列放置了两个皇后，则当第 r 行放置了皇后时，row[r]将是 1；当第 d 条左下角至右上角的对角线放置了皇后时，diag1[d]将是 1；当第 d 条左上角至右下角的对角线放置了皇后时，diag2[d]将是 1。接下来，try(c)尝试在第 $c \sim N-1$ 行放置皇后。

A. 5. 2   MERGE. TIG

```
let    type any = {any : int}
       var buffer := getchar()

  function readint(any: any) : int =
  let var i := 0
       function isdigit(s : string) : int =
```

```
                 ord(buffer)>=ord("0") & ord(buffer)<=ord("9")
      in while buffer=" " | buffer="\n" do buffer := getchar()
         any.any := isdigit(buffer);
         while isdigit(buffer)
          do (i := i*10+ord(buffer)-ord("0");
               buffer := getchar());
         i
      end

type list = {first: int, rest: list}

function readlist() : list =
   let var any := any{any=0}
       var i := readint(any)
     in if any.any
         then list{first=i,rest=readlist()}
         else (buffer := getchar(); nil)
     end

function merge(a: list, b: list) : list =
   if a=nil then b
   else if b=nil then a
   else if a.first < b.first
      then list{first=a.first,rest=merge(a.rest,b)}
      else list{first=b.first,rest=merge(a,b.rest)}

function printint(i: int) =
 let function f(i:int) = if i>0
           then (f(i/10); print(chr(i-i/10*10+ord("0"))))
  in if i<0 then (print("-"); f(-i))
     else if i>0 then f(i)
     else print("0")
 end

function printlist(l: list) =
   if l=nil then print("\n")
   else (printint(l.first); print(" "); printlist(l.rest))

   /* BODY OF MAIN PROGRAM */
 in printlist(merge(readlist(), readlist()))
end
```

这个程序从标准输入读入两列整数；每列中的数应按递增顺序排列，数之间用空白或换行符分隔；每一列数应当用分号来终止。

程序的输出是这两列数的合并：即一列按递增顺序排列的数。

记录 any 在 Tiger 中用来模拟传地址调用。尽管 readint 不能更改它的实参（以指明输入中是否还余留有要输入的数），但可以更改它的实参的一个域。

赋值 any := any{any = 0} 说明了一个名字可以表示变量、类型和域，具体表示什么取决于它的上下文。

参 考 文 献

ADA 1980. Military standard: Ada programming language. Tech. Rep. MIL-STD-1815, Department of Defense, Naval Publications and Forms Center, Philadelphia, PA.

AHO, A. V., GANAPATHI, M., AND TJIANG, S. W. K. 1989. Code generation using tree matching and dynamic programming. *ACM Trans. on Programming Languages and Systems* 11(4), 491–516.

AHO, A. V., JOHNSON, S. C., AND ULLMAN, J. D. 1975. Deterministic parsing of ambiguous grammars. *Commun. ACM* 18(8), 441–452.

AHO, A. V., SETHI, R., AND ULLMAN, J. D. 1986. *Compilers: Principles, Techniques, and Tools.* Addison-Wesley, Reading, MA.

AIKEN, A. AND NICOLAU, A. 1988. Optimal loop parallelization. In Proc. SIGPLAN '88 Conf. on Prog. Lang. Design and Implementation. *SIGPLAN Notices* 23(7), 308–17.

ALLEN, F. E. 1969. Program optimization. *Annual Review of Automatic Programming* 5, 239–307.

ALLEN, F. E. 1970. Control flow analysis. *SIGPLAN Notices* 5(7), 1–19.

ALPERN, B., WEGMAN, M. N., AND ZADECK, F. K. 1988. Detecting equality of variables in programs. In *Proc. 15th ACM Symp. on Principles of Programming Languages.* ACM Press, New York, 1–11.

AMIEL, E., GRUBER, O., AND SIMON, E. 1994. Optimizing multi-method dispatch using compressed dispatch tables. In OOPSLA '94: 9th Annual Conference on Object-Oriented Programming Systems, Languages, and Applications. *SIGPLAN Notices* 29(10), 244–258.

APPEL, A. W. 1992. *Compiling with Continuations.* Cambridge University Press, Cambridge, England.

APPEL, A. W., ELLIS, J. R., AND LI, K. 1988. Real-time concurrent collection on stock multiprocessors. In Proc. SIGPLAN '88 Conf. on Prog. Lang. Design and Implementation. *SIGPLAN Notices* 23(7), 11–20.

APPEL, A. W. AND SHAO, Z. 1996. Empirical and analytic study of stack versus heap cost for languages with closures. *J. Functional Programming* 6(1), 47–74.

ARNOLD, K. AND GOSLING, J. 1996. *The Java Programming Language.* Addison Wesley, Reading, MA.

AUGUSTSSON, L. 1984. A compiler for lazy ML. In *Proc. 1984 ACM Conf. on LISP and Functional Programming.* ACM Press, New York, 218–27.

BACKHOUSE, R. C. 1979. *Syntax of Programming Languages: Theory and Practice.* Prentice-Hall International, Englewood Cliffs, NJ.

BAKER, H. G. 1978. List processing in real time on a serial computer. *Commun. ACM* 21(4), 280–294.

BALL, T. AND LARUS, J. R. 1993. Branch prediction for free. In Proc. ACM SIGPLAN '93 Conf. on Prog. Lang. Design and Implementation. *SIGPLAN Notices* 28(6), 300–313.

BAUER, F. L. AND EICKEL, J. 1975. *Compiler Construction: An Advanced Course.* Springer-Verlag, New York.

BIRTWISTLE, G. M., DAHL, O.-J., MYHRHAUG, B., AND NYGAARD, K. 1973. *Simula Begin.* Petrocelli/Charter, New York.

BOBROW, D. G., DEMICHIEL, L. G., GABRIEL, R. P., KEENE, S. E., KICZALES, G., AND MOON, D. A. 1989. Common Lisp Object System specification. *Lisp and Symbolic Computation* 1(3), 245–293.

BOEHM, H.-J. 1993. Space efficient conservative garbage collection. In Proc. ACM SIGPLAN '93 Conf. on Prog. Lang. Design and Implementation. *SIGPLAN*

Notices 28(6), 197–206.

BOEHM, H.-J. 1996. Simple garbage-collector-safety. In Proc. ACM SIGPLAN '96.Conf. on Prog. Lang. Design and Implementation. *SIGPLAN Notices* 31(5), 89–98.

BOEHM, H.-J., DEMERS, A. J., AND SHENKER, S. 1991. Mostly parallel garbage collection. In Proc. ACM SIGPLAN '91 Conf. on Prog. Lang. Design and Implementation. *SIGPLAN Notices* 26(6), 157–164.

BOEHM, H.-J. AND WEISER, M. 1988. Garbage collection in an uncooperative environment. *Software—Practice and Experience* 18(9), 807–820.

BRANQUART, P. AND LEWI, J. 1971. A scheme for storage allocation and garbage collection in Algol-68. In *Algol 68 Implementation*, J. E. L. Peck, Ed. North-Holland, Amsterdam.

BRIGGS, P., COOPER, K. D., AND TORCZON, L. 1994. Improvements to graph coloring register allocation. *ACM Trans. on Programming Languages and Systems* 16(3), 428–455.

BROWN, M. R. AND TARJAN, R. E. 1979. A fast merging algorithm. *Journal of the Association for Computing Machinery* 26(2), 211–226.

BUMBULIS, P. AND COWAN, D. D. 1993. RE2C: A more versatile scanner generator. *ACM Letters on Programming Languages and Systems* 2(1–4), 70–84.

BURKE, M. G. AND FISHER, G. A. 1987. A practical method for LR and LL syntactic error diagnosis and recovery. *ACM Trans. on Programming Languages and Systems* 9(2), 164–167.

CALLAHAN, D., CARR, S., AND KENNEDY, K. 1990. Improving register allocation for subscripted variables. In Proc. ACM SIGPLAN '90 Conf. on Prog. Lang. Design and Implementation. *SIGPLAN Notices* 25(6), 53–65.

CARDELLI, L. 1984. Compiling a functional language. In *1984 Symp. on LISP and Functional Programming*. ACM Press, New York, 208–17.

CARR, S. AND KENNEDY, K. 1994. Improving the ratio of memory operations to floating-point operations in loops. *ACM Trans. on Programming Languages and Systems* 16(6), 1768–1810.

CATTELL, R. G. G. 1980. Automatic derivation of code generators from machine descriptions. *ACM Trans. on Programming Languages and Systems* 2(2), 173–190.

CHAITIN, G. J. 1982. Register allocation and spilling via graph coloring. *SIGPLAN Notices* 17(6), 98–105. Proceeding of the ACM SIGPLAN '82 Symposium on Compiler Construction.

CHAMBERS, C. AND LEAVENS, G. T. 1995. Typechecking and modules for multimethods. *ACM Trans. on Programming Languages and Systems* 17(6), 805–843.

CHAMBERS, C., UNGAR, D., AND LEE, E. 1991. An efficient implementation of SELF, a dynamically-typed object-oriented language based on prototypes. *Lisp and Symbolic Computation* 4(3), 243–281.

CHEN, W. AND TURAU, B. 1994. Efficient dynamic look-up strategy for multi-methods. In *European Conference on Object-Oriented Programming (ECOOP '94)*.

CHENEY, C. J. 1970. A nonrecursive list compacting algorithm. *Commun. ACM* 13(11), 677–678.

CHOW, F., HIMELSTEIN, M., KILLIAN, E., AND WEBER, L. 1986. Engineering a RISC compiler system. In *Proc. COMPCON Spring 86*. IEEE, 132–137.

CHURCH, A. 1941. *The Calculi of Lambda Conversion*. Princeton University Press, Princeton, NJ.

COCKE, J. 1970. Global common subexpression elimination. *SIGPLAN Notices* 5(7), 20–24.

COCKE, J. AND SCHWARTZ, J. T. 1970. Programming languages and their compilers: Preliminary notes. Tech. rep., Courant Institute, New York University.

COHEN, J. 1981. Garbage collection of linked data structures. *Computing Surveys* 13(3), 341–367.

COHEN, N. H. 1991. Type-extension type tests can be performed in constant time. *ACM Trans. on Programming Languages and Systems* 13(4), 626–629.

COLLINS, G. E. 1960. A method for overlapping and erasure of lists. *Commun. ACM* 3(12),

655–657.

CONNOR, R. C. H., DEARLE, A., MORRISON, R., AND BROWN, A. L. 1989. An object addressing mechanism for statically typed languages with multiple inheritance. *SIGPLAN Notices* 24(10), 279–285.

CONWAY, M. E. 1963. Design of a separable transition-diagram compiler. *Commun. ACM* 6(7), 396–408.

CORMEN, T. H., LEISERSON, C. E., AND RIVEST, R. L. 1990. *Introduction to Algorithms*. MIT Press, Cambridge, MA.

COUSINEAU, G., CURIEN, P. L., AND MAUNY, M. 1985. The categorical abstract machine. In *Functional Programming Languages and Computer Architecture, LNCS Vol. 201*, J. P. Jouannaud, Ed. Springer-Verlag, New York, 50–64.

CYTRON, R., FERRANTE, J., ROSEN, B. K., WEGMAN, M. N., AND ZADECK, F. K. 1991. Efficiently computing static single assignment form and the control dependence graph. *ACM Trans. on Programming Languages and Systems* 13(4), 451–490.

CYTRON, R., LOWRY, A., AND ZADECK, K. 1986. Code motion of control structures in high-level languages. In *Proc. 13th ACM Symp. on Principles of Programming Languages*. ACM Press, New York, 70–85.

DEREMER, F. L. 1971. Simple LR(k) grammars. *Commun. ACM* 14, 453–460.

DERSHOWITZ, N. AND JOUANNAUD, J.-P. 1990. Rewrite systems. In *Handbook of Theoretical Computer Science*, J. van Leeuwen, Ed. Vol. B. Elsevier, Amsterdam, 243–320.

DIJKSTRA, E. W., LAMPORT, L., MARTIN, A. J., SCHOLTEN, C. S., AND STEFFENS, E. F. M. 1978. On-the-fly garbage collection: An exercise in cooperation. *Commun. ACM* 21(11), 966–975.

DIWAN, A., MOSS, E., AND HUDSON, R. 1992. Compiler support for garbage collection in a statically typed language. In Proc. ACM SIGPLAN '92 Conf. on Prog. Lang. Design and Implementation. *SIGPLAN Notices* 27(7), 273–282.

DIWAN, A., MOSS, J. E. B., AND MCKINLEY, K. S. 1996. Simple and effective analysis of statically typed object-oriented programs. In OOPSLA '96: 11th Annual Conference on Object-Oriented Programming Systems, Languages, and Applications. *SIGPLAN Notices* 31, 292–305.

DIWAN, A., TARDITI, D., AND MOSS, E. 1994. Memory subsystem performance of programs using copying garbage collection. In *Proc. 21st Annual ACM SIGPLAN-SIGACT Symp. on Principles of Programming Languages*. ACM Press, New York, 1–14.

DIXON, R., MCKEE, T., SCHWEIZER, P., AND VAUGHAN, M. 1989. A fast method dispatcher for compiled languages with multiple inheritance. In OOPSLA '89: Object-Oriented Programming: Systems, Languages, and Applications. *SIGPLAN Notices* 24(10), 211–214.

ERSHOV, A. P. 1958. On programming of arithmetic operations. *Commun. ACM* 1(8), 3–6.

FELDMAN, J. AND GRIES, D. 1968. Translator writing systems. *Commun. ACM* 11(2), 77–113.

FENICHEL, R. R. AND YOCHELSON, J. C. 1969. A LISP garbage-collector for virtual-memory computer systems. *Commun. ACM* 12(11), 611–612.

FERRANTE, J., OTTENSTEIN, K. J., AND WARREN, J. D. 1987. The program dependence graph and its use in optimization. *ACM Trans. on Programming Languages and. Systems* 9(3), 319–349.

FISHER, J. A. 1981. Trace scheduling: A technique for global microcode compaction. *IEEE Transactions on Computers* C-30(7), 478–490.

FISHER, J. A. 1983. Very long instruction word architectures and the ELI-512. In *Proc. 10th Symposium on Computer Architecture*. 140–150.

FLANAGAN, C., SABRY, A., DUBA, B. F., AND FELLEISEN, M. 1993. The essence of compiling with continuations. In *Proceedings of the ACM SIGPLAN '93 Conference on Programming Language Design and Implementation*. ACM Press, New York, 237–247.

FORD, L. R. AND FULKERSON, D. R. 1962. *Flows in Networks.* Princeton University Press, Princeton, NJ.

FRASER, C. W. AND HANSON, D. R. 1995. *A Retargetable C Compiler: Design and Implementation.* Benjamin Cummings, Redwood City, CA.

FRASER, C. W., HENRY, R. R., AND PROEBSTING, T. 1992. BURG—fast optimal instruction selection and tree parsing. *SIGPLAN Notices* 24(4), 68–76.

FRIEDMAN, D. P. AND WISE, D. S. 1976. Cons should not evaluate its arguments. In *Automata, Languages and Programming*, S. Michaelson and R. Milner, Eds. Edinburgh University Press, 257–284.

GAREY, M. R. AND JOHNSON, D. S. 1979. *Computers and Intractability: A Guide to the Theory of NP-completeness.* W. H. Freeman, New York.

GEORGE, L. AND APPEL, A. W. 1996. Iterated register coalescing. *ACM Trans. on Programming Languages and Systems* 18(3), 300–324.

GIRARD, J.-Y. 1971. Une extension de l'interprétation de Gödel à l'analyse, et son application à l'élimination des coupures dans l'analyse et la théorie des types. In *Proc. 2nd Scandinavian Logic Symposium*, J. E. Fenstad, Ed. North-Holland, Amsterdam, 63–92.

GLANVILLE, R. S. AND GRAHAM, S. L. 1978. A new method for compiler code generation. In *Fifth ACM Symposium on Principles of Programming Languages.* 231–40.

GÖDEL, K. 1931. Über formal unentscheidbare Sätze der Principia Mathematica and verwandter Systeme I. *Monatshefte für Mathematik und Physik* 38, 173–198.

GOLDBERG, A., ROBSON, D., AND INGALLS, D. H. H. 1983. *Smalltalk-80: The Language and Its Implementation.* Addison-Wesley, Reading, MA.

GONÇALVES, M. J. R. AND APPEL, A. W. 1995. Cache performance of fast-allocating programs. In *Proc. Seventh Int'l Conf. on Functional Programming and Computer Architecture.* ACM Press, New York, 293–305.

GORDON, M. J. C., MILNER, A. J. R. G., MORRIS, L., NEWEY, M. C., AND WADSWORTH, C. P. 1978. A metalanguage for interactive proof in LCF. In *Fifth ACM Symp. on Principles of Programming Languages.* ACM Press, New York.

GOVINDARAJAN, R., ALTMAN, E. R., AND GAO, G. R. 1996. A framework for resource-constrained rate-optimal software pipelining. *IEEE Transactions on Parallel and Distributed Systems* 7(11), 1133–1149.

GRAY, R. W. 1988. γ-GLA—a generator for lexical analyzers that programmers can use. In *USENIX Conference Proceedings.* USENIX Association, Berkeley, CA, 147–160.

GRIES, D. 1971. *Compiler Construction for Digital Computers.* John Wiley & Sons, New York.

HALL, C. V., HAMMOND, K., PEYTON JONES, S. L., AND WADLER, P. L. 1996. Type classes in Haskell. *ACM Trans. on Programming Languages and Systems* 18(2), 109–138.

HANSON, D. R. 1997. *C Interfaces and Implementations: Techniques for Creating Reusable Software.* Addison-Wesley, Reading, Mass.

HAREL, D. 1985. A linear time algorithm for finding dominators in flow graphs and related problems. In *Proc. 7th Annual ACM Symp. on Theory of Computing.* ACM Press, New York, 185–194.

HARPER, R. AND MITCHELL, J. C. 1993. On the type structure of Standard ML. *ACM Trans. on Programming Languages and Systems* 15(2), 211–252.

HARPER, R. AND MORRISETT, G. 1995. Compiling polymorphism using intensional type analysis. In *Twenty-second Annual ACM Symp. on Principles of Prog. Languages.* ACM Press, New York, 130–141.

HEILBRUNNER, S. 1981. A parsing automata approach to LR theory. *Theoretical Computer Science* 15, 117–157.

HENDERSON, P. AND MORRIS, J. H. 1976. A lazy evaluator. In *Third ACM Symp. on Principles of Prog. Languages.* ACM Press, New York, 123–142.

HENGLEIN, F. 1993. Type inference with polymorphic recursion. *ACM Trans. on Programming Languages and Systems* 15(2), 253–289.

HENNESSY, J. L. AND PATTERSON, D. A. 1996. *Computer Architecture: A Quantitative Approach*, Second ed. Morgan Kaufmann, San Mateo, CA.

HINDLEY, J. R. 1969. The principal type-scheme of an object in combinatory logic. *Trans. AMS* 146, 29–60.

HOPCROFT, J. E. AND ULLMAN, J. D. 1979. *Introduction to Automata Theory, Languages, and Computation*. Addison-Wesley, Reading, MA.

HOPKINS, M. E. 1986. Compiling for the RT PC ROMP. In *Tutorial, Reduced Instruction Set Computers*, W. Stallings, Ed. IEEE Computer Society, Los Angeles, 196–203.

HUDAK, P., PEYTON JONES, S., AND WADLER, P. 1992. Report on the programming language Haskell, a non-strict, purely functional language, version 1.2. *SIGPLAN Notices* 27(5).

HUGHES, J. 1989. Why functional programming matters. *Computer Journal* 32(2), 98–107.

JOHNSON, S. C. 1975. Yacc – yet another compiler compiler. Tech. Rep. CSTR-32, AT&T Bell Laboratories, Murray Hill, NJ.

JONES, R. AND LINS, R. 1996. *Garbage Collection: Algorithms for Automatic Dynamic Memory Management*. John Wiley & Sons, Chichester, England.

KANE, G. AND HEINRICH, J. 1992. *MIPS RISC Architecture*. Prentice-Hall, Englewood Cliffs, NJ.

KELSEY, R. A. 1995. A correspondence between continuation passing style and static single assignment form. In Proceedings ACM SIGPLAN Workshop on Intermediate Representations. *SIGPLAN Notices* 30(3), 13–22.

KEMPE, A. B. 1879. On the geographical problem of the four colors. *American Journal of Mathematics* 2, 193–200.

KFOURY, A. J., TIURYN, J., AND URZYCZYN, P. 1993. Type reconstruction in the presence of polymorphic recursion. *ACM Trans. on Programming Languages and Systems* 15(2), 290–311.

KILDALL, G. A. 1973. A unified approach to global program optimization. In *Proc. ACM Symp. on Principles of Programming Languages*. ACM Press, New York, 194–206.

KNUTH, D. E. 1965. On the translation of languages from left to right. *Information and Control* 8, 607–639.

KNUTH, D. E. 1967. *The Art of Computer Programming, Vol. I: Fundamental Algorithms*. Addison Wesley, Reading, MA.

KOOPMAN, P. J., LEE, P., AND SIEWIOREK, D. P. 1992. Cache behavior of combinator graph reduction. *ACM Trans. on Programming Languages and Systems* 14(2), 265–297.

KRANZ, D., KELSEY, R., REES, J., HUDAK, P., PHILBIN, J., AND ADAMS, N. 1986. ORBIT: An optimizing compiler for Scheme. *SIGPLAN Notices (Proc. Sigplan '86 Symp. on Compiler Construction)* 21(7), 219–33.

LANDI, W. AND RYDER, B. G. 1992. A safe approximation algorithm for interprocedural pointer aliasing. In Proc. ACM SIGPLAN '92 Conf. on Prog. Lang. Design and Implementation. *SIGPLAN Notices* 26(6), 235–248.

LANDIN, P. J. 1964. The mechanical evaluation of expressions. *Computer J.* 6(4), 308–320.

LENGAUER, T. AND TARJAN, R. E. 1979. A fast algorithm for finding dominators in a flowgraph. *ACM Trans. on Programming Languages and Systems* 1(1), 121–141.

LEONARD, T. E., Ed. 1987. *VAX Architecture Reference Manual*. Digital Press, Bedford, MA.

LEROY, X. 1992. Unboxed objects and polymorphic typing. In *19th Annual ACM Symp. on Principles of Prog. Languages*. ACM Press, New York, 177–188.

LESK, M. E. 1975. Lex—a lexical analyzer generator. Tech. Rep. Computing Science Technical Report 39, Bell Laboratories, Murray Hill, NJ.

LEWIS, P. M. I. AND STEARNS, R. E. 1968. Syntax-directed translation. *Journal of the ACM* 15, 464–488.

LIEBERMAN, H. AND HEWITT, C. 1983. A real-time garbage collector based on the lifetimes of objects. *Commun. ACM* 26(6), 419–429.

LIPPMAN, S. B. 1996. *Inside the C++ Object Model*. Addison Wesley, Reading, MA.

LIPTON, R. J., MARTINO, P. J., AND NEITZKE, A. 1997. On the complexity of a set-union problem. In *Proc. 38th Annual Symposium on Foundations of Computer Science*. IEEE Computer Society Press, Los Alamitos, CA, 110–115.

LOWRY, E. S. AND MEDLOCK, C. W. 1969. Object code optimization. *Commun. ACM* 12(1), 13–22.

MAIRSON, H. G. 1990. Deciding ML typability is complete for deterministic exponential time. In *17th Annual ACM Symp. on Principles of Prog. Languages*. ACM Press, New York, 382–401.

MCCARTHY, J. 1960. Recursive functions of symbolic expressions and their computation by machine – I. *Commun. ACM* 3(1), 184–195.

MCCARTHY, J. 1963. Towards a mathematical science of computation. In *Information Processing (1962)*. North-Holland, Amsterdam, 21–28.

MCCARTHY, J., ABRAHAMS, P. W., EDWARDS, D. J., HART, T. P., AND LEVIN, M. I. 1962. *LISP 1.5 Programmer's Manual*. M.I.T., RLE and MIT Computation Center, Cambridge, MA.

MCNAUGHTON, R. AND YAMADA, H. 1960. Regular expressions and state graphs for automata. *IEEE Trans. on Electronic Computers* 9(1), 39–47.

MILNER, R. 1978. A theory of type polymorphism in programming. *J. Comput. Syst. Sci.* 17, 348–75.

MILNER, R., TOFTE, M., AND HARPER, R. 1990. *The Definition of Standard ML*. MIT Press, Cambridge, MA.

MITCHELL, J. C. 1990. Type systems for programming languages. In *Handbook of Theoretical Computer Science*, J. van Leeuwen, Ed. Vol. B. Elsevier, Amsterdam, 365–458.

MOON, D. A. 1984. Garbage collection in a large LISP system. In *ACM Symposium on LISP and Functional Programming*. ACM Press, New York, 235–246.

MOWRY, T. C., LAM, M. S., AND GUPTA, A. 1992. Design and evaluation of a compiler algorithm for prefetching. In Proc. 5rd Int'l Conf. on Architectural Support for Programming Languages and Operating Systems. *SIGPLAN Notices* 27(9), 62–73.

NAUR, P., BACKUS, J. W., BAUER, F. L., GREEN, J., KATZ, C., MCCARTHY, J., PERLIS, A. J., RUTISHAUSER, H., SAMELSON, K., VAUQUOIS, B., WEGSTEIN, J. H., VAN WIJNGAARDEN, A., AND WOODGER, M. 1963. Revised report on the algorithmic language ALGOL 60. *Commun. ACM* 6(1), 1–17.

NELSON, G., Ed. 1991. *Systems Programming with Modula-3*. Prentice-Hall, Englewood Cliffs, NJ.

PATTERSON, D. A. 1985. Reduced instruction set computers. *Commun. ACM* 28(1), 8–21.

PAXSON, V. 1995. Flex—Fast lexical analyzer generator. Lawrence Berkeley Laboratory, Berkeley, CA, ftp://ftp.ee.lbl.gov/flex-2.5.3.tar.gz.

PELEGRI-LLOPART, E. AND GRAHAM, S. L. 1988. Optimal code generation for expression trees: An application of BURS theory. In *15th ACM Symp. on Principles of Programming Languages*. ACM Press, New York, 294–308.

PEYTON JONES, S. AND PARTAIN, W. 1993. Measuring the effectiveness of a simple strictness analyser. In *Functional Programming: Glasgow 1993*, K. Hammond and M. O'Donnell, Eds. Springer Workshops in Computer Science. Springer, New York, 201–220.

PEYTON JONES, S. L. 1987. *The Implementation of Functional Programming Languages*. Prentice-Hall, Englewood Cliffs, NJ.

PEYTON JONES, S. L. 1992. Implementing lazy functional languages on stock hardware: The Spineless Tagless G-machine. *Journal of Functional Programming* 2(2), 127–202.

RAU, B. R. 1994. Iterative modulo scheduling: An algorithm for software pipelining loops. In *Proc. 27th Annual International Symposium on Microarchitecture*. ACM Press, New York, 63–74.

REINHOLD, M. B. 1994. Cache performance of garbage-collected programs. In Proc. SIGPLAN '94 Symp. on Prog. Language Design and Implementation. *SIGPLAN Notices* 29(6), 206–217.

REYNOLDS, J. C. 1974. Towards a theory of type structure. In *Proc. Paris Symp. on Programming*. Lecture Notes in Computer Science, vol. 19. Springer, Berlin, 408–425.

RICE, H. G. 1953. Classes of recursively enumerable sets and their decision problems. *Transactions of the American Mathematical Society* 89, 25–59.

ROSE, J. R. 1988. Fast dispatch mechanisms for stock hardware. In OOPSLA '88: 3rd Annual Conference on Object-Oriented Programming Systems, Languages, and Applications. *SIGPLAN Notices* 23(11), 27–35.

ROSEN, B. K., WEGMAN, M. N., AND ZADECK, F. K. 1988. Global value numbers and redundant computations. In *Proc. 15th ACM Symp. on Principles of Programming Languages*. ACM Press, New York, 12–27.

SCHEIFLER, R. W. 1977. An analysis of inline substitution for a structured programming language. *Commun. ACM* 20(9), 647–654.

SEDGEWICK, R. 1997. *Algorithms in C*, Third ed. Addison Wesley, Reading, MA.

SETHI, R. AND ULLMAN, J. D. 1970. The generation of optimal code for arithmetic expressions. *J. Assoc. Computing Machinery* 17(4), 715–28.

SHAO, Z. 1997. Flexible representation analysis. In *Proc. 1997 ACM SIGPLAN International Conference on Functional Programming (ICFP '97)*. ACM Press, New York, 85–98.

SHAO, Z. AND APPEL, A. W. 1994. Space-efficient closure representations. In *Proc. 1994 ACM Conf. on Lisp and Functional Programming*. ACM Press, New York, 150–161.

SHAO, Z. AND APPEL, A. W. 1995. A type-based compiler for Standard ML. In Proc 1995 ACM Conf. on Programming Language Design and Implementation. *SIGPLAN Notices* 30(6), 116–129.

SHAW, R. A. 1988. Empirical analysis of a Lisp system. Ph.D. thesis, Stanford University, Palo Alto, CA.

SITES, R. L., Ed. 1992. *Appendix A: Software Considerations*. Digital Press, Boston.

SOBALVARRO, P. G. 1988. A lifetime-based garbage collector for LISP systems on general-purpose computers. Tech. Rep. 1417, MIT Artificial Intelligence Laboratory.

STEELE, G. L. 1975. Multiprocessing compactifying garbage collection. *Commun. ACM* 18(9), 495–508.

STEELE, G. L. 1978. Rabbit: a compiler for Scheme. Tech. Rep. AI-TR-474, MIT, Cambridge, MA.

STOY, J. E. 1977. *Denotational Semantics: The Scott-Strachey Approach to Programming Language Theory*. MIT Press, Cambridge, MA.

STRACHEY, C. AND WADSWORTH, C. 1974. Continuations: A mathematical semantics which can deal with full jumps. Technical Monograph PRG-11, Programming Research Group, Oxford University.

STROUSTRUP, B. 1997. *The C++ Programming Language*, Third ed. Addison-Wesley, Reading, MA.

TANENBAUM, A. S. 1978. Implications of structured programming for machine architecture. *Commun. ACM* 21(3), 237–246.

TARDITI, D. 1997. Design and implementation of code optimizations for a type-directed compiler for Standard ML. Ph.D. thesis, Carnegie Mellon University, Pittsburgh, PA.

TOLMACH, A. 1994. Tag-free garbage collection using explicit type parameters. In *Proc. 1994 ACM Conf. on Lisp and Functional Programming*. ACM Press, New York, 1–11.

TURING, A. M. 1937. On computable numbers, with an application to the Entscheidungsproblem. *Proceedings of the London Mathematical Society* 42, 230–265.

ULLMAN, J. D. 1975. NP-complete scheduling problems. *Journal of Computer and System Sciences* 10, 384–393.

UNGAR, D. M. 1986. *The Design and Evaluation of a High Performance Smalltalk System*. MIT Press, Cambridge, MA.

WADLER, P. 1990. Deforestation: Transforming programs to eliminate trees. *Theoretical Computer Science* 73, 231–248.

WADLER, P. 1995. How to declare an imperative. In *International Logic Programming Symposium*, J. Lloyd, Ed. MIT Press, Cambridge, MA.

WEGMAN, M. N. AND ZADECK, F. K. 1991. Constant propagation with conditional branches. *ACM Trans. on Programming Languages and Systems* 13(2), 181–210.

WENTWORTH, E. P. 1990. Pitfalls of conservative collection. *Software—Practice and Experience* 20(7), 719–727.

WILSON, P. R. 1997. Uniprocessor garbage collection techniques. *ACM Computing Surveys*, (to appear).

WOLF, M. E. AND LAM, M. S. 1991. A data locality optimizing algorithm. In Proc ACM SIGPLAN '91 Conf. on Prog. Lang. Design and Implementation. *SIGPLAN Notices* 26(6), 30–44.

WOLFE, M. 1996. *High Performance Compilers for Parallel Computing*. Addison Wesley, Redwood City, CA.

WRIGHT, A. K. 1995. Simple imperative polymorphism. *Lisp and Symbolic Computation* 8(4), 343–355.

YOUNG, C., JOHNSON, D. S., KARGER, D. R., AND SMITH, M. D. 1997. Near-optimal intraprocedural branch alignment. In Proc. ACM SIGPLAN '97 Conf. on Prog. Lang. Design and Implementation. *SIGPLAN Notices* 32(5), 183–193.

YOUNG, C. AND SMITH, M. D. 1994. Improving the accuracy of static branch prediction using branch correlation. In ASPLOS VI: Sixth International Conference on Architectural Support for Programming Languages and Operating Systems. *SIGPLAN Notices* 29(11), 232–241.

索 引

索引中的页码为英文原书的页码，与书中边栏的页码一致。

Liveness module (Liveness 模块)，231
LL(k)，见 parser LL(k)
local variable (局部变量)，125
locality of reference (引用的局部性)，见 cache
lookahead (超前查看)，38
loop (循环)，410
　　header (头结点)，410，415～416
　　inner (内层的)，415
　　interchange (交换)，510～511
　　invariant (不变量)，330，341，416，418～424，432
　　natural (自然的)，415～416
　　nested (嵌套的)，416
　　postbody，见 postbody node (体后置，见体后置结点)
　　scheduling (调度)，478～490
　　unrolling (展开)，429～430，478，508
LR (k)，见 parser，LR (k)
l-value (左值)，161～163

M

macro preprocessor (微处理器)，17
Maximal Munch，195
memory (存储器)
　　allocation (分配)，见 allocation and garbage collection
method (方法)，299
　　instance (实例)，302
　　lookup (查找)，303，311～313
　　multi- (多)，313
　　private (私有的)，310
　　replication (复制)，314
　　static (静态的)，303
MIPS，476，493
MIPS computer (MIPS 计算机)，138，145
ML，94，350，379
　　writing compiler for (编写～编译器)，105，126，133，149，161，316，338，348，402，403，407，426，427
Modula-3，94，292，350
modularity (模块性)，11，299
modulo scheduling (模调度)，482～490
Motorola 68000，199
MOVE，182

multimethod (多方法)，313

N

negation (取负)，100，164
NFA，见 finite automaton
nonassociative operator (非结合操作符)，73，524
nonterminal symbol (非终结符)，41
nullable symbol (可为空符号)，48～51，53

O

object-oriented (面向对象的)
　　classless language (无类语言)，310
　　language (语言)，161，292，299～314，380
occs parser generator (occs 语法分析器的生成器)，69
occurs check (存在性检查)，364
out-of-order execution (乱序执行)，489，505
output dependence (输出依赖)，见 dependence，write-after-write
overloaded operator (重载的操作符)，116
overloading (重载)，350，378～380

P

parallel processing (并行处理)
　　instruction-level (指令级)，474
parameter (参数)，另见 view shift
　　actual (实在的)，212，328，335
　　address of (～的地址)，131
　　allocating location of (分配～的存储单元)，133
　　by-reference (传地址)，132，141，402，404
　　declaration (声明)，120，122
　　formal (形式的)，115，138，176
　　in frame (栈帧内的)，131，136，137
　　in Tiger (Tiger 中的)，520，521，523
　　lazy (懒惰的)，338
　　nesting level of (～的嵌套层)，140
　　of method (方法的)，300
　　outgoing (传出的～)，129，212，269
　　register (寄存器)，130，138，145
　　self，300，301
　　static link (静态链)，144，319，333
　　substitution (替换)，328
　　type-checking (类型检查)，118
　　variable number of (可变个数)，131

Python 基础教程（第 3 版）

◆ 久负盛名的Python入门经典
◆ 中文版累计销量200 000+册
◆ 针对Python 3全新升级

作者： Magnus Lie Hetland
译者： 袁国忠

算法基础（第 5 版）

◆ 海外高校广泛采用的算法教材之一
◆ 唯一一本涵盖遗传算法的同类教材

作者： Richard Neapolitan
译者： 贾洪峰

数据挖掘与分析：概念与算法

◆ 专注于数据挖掘与分析的基本概念和算法
◆ 融合机器学习、统计等相关学科知识
◆ 涵盖频繁模式挖掘、聚类、分类等经典算法

作者： Mohammed J. Zaki　Wagner Meira Jr.
译者： 吴诚堃